-임신에서 생후 5개월까지-

1

마쓰다 미치오 지음
김순희 옮김

AK

감수자의 글

"이 책은 병원에서 설명 듣지 못한 아기의 상태를 친절하게 가르쳐줍니다"

현대적인 의료 기법이 도입되면서 소아는 성인에게서 발병하는 질병과 전혀 다른 양상의 질병이 생긴다는 것을 알게 되었습니다. 또 출생에서 생후 24개월까지의 육아 방법과 관리가 성장 후 건강에 지대한 영향을 끼친다는 사실도 알게 되었습니다. 이러한 인식이 의사들에게 생기면서부터 소아과학이라는 학문이 독립적으로 정립되었고, 그 후 육아에 관한 수많은 책들이 발간되었습니다.

하지만 많은 책들 중 소아과 의사인 본인이 아기를 가진 어머니들에게 선뜻 권할 만한 책은 극히 드물었습니다. 특히 번역된 외국 서적은 매우 낯선 내용이 많았고 문화적 차이도 컸습니다.

그러던 중 지인의 소개로 이 책을 접하게 되었고, 책을 읽으면서 저자의 해박한 지식과 친절한 설명에 그간 경험하지 못했던 감동을 받게 되었습니다.

소아과 의사라면 누구나 알고 있는 내용일지라도 그것을 문자로 상세하게 표현하기는 쉽지 않은 일입니다. 이 책에는 진료실에서 환자와 환자의 보호자를 대면하는 의사가 시간이 부족하다는 이유로 자세히 설명 드리지 못했던 내용들이 상세하게 기록되어 있습니다. 그래서 아기를 키우는 부모뿐 아니라 소아과 의사, 보육시설 종사자 등 육아 관련 업무에 종사하는 사람들이 한 번씩 읽어보고 참고하면 큰 도움이 될 만한 책입니다.

다만, 책 곳곳에 일부 소아과 의사들의 진료 방법이나 진료 내용에 대한 신랄한 비판이 게재되어 있어 같은 일에 종사하는 사람으로서 당혹스러운 부분도 있지만, 이는 어디까지나 저자가 아기와 아기를 키우는 부모를 배려하는 차원의 의견이라고 생각됩니다.

마지막으로 의사가 아님에도 불구하고, 이렇게 훌륭한 육아 지침서를 우리나라에 소개하고자 애쓴 이 책의 기획자께 극진한 존경을 표합니다.

소아과 전문의 양진

이 책을 읽는 방법

❶ 이 책은 굳이 처음부터 끝까지 전부 다 읽지 않아도 됩니다. 아기가 생후 1개월이 되면 1개월에 해당하는 내용을, 만 1세가 되었다면 만 1세 된 아기에 대한 내용을 찾아서 읽으시면 됩니다.

❷ '이 시기 아기(이)는'은 각 시기별 아기의 성장 흐름과 개성이 어떻게 나타나는지를 알려줍니다.

❸ '이 시기 육아법'과 '환경에 따른 육아 포인트'에는 엄마가 꼭 알아두어야 할 육아 정보가 담겨 있습니다. 자신의 아이에게 해당되는 월령이나 나이에 맞춰 미리 꼼꼼하게 읽어보시기 바랍니다.

❹ '엄마를 놀라게 하는 일'은 아이를 키우면서 발생할 수 있는 여러 돌발상황에 관한 정보입니다. 아이가 평소와 다른 모습인 것 같아 보일 때 해당되는 월령에 정리된 내용을 참고하면 됩니다. 아이의 이상 증상에 관한 정보는 책의 맨 뒷부분에 정리된 '색인'을 통해서도 찾아볼 수 있습니다. 하지만 엄마의 눈에 이상하게 보이는 일도 아이에게는 병이 아닌, 하나의 개성인 경우가 많습니다.

❺ '보육시설에서의 육아'는 이르면 생후 2~3개월부터 보내게 되는 공동 육아시설에 종사하는 사람들이 알아두어야 할 육아 정보를 담고 있습니다. 부모에게 또한 가정에서의 예의범절 교육을 보충하는 데 도움이 될 수 있습니다.

❻ 책 내용을 좀 더 한눈에 알아볼 수 있도록 내용이 설명하는 주체에 따라 각기 다른 그림을 사용하고 있습니다. 은 아기(이)에게서 나타나는 현상이나 변화 등 아기(이)에 관한 내용입니다. 은 부모가 알아두어야 할 육아정보입니다. 은 아빠가 알아두어야 할 정보입니다.

❼ 이 책은 아기(이)를 키우는 부모뿐 아니라 육아 관련 업종에 종사하는 모든 사람들도 함께 보고 간직해야 할 육아 필독서입니다.

유치원과 보육시설의 영·유아 교사라면 자신이 맡고 있는 아이들에게 해당되는 '이 시기 아기(이)는'을 읽어본 후, '보육시설에서의 육아'에 관한 정보를 꼼꼼히 체크할 필요가 있습니다. 특히 아이에게 '엄마를 놀라게 하는 일'의 내용과 같은 상황이 발생하면 그 월령이나 나이에 해당되는 부분의 정보를 찾아보기 바랍니다. 물론 나머지 내용도 보육시설에서 육아를 하는 데 꼭 필요한 정보입니다.

보건소에서는 육아를 지도하기 전에 해당 월령의 '이 시기 아기

(이)는'과 '이 시기 육아법'을 읽어보고 아기의 개성을 파악하면 도움이 될 것입니다.

❽ 그리고 이 책을 읽는 모든 독자가 절대 빠트리지 않고 읽어 늘 염두에 두어야 할 내용이 있습니다. 바로 '장중첩증', '돌발성 발진', '겨울철 설사'에 관한 내용입니다. 이 질병들을 모르고 지나치면 큰 병이 될 수 있습니다. 꼼꼼히 읽고 숙지하여 육아에 활용하시기 바랍니다.

1장 임신~출산 14

2장 생후 0~7일 91

3장 생후 7~15일 184

4장 생후 15일~1개월 229

5장 생후 1~2개월 278

6장 생후 2~3개월 369

7장 생후 3~4개월 425

8장 생후 4~5개월 488

부모가 됨으로써 비로소 성숙한 인간이
될 수 있다고 말하듯,
좋은 부모 되기는 쉬운 일이 아닙니다.
많은 노력과 희생이 필요합니다.
하지만 결혼을 한다면 엄마가 된다는 것도
전제로 해야 합니다.
아이와 함께 인생을 탐구하고,
함께 성장해 갈 수 있어야 합니다.

1

임신~출산

좋은 부모의 몸가짐

1. 엄마의 조건

- 부모가 되는 것이야말로 인간을 완성에 다가가게 한다.
- 결혼을 하면 엄마 되기 또한 인정한다.

결혼은 엄마가 된다는 것을 전제로 해야 합니다.

일에 대한 책임감이나 경제적인 이유 때문에 엄마 되기를 잠시 미룰 수는 있지만 적어도 30세까지는 아이를 갖는 것이 좋습니다. 30세 이후에 가진 아이는 다운 증후군과 같은 유전 질환에 걸릴 확률이 높습니다. 육아 또한 에너지를 많이 필요로 하는 중노동이므로 체력이 강한 20대에 하는 것이 더욱 좋습니다.

육아에 자신이 없다는 이유로 아이를 낳지 않겠다는 것은 잘못된 생각입니다. 아이를 낳기 전부터 육아에 자신 있는 사람은 없습니다. 이것은 물에 들어가보기도 전에 수영에 자신 있다고 말할 수 없는 것과 마찬가지입니다.

육아는 전 과목을 다 보는 시험이 아닙니다. 아기의 월령에 따라 발생하는 문제는 정해져 있습니다. 아기가 생후 1개월이 되었다면, 엄마는 그 시기의 아기에게 필요한 것만 알고 있으면 됩니다. 생후

4개월이 되었다면 이제 1개월 된 아기들만이 앓는 병에 대해서는 잊어버려도 됩니다.

'나는 인간으로서 성숙하지 못해 아직은 아기 키울 자격이 없는 것 같아'라는 생각에는 찬성할 수 없습니다. 인간은 완성될 수 없으며, 설사 어느 정도 완성에 다가갔더라도 그때는 이미 아이를 기르기엔 너무 늦어버리고 만 시점입니다. 부모가 되는 것이야말로 인간을 완성에 다가가게 하는 길임에 틀림없습니다. 아이 입장에서 볼 때, 지나치게 자신감이 넘치는 부모는 결코 좋은 부모가 아닙니다. 아이와 함께 인생을 탐구하고, 함께 성장해 가는 부모가 정말 좋은 부모입니다.

●

간혹 지병 때문에 임신을 망설이는 사람도 있습니다.

그러나 의학은 날로 발전해 가고 있습니다. 이제 건강하지 않다고 해서 엄마가 될 수 없는 시대는 지났습니다. 만성 신장염 환자도 소변에 단백이 나오는 정도뿐이라면 대부분 정상적인 출산이 가능합니다. 15 질병이 있는 여성의 임신 당뇨병이 있는 여성도 예전에는 출산하지 않는 편이 낫다고 했지만 지금은 다릅니다. 혈액 내 당분을 정상으로 유지시킬 수만 있다면 엄마와 아기 둘 다 위험에서 벗어날 수 있습니다.

유전 질환이 있거나 집안에 그런 병을 앓고 있는 사람이 있는 경우에도 임신을 망설이게 됩니다. 그러나 너무 비관할 필요는 없습니다. 병이 있다고 해도 남에게 피해를 주지 않고 살아갈 수만 있다면, 아이가 '없는 것'보다 '있는 것'이 좋습니다. 병에 구애받지 않고 부모로서의 기쁨을 맛보는 것이야말로 인생을 한층 풍요롭게 해줄 것입니다.

엄마가 되고 싶어도 아이를 갖지 못하는 사람도 있습니다. 결혼한 지 2년이 지나도 아이가 생기지 않을 때, 의사는 이를 불임증이라고 합니다. 아이를 원하는데 1년이 지나도록 소식이 없다면 병원에 가서 진찰을 받아보는 것이 좋습니다. 불임의 원인이 여자에게만 있다는 생각은 남성 위주의 사고방식입니다. 진찰은 부부가 함께 받아야 합니다. 절반까지는 아니지만 남자 쪽에 문제가 있는 경우도 적지 않기 때문입니다.

불임의 원인을 파악하기 위해서는(여자의 경우 지금까지 밝혀지지 않은 것이 더 많지만), 대개 부부관계가 만족스럽게 이루어지고 있는지, 배란이 정상적으로 되고 있는지, 황체(척추동물의 난소에서 여포 속의 알이 배출된 후에 생기는 황색의 조직 덩어리) 기능이 잘 유지되고 있는지, 난관을 통과하는 데 어떤 방해 요소는 없는지, 경관(頸管)의 점액이 정자의 통과를 방해하고 있지 않은지, 호르몬의 밸런스가 좋은지 등을 검사합니다. '아기가 생기지 않아 입양을 하고 보니 임신이 되었다'는 이야기를 종종 들을 수 있습니다.

정밀 검사를 해보지도 않고 배란 유도제를 쓰는 일은 피해야 합니다. 이로 인해 다태(多胎) 임신이 될 수도 있습니다. 남성 불임의 원인으로는 정자가 제구실을 못하거나 정자 수가 적은 경우가 많습니다. 이때는 치료하여 정자 수를 증가시킨 후에 인공수정을 시도하게 됩니다. 발기불능은 대부분 정신적인 원인에 의한 것이므로 배우자가 이해하고 기다려주면 조만간 회복될 수 있습니다.

여기서 한 가지 짚고 넘어가야 할 것이 있습니다. 정밀 검사로 부부 가운에 어느 한 사람에게 결함이 있다는 사실을 알게 되는 것이 원만한 가정생활을 유지하는 데 오히려 도움이 되지 못하는 경우도 있다는 것입니다. 아이를 갖고 싶은 소망이 크면 클수록 결함 있는 쪽은 정신적 부담도 그만큼 커지기 마련입니다. 배우자도 그러한 부분에 대해 많은 배려를 해주어야 할 부담이 생깁니다. 어느 쪽에 결함이 있는지 알 수 없다면 두 사람의 운명으로 받아들이고 아이에 연연해하지 말고 자신들의 삶을 추구해 가면 됩니다.

2. 임신 시기 조절법 

- 육아를 가능하면 편하게 하기 위해서는 임신 시기 조절이 매우 중요하다.
- 아이를 갖지 않기로 결정했다면 확실한 피임법을 선택한다.

가능하면 빨리 임신하는 것이 좋습니다.

육아를 가능하면 편하게 하도록 권하는 것이 이 책의 취지이므로 다루지 않고 넘어갈 수 없는 부분입니다. 육아에는 체력이 필요하기 때문에 부모 모두 나이가 젊을수록 좋습니다. 결혼할 당시 여자 쪽이 임신으로 일을 중단하기 싫어서 임신을 미루고 있다가 일에 대한 열의가 식든지 나이를 의식하게 되면서 아이를 갖고 싶어 하는 맞벌이 부부를 자주 볼 수 있습니다. 그래서 임신하고 출산하게 되는데. 나이를 먹으면 임신도 출산도 젊었을 때와 같지 않습니다. '체력이 좀 더 좋을 때 아이를 낳았더라면 좋았을 텐데…', '그때 같았다면 남편도 좀 더 많이 도와주었을 텐데…' 하고 후회하는 경우가 적지 않습니다.

그러므로 결혼하면 아이를 가질 것인지, 갖지 않을 것인지 하는 대원칙을 부부가 함께 결정해야 합니다. 그리고 아이를 갖기로 결정했다면 되도록 빨리 임신하는 것이 여러 면에서 좋습니다.

●

만약 아이를 갖지 않기로 결정했다면 확실한 피임법을 선택해야 합니다.

예전에는 임신 가능한 시기에만 금욕을 했습니다. 오기노식(월경 주기가 정확한 여성이 적용할 수 있는 방법으로, 월경 예정일 전날부터 계산하여 12~16일째에 해당하는 5일 동안의 배란기에 성관계를 피하는 피임법)이나 기초체온법 등이 여기에 해당하는데, 피임 효과는 확실하지 않습니다. 지금 선진국에서 가장 많이 사용하는 피임법은 경구피임법입니다. 경구피임약은 난포호르몬과 황체호르몬의 혼합물로 2억 정도로 추정되는 여성이 경구피임법을 사용하고 있습니다.

여러 가지 부작용이 있다고 하지만 호르몬의 양을 아주 많이 줄인 저용량 경구피임약이 개발된 뒤부터 부작용은 거의 사라졌습니다. 현재 여러 나라에서 저용량 경구피임약이 시판되고 있습니다.

의사에 따라 복용법이 다르지만 일반적으로 월경을 시작한 날부터 매일 1알씩 21일간 먹고 7일간 중지합니다. 이렇게 하면 중지하는 동안에 생리를 하게 됩니다. 매일 먹는 것을 잊어서는 안 되고, 하루 잊어버리면 다음 날 2알을 먹어야 합니다. 이틀을 계속하여 잊어버린 경우에는 경구피임약을 먹지 말고 콘돔을 사용하는 것이 좋습니다. 경구피임약 복용을 중지한 뒤 며칠 있으면 출혈이 시작됩니다(소퇴 출혈). 소퇴 출혈 5일째부터는 새롭게 경구피임약을 복용해야 합니다.

경구피임약은 혈액의 지방을 높이기 때문에 고지혈증이 있는 35세 이상의 여성은 복용하면 안 됩니다. 또 담배를 피우는 사람도 부작용이 있기 때문에 금연을 해야 합니다. 예전에 두려워했던 혈전이나 유방암은 저용량이라면 걱정할 필요가 없습니다.

단, 외과 수술을 할 경우는 적어도 1개월 전에 경구피임약을 중지해야 합니다. 모유는 먹여도 지장이 없습니다. 따라서 35세 이상인 여성은 정기적으로 혈압, 간 기능, 혈액 중의 지방을 검사해야 합니다.

경구피임약 다음으로 흔히 사용하는 피임법은 자궁 내에 금속 링이나 루프와 같은 피임 기구를 장착하는 방법(IUD)입니다. 그러나 출산 경험이 없는 사람은 자궁 입구가 좁아서 넣을 수가 없습니다. 또한 금속의 자극으로 출혈이 많아지기 때문에 생리 때 출혈량이 많은 사람도 사용할 수 없습니다. 만약 이 방법을 사용하면 수정란이 자궁에 착상하지 않고 자궁이 아닌 곳에 자리 잡는 자궁외임신이 일어날 수 있기 때문에 자궁외임신의 증상 12 커다란 이번 에 대해 알고 있어야 합니다. 또한 감염이 잘 되는 부작용이 있고, 감염되면 고열, 하복통, 대량의 출혈이 일어납니다.

이런 증상이 있으면 즉시 의사에게 진찰을 받아야 합니다. 그리고 링이나 루프가 저절로 빠져버리는 일도 있으므로 확실히 자리 잡고 있는지를 확인하기 위해서는 정기적으로 검사를 해야 합니다.

콘돔도 널리 사용되는데 사용법이 바르면 성공률이 매우 높습니다. 그러나 피임용 젤리를 함께 사용하지 않거나, 찢어져버리거나, 성교를 시작할 때부터 끼우지 않고 도중에 끼우면 실패하기 쉽습니다.

3. 흔히 저지르기 쉬운 실수

● 결혼한 여성은 엑스선과 약에 특별히 주의해야 한다.

결혼한 여성이 몸에 이상 징후를 느낀다면 우선 임신을 생각해 봅니다.

15일 전쯤에 생리가 있었으니 임신은 아니라고 방심해서는 안 됩니다. 생리가 멈추기 전에도 입덧 증상은 나타날 수 있습니다. 위가 아프다고 내과에 가서 엑스선 사진을 여러 장 찍거나 내시경 검사를 한 후 4주가 지나도 생리가 없어 검사한 결과 임신으로 판명된 예도 수없이 많습니다.

태아에게는 다른 검사 방법이 없을 경우에만 엑스선 사진을 찍는 것이 의학계 상식입니다. 임신 초기의 엑스선 촬영은 태아의 기형을 초래하거나 태어난 후 백혈병이나 여러 암을 유발할 가능성이 있기 때문입니다.

어느 정도 분량의 엑스선이 태아에게 치명적인가 하는 것은 단지 동물 실험만 했을 뿐 인간에 대해서는 추측만 할 뿐입니다. 한 번의 촬영으로 태아가 받는 엑스선의 양은 촬영 조건에 따라 다릅니다. 흉부에는 200번 촬영을 해도 아이가 태내에서 받는 영향은 자연에서의 우주선 방사능 양과 비슷하므로 걱정할 필요가 없습니다.

엑스선 장애로 일어나는 문제는 태아의 월령에 따라 다릅니다. 15주(4개월)가 지난 태아에게는 장애가 일어날 확률이 거의 없습니다. 위험한 시기는 2주에서 8주(2개월)까지이며, 어느 정도의 양에 노출되었을 때 인공유산을 해야 하는지는 의사에 따라 견해가 다릅니다. 하지만 대개 10래드(rad)를 넘으면 장애가 일어난다고 봅니다.

1~10rad 사이라면 의사의 재량에 달려 있습니다. 그러나 15rad인 경우에도 94%는 정상아가 태어난다는 사실을 잊어서는 안 됩니다.

임산부가 피해야 할 것은 엑스선뿐만이 아닙니다.

새로 개발되어 판매되는 신약은 단지 동물 실험만으로 인간이 먹어도 태아에게 기형을 일으킬 부작용이 없다고 판단한 것입니다. 임산부가 먹었을 때 태아에게 기형을 일으키는 부작용이 있는지 없는지는 사용 후 몇 년 동안의 통계를 바탕으로 기형아와 그 약의 판매량의 관계를 따져보지 않고서는 알 수 없습니다. 그래서 신약은 가능하면 쓰지 않는 것이 좋습니다. 하지만 의사는 신약이 보험수가도 높고 제약업체에서도 열심히 권하기 때문에 자주 처방합니다. 따라서 임신 가능성이 있는 사람이 무조건 의사에게 의존하는 것은 바람직하지 않습니다. 임신하지 않는다고 확실히 말할 수 있는 시기는 생리가 시작한 날로부터 14일 동안뿐입니다. 그 후에 몸에 이상을 느껴 의사에게 진료를 받을 때는 임신일지도 모른다고 말해 두는 것이 안전합니다.

감수자 주

임신이 되지 않았다고 확신하기는 어려우므로, 임신을 계획하고 있거나 피임하지 않은 경우에는 임신 가능성을 염두에 두고 투약에 조심할 필요가 있다.

4. 임신 전 조심해야 할 약

● 임신 중에는 약은 물론 알코올도 섭취하지 않는 것이 좋다.

이런 약이 문제입니다.

독한 변비약을 먹으면 유산할 확률이 높다는 것은 예전부터 널리 알려져 있는 사실입니다. 임신 중에는 변비에 걸리기 쉽습니다. 그렇다고 해서 지금까지 복용한 적이 없는 변비약을 함부로 먹어서는 안 됩니다.

사회적으로 문제가 되었던 탈리도마이드 같은 약은 판매가 중지되었지만, 임산부 이외의 환자에게 안전한 약은 설명서에 '임산부는 요주의' 라는 단서만 첨부한 채 의사의 재량에 따라 처방되고 있습니다. 하지만 설명서를 주의 깊게 읽어보지 않거나 환자의 생리일을 확인하지 않으면, 이러한 약이 임신 초기의 여성에게 처방될 수도 있습니다. 의사는 환자에게 약품명을 알려주지 않는 것이 보통입니다. 그러다 보니 환자는 뭔지 모르는 약을 처방받게 됩니다. 의사는 환자의 안전을 위해서 치료 내용을 더욱 자세하게 설명해 줄 필요가 있습니다. 이러한 관례를 만들기 위해서라도 환자는 의사에게 약품명을 꼭 물어보는 것이 좋습니다.

임신 중에 아이에게서 감기가 옮았다든지 목이 아프고 코가 막히고 기침도 나와 감기 증세가 확실할 때는 함부로 병원에 가서는 안 됩니다. 감기 바이러스에 잘 듣는 약은 없을뿐더러 어떤 위험한 약을 처방받을지 알 수 없기 때문입니다.

임신 중에는 아스피린도 복용하지 않는 것이 좋습니다. 출산 직전에 먹으면 태어난 아기가 출혈을 일으키기 쉽기 때문입니다. 감기가 폐렴이 되는 것을 예방하거나 곪아 고름이 생기는 것을 예방하기 위해 흔히 항생제를 쓰는데, 가능하면 사용하지 않는 것이 좋습니다. 테트라사이클린 계통의 약은 태어날 아기의 치아를 노랗게 만듭니다. 항히스타민제에는 임산부는 사용하지 말라는 설명서가 첨부된 것도 있으므로, 임신 가능성이 있는 사람은 감기약을 먹지 않는 것이 안전합니다.

기형을 일으킬 가능성이 있는 약으로는 탈리도마이드, 합성 난포호르몬, 항암제 등이 있습니다. 탈리도마이드는 제조 중지되었고, 항암제를 복용하고 있는 여성이 임신하는 일은 거의 없을 것입니다(아빠가 백혈병으로 항암제를 복용하고 있어도, 그때 가진 아이가 정상이라는 보고가 있음).

난포자극호르몬은 흔히 유산 예방에 쓰였지만 효과가 없다는 것이 밝혀져 지금 선진국에서는 거의 사용하지 않습니다. 하지만 일본이나 한국에서는 아직까지 사용하는 의사도 있습니다. 합성 난포호르몬을 복용한 임산부에게서 태어난 남녀 아기 모두의 성기에 기형이 생겼다는 보고가 있습니다.

유산을 방지할 수 있는 확실한 약은 아직 개발되지 않았습니다. 만일 유산의 위험이 있을 때 의사가 합성난포호르몬을 사용하려 한다면, 이것이야말로 필사적으로 거부해야 합니다.

이 외에 태아의 기형을 유발할 수 있는 약은 간질 환자의 치료제인 항경련제, 심장질환이 있거나 심장 수술을 받은 사람이 복용하는 항응고제인 와파린, 알코올·조울증에 사용되는 리튬, 수술실에서 사용하는 휘발성 마취제 등입니다.

항경련제로 인해 생길 수 있는 기형은 언청이와 심장 기형이고, 와파린으로 인해 생길 수 있는 것은 코뼈 기형입니다. 그리고 알코올은 발육 부진, 소두증, 심장 이상, 관절 장애 등을 유발할 수 있습니다. 수술실의 마취제는 수술받는 환자보다는 수술실에서 근무하는 마취 담당 여의사와 간호사에게 더 위험합니다.

알코올 섭취량은 기형아 빈도와 관계가 있습니다.

최근 알코올 섭취량이 기형아 빈도와 관계가 있는 것으로 밝혀졌습니다. 하루 주량이 순수한 알코올로 60g 이상이면 아기 5명 중 1명은 비정상적으로 태어난다고 합니다. 25~60g이면 10명 중 1명, 25g 이하라도 결코 안전하다고는 할 수 없습니다.

알코올은 임신 중 어느 시기에 섭취했느냐에 따라 다른데, 수태 시기에 가까울수록 더 위험합니다. 매일 밤 술을 습관적으로 마시는 사람은 피임을 하든지 생리 시작 후 10일 동안만 마시는 것이 안전합니다.

이 외에도 기형을 일으킬 수 있는 약으로는 LSD(환각제), 프로제스테론 계통의 합성제(경구피임약에도 들어 있음), 엽산길항제(아미노프테린) 등이 있습니다.

5. 미리 알아두어야 할 유전병

- 유전 질환이 있는 경우 미리 알고 대처하는 것이 좋다.
- 염색체 질환에 의한 병은 태아 진단을 통해 미리 알 수 있다.

이런 경우 엄마를 걱정하게 합니다.

신진대사에 이상이 있는 병, 혈액병, 근육병 등이 유전된다는 것은 널리 알려진 사실입니다. 배우자가 이런 병을 앓고 있지 않더라도 부모의 형제 가운데 어느 한쪽이라도 이런 병을 앓았던 사람이 있을 경우, 자기 아이도 같은 병에 걸리지 않을까 걱정이 될 것입니다. 그렇다고 미리 비관하여 아이를 갖지 않기로 결정하는 것은 바람직하지 않습니다. 이럴 때는 먼저 유전 질환 상담소를 찾아가서 상담하고 난 뒤에 결정해도 늦지 않습니다. 그러려면 문제의 병에 관한 확실한 진단이 필요합니다. 먼저 그 사람의 자세한 병력을 알아야 합니다. 그다음에 가계도를 만들어 그 사람 외에 그 병을 앓은 사람이 더 있는지 조사해야 합니다. 2대, 3대 전은 물론, 알아볼 수 있는 대까지 위로 거슬러 올라가 확인해 봅니다. 이 병력과 가계도를 준비해 가지고 상담소에 찾아갑니다.

병이 보인자를 통해 다음 세대로 나타나는 경우가 있습니다.

병이 여성 보인자(외견상으로는 건강하지만 염색체에 병을 일으키는 유전자를 보유하고 있는 사람)를 통해서 다음 세대에 나타나는 경우가 적지 않습니다. 하지만 엄마가 보인자라고 해서 딸이 전부 보인자가 되는 것은 아닙니다.

혈우병, 뒤시엔형의 근디스트로피증(진행성 근육위축증), 페닐케톤뇨증, 갈락토오스혈증 등은 보인자 여부를 검사하는 방법이 개발되어 있습니다. 보인자가 아니라면 유전에 관해서는 걱정할 필요가 없습니다. 또 부부가 양쪽 다 정상인데 첫아이가 기형이라면 그다음에 태어날 아이가 걱정될 것입니다. 이 경우 그 가능성을 알 수 있는 병이 있습니다. 척추파열은 6%, 언청이는 4%, 구개열은 3%, 고관절 탈구는 14%라는 통계가 나와 있습니다.

●

염색체 이상으로 인한 난치병은 태아 때 알 수 있습니다.

염색체 이상으로 생기는 난치병을 태아 때 발견하여 인공유산하기 위한 방법으로, 임산부에게서 양수를 빼내 태아의 세포를 검사하는 양수 진단이 있습니다. 이것은 임신 16주 이후가 아니면 할 수 없습니다. 하지만 인공유산은 5개월이 되면 위험하기 때문에 좀 더 빨리 진단하기 위해 태반의 태아 쪽 융모를 뽑아 검사하는 융모 진단이 개발되었습니다. 이 검사는 임신 9~11주에 할 수 있습니다. 그러나 이 두 가지 방법 모두 태반에 상처를 내기 때문에 유산의 위험이 있습니다. 그래서 태반을 통해 새어 나오는 태아의 적혈구를 임산부의 혈액에서 찾아내 검사하는 방법이 개발되었습니다. 병을 일으키는 유전자가 특정 염색체 한 곳에만 있는 경우에는 태아의 혈액이나 간 세포를 채취, 분자생물학적으로 DNA를 분석하여 진단할 수 있습니다.

한편 이러한 태아 진단으로 알 수 있는 이상으로는 다운 증후군, 척추관 손상, 페닐케톤뇨증, 혈우병, 태아적아구증, 감염증(풍진, 단순 헤르페스, 거대세포바이러스) 등입니다.

장애가 있는 아이를 낳을 것인지 말 것인지는, 태어날 아이의 양육 문제와 다른 형제의 장래를 고려하여 가정을 지켜야 할 책임이 있는 부모가 결정할 일입니다. 책임이나 능력이 없는 제삼자가 간섭할 일이 아니라는 말입니다.

6. 방광염

● 방광염은 예방보다 더 좋은 약이 없다.

신혼여행에서 돌아올 때쯤 신부에게 방광염이 생기는 경우가 종종 있습니다.

'허니문 방광염'이라는 명칭이 있을 정도로 이런 경우는 빈번합니다. 화장실에 자주 가고 싶지만 가도 소변 양은 그렇게 많지 않고, 소변을 볼 때 통증이 있는 경우도 있습니다. 열은 별로 없지만 하복부에 불쾌감이 느껴지기도 합니다.

방광염은 외부에서 대장균 같은 세균의 침입으로 발병합니다. 약을 먹으면 며칠 내로 낫긴 하지만 예방보다 더 좋은 약은 없습니다. 국부에 닿는 것이 불결해서는 안 됩니다.

부부관계 후에는 즉시 방광을 비워야 합니다. 그리고 국부를 닦는 휴지는 청결해야 합니다. 치질이 있는 사람이 국부를 닦는 데 쓰는 소독면 같은 것을 준비해 두면 좋습니다. 여행 중에도 소변을 자주 보아 방광 안에 소변을 오랫동안 담아두지 않도록 합니다. 이렇게 하려면 수분을 많이 섭취하는 것이 좋습니다.

비뇨기과에 갔을 때, 환자 입장을 생각하기보다는 연구에 열중해 있거나 엑스선 촬영을 선호하는 의사가 조영제를 넣어 요로의 엑스선 사진을 찍어봐야 한다고 할지도 모릅니다. 이럴 때는 거절해야 합니다. 신우 촬영을 두 번만 하면 허용량이 1000밀리렘(mrem)은 쉽게 초과하기 때문입니다.

7. 임신 전 건강 관리

● 결혼이 결정되면 여성은 미리 산부인과 검진을 받아 임신 전 건강 진단 자료를 만들어놓아야 한다.

결혼한 여성은 '임신 전 건강 관리'에 더 많은 관심을 가져야 합니다.

건강한 여성이 결혼 후 병원에 간다고 하면 보통 임신 여부를 진단받으려 할 때일 것입니다. 임신 사실을 알게 되면 산부인과 의사는 혈액 검사나 소변 검사를 합니다. 이때 종종 이상이 발견되는 경우가 있습니다. 그런데 문제는 그 이상이 최근에 일어난 것인지, 아니면 예전부터 있었던 것인지 알 수 없다는 사실입니다.

보통 임신이 아닌가 해서 산부인과 의사에게 진료를 받을 때는 대개 임신 3~7주 사이입니다. 이때 혈액에서 풍진 항체가 발견되었을 경우 그것이 최근에 감염된 것인지, 아니면 어릴 때 감염된 것인지 알 수가 없습니다. 임신 후에 풍진에 감염되었다면 태아에게 이상을 일으킬 위험이 높습니다. 그러나 만약 임신 전부터 풍진 항체가 있었다면 태아는 위험하지 않습니다. 풍진에 대한 면역이 있는 엄마가 다시 풍진 바이러스에 감염되는 일은 없기 때문입니다.

결혼 전 미리 건강 진단 자료를 갖춰놓아야 합니다.

결혼이 결정되면 임산부가 산부인과 의사에게 받는 검사를 미리 내과에서 받아 임신 전 건강 진단 자료를 갖춰놓아야 합니다. 그리고 이때 병이 발견되면 치료할 수 있는 것은 치료해 두는 것이 좋습니다. 임신 사실을 알고 난 후에 검사하면 그때는 이미 늦습니다.

어릴 때 풍진이나 수두에 걸린 적이 없었던 여성이 임신 중에 이런 병에 걸려 기형아를 낳을 수 있다는 이야기를 들으면 백신을 맞아두어야겠다고 생각할 것입니다. 그러나 여성이 자신은 어릴 때 풍진이나 수두에 걸리지 않았다고 말하더라도 그 말을 곧이곧대로 믿을 수는 없습니다. 풍진과 수두는 감염되었다 하더라도 겉으로 증상이 나타나지 않고 지나칠 수 있기 때문입니다. 백신을 맞으려면 혈액 검사를 하여 풍진이나 수두 항체가 없다는 것을 확인해야 합니다. 그리고 접종 전 1개월부터 접종 후 2개월까지는 피임을 해야 합니다.

톡소플라스마 항체가 양성이라고 해도 임신 전이라면 이미 면역이 생겼다고 볼 수 있지만, 임신과 동시에 알게 되었다면 임신 직후에 감염되었는지 여부를 알 수 없습니다. 톡소플라스마가 기형을 일으키는 것은 임신 중 감염되었을 경우이고, 임신 전에 감염되었다면 걱정할 필요가 없습니다.

임신과 동시에 항체가 양성이라는 것을 알게 되었을 때는 1~2주 간격을 두고 재검사를 하여, 항체 수가 4배 이상 증가하면 최근에 감염된 것으로 보고 인공유산을 해야 합니다. 임신 전의 검사에서 톡소플라스마 항체가 음성인 경우에는 고양이(특히 새끼고양이)에게 가까이 가지 말아야 합니다.

이 외에 B형 간염의 항원이나 매독의 반응(음성인데도 양성으로 나오는 경우가 20~40%인 것에 주의), 홍역의 항체 수치 등도 미리 알아두는 것이 좋습니다. B형 간염의 항원(HBs Ag)이 양성인 경우에는 더 정밀한 검사를 받아보아야 합니다. 이것은 쉽게 치료할 수 없는 병이지만, 임신을 단념하지 말고 출산할 때 아이에게 감염되지 않도록 B형 간염 면역글로불린과 B형 간염 백신을 맞아야 한다고 말하는 의사도 있을 것입니다.

'임신 전 건강 관리'는 치료 중인 병(간질, 고혈압)의 약을 점검하고, 발견된 병(고혈압, 빈혈)을 치료하며, 영양의 불균형을 시정하고, 담배와 알코올을 금지하는 것 등입니다. 산부인과에서 신혼부부들을 대상으로 '임신 전 클리닉'을 실시하는 병원도 있으니 그것을 활용하는 방법도 있습니다.

특히 당뇨병이 있어 인슐린을 투여하는 여성은 주의해야 합니다.

가장 주의해야 할 사람은 결혼 전부터 당뇨병이 있어 인슐린을 투여하고 있는 여성입니다. 이런 여성은 결혼이 결정되면 혈당을 이전보다 더 철저하게 관리해야 합니다. 임신 사실을 알고 나서야 혈당을 정상치로 유지하려고 하면 그때는 이미 늦습니다. 몸이 잘 관리된 상태에서 아기를 가져야 합니다.

출산이라는 첫 경험에는 여러 가지 두려움이 따릅니다. 그 불안감을 없애주고자 '출산은 두렵지 않다'는 것을 알려주는 여러 가지 분만법(무통 분만, 라마즈법)이 있습니다.

일종의 정신요법으로 임산부를 안심시킴으로써 필요한 근육 이외의 다른 근육은 이완시키는 방법입니다. 그러나 이런 분만법을 따르지 않아도 순산은 할 수 있습니다. 신앙이 없어도 심리적인 안정감을 느낄 수 있는 것과 마찬가지입니다.

8. 산부인과 초진 시기

- 생리 예정일로부터 2주가 지나도 생리가 없으면 진찰을 받는다
- 병원은 출산할 산부인과를 찾는다

태아의 발육 정도는 월령을 기준으로 확인합니다.

태아의 발육 정도를 살피거나 치료 방법을 정하는 데는 태아의 '월령'이 기준이 됩니다. 산부인과에서는 마지막 월경을 시작한 날을 제1일로 하여 주 단위로 계산합니다. 임신 일수는 280일로 거의 정해져 있기 때문에 아기는 40주 만에 태어납니다. 출산 예정일은 정상적인 최종 월경의 제1일에 10일을 더한 후 달수를 3개월 거슬러 올라가면 됩니다. 즉 8월 2일에 최종 월경을 시작한 사람이라면 5월 12일이 출산 예정일입니다.

구식 계산 방법으로는 '월경이 멈춘 달'을 1개월로 하여 계산합니다. 아기는 280일 만에 태어나기 때문에 10개월에 태어나는 셈이 됩니다. 임신을 하면 융모성 성선자극호르몬이 증가하기 때문에 배란 후 8~9일이면 증명되지만, 보통 산부인과 의사가 정확히 호르몬을 측정하여 진단하는 것은 배란 후 4~5주(월경을 두 번 거를 때까지)째입니다.

예정일로부터 2주가 지나도 생리가 없으면 진찰을 받아보는 것이 좋습니다.

평소 생리가 규칙적으로 약 28일마다 시작되는 사람의 경우 예정일로부터 2주가 지나도 생리가 없으면 진찰을 받아보는 것이 좋습니다. 주기가 일정하지 않은 사람은 제일 긴 주기의 날수가 지나도 생리가 시작되지 않는다면 일단 임신이라고 생각해야 합니다. 이와 같이 임신의 주일 수와 예정일을 계산하는 출발점이 되는 것은 생리가 시작되는 날이기 때문에 임신이 가능한 사람은 매월 그 날을 메모해 두는 것이 좋습니다.

다만 결혼 전에 경구피임약을 복용하다가 결혼 후 중지한 사람은 경구피임약 중단으로 생리가 없을 수도 있습니다. 이것은 치료하면 낫기 때문에 방치하지 않는 것이 좋습니다.

산부인과 의사가 임신이라고 진단할 수 없는 시기에 이미 입덧 증상이 나타나는 경우도 드물지 않습니다. [11 입덧] 그러나 입덧을 전혀 하지 않고 지나가는 사람도 있습니다. 이런 사람도 생리를 두 번 거르면 진찰을 받아봐야 합니다.

●

때로는 임신과 관계없이 생리를 하는 여성도 있습니다.

이런 경우에도 입덧 증상이 있으면 진찰을 받아봐야 합니다. 더욱이 젖꼭지 주변이 검은 빛을 띠거나, 유방이 부풀어 단단해진 것 같은 느낌이 들거나, 소변을 자주 보고 싶어지면 임신일 가능성이 큽니다. 시판되는 임신 진단약으로 테스트해 보면 더 일찍 확실한 결과를 알 수 있습니다. 지금까지 아침 잠자리에서 일어나 기초체온을 적어온 사람이라면, 항상 있는 2주간의 고온기가 지나 저온기가 되지 않는 것으로도 임신을 알 수 있습니다.

상상력이 너무 풍부하면 임신에 대한 상상 때문에 생리가 멈추는 경우도 있습니다. 아이를 갖고 싶어 할 때보다 임신하면 곤란한 경우에 이런 증상이 많이 나타납니다.

●

병원은 출산할 산부인과를 찾습니다.

어느 병원에서 진찰받는 것이 좋을까 하는 문제에 대해서는, 자기 집에서 출산하는 일이 거의 없어진 요즘에는 출산할 산부인과에 가서 진찰을 받는 것이 상식입니다. 입원하고 있는 동안 도와줄 사람이 없다면 가족이 달려가기 쉽도록 가까운 병원에 다니는 것이 좋습니다. 고향에 돌아가 친정에서 출산할 때도 임신 후 병원 다니기가 힘들어지므로 친정집 근처에서 너무 먼 병원은 좋지 않습니다.

신장염을 앓은 경험이 있거나 당뇨병을 앓고 있는 임산부가 아니라면 꼭 종합병원을 고집할 필요는 없습니다. 초진 때는 반드시 소변 검사를 합니다. 그런데 진찰을 기다리다 보면 긴장하기 때문에 소변이 보고 싶어집니다. 그럴 때는 화장실에 가기 전에 먼저 간호사에게 말하는 것이 좋습니다.

●

진단 결과 임신일 때는 모자건강수첩을 받게 됩니다.

여기에는 임신 중의 경과를 기입하는 난이 있으므로 되도록 빨리 받는 것이 좋습니다. 모자건강수첩은 친정에 가서 출산하는 경우,

또는 늘 다니던 병원이 아닌 다른 병원에서 진찰받을 경우 담당 의사에게 도움이 됩니다. 또 분만 상태도 기입하게 되어 있으므로 나중에 소아과 의사에게도 참고가 됩니다.

모자건강수첩은 아이가 만 5세가 될 때까지 발육이나 예방접종 상황을 기입하도록 되어 있습니다.

9. 임신 후 일상생활

● 임신은 생리적인 것으로 건강하다면 평소의 생활을 바꾸지 않아도 무리 없이 진행된다. 그러나 이왕이면 몸에 좋다는 음식과 행동으로 생활하는 것이 좋다.

임신했다고 해서 갑자기 생활을 바꿀 필요는 없습니다.

임신은 원래 생리적인 것이기 때문에 건강하기만 하면 저절로 잘 진행되도록 되어 있습니다. 식사도 요즘은 옛날처럼 밥과 김치만 먹지는 않습니다. 자신이 중산층에 속한다고 생각하는 사람의 식사는, 인스턴트식품을 위주로 하는 식생활이 아니라면 영양학상 문제가 될 만한 것이 없습니다. 옛날에는 영양 상태가 좋지 않았기 때문에 임신하면 많이 먹으라고 했지만, 지금은 식욕이 당기는 대로 먹다가는 오히려 비만이 되어 난산을 하게 되는 일도 있습니다.

보통 하루 1800kcal의 영양을 섭취하는 성인 여자는 임신 전반기에 1950kcal를 섭취하는 것이 좋다고 해도 평소보다 어느 정도를 더 먹어야 하는지 가늠하기 어려울 것입니다.

병원에서는 식품 성분표를 보여주며 돼지고기 70g, 파 15g 등을 섭취하라고 하지만 그처럼 매일 무게를 달아가며 요리할 수는 없습니다. 지금까지 일반적인 식사를 해왔다면 1800kcal를 섭취한 것이므로 150kcal를 늘리려면 대충 계산해서 생우유 300ml 정도를 더 섭취하면 됩니다. 생우유를 싫어한다면 여기에 상응하는 칼로리를 생선이나 육류, 치즈로 보충하면 됩니다. 또 임신 후반기가 되면 2150kcal를 섭취하는 것이 좋다고 하는데, 그때까지의 식사에 생우유 100ml와 달걀 1개 반을 더 먹으면 됩니다.

하지만 식사량을 어느 정도 늘릴까에 대해 굳이 생각하지 않아도, 뱃속의 아이에게 영양을 빼앗기기 때문에 자연스럽게 이전보다 더 먹게 됩니다. 저절로 잘 진행되도록 되어 있다고 한 것이 바로 이런 이유입니다.

●

임신 중에 체중은 10~16kg 증가하는 것이 보통입니다.

균형 잡힌 영양 섭취를 하고 있는지를 알아볼 수 있는 것이 체중입니다. 체중계가 없다면 미리 준비해 두어야 합니다. 입덧을 하는 동안에는 음식을 먹을 수 없어서 체중이 늘어나지 않지만, 입덧이 끝날 무렵부터는 1주에 350g가량 증가합니다. 28주가 지나면 1주에 300g가량 증가하는 것이 정상입니다. 체중이 증가하는 양상은 산부인과 의사에게 진찰받을 때마다 보고해야 합니다. 갑자기 500~600g이 증가하면 정기 검진일까지 기다리지 말고 진찰을 받으러 가야 합니다.

이런 음식을 먹으면 좋습니다.

철분이 부족하지 않도록 마른 멸치, 쇠간, 조개류, 달걀노른자 등을 먹고, 칼슘을 보충하기 위하여 생우유, 치즈, 뼈째 먹는 잔생선을 말린 것이나 조린 것 등을 먹습니다. 종합비타민제도 먹는 것이 좋은데, 1알에 비타민 A를 2500IU 함유한 것은 하루에 3알로 제한합니다. 1만IU 이상 섭취하면 기형을 일으킬 위험이 있습니다.

또한 엽산을 0.4mg 이상 섭취하지 않으면 척추관 손상을 일으킬 위험이 있습니다. 엽산은 시금치에 많이 들어 있습니다. 임신 중에는 비만 예방을 위한 다이어트는 중지하도록 합니다.

카레, 고춧가루, 마늘 등은 지금까지 사용해 오던 양을 초과하지 않도록 합니다. 커피의 유해성에 대해서는 논쟁이 끊이지 않고 있는데, 최근에는 마시지 않는 것이 좋다는 쪽으로 의견이 기울고 있습니다. 또한 땅콩 알레르기가 증가하는 원인의 하나로 임산부가 땅콩을 자주 먹는다는 점을 들 수 있습니다.

전업주부인 사람은 평소와 같이 집안일을 계속해도 됩니다.

임신했다고 해서 물이 가득 찬 항아리를 운반하고 있는 것처럼 생각할 필요는 없습니다. 임신 4~11주 사이에 유산이 많은 것은 사실이지만 그 원인이 과다한 운동 때문이라고는 할 수 없습니다. 유산에는 다 그럴 만한 내부적 원인이 있습니다. 격렬한 운동이 원인이 되는 경우도 있지만 내부적으로 유산할 만한 원인이 없는 사람은 웬만큼 운동을 해도 괜찮습니다. 그러나 유산의 내부적인 원인이 있는지 없는지는 겉으로 봐서는 알 수 없기 때문에 모든 초산부는 심한 운동은 피하는 것이 안전하다고 의사들이 말하는 것입니다.

이런 정도의 움직임이 좋습니다.

산책이나 쇼핑을 하러 가는 것은 적극 권장합니다. 36주가 되어 너무 움직이지 않으면 오히려 출산이 늦어집니다. 어느 정도 걷는 것이 적당한가 하는 것은 거리보다도 피로감으로 조절하는 것이 좋습니다.

자동차를 탈 때는 반드시 안전벨트를 착용해야 합니다. 영국에서는 뱃속에 아이가 있는 위치의 윗부분과 아랫부분에 벨트를 하고, 아이의 바로 위에는 걸치지 않도록 경고하고 있습니다. 대퇴부에도 걸쳐놓아 골반을 고정시킵니다. 벨트 아래에 타월을 끼워서는 안 됩니다.

여행은 거리보다 임산부의 몸이 어느 정도 흔들리느냐가 문제입니다. 기차나 비행기를 이용하면 32주째에도 국내라면 먼 거리도 안전하게 갈 수 있다는 것이 증명되었습니다.

여러 번 갈아타야 하는 장거리 열차보다는 자가용으로 천천히 여러 번 쉬어 가면서 이동하는 것도 좋은 방법입니다. 물론 여름에는 냉방, 겨울에는 난방이 되는 차이어야 합니다.

휴식 시간은 유동적으로 갖는 것이 좋습니다. 임신 초기에는 하루에 한 번 1시간씩 쉬라고 하지만 입덧이 심한 사람은 더 쉬어야 합니다. 후반기에는 하루에 두 번 1시간씩 쉬라고 합니다. 하지만 임신이 고통스럽지 않은 사람이라면 쉬는 동안에 아기 양말이라도 짜는 것이 좋습니다. 아무튼 규칙에 얽매이지 말고 피곤할 때마다 그때그때 쉬면 됩니다.

목욕할 때도 평소처럼 욕조에 들어가도 됩니다. 가능하면 매일 목욕하는 것이 좋습니다. 출산 예정일이 가까워지면 샤워를 하는 편이 더 좋다고들 하는데, 깨끗한 물이라면 욕조에 들어가도 상관없습니다.

평소 자전거를 타고 다녀 운동신경에 자신 있는 사람이라면 쇼핑 갈 때 자전거를 이용해도 좋지만 넘어지지 않도록 주의해야 합니다. 자동차를 운전하는 것도 익숙하기만 하다면 괜찮지만 울퉁불퉁한 길을 너무 오랫동안 달리는 것은 좋지 않습니다.

임신이 진행됨에 따라 몸 중심의 위치가 달라지기 때문에 평소와 똑같이 생각하여 발판에 올라가거나 하면 떨어질 위험이 있습니다. 그래서 하이힐도 임신 후반기에는 피하는 것이 좋습니다.

옷은 뱃속에 아기가 있다는 것을 염두에 두고 너무 꽉 조이게 입지 않도록 합니다. 임신복을 언제부터 입어야 하는지는 배가 나온 정도에 따라 결정하면 됩니다. 복대는 배가 나온 것을 숨기기 위한 것이 아니라 태아를 받쳐주기 위해 하는 것입니다. 옛말처럼 작게 낳아 크게 키운다는 생각에 아이를 압박하듯 복대를 감는 것은 좋지 않습니다. 복대를 해서 편안해지는 것은 아니지만 여러 번 감으면 뱃속에 있는 아이를 지킬 수 있다는 안도감이 듭니다.

외출할 때는 복대 위로 임부용 거들을 입으면 풀어지지 않아서 좋습니다. 그러나 반드시 복대를 해야 하는 것은 아닙니다. 배가 나온 것이 안정된 느낌이라면 굳이 하지 않아도 됩니다.

성관계도 뱃속에 있는 아기를 생각하며 갖는다면 괜찮습니다. 그러나 불결하면 방광염에 걸릴 수 있다는 것을 염두에 두어야 합니다. 33주가 되면 성관계의 자극으로 조산할 가능성이 있습니다. 그러므로 이전에 유산한 경험이 있는 사람은 특히 주의해야 합니다.

10. 함몰 유두

● 임신 중 젖꼭지가 튀어나오도록 하는 것이 좋다. 치료를 위한 다양한 기구가 있지만 그보다는 사람이 직접 해주는 것이 가장 효과적이다.

젖꼭지가 튀어나와 있지 않은 사람이 있습니다.

이런 사람들은 아기가 태어나면 젖꼭지를 입에 잘 물지 못하지 않을까 걱정될 것입니다. 젖꼭지가 쏙 들어가 있어도 아기 입이 크다면 유방째 빨 수 있습니다. 또 아무리 해도 빨지 못한다면 젖을 짜서 먹이면 됩니다. 하지만 임신 중에 가능하면 젖꼭지를 튀어나오도록 하는 것이 좋습니다.

제일 간단한 방법은 왼손으로 젖꼭지 부위를 눌러 밖으로 밀려 나오게 하면서 오른손 엄지손가락과 집게손가락으로 젖꼭지를 집어내어 당기는 것입니다. 그러고는 가볍게 젖꼭지를 문지릅니다. 이것을 하루 세 번 정도, 한 번에 3~4분씩 합니다. 단, 임신 4~11주 사이에는 유방의 자극으로 유산이 될 수도 있기 때문에 18주 정도부터 시작하는 것이 좋습니다.

더욱 효과적인 방법은 남편이 아기가 빠는 것처럼 빨아주는 것입니다. 이 정도로 열심히 도와주는 남편은 드물지만 이렇게 하면 젖꼭지가 나올 수 있습니다. 젖꼭지 주위를 도넛형의 플라스틱으로 누르는 브레스트 실드(breast shield)나 유리로 만든 유두흡인기 등이 시판되고 있지만 그보다는 사람이 직접 해주는 것이 가장 좋습니다. 하지만 때로는 아무리 노력해도 튀어나오지 않던 젖꼭지가 아기가 태어나 젖을 빨기 시작하면서 나오는 경우도 있습니다.

11. 입덧

- 입덧은 임신 16주가 되면 대부분 사라진다.
- 입덧 때문에 태아가 사망하는 일은 없다.

입덧은 대개 임신 5주부터 시작합니다.

특히 아침저녁에 속이 메슥거리고 헛구역질을 합니다. 그리고 지금까지 아무렇지도 않게 먹던 음식이 냄새만 맡아도 속이 메스꺼워집니다. 식욕이 전혀 없어지고 침이 많이 나오기도 합니다. 체중도 줄어들고 여러 증상의 두통도 있습니다. 이 상태로 출산 때까지 버틸 수 있을까 하는 불안감이 듭니다. 그러나 입덧 때문에 태아가 사망하는 일은 없습니다. 입덧은 임신 16주가 되면 자연적으로 낫습니다. 그리고 영양 부족으로 작은 아이가 태어나는 일도 없습니다. 구토가 계속되더라도 단식은 하지 않는 것이 좋습니다. 식사 양을 줄이고 횟수를 늘리는 것도 좋은 방법입니다. 아이스크림, 셔벗, 차가운 과즙 등으로 영양을 보충하고 수분이 부족해지지 않도록 합니다. 아침에 일어났을 때 기분이 나쁘면 이부자리에서 크래커나 쌀가루로 만든 과자를 먹어도 됩니다. 그러나 도저히 아무것도 먹을 수 없을 때는 얼음 조각을 입에 넣고 빨아봅니다. 위장을 차게 하는 것이 좋습니다.

입덧이라는 것을 알았다면 의사는 찾아가지 않는 것이 안전합니다. 의사에게 가면 아직 안전성이 검증되지 않은 신약을 처방받을 각오를 해야 합니다.

12. 임신을 방해하는 사소한 증상 

- 현기증과 어지러움증이 있다.
- 변비와 불면증이 생기고 잇몸이 자주 붓는다.
- 임신 후기에는 부종과 요통이 나타난다.

현기증과 어지러움은 임신 초기부터 가끔 나타나는 경우가 있습니다.

서 있을 때 현기증이 날 때는 걸터앉거나 앉으면 낫습니다. 메스껍거나 식은땀이 나고 실신하는 일도 있지만 시간이 지나면 자연히 낫기 때문에 특별히 약을 먹을 필요는 없습니다. 임신이 진행되어 배가 불러질 즈음 위를 보고 누우면 뇌빈혈을 일으킬 수 있습니다. 커진 자궁이 대정맥을 눌러 혈액이 심장으로 돌아가는 것을 방해하기 때문입니다. 이럴 때는 옆으로 누우면 낫습니다.

분비물도 임신 초기부터 자주 보입니다. 소독면으로 닦을 때 자세히 살펴보는 습관을 들이면 언제 출혈을 하는지 놓치지 않고 볼 수 있습니다. 황록색 고름 같은 것이 나오지 않는 한 국부를 청결하게 하는 것만으로 충분합니다.

변비는 임신 전 기간을 통해서 드물지 않게 나타납니다.

운동 부족도 변비의 원인이 되므로 걸어 다니는 것을 게을리 하지 않도록 합니다. 신선한 과일이나 야채를 먹거나 요구르트를 마시면 좋습니다. 변비약을 복용할 때는 산부인과 의사에게 처방받는 것이 안전합니다.

변비와 연관되어 치질이 생기는 경우가 있는데, 치질 전문의를 찾아가는 것보다 변비를 치료하는 것이 우선입니다. 진찰을 받으려면 산부인과 의사에게 가는 것이 좋습니다. 치질 때문에 출산이 방해되는 일은 없으며, 아이를 낳고 나면 낫는 것이므로 산부인과 의사는 수술을 권유하지 않을 것입니다. 튀어나온 부분을 안으로 넣고 외용치질약을 바르면 됩니다.

●

불면증도 임신 초기에 많이 나타나는 증상입니다.

몸 안에서 예전에 경험하지 못했던 대변동이 일어나고 있는 것이 원인이기 때문에 그것이 가라앉으면 저절로 낫습니다. 그리고 불면증이 계속되어도 걱정할 필요는 없습니다. 태아에게 문제 될 것은 없으므로 가능하면 수면제는 복용하지 않는 것이 좋습니다. 특히 새로 나온 수면제는 절대로 먹어서는 안 됩니다.

코피를 흘리는 일도 드물지 않습니다. 출혈 부위를 심장보다 높게 해야 하므로 앉아서 콧방울을 꽉 누르고 있으면 멈춥니다. 따라서 이비인후과에 갈 정도의 일은 아닙니다. 이럴 때는 신선한 과즙을 약이라고 생각하면 됩니다.

●

잇몸도 자주 붓습니다.

칫솔질을 할 때 종종 피가 나오는데 이것도 특별한 치료를 필요로 하지 않습니다. 침이 많이 나와 곤란할 수도 있고, 대개는 토할 것 같은 기분이 동시에 듭니다. 토하는 것이 싫어 먹지 않기 때문에 침이 나는 것입니다. 토할 기미 없이 침만 계속해서 나오는 일도 있지만, 그대로 두어도 저절로 낫습니다.

정맥류란 피의 흐름이 나빠서 정맥이 선명하게 튀어나와 군데군데 혹처럼 되는 것입니다 주로 발등, 장딴지, 넓적다리 안쪽, 음부에 나타납니다. 이것은 커진 자궁이 대정맥을 누르는 데다 정맥 벽에 있는 근육이 호르몬 때문에 느슨해져 생기는 것입니다. 이 증상도 출산하면 저절로 낫습니다. 서 있는 시간을 줄이고, 잘 때는 담요나 이불로 다리를 받쳐 발을 높여주도록 합니다. 그리고 다리를 쭉 뻗고 밑에서 위를 향해 쓰다듬어 줍니다. 이 경우에도 혈관을 강하게 해준다는 약 따위는 먹지 않도록 합니다.

●

부종도 임신 후반에는 40%의 임산부에게 나타나는 증상입니다.

자궁이 커짐으로써 혈액 순환을 방해하여 서 있으면 종아리가 붓는가 하면, 정강이뼈 위를 손가락으로 세게 누르면 쑥 들어가고 들어간 자국이 한참 동안 그대로 남아 있습니다. 그러다가도 아침에 일어나면 부기가 빠져 있습니다. 만약 부종이 아침에도 계속되어 반지를 빼기 힘들 때는 체중을 재봅니다. 체중이 1주에 500g 이상 늘어나면 정상이 아니므로 즉시 의사에게 진찰을 받아야 합니다.

하지만 단지 부종만 있다면 그대로 두어도 괜찮습니다.

넓적다리 바깥 부분이 저리거나 손끝이 얼얼하게 아프거나 감각이 없을 수도 있는데, 이것은 부종이 신경을 누르기 때문이라고 생각됩니다. 속쓰림도 드물지 않습니다. 이것은 복압(腹壓)이 높아져 느슨해진 분문(식도와 위가 연결된 곳)에서 위산이 식도로 역류하기 때문인 것으로 보이는데, 탄산수소나트륨과 같은 제산제를 조금 마시면 괜찮아집니다.

●

요통과 장딴지에 쥐가 나는 것은 임신 후반기에 많이 나타납니다.

자궁이 무거워진 상태에서 걸으려면 몸을 뒤로 젖혀야 하므로 허리 근육이 많이 피로해지기 때문에 요통이 생기는 것입니다. 장딴지에 쥐가 나는 것도 근육에 지나치게 부담이 가기 때문입니다. 이런 증상이 나타나면 서 있는 시간을 줄여야 합니다.

피부의 색소 침착으로 젖꼭지 주위가 까매지는데, 이것이 얼굴, 회음부(음부와 항문 사이), 음부에도 나타납니다. 하복부에서 늑골(갈비뼈) 쪽으로 여러 개의 갈색 선이 나타나는데, 이것을 '임신선'이라고 합니다. 처음에는 밑에 있는 혈관이 비쳐서 보랏빛으로 보이지만 나중에는 하얗게 광택이 납니다. 출산하고 나면 거의 눈에 띄지 않고, 임신선이 전혀 나타나지 않는 사람도 있습니다.

●

빈혈은 보통 임신 말기에 나타납니다.

보통 임신 말기에 병원을 옮기면서 혈액을 재검사하는 과정에서 빈혈을 발견하게 됩니다. 친정에 가서 맨 처음 진찰받는 병원에서 혈액 검사를 하여 빈혈이라는 소리를 듣는 경우가 있습니다. 보통 헤모글로빈이 11g/dl 이하면 빈혈이라고 하는데, 임신 말기에 10.4g/dl 정도 되는 것은 흔한 일입니다. 적혈구도 400만 개를 밑돌지만 경험 많은 산부인과 의사는 문제 삼지 않을 것입니다.

13. 유산을 일으킬 수 있는 질환 

- 유산은 주로 임신 4~11주 사이에 일어난다.
- 소량의 출혈에도 항상 주의를 기울여야 한다.

유산은 임신 4~11주 사이에 일어나는 경우가 많습니다.

유산을 일으킬 수 있는 이변이라 함은 임신이 유지되지 않거나 경우에 따라서 엄마의 생명을 위태롭게 하는 사건을 말합니다. 임신 전반기에 일어나는 커다란 이변은 어느 것이나 출혈을 동반하기 때문에 출혈에는 항상 주의해야 합니다. 원인으로는 유산, 자궁외임신, 포상기태(胞狀奇胎) 등이 있습니다.

유산은 임신 4~11주 사이에 일어나는 경우가 많습니다. 유산은 의사 입장에서 보면 병이지만, 인류 전체의 입장에서 보면 실패한 수정란이 출산 때까지 유지되지 않도록 조절하는 자연의 섭리라고 생각할 수도 있습니다. 자연적으로 유산된 덩어리 안의 수정란을 검사해 보면 염색체에 이상이 있는 경우가 아주 많기 때문입니다.

이러한 자기 방어적인 자연유산은 전체 임신의 15% 정도 됩니다. 생리가 조금 늦어져 보통 때보다 양이 많은 경우에도 자연유산이 포함된 것으로 생각할 수 있습니다. 따라서 어떤 치료를 해도 막을 수 없는 유산이라면 처음부터 실패한 임신입니다. 가령 유산을 막을 수는 있다 해도 오래 살진 못합니다. 태아인 상태에서 사망하거나 아니면 태어나도 금방 사망하게 됩니다.

임신 4~11주 사이에 갑작스러운 출혈(양은 각기 다름)이 있거나 하복부에 이상한 느낌(아플 수도 있고 팽만감이 들 수도 있음)이 있으면, 맨 먼저 유산이 아닌가 생각해 봐야 합니다. 이때 이미 자궁문이 열려 있으면 유산은 피할 수 없습니다. 출혈도 많습니다. 그러나 아직 자궁문이 열려 있지 않은 경우 안정을 취하면 유산의 진행을 막을 수도 있습니다. 유산의 치료에 예전에는 합성 여성호르몬을 사용했지만 태어난 아이의 성기에 기형이 생기기도 하고, 여자 아이는 질암을, 남자 아이는 정자 부족을 일으키기도 해서 지금은 사용하지 않습니다(연구가 부족한 의사는 여전히 사용하기도 함).

출혈이 있을 때는 이렇게 합니다.

출혈과 함께 아랫배에 통증이 있을 때는 즉시 산부인과 의사에게 진찰을 받아야 합니다. 통증이 없는 출혈도 초음파로 검사해 보면 원인을 알 수 있기 때문에 빨리 진찰을 받아보는 것이 좋습니다.

임신이라고 진단받았을 때, 출혈을 하면 어디에서 바로 진찰받을 수 있는지를 의사에게 미리 확인해 두는 것이 좋습니다.

태아가 이미 사망해서 자궁 내막의 일부가 부패한 경우에는 분비물이 갈색을 띱니다. 이 경우에는 안정을 취해도 소용이 없습니다. 그러나 분비물에 섞여 있는 혈액이 선명한 핏빛일 때는 단순히 태반의 일부가 떨어진 것일 수 있습니다. 이때는 절대 안정을 취하고 출혈이 멈추기를 기다려야 합니다.

자궁외임신은 진단이 어렵고 위험합니다.

1000명 중 2~3명 정도에서 나타나는 자궁외임신은 진단이 어렵기 때문에 임산부에게는 아주 위험합니다. "임신하셨습니다"라는 말을 들은 사람이 자궁외임신이 되는 경우는 드뭅니다. 임신한 것을 알지 못한 채 갑자기 아랫배에 심한 통증을 느끼다가 결국은 배 전체가 아파집니다. 메스껍거나 구토가 나며 얼굴이 창백해지고 그러다 쓰러져버립니다. 그리고 조만간 하혈을 하게 됩니다.

수정란이 자궁 이외의 곳에 착상하면 6~10주 이내에 파열합니다. 따라서 생리를 한 번 거른 것을 대수롭지 않게 생각하고 있다간 다음 생리일 이전에 파열되어 버리므로 조심해야 합니다. 이때 본인이 임신이라고 생각하지 않으면 내과로 가게 됩니다. 이럴 때는 난관이 파열하여 복강에 대량의 출혈을 일으키고 있기 때문에 가능하면 빨리 개복하여 피를 멈추게 해야 합니다. 우물쭈물하다가는 수술 시기를 놓치게 됩니다. 결혼한 여성에게는 항상 이러한 이변이 일어날 수 있다는 것을 염두에 두고, 심한 복통에 이어 출혈이 있을 경우에는 구급차를 불러 산부인과 병원으로 가야 합니다. 그렇지 않으면 생명을 잃게 됩니다.

예전에는 생리가 없어 진찰을 받고 나서 정상적인 임신이라는 말을 들었는데도 자궁외임신인 경우가 전혀 없었던 것은 아니지만, 지금은 모든 산부인과 의사가 초음파를 이용하여 태아를 검사하기 때문에 자궁외임신을 놓치지 않습니다. 하지만 예전에는 복통과 출혈이 있어야만 비로소 알 수 있었습니다. 자궁외임신은 이전에 임신중절 수술을 한 적이 있는 사람에게 많이 생깁니다. 하지만 임신 10주를 넘기면 이런 걱정은 할 필요가 없습니다.

포상기태일 때 태아가 사망합니다.

포상기태는 나중에 태반이 될 융모의 세포가 변화하여 많은 포도상태의 주머니를 만드는 병입니다. 물론 태아는 사망합니다. 이때는 정상적인 임신과 달리 자궁이 갑자기 커집니다. 이 세포가 자궁에 남아 있으면 나중에 악성화되어 체내의 다른 기관에도 전이되어 생명이 위험해집니다. 따라서 진단이 내려지면 즉시 자궁에서 흡인, 제거해야 합니다.

또한 입덧이 심하고 단백뇨나 고혈압도 나타나는데 의사에게 보이지 않으면 진단할 수 없습니다. 이 병을 알 수 있는 단서는 자궁에서의 출혈입니다. 다행히 초산인 경우에는 드물게 나타납니다. 8~19주 사이에 출혈이 일어나고 출혈량도 많습니다.

임신 후반기에도 대량 출혈이 있을 수 있습니다.

임신 후반기에 일어나는 큰 이변도 자궁에서 대량 출혈을 일으키는 것이 많습니다. 전치태반의 비율은 0.6~0.9% 정도로 초산인 경우에는 드뭅니다. 보통 수정란은 자궁 뒷부분에 착상하는데, 입구 주변에 착상하면 태반의 일부 또는 대부분이 자궁 입구 쪽에 자리 잡습니다. 그리고 28주 이후 또는 분만이 시작될 때 태반이 벗겨져 출혈을 일으킵니다. 이것은 통증도, 예고도 없이 갑자기 많은 양의 출혈을 하게 됩니다. 예전에는 위험한 것이었지만 지금은 초음파 검사로 조기 진단을 할 수 있기 때문에 이제 이런 일은 없을 것입니다.

임신 후반기에는 의사가 정한 진찰일에 꼭 병원에 가야 합니다. 전치태반이라는 것을 알게 되면 입원을 해서 적절한 시기에 제왕절개 수술을 하게 됩니다.

태반의 조기 박리도 28주 이후에 일어나는 출혈이 원인입니다.

여러 번의 출산 경험이 있는 35세 이상의 여성에게 많이 나타납니다. 언제 박리가 일어날지는 의사도 모릅니다. 다만 임신중독증(임신하여 혈압이 높아지고, 소변에 단백이 나와서 부종이 심해짐)에 의한 것이 대부분이기 때문에 혈압과 소변, 부종의 상태를 관찰하면 미리 예방할 수 있습니다.

매주 체중을 재고 있다면 갑자기 체중이 늘어날 때 부종이 생겼다는 것을 알 수 있습니다. 임신 후반기에는 1주에 300g 전후 늘어나는 것은 괜찮지만 500g 이상 늘어날 경우에는 의사에게 진찰을 받아보아야 합니다. 혈압이 조금 높은 것을 의사가 미리 알고 있다면, 단백뇨가 나오지 않는지 집에서 측정하게 할 수도 있습니다.

임신중독증은 빨리 발견하여 치료할 수 있는 병이므로, 예전처럼 전신 경련을 일으켜 의식을 잃는 자간(子癎)은 거의 볼 수 없습니다. 임신중독증 치료는 반드시 병원에서 해야 합니다. 혈압이 어느 정도 높아지고 소변에 단백질이 많아진 것 같으면 의사가 입원을 권유할 것입니다. 치료해도 좋아지지 않는 경우에는 36주 이후라면 인공조산을 해야 합니다. 그 이전이라면 판단하기 힘듭니다. 그러나 태반 박리가 일어나면 임신은 지속되기 어렵습니다.

태반 박리가 일어나면 혈액의 피브리노겐이 많이 감소되어 지혈이 잘 안 되기 때문에 수술하기가 힘듭니다. 보존 혈액보다 신선한 혈액이 필요하기 때문에 임신중독증이라는 진단을 받으면 혈액형이 같은 사람을 미리 수소문해 놓는 것이 좋습니다.

상위태반 박리는 전치태반의 경우와는 달리 처음에 심한 통증이 있고 난 후에 출혈을 합니다. 때로는 밖으로 출혈하지 않는 경우도 있습니다. 출혈 때문에도 그렇지만 얼굴이 창백해지고 식은땀을 흘리며 배가 딱딱해집니다. 최근에는 이런 일이 집에서 일어나는 경우는 거의 없습니다.

14. 임신 중 전염병

● 바이러스에 의한 태아 감염은 기형 또는 유산을 유발한다.

바이러스에 감염된 태아는 기형이 심하고 유산되는 경우가 많습니다.

임신 초기에 풍진에 걸린 엄마에게서 태어난 아기에게 눈, 귀, 심장 등에 기형이 생긴다는 것을 알고 난 뒤부터 임산부들은 바이러스로 인한 전염병을 두려워합니다. 그러나 모든 바이러스가 기형을 초래하는 것은 아닙니다. 그리고 위험한 시기는 대개 임신 18주까지입니다. 이 시기까지 태아의 중요한 기관들이 만들어지기 때문에 그 이전에 바이러스에 감염되면 기형이 됩니다. 풍진은 임신 전 혈액의 항체를 검사해 두면 기형을 피할 수 있는 예방법이 있습니다. 7 임신 전 건강 관리

홍역은 대개의 사람들이 어릴 때 걸리기 때문에 면역이 되어 있습니다. 홍역 생백신을 맞은 사람도 생후 15개월 이후에 접종했다면 어른이 되어도 면역이 되어 있을 것입니다. 그 이전에 접종한 사람은 좀 더 확실하게 하기 위해서 임신 전 혈액 중 항체를 검사해 보는 것이 안전합니다.

가끔 형제들은 홍역을 앓았는데 자기만 걸리지 않았다고 하는 여성이 있습니다. 이런 경우는 마침 생후 4~5개월 때 형제 중 누군가에게 홍역이 감염되어 가볍게 지나간 것입니다. 엄마에게서 받은 항체가 어느 정도 남아 있어 겉으로 증상이 나타나지 않을 정도의

가벼운 홍역에 걸려 면역만 남은 것입니다. 하지만 증상이 나타나지 않았기 때문에 이 여성의 엄마도 딸이 홍역에 걸리지 않았다고 믿고 있습니다. 이러한 여성은 임신 초기에 홍역에 걸린 아이와 접촉해도 감염되지 않습니다. 하지만 홍역에 면역되어 있지 않은 여성이 임신 초기에 홍역에 걸리면, 바이러스에 감염된 태아는 기형이 심하고 유산되는 경우가 많습니다.

수두는 임신 20주 이내에 걸리면 2%의 아기가 기형이 된다는 보고가 있습니다.

수두를 앓은 적이 없는 임산부가 수두에 걸린 아이와 접촉하면 즉시 감마글로불린 주사를 맞아야 합니다. 출산 직전이나 직후에 엄마가 수두에 걸리면 태어난 아이도 심한 수두에 걸립니다.

유행성 독감 또는 감기가 유행하고 난 뒤에 기형아가 많이 태어났다는 말은 들어본 적이 없습니다. 독감이 유행할 때 임신 초기의 임산부들로부터 여러 차례 질문을 받았는데, 독감을 앓은 임산부에게서 태어난 아기가 기형인 경우는 없었습니다. 또 볼거리에 걸린 엄마가 유산을 했다는 보고가 없지는 않지만 기형을 초래하지 않는다는 의견이 많습니다.

임산부의 혈액을 검사했더니 B형 간염의 항원(HBs Ag)이 발견되어 B형 간염 보인자로 밝혀지는 경우가 있습니다. 이럴 때는 간기능 검사를 하여 간염에 걸렸는지 여부를 알아보게 됩니다. 간염에 걸렸다면 어떤 의사는 중절 수술을 권유할지도 모릅니다. 또 간염의 정도에 따라서 중절하지 않아도 된다고 말하는 의사도 있을 것입니다.

간염에 걸렸다고 해도 태아에게 기형을 초래하는 일은 없지만 아기가 간염 바이러스에 감염될 가능성은 있습니다. 간 기능은 정상이지만 혈액에 HBe 항원이 있는 것을 알았다면, 태어날 아기가 간염 항원을 가진 보인자가 되는 것을 막기 위해 태어난 뒤 바로 B형 간염 백신을 접종해야 합니다.

바이러스는 아니지만 매독의 트레포네마가 침입하기도 합니다.

임신 진단을 받고 혈액 검사를 했을 때, 매독에 대해 음성 반응이 나타났다 하더라도 그 후에 감염되는 경우도 있습니다. 거의 전부가 성관계에 의해서 감염되기 때문에 배우자의 품행이 바르지 않으면 임신 중에 감염될 수도 있습니다.

보통 자각 증상은 없지만 감염 후 2~3주가 지나면 혈청 반응이 양성으로 나옵니다. 양성인 경우에는 바로 치료해야 태아에게 선천성 매독이 발병하는 것을 막을 수 있습니다. 매독 검사를 했을 경우 혈청 반응에서 음성인데도 양성으로 나오는 경우가 20~40% 된다는 사실을 모르면 가정 불화가 일어날 수도 있습니다. 이것은 TPHA(트레포네마 적혈구 응집법) 테스트나 FTA(형광항체법) 테스트로 확인할 수 있습니다. 보통 이질은 성기에 화농이 생기지만 증상이 없는 경우도 있습니다. 임신 발견 시와 출산 직전에 균을 배양, 검사하여 양성이라면 즉시 치료해야 합니다. 태어난 아기에게는 눈에 항생제를 넣어 실명을 예방해야 합니다. 산도에서 헤르페스의 진(疹)이 발견되면 제왕절개를 하여 감염을 예방해야 합니다. 남편의 품행이 단정하기를 바랄 뿐입니다.

15. 질병이 있는 여성의 임신

● 결혼 전 정밀 검사를 받아 병의 상태를 확실히 파악해 두는 것이 필수이다.

결혼 전 병의 상태를 파악하기 위해 정밀 검사를 받는 것이 좋습니다.

예전에는 질병이 있는 여성의 임신을 의사들이 매우 꺼렸습니다. 내과 의사와 산부인과 의사가 함께 힘을 합쳐 출산 때까지 협력하는 팀이 없었기 때문입니다. 하지만 지금은 종합병원의 경우 해당 과의 의사와 팀을 짜기가 쉬워져 질병이 있는 여성도 출산할 수 있는 경우가 많아졌습니다.

예전부터 자신의 질병을 알고 있는 사람은 결혼 전에 병의 상태를 확실히 파악하기 위해 정밀 검사를 받아두는 것이 좋습니다. 임신을 하고 난 후에는 이미 늦습니다.

만성 신장염이 있는 여성이 임신 후에 받은 검사에서 혈압이 높을 경우 그것이 임신 전부터 그랬는지 아니면 임신 때문에 그런 것인지를 아는 것은 앞으로의 일을 결정하는 데 매우 중요한 사항입니다. 어릴 때 신장염을 앓았고 그 후로도 가벼운 단백뇨가 계속되고 있지만, 혈압이 높지 않고 임신한 후에도 혈압이 높아지지 않는 사람은 임신 경과가 정상적인 사람과 똑같은 것입니다. 하지만 임신 초기부터 혈압이 높아졌을 때는 유산이나 태반 박리를 일으키기 쉽기 때문에 각별히 주의하면서 지켜봐야 합니다. 신장이 나빠 투석을 하고 있는 여성은 임신하지 말라는 충고를 들을 것입니다. 이에 비해 신장 이식에 성공한 여성은 출산이 잘되는 경우가 많습니다. 하지만 면역억제제를 상용하고 있을 때는 태아의 기형을 초래할 가능성이 많기 때문에 임신하지 않는 것이 안전합니다.

당뇨병이 있는 여성이 아이를 낳으려면 혈당이 정상인 상태에서 임신해야 합니다.

당뇨병이 있는 여성은 식이요법만 하고 있는 사람도, 어릴 때부터 인슐린 주사를 맞고 있는 사람도 혈당을 정확히 측정하여 의사에게 정상이라는 확인을 받아야 합니다. 경우에 따라서는 입원하여 혈당을 정상으로 유지해야 합니다. 이 상태에서 임신한 뒤에도 혈당을 항상 정상치로 유지해야 합니다. 집에서 매일 스스로 인슐린을 주사하여 소변을 검사하고, 혈당을 기록하고, 체중을 정확히 재야 합니다. 그리고 정기적으로 병원에 가서 혈압을 재고 안전 검사를 하며, 20주 이후에는 초음파로 태아의 상태를 검사하면 정상적인 아이를 낳을 수 있을 것입니다. 예전에는 이런 관리를 할 수 없었기 때문에 당뇨병이 있으면 임신하지 않는 것이 좋다고 했던 것입니다.

당뇨병 환자인 여성은 임신중독증이나 양수 과다를 일으키기 쉽고, 태반에 이상이 생기는 경우도 많습니다. 엄마의 혈당 관리가 잘못되면 태아는 당이 많은 엄마의 혈액에 반응하여 인슐린을 다량으로 분비하게 되고, 이로 인해 태아가 커져서 출산할 때 어깨가 걸려 난산을 하게 됩니다. 따라서 28주 이후에는 입원하는 것이 좋으며, 36주가 지나 태아가 밖에서 충분히 자랄 수 있을 것으로 판단되면 조기 출산을 위해 제왕절개를 합니다. 그렇지 않으면 엄마뿐 아니라 태어날 아기도 저혈당이 될 수 있습니다.

임신 전에는 당뇨병이 아니었는데 임신 후에 혈당이 높아지는 경우도 있습니다. 공복 시와 식후에 혈당을 재보아 고혈당이면 임신성 당뇨병이므로 즉시 식이요법을 시작해야 합니다. 식이요법만으로 좋아지지 않는 경우에는 인슐린을 투여하는데 대부분은 출산과 동시에 치유됩니다. 당뇨병이 이미 오래되었고, 단백뇨가 나오거나 눈의 망막에 이상이 있는 여성에게는 출산은 무리입니다.

●

심장병이 있는 사람은 가능한 한 빨리 결혼하여 일찍 출산하는 것이 좋습니다.

심장병이라고 하면 예전에는 류머티스열에 의한 판막증이었지만, 지금은 류머티스열에 대한 치료법이 발달하여 심장판막증이 생기는 일은 거의 없습니다. 또 선천성 심장병이 있는 사람이 임신할 수 있는 연령까지 생존하는 경우가 많아졌습니다. 심장외과의 진보로 상당히 심각한 선천성 심장병도 고칠 수 있게 되었기 때문입니다.

심장 수술을 한 사람은 결혼이 결정되면 예전에 수술을 집도한 의사에게 진찰을 받아야 합니다. 심장 기능이 완전하지 않으면 유산이나 조산을 하기 쉽기 때문입니다. 심장 전문의가 임신과 출산에 무리가 없을지 판단해 줄 것입니다.

심장 수술을 하라는 말을 듣고도 수술을 미루고 있는 사람은 아이를 갖고 싶다면 임신 전에 수술해야 합니다. 심장 전문의는 아이를 살리는 치료에서 엄마와 아이를 함께 살리는 치료로 영역을 넓혀가야 할 것입니다. 임신하면 즉시 혈액 순환의 상태가 변하기 때문에 임신 전에 검사해 두지 않으면 정확하게 예측하기 어렵습니다.

심장병이 있는 사람이 출산을 하려면 가능한 한 빨리 결혼하는 것이 좋습니다. 젊을수록 출산의 어려움을 잘 견뎌낼 수 있기 때문입니다. 그리고 임신 후반기에는 입원을 해야 합니다. 집에 있을 때도 체중 증가를 최소한으로 줄이고, 숨이 막힐 것처럼 답답해지면 즉시 입원해야 합니다.

●

요로감염증일 경우 병 자체보다 사용하는 약에 대해 각별한 주의가 필요합니다.

소변에서 세균이 발견되지만 자각 증상이 없는 무증후성 세균뇨에 걸린 여성이 임신 사실을 알게 되었을 경우, 즉시 치료해야 하는지 아니면 요로감염증(신우염이나 방광염)을 일으켰을 때 치료해야 하는지는 의사들 사이에서도 의견이 분분합니다. 치료를 하지 않아도 신우염을 일으키지 않고 무사히 출산하는 경우가 적지 않기 때문입니다. 예전부터 세균뇨가 있었다면 재발할 수도 있지만 임신 전에 치료해 두는 것이 좋습니다.

지금까지 요로감염을 일으킨 적이 없는 사람에게 임신 16주 이후에 방광염이 생기는 경우도 드물지는 않습니다. 병 자체는 태아에게 영향이 없지만 치료에 사용하는 약에는 각별히 주의해야 합니다.

●

결핵·천식·간질 환자도 출산을 포기할 필요는 없습니다.

결핵이 임신 중에 발견되어도 이소니아지드, 리팜피신, 에탄부톨을 병용하여 치료할 수 있습니다. 하지만 스트렙토마이신과 피라지나마이드는 금물입니다.

천식이 있다고 해도 출산을 포기할 필요는 없습니다. 임신 중에는 발작도 뜸해지고 증세도 가벼워지는 경우가 많습니다. 그러나 항상 그렇다고는 할 수 없으므로 내과와 산부인과 의사가 서로 협력하는 가운데 진찰을 받아야 합니다. 부신피질호르몬 내복약은 먹지 않는 것이 좋은 반면 흡입 치료제는 지장이 없습니다. 또 부모 중 어느 한쪽이 간질이라 해도 임신을 기피할 이유는 없습니다. 이런 부부에게서 태어나는 아기가 간질이 될 가능성은 30쌍 중 1명 정도입니다. 그리고 임신으로 간질이 악화되는 경우는 1/4 정도입니다.

항경련제가 기형을 초래할 가능성은 약에 따라 다릅니다. 통계 숫자가 여러 가지인 이유는 그 원인이 간질 유전자에 의한 것인지 아니면 약에 의한 것인지 모르기 때문입니다. 임신 중에는 혈액 속 약의 양이 줄어들기 때문에 1개월에 한 번은 양을 측정해 봐야 합니다. 이때 줄어들었다면 약의 양을 늘려야 합니다. 임신했다고 하여 약을 끊을 필요는 없습니다. 임신이 간질 발작을 일으키기 쉽다고 생각하는데, 그것은 약의 양을 줄였기 때문인 것 같습니다. 출산 후에는 약의 양을 원래대로 하면 됩니다. 발프로산 이외에는 약간은 모유를 통해 아기에게 영향을 줄 수 있는데, 아기에게 졸음이 온다든지 하는 이상 증세가 나타나면 약을 조절하면 됩니다.

●

갑상선기능항진증이 있는 임산부도 치료를 계속하면서 무사히 출산할 수 있습니다.

갑상선의 활동을 정확하게 포착하는 검사 방법이 발달하여 약의 분량을 잘 조절할 수 있게 되었기 때문입니다. 갑상선을 자극하는 물질(항체)이 태반을 통해 태아에게 도달해도 임신 중기까지는 태아의 갑상선은 반응하지 않습니다. 중기 이후에는 경우에 따라 태아의 갑상선 기능이 높아지기도 하지만 임산부가 적당량의 약을 먹고 있다면 효과를 볼 수 있습니다. 출산 후 며칠이 지나면 아기가 갑상선기능항진을 일으키는 경우도 있는데, 약으로 치료할 수 있습니다. 출산 후 엄마가 먹는 약이 모유를 통해 나오지만 보통 양으로는 아기에게 해가 없습니다.

페닐케톤뇨증으로 영아기부터 10년 이상 치료식을 계속했지만 이제는 치유되어 보통 식사를 할 수 있게 된 여성이 임신을 하면 태아의 뇌나 심장에 이상을 초래한다는 사실이 밝혀졌습니다. 그러므로 임신 후부터 페닐알라닌이 적은 치료식으로 바꾼다 해도 이미 늦습니다. 결혼하면 다시 치료식을 시작해야 하고, 출산 후에는 모유를 먹이지 말아야 합니다. 모유에 페닐케톤이 다량 함유되어 있기 때문입니다.

●

임신으로 인한 고혈압은 출산하고 10일쯤 지나면 낫습니다.

산부인과에서 고혈압이라고 말하는 경우는 수축기 혈압이 140 이상, 확장기 혈압(최저 혈압)이 90mmHg 이상일 때입니다. 이 기준이라면 내과에서는 고혈압이 아닌 사람도 포함됩니다. 임신 전 혈압이 높지 않았던 여성이 임신으로 고혈압이 되는 경우가 있습니다. 임신 24주쯤에 많습니다. 그렇다고 해도 소변에 단백이 나오지 않고 부종도 없다면 집에서 치료할 수 있습니다. 혈압이 상당히 높아 혈압강하제를 복용하여 정상치를 유지하는 사람도 마찬가지입니다. 고혈압 치료에는 안정이 제일입니다. 대개 산부인과 의사로부터 칼로리 섭취를 줄이고 염분도 적게 섭취하라는 말을 들을 것입니다. 안정을 취하고 식사를 바꾸는 것만으로 혈압이 내려가면 약은 먹지 않아도 됩니다.

혈압강하제를 먹어도 혈압이 내려가지 않거나 소변에 단백이 나오면 태반 박리나 조산, 태아의 성장 지연을 예방하기 위해 입원해야 합니다. 최근에는 도플러 장치로 태반의 혈류를 검사할 수 있게 되었기 때문에 20주쯤 되면 임신으로 인한 고혈압이 생길 수 있다는 것을 미리 알 수 있게 되었습니다. 또 도플러 장치로 고혈압에 단백뇨까지 있는 임산부에게 자간(子癎 : 분만 때 흔히 일어나는, 전신 경련과 실신 발작을 되풀이하는 병)이 일어날 것을 미리 예측, 태아의 성장에 맞추어 제왕절개를 하여 엄마와 아기를 함께 살릴 수 있게 되었습니다.

임신으로 인한 고혈압은 출산하고 10일 정도 지나면 낫습니다. 가벼운 고혈압(160~110mmHg 정도)이 있는 사람은 무리 없이 순산할 수 있습니다. 혈압강하제를 사용하지 않아도 된다는 의사도 있습니다. 조울증인 여성은 지금 진찰받고 있는 의사에게 출산 후의 계획(전업주부가 될 것인지, 맞벌이를 할 것인지)과 남편의 협력 정도를 이야기하여 임신해도 좋은 시기를 정해 줄 것을 부탁합니다.

16. 초음파

● 초음파 검사를 통해 태아에게 나타나는 대부분의 이상 유무를 확인할 수 있다.

초음파로 인해 출산이 훨씬 수월해졌습니다.

최근에는 초음파를 이용하여 몸속 상태를 검사할 수 있게 됨으로써 산부인과 의사가 실패하는 확률이 전에 비해 훨씬 적어졌습니다. 초음파는 태아의 성장 상태만 볼 수 있는 것이 아닙니다. 예전에는 알아내기 힘들었던 쌍둥이도 간단하게 알 수 있습니다. 심각한 기형인 것을 알고 인공중절을 선택하는 부모도 생겼습니다. 태아가 자궁 안에서 위치를 바꾸어 누워 있거나 거꾸로 있으면 의사는 태아의 위치에 맞춰 임산부에게 옆으로 자라고 합니다. 그러면 1~2주 만에 자연스럽게 원래의 위치로 되돌아옵니다. 임신 33주가 되면 태아의 머리, 배, 대퇴골의 계측이 가능하기 때문에 정상적으로 자라고 있는지 확인할 수 있습니다. 머리와 배의 크기를 검사해 보면 수두증(水頭症)이나 무뇌아(無腦兒)인지도 확인할 수 있습니다. 비뇨기관의 심각한 이상을 발견하여 태내에 있을 때 감염을 예방하는 처치를 할 수도 있습니다.

태아의 크기와 비교한 양수의 양을 알면 출산 시의 조치도 미리 생각할 수 있습니다. 산부인과 의사는 태반의 위치, 크기, 성숙도를 미리 알 수 있으므로 출산 직전에 당황하게 되지 않습니다. 초음파를 통해 쌍둥이라는 것을 미리 알면, 엄마도 어떻게 대처할 것인지를 일찍 결정할 수 있습니다.

17. 임신 중 피해야 할 일

- 어떠한 약도 처방받지 않는다.
- 담배와 술을 끊는다.
- 임신 33주 이후에는 성관계를 갖지 않는다.

엄마가 임신 초기에 복용한 약이 특히 위험합니다.

엄마가 복용한 약이 태아에게 특히 위험한 시기는 태아의 골격이 갖춰지기 시작하는 초기 3개월입니다. 어른의 신경에 작용하는 약이 지금 막 형성되고 있는 태아의 신경계를 교란시키는 것이 대표적인 예입니다.

그런데 임신 사실을 모른 채 초기에 약을 먹는 경우가 많습니다. 임신 가능성이 있는 여성이라면 함부로 병원에 가거나 약을 먹어서는 안 됩니다. 현기증이 나거나 머리가 아프거나 어깨가 결리는 정도로 사망하는 일은 없습니다 오히려 그것이 임신의 증상인 경우가 적지 않습니다. 그러나 의사는 때로 임신 가능성을 깊이 고려하지 않은 채 현기증, 두통, 어깨 결림에 대한 약을 처방하기도 합니다. 평형장애치료제, 심신안정제, 근긴장완화제 등의 신약은 설명서를 보면 대개 "임산부에 대한 안전성은 확실하지 않으므로 치료상의 유익성이 위험을 상회한다고 판단되는 경우에만 투여한다"라고 되어 있습니다.

임산부 입장에서 보면 틀림없이 두통이나 어깨 결림이 사라지는

'유익성'보다 기형아가 될 '위험성'을 피하고 싶겠지만, 고통을 없애는 것이 더 유익하다고 생각하는 의사도 있을 수 있습니다. 그러므로 사망할 수도 있는 병이 아닌 이상, 임신 가능성이 있는 여성은 의사에게 진찰받지 않는 것이 좋습니다. 의사는 진찰하면 보통 약을 처방하기 때문입니다. 검사하여 임신 사실을 알게 된 여성은 담배와 술을 반드시 끊어야 합니다. 이전에 유산한 적이 있는 사람은 특히 금해야 합니다. "나는 임신 중에 계속 맥주를 마셨어"라고 말하는 선배의 말은 믿지 않는 것이 좋습니다.

성관계는 임신 33주 이후, 즉 분만 예정일 6주 전부터는 피해야 합니다. 자극으로 일찍 양수가 터져 조산할 위험이 있기 때문입니다. 그리고 산도에 세균이 침입할 수도 있습니다. 엄마의 충치균은 태아의 입으로 옮아 아기도 나중에 충치가 생기기도 합니다. 따라서 충치는 방치하지 말고 치료해야 합니다.

18. 친정에서의 분만

● 친정으로 가는 시기는 주치의가 정한 대로 따른다.

● 이때 지금까지의 경과에 대한 소견서를 꼭 받아둬야 한다.

친정으로 가는 시기는 주치의의 결정에 따릅니다.

분만을 위해 친정으로 가는 시기는 자기 형편대로가 아니라 주치의의 결정에 따라야 합니다. 지방 출신의 젊은 남녀가 도시에서 만나 결혼하여 가정을 이루게 되면, 아내가 출산했을 때 산후조리를 도와줄 사람이 없어 곤란해집니다. 최근에는 산후조리원과 같은 전문 시설을 이용하기도 하지만, 아직은 친정으로 돌아가 그 근처의 산부인과 병원에서 분만하는 임산부가 많습니다.

분만은 말하자면 임신의 마무리이기 때문에 처음부터 진찰받아 온 산부인과 의사에게 마지막 분만까지 맡기는 것이 제일 좋습니다. 그러나 입원 중에는 보살핌을 잘 받을 수 있지만 아기와 함께 집으로 돌아온 후에는 돌봐줄 사람이 없습니다. 남편이 출산 휴가를 받아 어느 정도 집안일을 분담하면서 두 사람이 함께 어려움을 헤쳐나가야 합니다.

남편은 이러한 과정을 겪으면서 아빠가 되었다는 것을 실감하게 됩니다. 남편이 도와줄 수 없을 때는 친정어머니의 도움을 받는 것이 좋습니다. 그러나 시골의 친정어머니가 집을 비울 수 없을 때는 도움을 기대하기 어렵습니다. 그래서 어쩔 수 없이 친정으로 가서 분만하게 됩니다. 그런데 임신 중에 약간이라도 문제가 있었던 임산부는 지금까지 계속 진찰받아왔던 병원에서 분만하는 것이 바람직합니다. 그러나 이런 경우에도 친정어머니가 도저히 도와줄 수 없다면 임신 16~23주 정도에 미리 친정으로 가는 것이 안전합니다.

제일 중요한 것은 지금까지 진찰받아온 병원과 친정 근처 병원과의 연락입니다. 먼저 친정 어머니가 근처 산부인과 병원에 가서 사정을 이야기하고 입원 승낙을 얻어 놓아야 합니다. 그러고 나서 딸에게 지금까지 진찰받아온 의사에게서 임신 경과에 대한 소견서를 받아오도록 합니다. 출산하기 위해 친정으로 가는 시기는 30주 전후가 제일 많은데, 이것은 자기 형편대로가 아니라 주치의의 결정에 따라야 합니다.

고향으로 갈 때 비행기를 이용하는 사람이 많아진 것은 이동 시간이 빠르며, 기차만큼 흔들리지 않고 편안하기 때문일 것입니다. 또 갈아타기 위해 계단을 여러 차례 오르락내리락해야 하는 것보다는 자가용을 이용하는 것이 더욱 편리합니다. 과속하지 말고 커브 길에서는 조심하면서 도중에 여러 번 쉬며 이동하는 것이 좋습니다. 여행은 남편에게 아빠가 되는 마음가짐을 다지게 해 줄 것입니다.

친정으로 간 아내가 분만을 위해 입원하면 남편은 언제라도 전화 연락이 가능하도록 대기하고 있어야 합니다. 분만에 이상이 생겨 남편의 동의를 필요로 하는 수술을 해야 할 경우 연락이 닿지 않으면 곤란하기 때문입니다.

19. 입원 시기

● 의사가 입원 시기를 알려주지만, 임산부 자신도 주의를 기울여야 한다.

산부인과 의사가 먼저 알려줍니다.

임신 36주가 되면 매주 진찰받기 때문에 산부인과 의사가 언제 입원해야 할지 먼저 알려줍니다. 하지만 의사가 바빠 보여 자세히 물어볼 수 없는 때를 대비해 임산부 자신도 주의를 기울이고 있어야 합니다.

진통이 시작되기도 전에 양수가 터지는 일도 자주 있습니다. 이때는 마치 무의식적으로 소변을 보는 것 같은 느낌이 듭니다. 이런 경우에는 입원할 준비를 하고 가야 합니다. 의사는 태아의 크기, 출산 경험의 유무, 자궁 입구가 열려있는 정도 등을 검사한 후 그대로 입원시키든지, 아니면 항생제를 처방해 감염을 막으면서 집에서 기다리게 할 것입니다.

분만은 진통으로 시작되지만 출산 예정일 2주 전쯤부터 자궁 수축이 가끔 일어납니다. 이는 아프다고 할 정도는 아니지만 배가 팽팽해진 느낌이 듭니다. 분만은 태아가 출구에 가까워져 산도가 열리면서 비로소 시작됩니다. 태아가 드디어 출구에 가까워졌을 때에는 위나 심장을 누르고 있던 태아가 아래로 내려갔기 때문에 엄마는 조금 편해진 것 같은 기분을 느낍니다. 동시에 방광이 그만큼 압박을 받기 때문에 소변이 자주 마렵습니다. 그리고 골반뼈의 연결 부분이 느슨해져서 걷는 것이 조금 힘들어집니다.

이때 피가 섞인 분비물이 나오기도 하고, 양수가 터지는 경우도 많습니다. 그리고 점점 규칙적으로 배가 팽팽해지는 듯하다가 진통이 오는 것을 느끼게 됩니다. 그 간격이 점점 짧아져 10분 정도가 되면 출산이 가까워진 것이므로 입원해야 합니다.

그러나 서두를 필요는 없습니다. 초산인 경우에는 그 이후로도 보통 12시간 정도 더 걸립니다. 대부분의 초산부는 배가 아파서 서둘러 가지만, 의사는 아직 멀었다면서 집으로 돌려보낼 것입니다.

20. 예정일이 지나도 출산 기미가 없을 때

- 보통 예정일 전 3주부터 예정일 후 2주 사이에 출산한다.
- 2주가 지나도 기미가 없을 때 보통 유도분만을 시도한다.

아기는 보통 예정일을 기준으로 3주 전부터 2주 후 사이에 태어납니다.

임신 진단이 확실해지면 의사가 몇 월 며칠이 출산 예정일이라고 말해 줍니다. 그러나 이것은 어디까지나 예측이지 반드시 그날 아기가 태어나는 것은 아닙니다. 보통은 예정일 3주 전부터 예정일 2

주 후 사이에 태어납니다. 그러므로 예정일이 지났는데도 출산 기미가 보이지 않는다고 걱정할 필요는 없습니다. 특히 초산인 경우는 예정일보다 늦어지는 것이 보통입니다.

예정일이 2주나 지났는데도 출산 기미가 없는 경우에도 산부인과 의사는 경과가 정상이라고 판단하면 그대로 기다리게 합니다. 임산부의 소변 검사로 태반 기능을 검사하는데, 검사 결과 태반 기능이 정상이고 태아가 충분히 성숙되었다고 판단된 경우는 자궁 근육을 수축시키는 뇌하수체후엽호르몬의 링거 주사로 진통을 촉진시키기도 합니다.

출산은 보통 밤에 많이 이루어집니다. 하지만 최근에는 산부인과 병원의 인력 부족으로 낮에 출산하도록 하기 위하여 태아가 다 자랐다고 판단되면 이런 방법으로 '유도분만'을 하는 병원이 많아졌습니다.

유도분만은 인공적으로 자궁을 수축시키는 것이기 때문에 태아의 머리를 너무 누르거나 손상이 있는 자궁(예전에 인공유산을 해서 상처가 난 경우)은 파열할 위험이 있습니다. 그러므로 이 방법은 자궁의 수축 정도와 태아의 심장 상태를 살펴볼 수 있는 의료 시설을 갖춰야 실시할 수 있습니다.

그렇다고 유도분만을 꺼릴 필요는 없습니다. 유도분만은 시작하고 나서 10년 동안 출산 전후의 아기 사망률이 10% 감소했다는 영국 글래스고 병원의 보고도 있습니다.

그러나 어찌 되었든 유도분만을 하려면 태아가 충분히 성숙해 있다는 확증이 있어야만 합니다. 임산부가 젊고 지금까지의 경과도 순조롭다면 유도분만이든 자연분만이든 틀림없이 순산할 것입니다.

21. 직장 여성의 출산

- 일을 많이 해서 유산되는 것은 아니지만, 여러 면에서 남편의 도움이 필요하다.
- 근로기준법이 정한 기준을 참고하면 권리를 놓치지 않을 수 있다.

일을 많이 해서 유산이 되지는 않습니다.

전철이나 버스를 타고 통근하는 임산부에게 가장 걱정되는 점은 직장 일이 무리가 되어 유산이나 비정상적인 출산을 하게 되지나 않을까 하는 것입니다. 그러나 몸을 많이 움직여도 유산되지 않는다는 것은 옛날의 농촌 주부들이 증명하고 있습니다. 과거에는 출산 전날까지도 평소처럼 밭일을 하던 임산부가 많았습니다.

또 전철이나 버스로 통근하는 임산부도 건강한 아기를 낳을 수 있다는 사실은 수많은 직장 여성들이 증명해 왔습니다. 매년 수십만 명의 여성이 일하면서 아기를 낳고, 일하면서 아기를 길렀습니다. 이것은 결코 쉽지 않은 일이었을 것입니다. 임신 초기에는 입덧을 참으면서 직원 식당에서 동료들과 함께 식사하기도 힘들었을 것입니다. 겉보기에도 임신한 것이 드러날 정도로 배가 불러오기 시작하면, 태아에게 신경을 쓰면서 일하는 여성의 모습이 동료와 상사에게는 답답하게 보였을 것입니다. 그래서 음으로 양으로 퇴직을 권유받았을 수도 있습니다.

직장 여성들은 이런 어려움을 견뎌내면서 아기를 낳았습니다. 1시간 이상 전철 속에서 흔들리고, 만원 버스에 시달려 다리가 붓고, 돌아가는 길에 저녁 찬거리를 사고, 무거운 짐을 드는 등의 일을 한다고 해도 유산되지 않는다는 것을 증명했습니다.

물론 집에 돌아와서는 이전보다 빨리 자거나, 일요일에는 하루 종일 쉬거나 맛있는 음식을 먹으며 피로를 풀었을 것입니다. 또 남편들도 함께 집안일을 하면서 아내를 도왔을 것입니다.

임신 4~11주 사이의 유산은 신체 내부적인 원인에 의한 것이지 임산부가 밖에서 일하는 것만으로는 유산이 되지 않습니다. 임산부들과 그 남편들은 부모로서 아기를 잘 지켜냈을 뿐만 아니라 자유 시민으로서 고용주에게 근로기준법을 지킬 것을 요구하여 좋은 결과를 이루어냈습니다.

다음은 임신 여성에 관련한 한국의 근로기준법 내용입니다.

① 사용자는 임신 중의 여성에게 출산 전과 출산 후를 통하여 90일(한 번에 둘 이상 자녀를 임신한 경우에는 120일)의 출산전후휴가를 주어야 한다. 이 경우 휴가 기간의 배정은 출산 후에 45일(한 번에 둘 이상 자녀를 임신한 경우에는 60일) 이상이 되어야 한다. 〈개정 2012. 2. 1., 2014. 1. 21.〉

④ 제1항부터 제3항까지의 규정에 따른 휴가 중 최초 60일(한 번에 둘 이상 자녀를 임신한 경우에는 75일)은 유급으로 한다. 다만, 「남녀고용평등과 일·가정 양립 지원에 관한 법률」 제18조에 따라 출산전후휴가급여 등이 지급된 경우에는 그 금액의 한도에서 지급의 책임을 면한다. <개정 2007. 12. 21., 2012. 2. 1., 2014. 1. 21.>

⑤ 사용자는 임신 중의 여성 근로자에게 시간외근로를 하게 하여서는 아니 되며, 그 근로자의 요구가 있는 경우에는 쉬운 종류의 근로로 전환하여야 한다. <개정 2012. 2. 1.>

-근로기준법 제74조-

그렇다고 해서 모든 임산부가 계속해서 일할 수 있는 것은 아닙니다. 임신 중에 겪는 고통은 사람마다 다릅니다. 입덧이 심해서 도저히 밖에 나갈 수 없는 사람도 있고, 태아가 커지면 힘들어서 일할 수 없는 사람도 있습니다. 이런 경우 일을 계속할 것인지, 그만둘 것인지는 부부가 의논하여 결정해야 합니다.

계속해서 일을 할 예정이라면 출산 후 육아 문제에 대한 계획도 미리 세워놓아야 합니다. 임산부가 건강한 어머니와 함께 살고 있다면 가장 문제가 없습니다. 일하는 여성이 출산을 결정할 때는 아이를 맡길 마땅한 곳이 있는지가 가장 중요한 문제로 미리미리 알아두는 것이 좋습니다.

22. 예비 아빠의 역할

● 출산이 임박해질수록 남편의 역할이 중요하다.

● 담배를 피우는 아빠라면 아내의 임신과 더불어 끊는 것이 좋다.

점점 아빠의 역할이 늘어나고 있습니다.

대가족 제도에서 출산은 오로지 여성들만의 일이었습니다. 출산 경험이 있는 시어머니가 며느리에게 이것저것을 지시하고, 며느리가 일할 수 없을 때는 대신 집안일도 했습니다. 그러나 지금은 대부분의 가정이 핵가족화되었습니다. 예전에는 대가족이 짊어졌던 출산을 핵가족이 어떻게 잘 해낼 것인가가 요즘 신세대 부부의 시대적 과제입니다.

입덧이 고통스러워 예전처럼 집안일을 할 수 없을 때는 예비 아빠가 도와줄 수밖에 없습니다. 유산의 위험이 있어 입원해야 하는 경우도 있으므로 간단한 집안일은 남자라도 할 수 있어야 합니다. 세탁기로 돌린 빨래를 너는 일 같은 것은 처음에는 멋쩍지만 핵가족 시대에는 어느 집에서나 하고 있기 때문에 이웃 사람도 아무렇지 않게 생각합니다. 임신하여 몹시 피곤해진 임산부는 일찍 잠자리에 들고 싶어집니다. 그런데도 자지 않고 남편의 늦은 귀가를 기다리는 일은 힘듭니다. 남편의 생활이 불규칙하면 아내도 '임신 중에 규칙적인 생활'을 할 수 없습니다. 그리고 임신 32주가 되면 밤에 남편이 옆에 없으면 불안해집니다.

특히 일하는 여성의 출산인 경우 남편이 많이 도와주지 않으면 해낼 수 없습니다.

출산이 임박하면 임산부는 힘들어지기 때문에 입원 수속은 남편의 몫이 됩니다. 임산부의 혈액형이 O형이거나 Rh-인 경우에는 남편의 혈액형을 검사해 둘 필요가 있습니다.

마지막으로 중요한 것을 말해 두고자 합니다. 담배를 피우는 사람은 아빠가 되는 기회를 계기로 금연하기 바랍니다. 넓은 정원에 나가서 담배를 피울 수 있어 연기가 집안에 들어오지 못하게 할 수 있는 경우는 다르지만, 좁은 집에서 아빠가 담배를 피우는 것은 아기를 '강요된 흡연자'로 만들어버리는 행위입니다.

덴마크에서 조사한 결과, 아빠가 담배를 피우면 태어난 아기의 체중이 평균보다 적은 것으로 나타났습니다. 또 영국의 조사에서도 아빠가 담배를 피우는 가정의 아이가 기관지염이나 폐렴, 천식에 걸리는 경우가 많았습니다. 이러한 현상은 특히 만 1세 이하에서 두드러지게 나타납니다.

예비 아빠는 이 외에도 다음 항목을 읽어두기 바랍니다. 6 방광염, 9 임신 후 일상생활, 10 함몰 유두, 13 유산을 일으킬 수 있는 질환, 14 임신 중 전염병, 17 임신 중 피해야 할 일, 21 직장 여성의 출산.

아기를 위한 준비

23. 아기 방과 주변 환경

- 가스나 석유스토브를 사용할 때는 환기에 주의한다.
- 고양이나 강아지를 가까이하지 않는다.
- 다른 형제들의 백일해 예방접종을 체크한다.

부모가 지금까지 살아오던 방이라면 병원에서 집으로 데려온 아기도 살 수 있습니다.

실내 온도가 섭씨 몇 도가 되어야만 아기가 살아갈 수 있는 것은 아닙니다. 더우면 벌거숭이에 가깝게 해놓으면 되고, 추우면 따뜻한 이불을 덮어주면 됩니다. 아기에게 적절한 실내 온도는 20℃, 습도는 50%라고 쓰여 있는 책을 읽어도 신경 쓸 필요 없습니다.

항상 실내 온도 20℃, 습도 50%를 유지하는 방에서 지내는 아기는 세상 어디에도 없을 것입니다. '인생, 사계절이 있어 즐겁다'고 하지 않습니까? 아기에게도 이 즐거움을 안겨주는 것이 좋습니다.

겨울에는 온돌이나 그 외의 난방 기구를 사용하는 것이 보통입니다. 그래서 겨울에는 미숙아 외에는 특별히 방을 개조할 필요가 없습니다. 문제는 여름입니다. 47 계절에 따른 보살핌

가스나 석유스토브를 사용할 때는 특히 환기에 주의해야 합니다. 전기스토브도 먼지가 타기 때문에 밀폐해 두어서는 안 됩니다. 한편 갓 태어난 아기는 소음에는 의외로 태연합니다.

같은 조건의 방이 2개 있다면, 아기를 눕혀 놓는 방은 밖에서 들어온 사람과 바로 얼굴을 마주치지 않는 방이 좋습니다. 이는 질병에 감염되지 않도록 하기 위함입니다. 쥐가 있는 곳에서는 쥐를 없애고 쥐가 먹을 만한 음식은 치워야 합니다. 또 고양이나 강아지가 들어오지 못하도록 해야 합니다.

아기에게 형제가 있는 가정에서는 형제가 백일해 예방접종을 마쳤는지 점검해야 합니다. 아직 접종하지 않았다면 빨리 주사를 맞혀야 합니다. 생후 1~2개월 된 아기가 백일해에 걸리면 생명을 잃을 수도 있습니다. 아기의 백일해는 형제에게서 전염되는 것이 보통입니다.

24. 아기용 침대

- 좁은 공간일수록 유용하다.
- 목재로 만든 것이 좋으며, 페인트칠을 하지 않고 그물망이 없는 것으로 고른다.

아기용 침대는 공간이 좁은 집일수록 유용합니다.

흔히들 아기용 침대라고 하면 넓은 집에서만 사용할 수 있다고 생각할지 모르나 오히려 공간이 좁을수록 필요합니다. 방 1개 또는 2개에 부엌이 딸린 소형 아파트나 다세대 주택에서는 아기용 침대가 있음으로써 아기의 안전지대가 확보되는 것입니다.

요즘 침대는 난간을 위아래로 조절할 수 있어 아기가 커도 침대에서 떨어지지 않게 되어 있습니다. 또한 방이 좁아서 아기가 재빠르게 돌아다니면 위험한 경우에도 침대는 그럴듯한 울타리 역할을 해줍니다. 그런데 이런 목적이라면 난간의 높이가 충분히 높아야 합니다. 침대 위에 이불 3~4장을 깔고 그 위에 서 있는 아기의 어깨보다도 난간이 높아야 합니다.

난간의 간격은 어른 주먹이 겨우 통과할 정도가 좋습니다. 이것보다 넓으면 아기가 그 사이로 머리를 내밀었다가 끼일 위험이 있고, 반대로 간격이 너무 좁으면 아기가 자랐을 때 발이 낀 채로 넘어져 관절을 삘 수도 있습니다. 그리고 머리를 부딪혔을 때 다치지 않도록 목재로 만든 것이 좋습니다. 침대의 높이는 아기가 추락했을 경우를 생각한다면 낮을수록 좋지만, 너무 낮으면 기저귀를 갈아줄 때 엄마가 몸을 굽혀야 하는 등 불편한 경우가 많습니다.

가구 임대업자에게 침대를 빌릴 때는 소독해야 합니다.

고무장갑을 끼고 크레졸 비누액을 2% 정도로 희석하여 타월에 묻혀서 구석구석 잘 닦아내고, 마지막에 깨끗하고 뜨거운 물에 적신 타월로 닦아 냄새를 제거하면 됩니다.

예전에는 침대 테두리 부분에 빨강, 하양, 파랑 구슬이 주판처럼 붙어 있는 것이 있었습니다. 아기에게 셈을 가르칠 수 있을 것처럼 보이도록 하여 교육열 높은 엄마에게 팔기 위해서였습니다. 그런데 만약 이 페인트에 납이 들어 있다면, 침대에서 일어설 수 있게 된 아기가 구슬을 갉아 먹어 납중독이 될 위험이 있습니다. 실제로 임대한 철제 침대에 칠해진 페인트에 납이 들어가 있던 것을 아기가 갉아 먹어 납중독이 된 사례가 있습니다. 아이가 납중독에 걸리면 빈혈이 생깁니다.

나무로 된 난간 대신 그물이 쳐져 있는 침대도 있는데, 아기가 자라 그물이 느슨해지면 신나게 놀다 그물과 매트리스 사이에 머리가 끼여 질식할 위험이 있습니다. 따라서 침대를 살 때는 아기가 자랐을 경우와 침대가 낡았을 경우도 염두에 두어야 합니다.

●

침대는 벽에 바짝 붙이든지 벽에서 50㎝ 이상 멀리 떼어놓아야 합니다.

침대에서 떨어진 아이가 침대와 벽 사이에 끼여 질식한 사례가 있습니다. 침대 밑에는 아기가 떨어져 머리를 부딪혀도 안전하도록 털이 북슬북슬한 카펫을 깔아두는 것이 좋습니다. 하지만 집이 넓어 아기가 기어다닐 경우 아기를 안전하게 혼자 둘 수 있는 방이 있다면 아기용 침대는 필요 없습니다.

25. 침구와 베개

- 이불은 통기성이 뛰어난 솜이불이 좋다.
- 자주 더럽혀지는 베개는 타월로 대체할 수 있다.

이불은 새로 만든 가벼운 것이 좋습니다.

생후 10일 정도까지는 아기를 엄마 품 안에서 재우고, 엄마가 꼭 곁에서 자는 것이 바람직합니다. 젖을 먹이면서 엄마가 깊이 잠들어버려 아기를 질식시키는 일이 없도록 조심해야 합니다.

아기는 솜이불에 재우는 것이 좋습니다. 솜이불은 통기성이 뛰어난 데다 햇볕에 말리면 푹신하게 부풀어 오르며 땀을 잘 흡수하는 등 화학섬유나 우레탄과는 비교할 수 없는 장점이 있습니다.

보통 탄생하는 아기를 위해 아기용 이부자리를 새로 준비하게 됩니다. 그러나 아기의 요는 어른이 쓰던 것을 반으로 접어서 사용해도 괜찮습니다. 너무 폭신한 새로 만든 요는 아기의 몸이 파묻혀버려서 척추가 휘어지기 때문에 오히려 불편합니다. 새로 만든 폭신한 요를 사용하는 경우에는 침대 패드(면을 누빈 것)를 밑에 깔면 좋습니다. 담요를 직접 밑에 깔면 털이 날리기 때문에 좋지 않습니다. 요는 쓰던 것이라도 괜찮지만 이불은 새로 만든 가벼운 것이 좋습니다.

아기 베개는 반드시 필요한 것은 아닙니다.

젖을 흘리거나 트림을 하여 토하기 때문에 베개가 자주 젖으므로 타월을 접어서 베개 대신 사용해도 됩니다. 아기용 베개는 낮은 것이 시판되고 있는데, 베개를 사용할지 안 할지는 아기가 태어난 후에 결정하면 됩니다. 타월을 접어 사용해 보고 이것이 아기에게 편한 것 같으면 베개는 필요 없습니다.

26. 옷과 기저귀

- 속옷은 면 제품이 좋다. 피부에 닿는 솔기가 없고 염색하지 않은 것을 고른다.
- 기저귀는 20~25장 준비한다.

옷과 기저귀는 쾌적하고 생리적인 기능을 방해하지 않아야 합니다.

아기의 옷과 기저귀는 쾌적하고 생리적인 기능(피부로 땀을 배출하는 것, 손발 운동)을 방해하지 않아야 합니다. 가볍고 몸을 조이지 않으며 공기가 잘 통하는 옷을 체온을 유지하는 범위 내에서 최대한 적게 입히는 것이 좋습니다.

백화점의 아기 용품 코너에는 여러 종류의 아기 옷이 있는데 되도록 장식이 적은 옷을 선택하는 것이 좋습니다. 그리고 소매 끝이 넓은 것을 사야 합니다. 소매 끝이 좁으면 옷을 입히거나 벗길 때 불편합니다. 속옷은 아기가 자라면 금방 못 입게 되므로 너무 많이 준비하지 않아도 됩니다. 속옷은 부드러운 면 제품이 좋고, 피부에 닿는 쪽에 솔기가 없어야 합니다. 염색은 하지 않은 것이 좋습니다.

아기 옷은 기성복을 구입하는 것이 좋습니다.

기성복을 사 입히는 편이 간편하기도 하고, 또 엄마가 직접 만들었다고 해서 특별히 좋은 것은 아니기 때문입니다.

보통 아기 용품 매장에는 필요하지도 않은 물건이 진열되어 있는 경우가 많습니다. 그러므로 육아 경험이 있는 친구와 함께 가서 사용 여부를 물어보면서 사는 것이 좋습니다. 계속해서 신제품이 나오지만 그것이 모두 필요한 것은 아니기 때문에 육아 경험자가 사용하지 않았다고 하는 아기 용품은 사지 않아도 됩니다.

손싸개, 양말, 노리개 젖꼭지는 꼭 필요치 않습니다.

손싸개나 양말 등도 그다지 필요 없고, 노리개 젖꼭지 같은 것도 살 필요가 없습니다. 바느질을 좋아하고 시간도 있는 사람은 아기 용품 매장을 둘러보고 직접 만들 수 있는 것은 만들어도 됩니다. 사촌들이 사용했던 것을 물려받을 수도 있기 때문에 그렇게 많이 살 필요는 없습니다. 기저귀는 배설물로 옷이 더럽혀지는 것을 막기 위한 것으로 흡수력이 좋아야 하며 아기의 다리 운동을 방해하지 않는 것이어야 합니다. 그래야 고관절 탈구를 예방할 수 있습니다.

44 기저귀 사용법

아기의 다리를 안짱다리로 만들어 자유롭게 움직이도록 하는 것이 관절 형성을 촉진시킵니다. 그러기 위해서는 기저귀를 샅바처럼 채우는 것이 좋습니다. 물론 남자 아이는 앞쪽을 두껍게 하고 여자 아이는 뒤쪽을 두껍게 하는데, 허리 주변은 감지 않도록 합니다. 이런 형태로 기저귀를 채우려면 특별한 기저귀 커버가 필요한데, 현재 시중에 나와 있는 신생아용 기저귀 커버는 전부 이런 목적으로 만든 것입니다. 소변이 옆으로 새어 나오지만, 생후 3개월까지 기저귀 커버는 방수가 목적이 아니라 기저귀가 빠지지 않게 하기 위한 것이라고 생각해야 합니다. 새지 않는 커버는 생후 3개월 이후부터 사용합니다.

이러한 기저귀의 원리를 잘 이해하고 있다면 목면을 사다가 직접 만들어도 되고, 기성품 기저귀를 사도 됩니다. 기저귀는 20~25장 정도만 준비합니다. 아기의 배변 횟수가 많거나 엄마가 세탁을 자주 못하거나 말릴 장소가 여의치 않으면 나중에 더 사면 됩니다. 병이 있는 엄마가 출산했을 때는 대여 기저귀를 사용하는 것이 좋습니다.

●

아기용 욕조는 사지 않는 편이 좋습니다.

요즘은 대부분의 집에 욕조가 있습니다. 아기용 욕조는 보통 대중목욕탕에서 목욕하던 시절의 유물입니다. 오히려 아기용 욕조에 목욕물을 담으려고 뜨거운 물을 실내에서 옮기는 것이 위험합니다. 또 친정어머니가 도와주러 와 있을 때는 아기용 욕조에서 씻길 수 있지만 젊은 부부 둘만 있으면 귀찮아서 잘 사용하지 않게 됩니다. 베이비오일은 목욕을 자주 하지 않는 서양인이 사용하는 것으로, 목욕을 자주 시키는 아기에게는 필요 없습니다.

태어날 아기를 위한 준비물

침구

요(면으로 된 단단한 것) 1매

침대 패드(면을 누빈 것) 2매

시트(면) 2~3매

타월천으로 만든 이불 2매

덮는 이불(미끄럽지 않고 가벼운 것) 1매

덮는 이불 커버(면) 2매

담요 1매

담요 커버 2매(털이 날리기 때문에 꼭 필요함)

베개 1개(없어도 됨)

의복과 기타 용품

3부 소매 속옷 3~5매(끈으로 묶게 되어 있는 면 제품)

긴 속옷 3~5매(끈으로 묶게 되어 있는 면 제품)

겉옷(소매 끝이 넓은 것) 2~3매

포대기 1매

면 기저귀 25~30매

기저귀 커버 5매

종이 기저귀(예비용)

목욕 타월 2매

가제 손수건 10~12매

타월 2~3매

젖병 2개

젖병꼭지 2~3개

27. 젖병

- 200ml들이 내열 유리 제품을 구입한다.
- 조산할 수도 있으므로 아기 용품은 임신 32주에 들어서면 구입한다.

단단하고 오래가는 플라스틱 제품보다 유리 제품이 더 좋습니다.

아기를 모유로 키우는 경우에도33 모유를 권장하는 이유 끓여서 식힌 물이나 과즙을 먹여야 할 때도 있으므로 젖병을 준비해 둡니다. 젖병은 소모품이라 생각하고 200ml들이 내열 유리 제품으로 사는 것이 좋습니다. 유리 제품이 더러운 것이 남아 있는지 잘 보이고, 뜨거운 물로 소독해도 변하지 않습니다. 또한 닦기 쉽도록 입구가 넓은 것을 선택합니다.

플라스틱으로 만든 젖병은 단단하고 오래 갑니다. 그러나 이것은 사용하는 동안 불투명해져 더러운 것이 잘 보이지 않게 됩니다. 240ml나 300ml들이도 있는데, 이런 젖병으로 먹이면 비만아가 되기 쉽습니다. 아기가 하루에 먹는 분유의 총량은 1000ml 이내로 제한하는 것이 좋습니다.

아기가 자라서 스스로 젖병을 들고 먹거나 젖병을 내던지게 되면 유리보다는 플라스틱 제품이 안전합니다. 그다지 장려할 것은 아니지만 뛰어놀 수 있게 된 아기가 양손에 장난감을 쥐고 입에 젖병을 물고 놀 수 있는 것은 순전히 플라스틱 젖병 덕분입니다.

젖병에 끼우는 젖병꼭지는 요즘 실리콘 고무로 된 것이 많으며,

젖병꼭지의 구멍을 제조 회사에서 뚫어서 팔고 있습니다. 구멍 크기는 월령에 맞춰 소(S), 중(M), 대(L)로 나누어져 있습니다. 실리콘 고무가 단단해 아기가 싫어하면 보통 고무로 된 것을 사용하면 됩니다. 어느 월령에나 사용할 수 있다고 하는 젖병꼭지라도 신생아 때는 빨기가 힘듭니다. 어쨌든 사용했을 때 편해야 합니다.

젖병과 젖병꼭지의 설명서와 포장 상자는 버리지 말고 보관해 둡니다. 그러면 아기가 태어난 후 더 많이 필요하게 되었을 때 아빠가 그것을 가지고 똑같은 걸 사러 갈 수 있습니다. 조산하는 경우도 있기 때문에 젖병을 비롯한 아기 용품은 임신 32주에 들어서면 미리 준비해 놓는 것이 좋습니다.

2

생후 0~7일

태어난 날 아기는
태아 때와 같은 자세로 있습니다.
피부는 생기 있는 핑크빛이며, 큰 소리로 울고,
손발도 자유롭게 움직입니다.
가끔 울기도 하지만 거의 잠만 잡니다.
얼굴이 부은 것 같고, 특히 눈꺼풀이
부어 있는 경우가 많습니다.
아기에게나 엄마에게나
절대 안정이 필요한 시기입니다.

좋은 부모의 몸가짐

28. 신생아 아빠에게

● 육아는 엄마 혼자 할 수 있는 일이 아니다. 아빠가 당연히 도와야 하며, 육아에 애쓰고 있는 엄마를 언제나 격려해 줘야 한다.

육아는 엄마 혼자 할 수 있는 일이 아닙니다.

기다렸던 아기가 드디어 집으로 왔습니다. 당신도 마침내 아빠가 된 것입니다 가장이며 아빠인 당신에게 한마디 해두고 싶습니다.

엄마가 되면 지금까지 혼자서 해오던 집안일 외에 육아라는 중노동도 해야 하기 때문에 여자의 일생에서 이때가 가장 힘든 시기입니다. 특히 초산인 경우는 매일 매일 경험하지 못한 일들의 연속입니다.

예전의 대가족 시대에는 어른들이 곁에 있어서 도움을 받을 수 있었습니다. 하지만 지금은 젊은 엄마 혼자서 이 모든 일을 떠맡아야 합니다. 아빠가 도와주지 않으면 엄마 혼자서 다해나갈 수가 없습니다. '나는 밖에서 일하고 당신은 집에서 육아를 하면 되잖아'라는 생각을 남녀 분업이라고 할 수 없습니다.

아기마다 정말 여러 가지 개성이 있습니다. 있는지 없는지 모를 정도로 얌전한 아기가 있는가 하면 꼭 밤만 되면 크게 우는 아기도 있습니다. 항상 기분이 좋은 아기가 있는가 하면 습진이 낫지 않아 잘 우는 아기도 있습니다. 밤에 울거나 습진이 생기는 것은 육아를 잘하고 못하는 것과는 관계없는 유전적인 것입니다. 이런 점에서는 아빠에게도 책임이 있다고 할 수 있습니다.

아기의 머리나 얼굴의 습진도 결국에는 낫고, 밤에 우는 것도 잠시일 뿐입니다. 아빠가 엄마를 조금만 더 도와주었더라면, 아기를 죽게 만드는 일은 대부분 피할 수 있었을 것입니다.

●

아기에게 문제가 생기면 아빠도 도와야 합니다.

아기가 태어난 것 자체를 성가시게 여겨 아기를 죽이는 엄마를 제외하고 '육아 노이로제'로 아기와 동반 자살하는 엄마는 인간으로서 성실한 사람이었다는 것을 인정해야 합니다. 남편의 성의 있는 도움이 없었기 때문에 혼자서 도저히 육아를 다 떠맡을 수 없다고 생각했던 것이기 때문입니다.

아침부터 밤늦게까지 아기와 함께 있지 못하는 아빠가 오히려 현명한 조언을 해줄 수 있습니다. 좀 더 객관적인 판단을 할 수 있기 때문입니다 육아는 여성의 일이라고 하여 이 책을 전혀 읽지 않는 아빠도 있을 것입니다. 아기에게 아무 일도 일어나지 않는다면 그렇게 해도 괜찮습니다. 그러나 아기에게 무슨 일이 생기면 이 책을 꼭 읽어보기 바랍니다. 그리고 함께 생각해 보기 바랍니다. 또 엄마가 허둥대면 "침착해"라고 말해 주기 바랍니다. 필자도 전적으로 이런 마음으로 이 책을 쓰고 있습니다.

힘겹게 아기를 키우는 아내를 비난해서는 안 됩니다.

아기에 따라서 키우기 힘든 아기와 그렇지 않은 아기가 있습니다. 힘들지 않게 아기를 키우는 남의 집 부인의 예를 들면서, 힘겹게 아기를 키우는 아내를 비난해서는 안 됩니다. 힘든 육아에는 남편도 협조해야 합니다. 아기가 태어나기 전과 같은 권위주의적인 남편 노릇을 더 이상 계속해서는 안 됩니다.

키우기 힘든 아기일 경우 아내에게 절대로 "당신은 애를 잘못 키워"라고 말해서는 안 됩니다. 그리고 담배를 피우는 아빠는 출산 기념으로 금연하기 바랍니다.

이 시기 아기는

29. 탄생일 아기의 몸

● 태어난 날 아기는 태아 때와 같은 자세로 있다. 신생아실에서 따로 재우는 것보다 엄마 옆에 있게 하는 것이 아기에게나 엄마에게나 안정감을 준다.

태어날 때의 체중이 2.5kg 이상이면 일단 안심입니다.

태어날 때의 체중이 2.5kg 이상이면 인생 제1의 관문을 통과했다고 생각해도 좋습니다. 2.5kg 미만의 아기는 출산 시 저체중아 또는 미숙아라고 하여 별도로 다루어야 합니다. 50 체중이 너무 적게 나간다_저체중 출생아

건강한 아기는 피부가 생기 있는 핑크빛이며, 큰 소리로 울고, 손발도 자유롭게 움직입니다.

흔히 소변이 언제 나올까 걱정하는데 24시간 이내에는 나옵니다. 그러나 건강한 아기라도 48시간 이내에 소변이 나오지 않는 경우도 있습니다. 흰 기저귀를 차고 있으면 아기가 벽돌색 소변을 봐서 깜짝 놀라는데. 이것은 요산염이므로 걱정할 필요는 없습니다. 첫 대변도 24시간 이내에 나옵니다. 암록색 또는 흑색의 끈적끈적한 변으로, 이것을 태변이라고 합니다. 태변은 장 분비물이 단백을 녹이는 효소로 변해서 나온 것입니다. 녹색을 띠는 것은 담즙이 섞

여 있기 때문입니다.

●

태어난 아기는 가끔 울기도 하지만 거의 잠만 잡니다.

머리 형태는 대체로 모양이 매끄럽지 않고 어딘가 비뚤어져 있습니다. 혹같이 부풀어 있기도 한데(산류) 이것은 산도에서 눌렸기 때문입니다. 첫아이거나 노산일수록 머리가 비뚤어진 아이가 많습니다. 이것은 자연히 고쳐집니다. 베개를 베는 방법 등은 아무래도 상관없습니다. 이 시기는 베개를 베지 않는 아기도 많습니다.

머리를 만져보면 꼭대기 부분이 뼈가 없고 물렁물렁합니다. 이것이 대천문입니다. 두개골이 산도를 통과할 때 좀 더 지나가기 쉬운 모양으로 바뀌도록 여유를 만들어놓은 것입니다 크기에는 개인차가 있습니다. 태어나서 2개월 정도는 대천문이 넓어지지만 걱정하지 않아도 됩니다. 생후 9~18개월경이면 닫히는데, 개인차가 있어 2년이나 걸리는 아이도 있습니다. 미숙아는 대천문이 크고 닫히는 것도 더딥니다.

●

얼굴이 부은 것 같고, 특히 눈꺼풀이 부어 있는 경우가 많습니다.

눈곱이 생긴 것을 발견하는 경우도 있습니다. 임균이나 클라미디아에 의한 결막염을 예방하려고 병원에서 질산은이나 항생제를 눈에 넣어준 것에 반응한 것입니다. 코가 낮다고 걱정할 필요도 없습니다. 아기의 코는 적령기가 되면 높아집니다.

탯줄은 가제로 눌러놓아 묶인 부분이 보이지 않지만 가제가 떨어지면 검푸르게 보여 징그럽습니다. 남자 아기는 음낭이 부은 것처럼 보입니다. 이러한 부종도 저절로 낫습니다. 여자 아이는 대음순보다 소음순이 크고 무언가 비어져 나온 듯한 느낌이 들지만 이것도 자연히 똑바로 됩니다.

●

아기는 태아였을 때와 같은 자세로 있습니다.

머리부터 태어난 아기는 머리를 앞으로 구부려 턱을 가슴에 댄 채 등을 둥글게 하고, 팔꿈치를 구부려 꼭 쥔 주먹을 안으로 향하고 있습니다. 또 안짱다리를 하고, 허리와 무릎은 구부리고, 발은 오므린 채 발바닥을 전면으로 드러내고 있습니다.

추울 때 태어난 아기는 심장이 나쁘지 않더라도 손발 끝이 보라색이 되는 경우가 종종 있습니다. 등을 보면 허리 부분에 검푸른 반점이 있습니다. 이것은 모반 또는 몽고반점이라 하는 것으로 자라면서 자연히 없어집니다. 목덜미, 눈꺼풀, 콧방울에 불규칙적인 모양으로 된 쌀알이나 콩알 정도 크기의 붉은 반점이 보이는데, 이것도 1년 정도 지나면 저절로 없어집니다. 코밑에 작은 흰 반점이 여러 개 보이는 것은 땀샘이 넓어진 것으로 역시 저절로 없어집니다. 더워도 땀을 흘리지 않고, 침도 나오지 않습니다. 분비하는 선이 아직 발달하지 않았기 때문입니다. 눈은 보이지 않지만 큰 소리는 들립니다. 그래서 문을 세게 닫으면 놀랍니다. 체온은 태어났을 때는 엄마와 같지만 곧 1~3℃ 정도 내려가고, 8시간 후에는 36.8~37.2℃ 정도에서 머뭅니다. 1분간 호흡수는 35~50회, 맥박수는 120~160회 정도입니다. 아기는 신생아실에 따로 두는 것보다 엄마 옆에 두어야 부모 자식 간의 유대가 더욱 돈독해지며 엄마에게도 안정감을 줍니다.

감수자 주

모체가 B형 간염 항체(HBs Ag) 검사 결과 양성인 경우, 태어난 지 12시간 이내에 B형 간염 백신을 접종한다(늦어도 1주 이내). 음성인 경우에는 생후 2개월부터 접종한다. 기본 3회 접종이며 접종 시기는 백신 제품에 따라 차이가 있다. 150 예방접종

30. 생후 0~7일 아기의몸

- 이 시기에 황달이 나타나고 탯줄이 떨어진다.
- 우는 것, 먹는 것 모두 아기마다 각기 다르다.

태어난 날 머리도 심하게 비뚤어져 있고 얼굴도 부어 있던 아기는 1주 사이에 훨씬 귀여워집니다. 영양이 충분한 아기는 거의 하루 종일 잡니다. 가끔 눈을 뜨지만 아직 아무것도 보이지 않습니다. 평화로운 나날이지만 처음으로 아기를 보는 부모에게는 여러 가지 '사건'이 일어나는 것처럼 보입니다. 하지만 그런 일의 대부분은 누구에게나 일어나는 생리적인 현상이니 치료할 필요가 없습니다. 그런 것들을 살펴봅시다.

보통 3일째부터는 신생아 황달을 일으켜 피부가 노래집니다.

산소가 적은 태내에서 지낼 때는 적혈구가 많이 필요했지만, 산소가 많은 밖으로 나오면서부터는 태아일 때와 같이 많은 적혈구는 필요하지 않기 때문에 체내에서 처분합니다. 이때 생기는 빌리루빈이라는 색소를 체외로 내보내는 일을 간장이 하는데, 아기는 이 기능이 미숙하기 때문에 빌리루빈이 혈액 속에 쌓여 황달을 일으키는 것입니다. 이러한 증상은 특별한 조치를 취하지 않아도 1주 정도 지나면 저절로 낫습니다. 황달이 전혀 나타나지 않는 아기도 절반 정도 됩니다.

생후 4일에서 2주 사이에 탯줄이 떨어집니다.

예전에는 흔히 탯줄이 떨어진 뒤에 데르마톨이라는 가루를 뿌렸는데, 오랫동안 남아 피부를 자극하고 배꼽이 마르는 것을 방해하기 때문에 요즘은 아무것도 바르지 않습니다.

태어날 때 피부가 지나치게 빨갛던 아기는 생후 1주나 2주가 지날 무렵 마치 해수욕장에서 피부를 태운 것처럼 표면의 얇은 막이 벗겨집니다. 이럴 때도 가만히 두면 됩니다. 3~4일째가 되면 아기의 변은 지금까지와 같이 끈끈하고 거무스름한 태변이 아니라 모유나 분유가 뒤섞여 나오는 변으로 바뀝니다. 이것을 보면 장의 어느 곳도 막혀 있지 않다는 것을 알 수 있습니다. 손을 가늘게 떨거나 가끔 움찔하고 놀라 손발을 오그리기도 하는데, 이것도 생후 6개월 이내에 멈추게 됩니다.

생후 4~7일쯤에는 아기의 양쪽 젖이 붓는 경우가 흔히 있습니다. 눌러도 아파하는 기색이 없습니다. 젖이 나오기도 하는데, 이런 일은 남자 아이에게도 일어납니다. 엄마 젖을 만드는 여러 가지 호르몬이 모유를 통해 아기에게 전해졌기 때문입니다. 이 증상은 생후 2~3주가 지나면 저절로 낫지만 때로는 6개월이 지나도 응어리가 남기도 합니다. 하지만 결국은 없어집니다. 젖과 겨드랑이 사이에 쌀알 정도 크기의 부유(유선 위에 별도로 유두 또는 젖샘이 발달한 것)가 있는 아이도 있으나 이것도 걱정할 필요 없습니다. 여자 아이의 경우에는 우유 같은 분비물이 있고, 거기에 혈액이 섞여 있을 수도 있습니다.

젖이 붓는 것이나 분비물이 나오는 것은 태내에서 엄마에게 공급받던 호르몬이 갑자기 중단되었기 때문입니다. 두 가지 증상 모두 저절로 낫습니다.

예전에는 신생아 일과성 열이라고 하여 생후 3~5일째 즈음에 2~3시간 열이 나는 경우가 있었습니다(38℃ 전후). 이것은 수분이 부족했기 때문인 것으로 여겨집니다. 태어난 후 12시간 이내에 젖을 먹이게 되면서부터 훨씬 줄어들었습니다. 설령 고열이 나더라도 수분을 공급해주기만 하면 열은 내려갑니다.

또 아기의 잇몸에서 하얀 진주 같은 것을 우연히 발견하고 이가 났다고 깜짝 놀라는 경우가 있습니다. 이것은 생후 3~4개월 동안 계속되기도 하는데 자연히 없어집니다. 이런 것이 입천장에서 발견되는 경우도 있습니다.

아기의 개성은 우는 데서부터 나타납니다.

이미 병원에 있을 때부터 잘 우는 아기와 그렇지 않은 아기의 차이가 나타납니다. 잘 우는 아기는 조금만 배가 고파도 울고, 소리가 나면 잠이 깨어 울고, 기저귀가 젖어도 웁니다. 우는 소리도 강하고 큽니다. 이와 반대로 거의 울지 않는 아기도 있는데, 그런 아기는 아주 배가 고프지 않는 한 울지 않습니다.

또 배설도 아기에 따라 다릅니다. 소변을 보는 간격이 뜸하고 횟수가 정해져 있는 아기가 있는가 하면, 하루에 10~15번 소변을 보면서 배뇨 간격이 일정하지 않은 아기도 있습니다. 대변도 하루에 10~15번 보는 아기가 있는가 하면, 한 번밖에 보지 않는 아기도 있습니다.

변의 형태와 색깔도 아기에 따라 다릅니다. 똑같이 모유를 먹더라도 어떤 아기는 끈적끈적한 황금색 변을 보는가 하면, 어떤 아기는 녹색을 띠고 하얗고 몽글몽글한 것이 들어 있으며 여기저기에 점액이 섞인 변을 보기도 합니다. 분유로 키워도 흰색을 띤 변을 보는 아기가 있는가 하면 황색이 더 많은 변을 보는 아기도 있습니다. 따라서 변만 보고서는 상태가 좋다거나 나쁘다고 단정할 수 없습니다. 아기가 정상적으로 잘 자라고 있다면 배설물의 형태와 색깔에는 그다지 신경 쓰지 않아도 됩니다.

모유나 분유를 먹는 방법도 아기에 따라 다릅니다.

3~4분 정도 먹으면 곧 피곤해져서 먹지 않는 아기도 있습니다. 빰을 쿡쿡 찌르거나 젖꼭지를 아기 입 안에서 움직여보면 다시 먹기 시작하지만 2~3분 먹다가 그만둡니다. 이렇게 하다 보면 한쪽 젖을 먹이는 데 20분 이상 걸리기도 합니다. 그런가하면 힘차게 먹어서 한쪽 젖을 10분도 안 돼 다 먹고 나서 다른 쪽까지 마저 먹고는 그대로 깊은 잠에 빠져버리는 아기도 있습니다.

어쨌든 생후 1주라는 같은 시기의 아기라도 젖 먹는 습관이 아직 일정하지 않습니다. 하루에 보통 7~8회 먹는 아기가 많지만 5회만 먹는 아기도 있습니다. 잘 먹을 때도 있고, 그렇지 않을 때도 있습니다. 그러므로 먹일 때마다 항상 똑같은 양을 먹이려고 할 필요는 없습니다.

생후 1주 된 아기의 체온은 지나치게 덥게 해주면 높아지지만 보통 36.7℃ 정도이며 오전과 오후에 0.1℃ 정도 차이밖에 나지 않습니다. 맥박수는 120~160회 사이이고, 호흡수는 40회 전후로 복식 호흡을 합니다.

●

아기는 위를 향해 재우는 것이 좋습니다.

아기가 태어나면 미국식으로 즉시 엎드려 재우는 방법이 병원 등에서 행해지고 있습니다. 이것은 병원에서 아기를 엄마로부터 격리시켜 신생아실에서 한꺼번에 감시하기에는 좋은 방법일 것입니다. 아기는 태어나서 금방은 젖을 잘 토합니다. 엎드리게 하여 고개를 옆으로 해놓으면 젖을 토해도 기관으로 넘어갈 위험은 없습니다.

병원에서 엎드려 재웠어도 집에 돌아오면 위를 향해 재우는 것이 좋습니다. 자주 젖을 토하는 아기는 방석이나 타월을 두껍게 쌓아 등을 받쳐주고 옆으로 눕히도록 합니다. 잘 토한다고 엎드려 재우면 토유로 젖어버린 이불에 얼굴이 파묻힐 위험이 있습니다. 이불이 젖지 않게 하려고 비닐을 까는 것은 더욱 위험합니다.

돌연사의 원인이 전부 질식이라고는 할 수 없지만 엎드려 재우는 것과 관계가 있는 것은 분명한 듯합니다. 예전에는 엎드려 재우는 것을 권장하던 미국에서도 요즘은 옆으로 눕혀 재울 것을 권하고 있습니다.

이 시기 육아법

31. 출산 직후 엄마의 상태

● 충분한 휴식이 필요하다.

한 인간을 이 세상에 내보낸다는 것이 얼마나 감동적인 일입니까.

이를 직접 몸으로 경험한 엄마는 먼저 휴식을 취해야 합니다. 12시간 정도 마음 편하게 수면을 취하도록 합니다. 최근의 의학과 심리학에서는 출산 후 3일간 엄마에게 새로운 일을 시키고 있습니다. 그것은 바로 초유를 먹이는 일입니다. 출산 후 2~3일 사이에 나오는 초유는 그 이후의 모유에 비해 색깔은 연하지만 귀중한 성분이 많이 들어 있습니다. 초유를 먹임으로써 아기를 감염으로부터 보호할 수 있습니다. 그러므로 초유는 어떻게 해서든지 꼭 먹여야 합니다. 초유가 나오든 안 나오든, 아기가 먹을 수 있든 없든, 생후 30분이 되면 일단 먹여봐야 합니다. 그 후에 몇 번 먹이는가는 젖이 도는 상태와 젖을 먹으려는 아기의 의지에 따라 다릅니다. 아기가 먹지 않는다고 하여 포도당을 줘서는 안 되며, 처음 3일간은 아무리 젖이 나오지 않더라도 분유로 보충해 줘서도 안 됩니다.

32. 초유

● 초유에는 아기에게 꼭 필요한 성분이 들어 있다. 모유가 잘 나오지 않아 나중에 분유를 먹이더라도 초유만은 꼭 먹여야 한다.

초유에는 나중에 나오는 모유에 비해 단백질은 많지만 지방이나 당분은 적습니다.

영양가 면에서 초유가 특별히 뛰어나다고는 할 수 없지만 아기에게 꼭 필요한 성분이 들어 있습니다. 초유에 포함되어 있는 분비형 면역글로불린 A는 아기에게 세균에 대한 저항력을 갖게 해줍니다. 초유에 포함되어 있는 여러 가지 세포는 직·간접적으로 세균을 죽이는 힘이 있습니다. 초유에 포함되어 있는 락토페린에도 살균력이 있습니다. 뿐만 아니라 분비형 면역글로불린 A는 장에서 다른 종류의 단백질을 흡수시키지 않는 면역 효과도 있기 때문에 우유 알레르기를 예방합니다. 초유를 먹은 아기는 처음부터 분유를 먹은 아기와 달리 장내에 대장균은 적고, 몸에 유익한 비피더스균은 많습니다.

모유가 잘 나오지 않아 나중에는 분유로 보충하거나 분유로 바꿀 수밖에 없는 엄마라도 초유가 나오지 않는 경우는 없습니다. 초유는 영양을 위해 주는 것이 아니므로 하루에 10~40ml밖에 나오지 않습니다. 나중에 분유로 키운다고 해도 초유는 1주간이라도 꼭 먹여야 합니다.

33. 모유를 권장하는 이유

● 모유에는 분유와 비교할 수 없는 영양분 및 면역 기능이 있다.

● 모유 수유로 엄마의 산후 회복도 빨라진다. 모유 수유 때문에 엄마의 몸이 망가진다는 말은 잘못된 것이다.

아기에게 모유를 먹이는 엄마가 적어진 것은 여러 문명국에서 공통적으로 볼 수 있는 현상입니다. 그러나 요즘은 선진국이라고 불리는 여러 나라에서 모유를 먹이는 엄마가 오히려 많아졌습니다. 문명이 가져오는 '공해'에 저항하는 지성적인 엄마가 많아졌고, 소아과 의사가 줄곧 주장해 온 모유의 장점에 귀를 기울이는 사람이 많아졌기 때문입니다.

●

모유에는 영양만 있는 것이 아닙니다.

모유 수유는 아기에게 영양을 공급하는 것 이상의 의미가 있습니다. 모유를 주는 것은 무엇보다도 엄마와 아기를 결합시키는 끈입니다. 아기를 가슴에 안고 젖을 먹임으로써 엄마는 세상 누구보다도 가까이에서 아기의 얼굴을 보고 피부를 접할 수 있습니다. 엄마는 젖을 먹이면서 아기가 기쁠 때는 어떤 얼굴을 하고 힘들 때는 표정이 어떻게 변하며 몸이 편안할 때는 어떤 모습인지를 알게 됩니다. 자기에게 가장 잘 맞는 젖을 먹을 수 있는 아기의 특권을 빼앗아서는 안 됩니다.

젖을 빠는 기쁨, 젖을 빨게 하는 기쁨, 이것은 생물적인 것입니다. 인간의 커다란 기쁨과 생물적인 것이 연결되는 운명을 거부해서는 안 됩니다.

●

모유와 분유는 천지 차이입니다.

모유와 분유는 칼로리에서는 그다지 차이가 없습니다. 그러나 아기의 몸속에 들어가면 모유와 분유는 천지 차이입니다

모유의 단백질은 분유 단백질에 비해서 동화되기가 쉽습니다. 분유의 단백질을 아기가 잘 이용할 수 있게 되는 것은 생후 3개월 이후부터입니다. 그러므로 적어도 생후 3개월까지는 모유로 키워야 합니다. 모유에도, 분유에도 철분이 들어 있습니다. 그러나 모유의 철분은 50% 흡수되지만, 분유의 철분은 그 절반도 흡수되지 않습니다.

모유는 아기가 먹고 있는 동안에 저절로 성분이 변해서 시간이 지날수록 지방이 많아지고 맛도 변해 아기는 만족해하며 젖을 그만 먹게 됩니다. 자연적으로 과다하게 먹지 않도록 되어 있습니다.

흔히 아기를 분유로 키우면 살이 찐다고 하는데 이것은 사실입니다. 모유의 분비는 자연의 한계가 있습니다. 하지만 젖병으로 먹이는 분유는 정해진 분량만으로 끝나지 않게 됩니다. 아기가 더 먹고 싶어서 울면 분유의 양을 늘리게 됩니다. 식욕이 좋은 아기에게 먹고 싶어 하는 대로 먹이면 비만아가 되어버립니다.

비만아는 건강한 아기가 아닙니다. 살이 쪘다는 것은 지방이 지

나치게 축적되어 있다는 증거입니다. 이런 불필요한 지방 때문에 비만아의 심장은 필요 이상의 일을 합니다. 심장은 평생 쉬지 않고 움직여야 하는 중요한 기관입니다. 이것을 아기 때부터 혹사시키는 것은 좋지 않습니다.

분유는 계속해서 개량되어 왔지만 아무리 좋아졌다 해도 원료인 소젖은 어디까지나 자연의 섭리로 소를 키우기 위해서 만들어진 것일 뿐입니다. 사람에게는 사람의 젖이 가장 좋다는 것은 두말할 필요도 없습니다. 분유로 키운 아이는 모유로 키운 아이에 비해 아토피성 피부염을 앓거나 가래가 끓는 경우가 더 많습니다.

모유는 간편하고 안전합니다.

모유는 한밤중이든 자동차 안이든 엄마의 가슴을 열기만 하면 아기에게 줄 수 있습니다. 분유통을 가져온다든지, 물을 끓인다든지, 분유를 탄다든지 하는 귀찮은 일이 없습니다. 게다가 분유로 키우려면 젖병에 세균이나 바이러스가 침입하지 않도록 철저히 소독해야 합니다. 그러나 모유는 소독을 거쳐 나오기 때문에 세균이 없을 뿐 아니라 밖에서 침입한 바이러스에 대한 면역 항체도 가지고 있습니다. 그 항체는 아기가 생후 6개월이 될 때까지 홍역, 풍진, 돌발성 발진에 걸리지 않게 해줍니다.

천식 비슷하게 가슴에서 쌕쌕거리는 소리가 나는 경우도 적습니다. 왜냐하면 바이러스가 염증을 일으키는 것을 엄마에게서 물려받은 면역 항체가 방어해 주기 때문입니다.

모유로 키우는 것이 엄마에게도 좋습니다.

모유를 먹이는 엄마는 산후 회복이 빠릅니다. 아기가 젖을 빠는 자극이 자궁 수축을 촉진시키기 때문입니다. 아기를 모유로 키우지 않는 엄마는 바로 또 임신이 되는 경우가 많습니다. 그러나 모유를 주면 적어도 10주(긴 사람은 6개월)간은 배란이 되지 않기 때문에 다음 임신을 늦출 수 있습니다. 훨씬 나중의 일이 되겠지만, 모유를 먹인 엄마는 그렇지 않은 엄마에 비해서 유방암에 걸릴 확률도 낮습니다.

모유에 이렇게 좋은 점이 많다는 것을 알면서도 모유를 먹이고 싶어 하지 않는 엄마 중에는 유방의 모양이 망가지는 것을 두려워하는 사람이 있습니다. 그러나 아기에게 모유를 먹인다고 해서 나중에 유방이 늘어진다고는 할 수 없습니다. 여러 명의 자식에게 모유를 먹여도 유방에 탄력이 있는 엄마가 있는가 하면, 모유를 먹이지 않아도 유방이 힘없이 늘어지는 엄마도 있습니다.

임신 후반기부터 수유할 때까지 유방이 그다지 커지지 않은 사람은 나중에도 모양이 변하지 않습니다. 그러나 처음부터 가슴이 컸고 임신 후반기에 더욱 커진 사람은 젖을 먹이지 않아도 유방을 중력의 힘에 맡겨두면 늘어나버립니다. 젖을 먹이더라도 임신 후반기와 수유 중에 유방을 밑에서 떠받치는 것처럼 브래지어로 고정시켜 주면 심한 변형은 막을 수 있습니다.

처음이 중요합니다.

처음부터 모유가 나오지 않았다고 하는 엄마에게 물어보면, 병원에 있을 때부터 젖이 나오지 않았다고 하는 경우가 많습니다. 모유를 먹이는 엄마가 줄어든 것은 산부인과에서 출산하는 엄마가 많아진 것과 관계가 있습니다. 산부인과의 간호사는 예전에 집에서 출산을 도와주던 조산사처럼 열심히 모유를 먹일 것을 권장하지 않습니다.

이것은 산부인과 병원의 경영과도 관계가 있습니다. 대부분의 병원이 간호사가 부족합니다. 태어난 아기를 엄마의 침대 옆에 놓아두면 엄마가 불안하여 간호사를 자주 부르게 되는데 간호사가 부족하기 때문에 이에 일일이 대응할 수가 없습니다. 그래서 엄마 옆에서 아기를 떼어내어 신생아실에 모아놓는 것입니다.

아기들을 한방에 모아두면 수유도, 기저귀 교체도 간호사가 시간을 정해 간단하게 할 수 있습니다. 단, 최초의 2~3일은 3시간마다 수유실에 엄마들을 불러 모아 모유를 먹이게 하지만, 산후 1주간 엄마의 젖은 생각처럼 그렇게 잘 불지 않습니다. 그래서 젖을 먹고 싶어 우는 아기에게 실컷 먹이지 못하여 수유한 뒤에 아기가 우는 경우도 흔히 있습니다. 집에서는 아기를 곁에 두고 젖이 불었을 때 마침 아기가 눈을 뜬다면 언제든 먹일 수 있습니다. 그러나 산부인과 병원에서는 3시간마다 수유실에서 모유를 먹이게 한 뒤, 아기가 젖이 모자라서 울면 그 분량만큼 신생아실에서 분유로 보충해 버립니다. 간호사 입장에서 보면 엄마의 젖이 불 때마다 엄마에게 아기를 안고 수유실로 가게 하기보다, 신생아실에서 정기적으로 분유를 먹이는 쪽이 편합니다.

산부인과 병원에서 정기적인 수유를 할 때는 아기를 안고 먹이는 것이 아니라 젖병을 베개로 받쳐 젖병꼭지가 아기의 입에 닿도록 하여 먹입니다. 이것은 그야말로 영양밖에 줄 수 없는 수유법입니다. 이러한 비인간적인 수유를 정상적인 수유법이라고 착각한 엄마는 집에 돌아가서도 젖병을 베개 같은 것으로 받쳐서 먹입니다.

입원 중인 엄마는 "젖이 모자라네요"라든지 "아기의 체중이 늘지 않아서 분유로 보충해줘야 합니다"라는 말을 들어도 모유 먹이기를 단념해서는 안 됩니다. 모유는 1주만으로는 아직 본격적으로 나오지 않습니다. 젖이 불었을 때 아기를 데려다 달라고 말해도 "그렇게 하면 불규칙적으로 됩니다"라며 거절할지도 모릅니다. 그럴 때도 포기해서는 안 됩니다.

다음 수유 시간에 아기에게 먹일 수 있도록 젖을 미리 짜놓도록 합니다. 이때 잘 짜지지 않으면 시판되는 유착기로 젖을 짜서 모아두었다가 다음 수유 때 아기에게 먹이면 됩니다.

병원 측으로부터 "엄마 젖이 잘 나오지 않아 아기에게 분유를 먹이기로 했습니다"라는 말을 듣고도 정기적으로 짜서 젖이 돌게 함으로써, 집에 돌아간 후 다행히 젖이 잘 나오게 된 엄마도 많이 있습니다.

남는 젖은 병원에 비치되어 있는 유착기로 짜서 맡길 수 있도록 하는 산부인과 병원도 있습니다.

모유를 먹이는 동안 엄마는 영양을 충분히 섭취해야 합니다.

임신 전에 살찌지 않도록 다이어트를 하던 사람도 아기에게 젖을 먹이는 동안에는 일반인과 같은 식사를 해야 합니다. 엄마의 영양이 부족하면 젖이 많이 나온다 할지라도 묽은 젖밖에 나오지 않습니다. 그러므로 수유 기간에도 임신 중과 마찬가지로 계속 종합비타민제를 먹어야 합니다. 엄마의 지방 섭취가 적으면 모유 속의 지방도 적어집니다.

모유에는 아기의 뼈를 성장시키는 칼슘이 많이 포함되어 있습니다. 6개월 동안 모유만으로 키우면 엄마 뼈의 칼슘이 5% 감소하므로 칼슘제를 먹어 보충해야 합니다. 뼈가 약해진 사람은 노년에 골다공증을 일으켜 뼈가 부러지기 쉽습니다.

직장을 가진 엄마도 충분히 모유를 먹일 수 있습니다.

맞벌이 가정에서는 출산휴가가 끝나면 아기를 누군가에게 맡기고 엄마는 일하러 나가야 합니다. 최근 이런 엄마들 중에는 "어차피 앞으로 모유를 줄 수 없으니까 처음부터 분유에 익숙해지게 하고 싶어요."라고 말하는 사람이 있습니다. 이것은 절대 올바른 생각이 아닙니다. 적어도 3개월은 모유를 먹이는 것이 좋다는 것은 소아과 의사들의 일치된 견해입니다. 분유의 단백질 동화 능력이 생후 3개월까지는 완전하지 않을 뿐 아니라, 모유를 먹으면 병에도 잘 감염되지 않기 때문입니다.

출산휴가 동안에는 아기에게 모유를 줌으로써 엄마와 같이 있는 즐거움을 충분히 느끼게 해주는 것이 좋습니다. 그리고 출산휴가가 끝난 후 직장에 나간다고 하여 전부 분유로 바꿀 필요는 없습니다. 아침과 저녁에는 모두 직접 먹일 수 있고, 직장에서 젖을 짜서 살균한 모유팩에 넣어 냉동고에 보관해 두었다가 집에 가져가 먹일 수도 있습니다.

●

모유를 줄 수 없는 경우도 있습니다.

엄마가 성인 T세포 백혈병의 원인인 HTLV-1바이러스 보균자라는 사실이 밝혀지면 수유가 불가능합니다. 모유 속의 림프구에 있는 바이러스가 아기의 체내로 들어가 나중에 백혈병을 일으킬 우려가 있기 때문입니다. 에이즈에 걸린 엄마에게서 태어난 아기 중에는 태내에서 감염되지 않은 경우도 있으므로, 모유에 의한 감염을 예방하기 위해 모유를 먹여서는 안됩니다.

실리콘을 유방에 넣어 가슴 확대 수술을 받은 엄마의 젖을 먹은 아기에게 식도 장애가 일어난 사례가 최근 보고되고 있으므로, 이런 엄마도 젖을 먹여서는 안 됩니다 그러나 엄마가 심장병, 만성 신장염, 당뇨병 환자라고 하더라도 출산이 가능했던 정도라면 수유를 해도 괜찮습니다.

엄마가 감기에 걸려 고열이 날 경우에는 하루나 이틀 힘들 때만 모유를 먹이지 않으며 이때도 참고 견딜 수 있다면 먹이는 것이 좋습니다. 다만 마스크를 하고 먹여야 합니다. 엄마가 B형 간염으로 혈액에 HBe 항원이 있는 경우에는 출산 직후 아기에게 예방 접종을 하고 모유는 계속 먹여도 됩니다.

엄마는 사전에 모유를 통해 나오는 것들이 무엇인지 알아야 합니다.

엄마가 복용한 약은 대체로 모유를 통해 아기에게도 조금씩 전해집니다. 그러나 복용 기간이 짧은 경우는 실제로 큰 피해는 없습니다. 그렇다고 해도 출산 후 1개월 이내에는 설파제(세균성 질환의 특효약)를 먹어서는 안 됩니다.

테트라시클린도 아기의 치아를 누런색으로 변색시키기 때문에 복용해서는 안 됩니다. 또한 엄마가 스트렙토마이신 주사를 맞는 것도 좋지 않습니다. 아기의 청각 신경을 해칠 우려가 있기 때문입니다. 페니실린도 아기에 따라서는 감작(어떤 항원을 예민한 상태로 만드는 것)하여, 다음에 아기가 페니실린 주사를 맞을 때 과민반응을 일으킬 수 있습니다.

문제는 엄마가 장기간 복용해야 하는 약입니다. 간질이나 갑상선기능항진증 약을 먹을 때는 아기의 혈액을 검사하여 위험이 없는지 확인해야 합니다. 경구피임약은 아기의 성선(性腺)에 영향을 미칠 뿐 아니라 모유도 잘 나오지 않게 합니다. 앞으로 어떤 부작용을 일으킬지 알 수 없는 신약은 모유를 먹이는 동안에는 특히 삼가야 합니다. 이런 약물을 생각 없이 처방하는 의사도 있을 수 있으므로, 경우에 따라서는 감기 치료는 의사의 진찰을 받지 않는 것이 오히려 안전할 수 있습니다.

물론 알코올도 모유에 섞여 나오지만, 소량의 맥주를 마셔 기분이 좋아져 모유가 더 잘 나온다면 굳이 금할 필요는 없습니다. 커피도 많이 마시면 아기가 쉽게 잠들지 못하는 경우가 있지만 소량이라면 상관 없습니다.

담배는 반드시 끊어야 합니다. 단순히 모유를 통해 아기에게 영향을 주기 때문만이 아니라 아기가 연기를 마심으로써 돌연사하는 원인이 될 수도 있기 때문입니다. 엄마가 딸기, 토마토, 양파, 양배추 등을 먹어서 아기가 설사를 하는 경우는 없습니다. 하지만 수유 중인 엄마가 땅콩을 먹으면 아기가 땅콩 알레르기가 된다는 설은 있습니다.

34. 모유 먹이기

- 초유를 먹이는 시기는 아기와 엄마의 상태에 따라 각기 다르다.
- 엄마가 가장 편안한 자세로 수유 시간에 구애받지 말고 아기가 원할 때 먹이되 울 때마다 먹이진 않는다.

되도록 일찍부터 먹입니다.

태어나서 몇 시간이 지나면 모유를 먹일 수 있느냐는 질문을 자주 받습니다. 아기도 엄마도 어려운 고비를 넘기고 피곤한 상태이기 때문에 조금 쉬고 난 뒤에 먹이는 것이 좋습니다. 어느 정도 쉬어야 하는가는 아기와 엄마에 따라 다릅니다. 빨리 회복하는 아기는 2시간쯤 지나면 젖을 먹고 싶다고 웁니다. 이때 엄마가 건강하다면 젖을 먹이는 것이 좋습니다. 그러나 아기에 따라서는 12시간이 지난 후에야 먹고 싶어 하는 아기도 있습니다. 그래도 좋습니다. 인생은 깁니다. 출발부터 서두를 필요는 없습니다.

제일 중요한 것이 서두르지 않는 것입니다. 서두르면 젖도 잘 안 나오고, 그러다가 젖꼭지에 상처라도 입게 되면 아파서 계속 먹일 수가 없게 됩니다.

모유가 잘 나오느냐에 대한 판단은 그렇게 간단하지가 않습니다. 외관상 가슴이 크다고 하여 반드시 젖이 잘 나오는 것은 아닙니다. 첫아기의 경우 처음 1주간은 모유 분비량이 부족한 경우가 대부분입니다. 그래서 아기의 체중은 태어났을 때보다 오히려 조금 감소합니다.

1주째가 되어 모유의 양을 측정해 보면, 1회에 겨우 50ml밖에 나오지 않는 경우가 많습니다. 그러나 2주가 지나면 1회에 70~80ml가 나오게 됩니다.

●

모유가 잘 나오게 하는 방법

잘 불지 않는 젖을 잘 불게 하는 가장 좋은 방법은 아기에게 힘차게 빨게 하는 것입니다. 어느 엄마도 처음부터 젖이 많이 나오지는 않습니다. 아기에게 젖을 먹이는 동안 점점 잘 나오게 되는 것입니다. 아기가 빠는 힘이 아주 약할 때(미숙아)는 남의 아기 또는 육아에 열심인 아빠에게 빨게 하여 젖을 자극하는 것도 한 방법입니다.

출산 후 3~4일째에는 젖이 심하게 부풀어 단단해집니다. 이것은 젖의 분비가 활발해졌다는 징조입니다. 이때 유방 한 부분에 단단한 응어리가 생길 수도 있습니다. 이것은 유선염이 아닙니다.

이 시기에 마사지 전문가가 유방을 마사지해 주면 좋습니다. 뜨겁게 삶은 타월로 기분 좋게 느껴질 온도가 되었을 때 유방을 2~3분간 따뜻하게 합니다. 그런 다음 응어리를 피해 그 주변을 5~10분간 젖꼭지를 향해서 천천히 주무릅니다. 주무를 때는 엄지손가락과 집게손가락으로 집어 찰흙을 둥글게 만드는 것처럼 합니다. 이때 통증을 느끼면 젖의 분비가 억제되므로 아프게 하면 안 됩니다. 마사지 전문가가 주무르면서 격려해 주면 엄마의 기분이 안정되어 분비가 좋아집니다.

엄마는 무엇보다도 수면을 충분히 취해야 합니다. 이 시기에는 젖이 그다지 많이 나오지 않아도 염려할 필요는 없습니다.

●

수유 시간에 구애받지 마십시오.

대개 산부인과 병원에서는 퇴원하는 엄마에게 "수유는 3시간마다 하세요"라고 말합니다. 그러나 모유는 매번 똑같은 양이 나오는 것이 아니기 때문에 수유를 불규칙적으로 하게 됩니다. 그렇다고 아기가 야무지지 못한 사람이 되면 어쩌나 하는 걱정은 할 필요가 없습니다.

또 아기가 먹는 방법도 처음에는 일정하지 않습니다. 그래서 아기가 먹는 모유의 양도 매번 다릅니다. 다시 배가 고파져서 보챌 때까지 걸리는 시간이 1시간이었다가 3시간이 되기도 하는 것은 당연합니다. 생후 1개월까지는 낮에 2시간 간격으로 젖을 먹여도 상관없습니다. 분유가 없었던 시대에는 대부분 2시간 간격으로 수유를 했습니다. 옛날 육아 책에도 2개월까지는 모유를 2시간 간격으로 먹이라고 적혀 있습니다.

모유가 점점 많이 나오면 아기도 한꺼번에 많이 먹을 수 있게 되어, 1개월이 지날 무렵에는 어느덧 수유 간격이 3시간 간격으로 벌어지게 됩니다. 그뿐만 아니라 생후 1개월까지는 밤중에도 두 번은 아기가 잠에서 깨어 젖을 달라고 합니다.

울 때마다 아무 때나 먹이라는 말은 아닙니다.

수유 횟수나 간격에 구애받지 말라는 것은, 아기가 울 때마다 무조건 젖을 먹이라는 말은 아닙니다. 먼저 기저귀가 젖어 있어 기분이 나쁘다고 울 때는 기저귀를 갈아주면 울음을 그칩니다. 또 괜히 잘 우는 아기도 있습니다. 이런 아기는 배가 부른데도 우는데, 이때는 조금 안아주면 울음을 그칩니다. 이것은 안아주는 버릇 100 아기를 안아줘야 할 때 이 든 경우인데, 다른 방법으로 울음을 그치지 않을 때는 울게 내버려두기보다는 안아주는 것이 좋습니다.

이 두 가지 경우를 제외하면, 배가 고파서 우는 것이라고 생각해야 합니다. 울 때마다 먹이면 과식하게 되지 않을까 하고 걱정할 필요는 없습니다. 모유는 과식할 정도로는 나오지 않습니다. 그리고 많이 나온다면 아기가 그렇게 자주 울 리가 없습니다.

울 때마다 먹이는 것은 모유가 충분히 나오면 아주 자연스럽게 해결됩니다. 먹는 시간과 먹는 양은 아기 자신이 정하게 하는 것이 좋습니다. 아기는 배가 고프면 잠이 깨어 울고, 젖을 주면 배부르게 먹고는 또 조용하게 잡니다. 이것은 무조건 3시간마다 아기를 안아 일으켜 젖을 먹이는 부자연스러운 '규칙적 수유'보다 훨씬 평화적입니다. 모유가 잘 나오면서 아기도 한꺼번에 많이 먹을 수 있게 되면 생후 1주라도 하루에 5회 밖에 먹지 않는 경우도 있습니다.

울 때마다 모유를 주면, 모유가 충분하지 않을 때는 두 가지 문제가 생깁니다. 첫번째는 1시간이나 1시간 30분 간격으로 먹이다 보면 엄마가 충분히 쉴 수 없다는 점입니다. 게다가 초조해지기까지 하면 엄마의 젖이 충분히 불지 않습니다. 그러다 보면 아기가 먹는 양도 적어집니다. 따라서 금방 배가 고파져 또다시 울어버리는 악순환이 되풀이됩니다. 두 번째는 너무 자주 젖을 빨리면(하루 10회 이상) 젖꼭지에 상처가 생겨 나중에는 아파서 먹일 수 없게 된다는 점입니다.

모유 분비가 적은 엄마는 아기가 우는 것과 젖꼭지의 통증을 더 이상 참지 못해 분유로 바꿔버리기 쉽습니다. 그러나 나중에는 모유가 잘 나오게 된 엄마도 생후 2주간은 2시간도 채 못 되어 젖을 먹여야 했던 날이 1~2일 정도 있었을 것입니다.

젖꼭지에 작은 상처가 생겼을 경우에는 운다고 즉시 모유를 줄 것이 아니라 먼저 끓인 설탕 물(따뜻한 물 100에 설탕 5의 비율)을 식혀서 30~50ml 정도 주어 임시방편으로 아기를 달랩니다. 이렇게 하여 수유 간격이 2시간 이상이 되도록 합니다. 그사이에 갑자기 모유가 잘 나오게 되는 경우도 의외로 많습니다.

2시간 이상 엄마의 유방을 쉬게 한 다음 아기에게 먹였는데도, 먹고 나서 20~30분 후에 또 울기 시작하고, 안아줘도 울음을 그치지 않는 일이 반복되고 밤중에도 울며 잠을 잘 자지 않으면, 정말로 모유가 모자라는 것인지도 모릅니다. 그러나 모유는 생후 2주까지는 조금 부족해도 괜찮습니다. 생후 15일째 되는 날의 체중이 태어났을 때보다 200g밖에 늘지 않았다고 해도 괜찮습니다. 단, 15일째에도 체중이 태어났을 때와 같다면 분유로 보충해 줘야 합니다(분유로 바꾸라는 것이 아님)

아기를 계속 울게 내버려두지 말라는 이유는, 아기에게는 우는 것이 유일한 의사 전달 방법이므로 울 때는 빨리 응답해 주어야 아기에게 안도감을 주기 때문입니다. 아무리 울어도 그냥 내버려두면 우는 것이 분노의 표현이 되어버립니다. 1분 30초 이상 계속 울게 두면 울음을 그치게 하는 데는 10배의 시간이 필요하다는 보고도 있습니다.

모유를 먹이는 방법

엄마는 가장 편한 자세로 아기를 안아야 합니다. 제왕절개나 회음절개를 한 사람은 누운 자세가 편하다면 누운 채로 젖을 먹여도 됩니다. 어떤 자세든 아기의 표정을 보면서 먹이는 것이 좋습니다.

처음으로 아기에게 젖을 물리는 엄마의 공통점은 지나치게 조심한 나머지 아기에게 마치 젖꼭지만을 핥게 하듯이 젖을 살짝 물린다는 것입니다. 그러나 이전에 아이를 모유로 키워본 엄마는 그렇게 하지 않습니다. 마치 아기의 볼이 미어지도록 잔뜩 입안에 넣듯이 젖꼭지만이 아니라 젖꼭지 주변의 검은 부분까지 모두 밀어 넣습니다. 옆에서 보면 아기가 혀로 젖을 빠는 것이 아니라 양쪽 뺨으로 젖을 꽉 눌러서 짜고 있는 것 같습니다. 그렇게 먹이려면 젖꼭지만 물릴 것이 아니라, 엄마의 손가락 사이로 유방의 앞부분을 잡고 아기가 입을 벌릴 때 깊이 밀어 넣어야 합니다.

엄마가 손가락으로 젖을 잡기 때문에 수유 전에는 손을 깨끗이 해야 합니다. 알코올 면으로 소독하는 것이 좋지만 삶은 뜨거운 타월로 손을 잘 닦는 것만으로도 괜찮습니다. 이 시기에 엄마는 목욕을 할 수 없기 때문에 유방도 타월로 닦으면 됩니다. 목욕을 할 수 있게 된 후에는 엄마의 속옷이 청결하다면 일일이 유방을 소독하지 않아도 됩니다. 알코올이나 소독약에 적신 탈지면으로 세게 닦으면 오히려 젖꼭지에 상처가 나기 쉽습니다.

보통 엄마는 바닥에 주저앉거나 의자에 걸터앉아 젖을 먹이는데, 옛날 식으로 엄마가 누운 상태에서 아기를 곁에서 재우면서 수유하는 것은 생후 3개월까지는 위험합니다. 젖을 물려 기분이 좋아진 엄마가 선잠이 들면 유방에 눌려 아기가 질식할 수 있기 때문입니다. 생후 4개월 이후에는 아기가 유방에 눌리면 버둥거리기 때문에 엄마가 잠이 깰 수 있지만 이 시기에는 무리입니다.

어떤 자세로 젖을 먹이더라도 수유 뒤에는 아기를 안아 올려서 상체를 곧추세워 가볍게 손바닥으로 등을 두드려 트림을 시킵니다. 아기는 젖을 먹을 때 공기도 같이 삼킵니다. 이것이 위장 안에 많이 모이는데 누운 채 트림을 하게 되면 트림과 함께 애써 먹은 것을 토해 버리는 경우가 있습니다. 그러므로 수유하고 난 뒤에는 곧추세워 트림을 시켜 공기를 빼내야 합니다. 그러나 공기를 마셔도 트림을 전혀 하지 않고 그대로 잘 지내는 아기도 많습니다. 2분 이상 곧추세워 등을 두드려줘도 트림을 하지 않으면 그냥 눕혀도 됩니다.

양쪽 젖을 먹일 것인지 한쪽 젖만으로도 충분한지는 젖이 나오는 양에 따릅니다. 한쪽 젖으로 아기가 만족스러워하면 그것으로도 괜찮습니다. 그러나 2주까지는 되도록 양쪽 젖을 번갈아 먹이는 것이 젖꼭지에 상처가 나는 것을 막는 방법입니다. 지금까지 자극한 적이 없는 젖꼭지를 10분 이상 계속해서 빨리면 상처가 나기 쉽습니다. 젖꼭지가 익숙해질 때까지 15분 이상 빨리지 않는 것이 좋습니다.

아기는 처음 10분 동안 거의 대부분을 빨아버리기 때문에 10분이 되면 그만 먹게 해도 그렇게 부족하지는 않습니다. 그리고 2주가 지나면 10분 이상 빨게 할 수 있습니다. 그러나 양쪽 젖으로 30분 이상 빨게 하는 것은 좋지 않습니다.

35. 젖꼭지에 상처가 났을 때

● 이전에 양쪽 젖을 각각 10분씩 먹였다면, 먼저 상처 난 젖꼭지로 3~4분, 상처 없는 젖꼭지로 10분, 그리고 상처 난 젖꼭지로 다시 4~5분, 이런 식으로 수유법을 조절한다.

상처가 났다는 이유만으로 분유로 바꾸는 것은 너무 아쉬운 일입니다.

상당히 주의를 해도 피부가 부드러운 사람은 젖꼭지에 '빨아서 생긴 상처'라든지 '물린 상처'가 생깁니다. 젖꼭지는 예민한 부위이기 때문에 상처가 있을 경우 아기가 빨면 펄쩍 뛸 정도로 아픕니다. 그 아픔 때문에 수유를 포기하는 사람도 적지 않습니다. 그러나 모유가 나오는데 젖꼭지에 상처가 났다는 이유만으로 분유로 바꾸는 것은 너무 아쉬운 일입니다.

대체로 처음에는 한쪽 젖에만 상처가 나기 때문에 이때 잘 대처하면 수유를 계속할 수 있습니다. 지금까지 양쪽 젖을 각각 10분씩 먹였다면, 먼저 상처 난 젖꼭지로 3~4분간 먹입니다(이때도 젖꼭지만 물리지 말고 아기의 입을 크게 벌리게 하여 젖꼭지 부위 전부를 입에 물림). 다음에 상처가 없는 젖꼭지로 10분간 먹인 후, 다시 상처 난 젖꼭지로 4~5분간 먹입니다.

상처 없는 젖꼭지만으로 10분간 먹여도 아기가 만족하면 상처 난 젖꼭지를 1~2일 정도 쉬게 합니다. 조금 쉬면 젖꼭지의 상처는 나으므로, 상처가 생겼다고 해서 바로 분유를 줘서는 안 됩니다.

상처를 알코올로 닦는 것은 좋지 않습니다. 그리고 피부 표면의 상처는 가능하면 공기에 노출시키는 것이 치유에 도움이 됩니다. 끈적거리는 연고 같은 것을 바르는 것도 좋지 않습니다. 그냥 탈지면에 연한 소독약을 적셔 가볍게 닦고 옷은 가슴에 바람이 잘 통하는 것을 입습니다.

그래도 낫지 않을 때는 젖을 짜서 젖병에 넣어 먹입니다. 고생스럽기는 하지만 모유 먹이는 것을 포기하는 것보다는 낫습니다.

아파서 젖이 잘 나오지 않아 모유가 모자랄 경우에는 어쩔 수 없이 상처 난 쪽의 젖 대신에 일시적으로 분유를 주어야 합니다. 이때는 젖병꼭지의 구멍이 작은 것을 사용합니다. 구멍이 크면 편하게 먹는 것에 익숙해져 나중에 엄마 젖을 먹지 않게 됩니다.

몸이 더러워지면 상처 난 부분이 감염되기 쉽습니다. 그러므로 목욕할 수 있게 되기까지는 매일 상반신을 삶은 뜨거운 타월로 닦아야 합니다.

36. 모유가 부족한 것은 아닐까

● 젖의 양이 늘어나는 시기는 사람에 따라 각기 다르다. 섣불리 젖이 부족한 것 같다고 판단하기보다 부족한 듯해도 생후 15일까지는 모유로 버텨보는 것이 좋다.

젖이 잘 도는 사람도 있지만 그렇지 않은 사람도 있습니다.

아기도 잘 먹는 아기와 그다지 잘 먹지 않는 아기가 있습니다. 젖이 잘 돌고 아기도 잘 먹을 때는 걱정할 것이 없습니다. 그러나 젖도 잘 돌지 않고 아기도 금방 잠들어 젖을 잘 먹지 않을 때는 걱정이 됩니다.

산부인과 병원에 입원하여 한방에 여러 명의 엄마가 같이 누워 있을 때는 자기 젖이 모자라는 것이 아닐까 하고 걱정하기 쉽습니다. 수유 시간에 간호사가 아기를 데려왔을 때 옆의 엄마는 커다란 유방을 꺼내 아기에게 듬뿍 먹이는데, 자기는 젖도 작고 아기도 조금밖에 먹지 않으면 '나는 젖이 잘 나오지 않아. 엄마로서 실격이야' 라고 생각하기 쉽습니다. 하지만 그래서는 안 됩니다.

생후 1주간은 아직 모유가 부족하다고 결론을 내릴 시기가 아닙니다. 젖이 도는 것은 사람마다 다릅니다. 출산 후 1주까지는 젖이 전혀 돌지 않다가 그 후부터 갑자기 잘 돌게 되어 모유만으로 아기를 키웠다는 사례가 굉장히 많습니다. 특히 초산인 엄마 중에 이런 사람이 많습니다. 아기에게도 개인차가 있어 처음에는 아무리 해도 젖꼭지를 잘 빨지 못하거나 빨아도 젖이 조금밖에 나오지 않아

지쳐버리는 아기도 있습니다.

예전에는 생후 1주가 지나면 아기의 체중이 태어났을 때의 체중으로 돌아간다고 했지만, 요즘은 10일이 지나야 되돌아가는 아기가 많아졌습니다. 그러므로 1주가 되었는데도 태어났을 때 체중으로 되돌아가지 않는다고 해서 모유가 부족하다고 단정해 버리는 것은 옳지 않습니다.

아무튼 생후 15일까지는 모유로 버텨볼 일입니다. 이 시기에 젖이 부족해 아기의 체중이 줄어도 나중에 젖이 잘 나오게 되면 쉽게 만회할 수 있습니다. 뇌 발육이 늦어진다는 등의 잡음에는 신경 쓸 필요가 없습니다.

젖이 잘 나오지 않을 때는 엄마 침대 옆에 아기 침대를 놓고 아기가 먹고 싶어 울 때 언제라도 먹일 수 있게 하는 것이 좋습니다. 젖이 잘 나오게 하려면 아기가 빨게 하는 것이 가장 좋은 자극이 되므로 몇 번이라도 먹이는 것이 좋습니다. 수유 시간이 일정하지 않으면 아기의 생활이 불규칙해지지 않을까 하는 걱정도 할 필요가 없습니다. 이 시기는 젖이 잘 나오게 하는 것이 선결 문제입니다. 젖이 잘 나오게 되면 수유 시간은 자연히 규칙적으로 됩니다. 그리고 젖꼭지에 상처가 나는 것을 예방하기 위해 한쪽만 너무 오래(15분 이상) 먹이지 않도록 합니다.

37. 부족한 모유 보충하기

● 모유를 줄 때는 모유만, 분유를 줄 때는 분유만 준다.

생후 1주밖에 되지 않았는데 분유를 보충할 필요는 없습니다.

그러나 선천적으로 유선의 발육이 좋지 않은 사람이 있습니다. 임신 중에도 유방이 그다지 커지지 않고, 출산 후에도 젖이 도는 기미가 없으며, 좌우 유방의 크기가 다르면 모유가 잘 나오지 않습니다. 첫 출산이 30대 이후의 노산이라면 아무리 노력해도 모유가 충분히 나오지 않는 경우도 있습니다.

아기의 체중이 늘지 않을 뿐만 아니라 오히려 1주에 200g 이상 줄어들고, 밤에도 아기가 계속 운다면 어쩔 수 없습니다. 이때는 분유로 보충해 줘야 하는데, 어떻게 하는 것이 가장 좋을까요? 분유로 보충할 때 모유를 먹인 뒤 바로 분유를 줘서는 안 됩니다. 모유를 줄 때는 모유만, 분유를 줄 때는 분유만 줘야 합니다.

왜냐하면 모유와 분유를 혼합해서 수유한 엄마 중에 생후 5~6개월까지 하루에 2~3회라도 모유를 먹일 수 있었던 엄마를 살펴보면, 한 회에 분유와 모유를 같이 주지 않았던 경우가 압도적으로 많았기 때문입니다. '이번 수유에는 모유만으로 끝내야 돼!' 라는 생각을 가지고 있어야 열심히 모유를 먹이게 됩니다. 하지만 모유가 잘 나오지 않으면 그만큼 분유를 많이 먹이면 된다고 생각하는 경우는 모유 먹이는 일에 정성을 쏟지 않게 되고, 모유는 어느새 말라

버립니다. 결국 아기는 잘 나오는 분유를 먹고 싶어 할 것이고, 엄마 젖을 열심히 빨지 않게 됩니다. 아기가 엄마 젖을 열심히 빨지 않으면 자극이 부족하기 때문에 모유는 더 안 나오게 됩니다.

●

모유와 분유를 번갈아가며 먹일 때 젖병꼭지 구멍은 너무 크게 하지 않는 것이 좋습니다.

분유를 쉽게 먹을 수 있으면 상대적으로 잘 나오지 않는 엄마 젖을 빨지 않게 됩니다. 어쨌든 1회분은 그럭저럭 아기를 만족시킬 만한 양의 모유가 나오는 것이 출발점입니다. 물론 모유가 잘 나오지 않아 젖을 먹은 뒤 2시간 정도밖에 견디지 못한다고 해도 상관없습니다. 아기는 다음 번에 분유를 조금 많이 먹고 3시간 정도 잘 것입니다. 수유 간격이 반드시 일정해야 할 필요는 없습니다. 모유가 점점 잘 나오게 되어 어느새 수유 간격이 거의 일정해지는 경우가 많습니다.

●

모유는 되도록 심야와 아침에 줍니다.

흔히 이렇게 많이 하는 것은, 이것이 엄마에게 훨씬 편하기 때문입니다. 밤중에 일어나 분유를 타거나, 추운 아침에 일어나 물을 끓이는 것 같은 불편 없이 모유를 먹일 수 있다면 엄마한테도 아기한테도 좋은 일입니다. 뿐만 아니라 아빠도 잠을 방해받지 않아 좋습니다.

아기가 배고프다고 밤중에 2~3번 울 때는 엄마가 자기 전(밤 11

시나 12시)에 분유를 조금 많이 주면 밤의 수유는 1회로 끝날 것입니다.

모유가 점점 나오지 않게 되어 하루에 1회밖에 줄 수 없다면, 그 마지막 1회는 역시 밤중에 주는 것이 좋습니다. 아기는 성장함에 따라서 영양보다는 애무를 요구하게 되므로, 심야의 수유는 사랑과 영양과 숙면을 겸한 강력한 수단으로 남겨두어야 합니다. 서양인이 되도록 빨리 심야의 수유를 끝내려고 하는 이유는, 아기를 다른 방에 혼자 재우고 부부만의 시간을 갖고 싶어 하기 때문입니다.

꼭 모유를 먹이고 싶지만 유감스럽게도 모유가 1회분도 제대로 나오지 않는다는 엄마도 있습니다. 잉어를 고아 먹는다든지, 유방 마사지를 받는다든지 온갖 노력을 다 하는 사이 엄마의 마음은 초조해집니다. 이럴 때는 정신 건강을 위해 모유수유를 단념하는 편이 좋습니다. 정신 건강이나 가정의 평화를 희생하면서까지 '모유 영양주의'를 지킬 필요는 없습니다.

지금까지 모유 수유의 여러 가지 이점을 말했지만, 이러한 이점이 없다고 해서 아기가 잘 자라지 않는 것은 아닙니다. 모유가 미숙아에게는 꼭 필요하지만, 건강하게 태어난 아기는 처음 3~4일 동안 초유를 먹었다면 분유로도 충분히 잘 자랍니다. 다만 수유는 영양만이 목적이 아니기 때문에 분유를 먹일 때도 아기를 품에 안고 먹는 모습을 지켜보아야 합니다. 산부인과 병원에서 하듯이 아기를 눕힌 채 고정시켜 놓고 먹이는 것은 좋지 않습니다.

38. 내 아이에게 맞는 분유 선택하기 

● 어느 회사의 분유든 품질은 거의 비슷하다.

어떤 분유를 먹일까는 엄마의 가장 큰 고민거리입니다.

모유가 부족한 아기에게 분유를 보충해 줄 때 맨 처음 망설이게 되는 문제는 어느 메이커의 분유가 좋을까 하는 것입니다. 요즘 산부인과 병원은 회사에서 부탁받은 분유를 선물로 주기 때문에 대체로 그것을 계속 먹이게 되는데, '그래도 될까?' 하고 의문을 갖는 엄마도 있을 것입니다.

그러나 어떤 회사의 분유든 품질은 거의 비슷하며 문제가 될 만큼의 차이는 없습니다. 계산에 밝은 아빠는 슈퍼에 가서 분유 속의 비타민 A가 100g 중 2000IU인 것과 1500IU인 것을 발견할 경우 함유량이 많은 쪽을 사오기도 하는데, 실제로 물에 타서 먹일 때 하루 필요량의 배 이상을 먹게 되기 때문에 어느 쪽이라도 상관없습니다.

아기는 생후 3개월까지 분유의 단백질을 충분히 이용할 수 없기 때문에 너무 먹이면 오히려 부담만 될 뿐입니다. 분유통에 쓰여 있는 분유를 탈 때의 양은 그 이상 줘서는 안 되는 양이라고 생각하면 됩니다. 또 아무리 많이 먹여도 하루 총량 1000ml 이내로 제한하는 것이 좋습니다. 다시 말해 생후 3개월이 넘어도 하루에 5회를 먹인다고 하면 1회에 200ml를 넘지 않아야 합니다.

분유통에 들어 있는 스푼은 4g짜리도 있고 2.6g짜리도 있어서 일정하기 않기 때문에 물에 타는 방법은 분유통에 쓰여있는 대로 하면 됩니다. 단, 진한 것을 싫어하는 아기도 있는데, 분유통에 쓰여 있는 것보다 연하게 타서 주는 것은 괜찮습니다.

생후 1개월 된 아기 중에 잘 먹는 아기는 150ml나 165ml를 줘도 먹지만, 가능하면 140ml로 제한하는 것이 좋습니다. 3개월에 가까워지면 엄마가 대담해져서 자기도 모르게 너무 많이 먹이게 됩니다.

분유를 먹는 아기 중 비만아가 많아서 영아의 평균 체중이 해마다 증가하는 것은 아기들이 영양 과잉이 되고 있다는 것을 의미합니다. 분유 회사는 그 무거워진 체중에 맞춰 분유의 양을 점점 늘려가기 때문에 더욱 영양 과잉이 되는 것입니다.

성인이 된 후 심장이나 혈관 질환, 고혈압이 되지 않게 하려면 아기 때부터 비만이 되지 않도록 조심해야 합니다. 선천적으로 식욕이 왕성한 아기에게 원하는 대로 분유를 먹여 키와 체중이 더욱 늘어난다면, 이 아기는 '병든 거인'으로 내장은 무거운 짐에 허덕일 것입니다. 그러다 결국 병으로 발전하기도 합니다.

39. 생우유를 먹이면 안될까

● 생후 5개월까지 아기의 몸은 이물질이 너무 많은 단백질을 이용하기 힘들 뿐 아니라 생우유 속 칼슘이 신장에 부담을 준다.

생후 5개월 이전 아기에게 생우유는 좋지 않습니다.

인공영양 방법으로 시판되는 생우유를 이용할 수는 없을까 하고 생각할지도 모릅니다. 그러나 생후 5개월이 지날 때까지는 아기에게 생우유를 주는 것은 좋지 않습니다.

아기와는 달리 송아지는 금방 성장합니다. 왜냐하면 소젖에는 단백질과 칼슘이 모유의 3배나 들어 있기 때문입니다. 생우유에는 단백질이 많지만 질적으로 사람에게 불필요한 것이 많은 반면 필요한 것은 오히려 모자랍니다. 태어나서 5개월이 될 때까지 아기의 몸은 이물질이 너무 많은 단백질을 이용하기 힘들 뿐 아니라 칼슘은 신장에 부담이 됩니다. 생우유와 끓여서 식힌 물을 1대 2의 비율로 희석하여 단백질과 칼슘의 양을 모유에 가깝게 해서 준다 해도 당분이 부족해지므로 결국 따로 보충해 주어야 합니다.

이런 귀찮은 일을 매번 하는 것은 아주 번거롭습니다. 과거에는 인공영양을 할 때 이런 번거로운 일을 해야 했습니다. 이것은 번거로울 뿐만 아니라 세균이 침입할 기회도 늘어나 많은 아기가 설사로 인해 목숨을 잃기도 했습니다. 따라서 생후 5개월이 지날 때까지 생우유는 아기의 영양으로 적당하지 않습니다. 같은 이유로 농

축 우유도 이 시기의 아기에게는 먹이지 않아야 합니다.

40. 분유 타기

● 젖병이나 젖병꼭지로 세균이나 바이러스가 침입하지 않도록 주의하고, 잘 흔들어 알맞은 온도로 맞춰서 준다.

분유를 탈 때 가장 중요한 것은 청결입니다.

분유는 현대화된 공장에서 철저하게 살균하여 만들기 때문에 세균이 들어 있지 않습니다. 이 청결한 분유를 물에 용해시켜 아기에게 먹이는 동안에 세균이나 바이러스가 침입하지 않도록 하는 것이 엄마의 임무입니다.

도대체 어떠한 경로로 분유 속에 세균이 침입하는 것일까요? 가장 흔한 것은 엄마의 손에 묻어 있던 균이 분유를 타는 도중에 들어가는 경우입니다. 또 엄마가 뚜껑 닫는 것을 깜빡 잊어 파리나 바퀴벌레 같은 해충이 분유통의 분유에 달라붙거나, 젖병 속으로 들어가거나, 젖병꼭지 위를 기어다니거나 해서 세균을 운반해 옵니다.

싱크대 위에 있는 행주에는 음식물이 조금이라도 묻어 있기 때문에 파리나 바퀴벌레에게는 식당이 있는 운동장으로 보입니다. 거기서 적당하게 놀면서 세균을 묻힙니다. 이런 행주로 깨끗이 씻은 젖병이나 젖병꼭지를 닦으면 세균이 그대로 옮게 되는 것입니다.

세균의 침입 경로를 막아야 합니다.

아기에게 청결한 상태의 분유를 주려면 이와 같은 세균의 침입 경로를 막아야 합니다. 엄마는 분유를 타기 전 비누로 손을 깨끗이 씻습니다. 그리고 씻은 손은 깨끗한 타월로 닦습니다.

오래 써서 낡은 타월이라도 잘 빨아서 햇볕에 말리면 청결합니다. 타월은 손수건 정도의 크기라도 좋으므로 분유를 타는 횟수만큼 준비해 둡니다. 젖병과 젖병꼭지는 끓인 물로 소독하고, 행주로 닦아서는 안 됩니다.

엄밀히 말해 열탕소독이라고 하면 찜통 안에 젖병, 젖병꼭지, 병집게를 넣어 10분간 끓인 후 불을 끄는 것입니다. 내용물이 충분히 식은 후 먼저 병집게를 꺼내고, 이것으로 젖병을 집어 밖으로 꺼냅니다.

젖병 속에 끓인 물을 정량의 1/2 정도 넣고 분유통에 들어 있는 숟가락으로 분유를 재서 넣습니다. 그다음 젖병꼭지를 찜통에서 꺼내 닫고 병을 잘 흔들어 녹입니다. 어지간히 녹으면 젖병꼭지를 열어 정량까지 끓인 물을 넣습니다. 그러고 나서 체온에 가까운 온도로 식힌 후 아기에게 먹입니다.

분유 성분의 변형을 막기 위해서 50℃의 물로 타라고 쓰여 있는 제품도 있는데, 50℃라는 것을 알 수도 없거니와 온도계로 재면 불결해지기 때문에 그냥 끓인 물로 타는 것이 간단합니다. 끓인 물로 타면 분유의 성분이 제조 회사가 원하는 대로 되지 않더라도 영양에는 지장이 없습니다. 무엇보다 안전이 제일입니다.

매번 분유를 탈 때마다 소독하기가 힘들다면 젖병을 한꺼번에 6~7개씩 소독해 놓고 필요할 때 1개씩 찜통에서 꺼내 사용합니다. 그러나 이 방법을 실행에 옮기는 엄마는 10명 중 1명 정도밖에 되지 않습니다.

대개는 처음 1주간은 찜통이나 냄비를 사용한 열탕소독을 하지만, 예전의 육아 경험자로부터 "아이고, 무얼 이렇게 야단스럽게…"라는 말을 들으면 자신도 편한 게 좋기 때문에 젖병과 젖병꼭지를 씻어두었다가 사용 직전에 끓인 물을 붓기만 하게 됩니다. 가족 중에 설사를 하는 사람이 없다면 이렇게 해도 상관은 없습니다. 단, 약품으로 소독하는 것은 좋지 않습니다.

젖병은 사용 즉시 남은 분유를 버리고 여러 번 수돗물로 헹구어 병 입구를 밑으로 하여 세워놓습니다. 젖병꼭지도 사용 후 즉시 씻습니다. 먹고 남은 분유를 오랫동안 놓아두면 거기에서 세균이 번식하기 때문에 즉시 깨끗하게 헹구도록 합니다. 따라서 젖병 입구는 넓을수록 좋습니다. 씻을 때뿐만 아니라 분유를 스푼으로 넣을 때도 입구가 넓은 쪽이 편합니다.

●

병을 잘 흔든 후 뺨에 대어 온도를 맞춥니다.

전자레인지로 분유를 데울 때, 열의 전도가 젖병의 표면과 분유의 중심에서 각각 다르다는 것을 늘 염두에 두어야 합니다. 엄마의 빰에 병을 대보아 꼭 알맞은 온도라고 생각해도 중심부가 뜨거워서 아기가 화상을 입는 일이 자주 있습니다(중탕의 경우는 열의 전달 방향이 전자레인지와 반대). 그러므로 병을 잘 흔든 후 빰에 대보아야 합니다.

분유를 탄 채로 냉장고에 보관했다가 먹이는 방법은 상할 염려가 있기 때문에 좋지 않습니다. 특히 여름에는 냉장고 문을 자주 여닫아서 냉장이 제대로 되지 않는 경우도 있습니다. 아무튼 간편한 것이 좋습니다. 간편하면 밤중에 분유를 타는 일도 그렇게 귀찮지 않습니다.

41. 분유 먹이기

- 엄마의 사랑이 아기에게 느껴질 수 있도록 엄마가 아기를 안고 먹인다.
- 생후 15일 된 아기는 약 3시간마다 먹이고, 하루에 7회, 1회에 100ml 안팎이 적당하다.

사육과 육아는 무엇이 다를까요?

사육은 살찌게 하는 것이 목적이지만 육아는 사랑을 주는 것이 목적입니다. 하지만 육아에서도 영양을 주어야 합니다. 자식에게 사랑을 주고 싶은 엄마의 소원을 받아들일 수 있는 육체를 만들기 위하여 영양을 주는 것입니다. 엄마는 아기에게 영양보다 우선 사량으로 분유를 주어야 합니다. 육아를 체중을 늘리는 것이라고 생각하는 '건강 우량아'식 발상이 아직 산부인과 병원에 남아 있다는 것은 참으로 유감스러운 일입니다.

많은 산부인과 병원에서는 옛날보다 많은 수의 인공영양아를 '양성'하고 있을 뿐만 아니라 사랑 없는 수유를 하고 있습니다. 신생아실을 들여다보면 이것을 알 수 있습니다. 나란히 놓인 침대에 누워 있는 아기들은 옆을 본 채로 베개를 베지 않고, 베개 위에 비스듬히 놓인 젖병으로 분유를 먹고 있습니다. 이런 무인식(無人式) 수유법은 산부인과 병원 간호사의 일손이 부족한 데서 기인한 것입니다. 이것을 신생아실의 창가에서 지켜본 엄마는 집에 돌아가서도 이런 방법으로 분유를 먹입니다. 이것은 단지 아기를 살찌우기 위해 분유를 주는 것이므로, 문자 그대로 사육입니다.

이런 수유법은 잘못된 것입니다 산부인과 병원의 신생아실처럼 하루 종일 간호사 중 누군가가 점검하고 있는 곳에서는 무인식 수유법도 큰 사고를 일으키지는 않습니다. 그러나 집에 돌아온 엄마가 이런 방법으로 수유를 할 때 분유를 먹이는 도중 이웃 사람이 온다든지, 전화가 걸려온다든지, 부엌에서 냄비가 끓기라도 하면 아기를 눕혀 놓고 잠깐 자리를 뜨게 됩니다. 이때 마침 아기가 위를 향해 젖을 토하기라도 한다면 토유가 기관 쪽으로 들어가 버립니다. 무인식 수유를 하면 안 되는 이유는 이런 위험 때문만이 아닙니다. 아기는 모유를 엄마의 사랑으로 받아들입니다. 모유가 부족해서 인공영양을 택한 엄마는 모유 대신 분유를 먹이기는 하지만,

아기를 사랑하는 권리까지 포기해서는 안 됩니다.

●

엄마가 직접 아기를 안고 먹이도록 합니다.

아기에게 분유를 먹일 때는 엄마가 직접 아기를 안고 먹이도록 합니다. 의자에 걸터앉아도 좋고 바닥에 주저앉아도 좋습니다. 가장 편안한 자세면 됩니다. 엄마의 근육이 편안해지면 아기는 그만큼 엄마의 몸을 부드럽게 느낍니다. 그리고 아기의 상체는 되도록 수직에 가깝게 해야 합니다. 이것은 아기를 눕혀서 먹여 목 깊숙한 곳의 이관(耳管)에 분유가 들어갔을 때 발생하는 중이염을 예방하기 위해서입니다. 아기는 엄마의 사랑을 몸 전체로 느끼면서 분유를 먹습니다. 이때 주역은 엄마이고, 젖병은 소도구에 지나지 않습니다. 소도구인 젖병이 엄마의 애무를 방해해서는 안 됩니다.

텔레비전을 보면서 수유하는 것은 아기의 표정을 파악할 수 없기 때문에 모유를 먹일 때도 좋지 않습니다. 또 젖병을 베개로 기울여서 무인식 수유를 하며 책을 읽는 것은 그 아기에 관한 한 세계 최고의 관찰자인 엄마의 특권을 모르는 사람의 행동입니다.

●

젖병꼭지는 너무 딱딱해서도 안 됩니다.

젖병꼭지 길이도 아기에 따라 기호가 다르기 때문에 그 아기에게 잘 맞는 것을 골라야 합니다. 한 번에 맞는 것을 구할 수는 없습니다. 아기가 먹기 어려워하면 바꾸면 됩니다. 또 젖병꼭지의 구멍이 너무 크면 분유가 많이 나와서 아기가 숨이 막힙니다. 반면 구멍이 너무 작으면 아기가 빨기 힘듭니다. 너무 빨기 힘들면 약한 아기는 도중에 피곤해져 먹지 않게 됩니다. 튼튼한 아기는 다소 노력해서 먹는 버릇이 들도록 처음에는 구멍이 작은 젖병꼭지부터 선택하는 것이 좋습니다. 여기서 말하는 작은 구멍이란, 병을 거꾸로 했을 때 1초에 1방울씩 떨어지는 정도의 구멍을 말합니다(+자로 구멍을 낸 젖병꼭지는 분유가 떨어지지 않음).

●

1회에 70~100ml 정도 먹는 경우가 많습니다.

생후 1주에서 15일 정도 된 아기라면 분유를 1회에 70~100ml 정도 먹는 경우가 많습니다. 이 분량을 10~20분 걸려서 먹이면 됩니다. 그러나 1주 정도 된 아기 중에는 조금 먹고 나서 그만 먹는 아기도 있습니다. 젖병꼭지를 움직여보거나 뺨을 건드려봐도 먹지 않습니다. 그러다 2~3분 쉬고 다시 먹기 시작할 때도 있습니다. 그러나 1회 수유할 때 30분 이상 걸리지 않도록 합니다. 그렇다고 무리해서 먹여서는 안 됩니다. 먹지 않으면 그만 주고, 그대로 냉장고에 넣어두었다가 나중에 아기가 배고프다고 울면 다시 줍니다. 단, 30분 이내에는 남은 분유를 줘도 되지만 30분 이상 지난 분유는 먹여서는 안 됩니다. 항상 50ml도 먹지 못하는 아기라면 의사와 상담하는 것이 좋습니다.

●

3시간마다 하루 7회 먹입니다.

생후 15일 정도 된 아기는 대부분 3시간마다 먹고, 하루에 7회, 1

회에 100ml 안팎의 분유를 먹습니다. 1회에 120ml나 먹는 아기라면 하루에 6회로 끝나는 경우도 있습니다. 그러나 1회에 겨우 70ml만 먹으면서 하루에 6회밖에 안 먹는 소식하는 아기도 있습니다.

반면 대식하는 아기 중에는 1회에 120ml로 부족한 경우도 있는데, 생후 15일 정도에는 이 이상 주지 않는 것이 좋습니다. 아기가 먹고 싶어 울면 끓인 설탕물(뜨거운 물 100에 설탕 5 비율)을 식혀서 줍니다. 또 젖병으로 먹일 때 공기를 마시지 않도록 항상 젖병 꼭지 부분에 분유가 가득 차게 합니다. 그래도 아기는 공기를 삼키게 되므로 분유를 먹인 뒤 바로 재우지 말고 아기의 상체를 바로 세워 가볍게 두드리든지 어루만져서 자극을 줍니다. 이렇게 하면 위 속에 들어간 공기를 트림으로 내보냅니다.

42. 가정에서 출산한 엄마의 수유법 

● 초유를 먹이고 모유가 나오지 않을 때는 보리차나 끓인 설탕물을 2~3시간마다 먹인다.

● 모유가 안 나올 때는 처음 12시간은 아무것도 주지 않고, 다음 12시간은 보리차나 끓인 설탕물을 식혀서 2~3시간마다 준다. 24시간 이후로는 분유를 준다.

간혹 집에서 출산하게 되는 경우도 있습니다.

요즘은 대부분 산부인과 병원에서 아기를 낳습니다. 젊은 부부끼리만 아파트에서 산다면 집에서 아기를 낳는 것은 더더욱 불가능합니다.

도시에서는 예전처럼 전문 조산사를 찾기도 힘듭니다. 또 산기가 돈다고 해서 남편에게 일찍 오라고 할 수도 없습니다. 설사 남편이 온다고 해도 그다지 도움이 되지 않습니다. 아기를 낳는 것은 원래 여자가 하는 일이고, 집에서 출산을 도와주는 사람도 역시 여자입니다.

미국에서는 여성해방운동가들이 집에서 출산할 것을 주장하고 있습니다. 정상적인 출산은 병이 아니므로 남자가 지배하는 병원에 갈 필요가 없다는 것입니다. 농촌에서는 아직도 집에서 아기를 낳는 경우가 없지 않습니다.

출산이 정상적이라면 자기 집에서 아기를 낳는 것은 아무런 문제가 없습니다. 엄마로서는 아는 사람만 있는 자기 집이, 처음 보는 사람만 있는 병원보다 마음이 편할 수도 있습니다.

출산할 때 도와준 의사나 조산사가 수유 방법에 대해 알려줄 것입니다. 그 지역에서 여러 해 동안 산부인과 의사나 조산사로 일해온 사람의 지시에 따르면 틀림없습니다.

출산 후 수유를 서두르지 말고 우선 아기를 푹 재웁니다. 그사이 엄마의 체력도 회복됩니다. 12시간이 지난 후 아기가 울고 무엇인가를 바라는 것 같으면 엄마에게 젖을 먹이라고 할 것입니다. 아기는 초유를 먹음으로써 면역력을 만들게 됩니다.

출산 후 1주 동안은 모유가 그렇게 많이 나오지 않습니다.

초산부의 경우 1회에 나오는 양은 평균 20~50ml 정도입니다. 모유가 나오지 않아서 아기가 많이 울 때는 보리차나 끓인 설탕물(뜨거운 물 100에 설탕 5 비율)을 식혀서 2~3시간마다 10~20ml씩 먹이면 됩니다.

아무리 해도 모유가 나오지 않거나, 특별한 사정으로 처음부터 모유를 줄 수 없을 때는 다음과 같은 방법으로 분유를 먹입니다. 처음 12시간은 아무것도 주지 않고, 다음 12시간은 만일 먹는다면 보리차나 끓인 설탕물(따뜻한 물 100에 설탕 5 비율)을 식혀서 10~20ml씩 2~3시간마다 주는 것은 모유영양을 할 때와 같습니다.

그리고 24시간 이후로는 분유를 줍니다. 희석 방법은 분유통에 쓰여 있는 대로 하면 됩니다. 1회에 15~20ml를 먹이며 처음 12시간은 3시간마다 줍니다. 그리고 다음 24시간은 조금 더 양을 늘려 20~30ml씩 줍니다. 4시간 간격을 둘 수 있다면 그렇게 해도 좋지만 3시간 간격이라도 괜찮습니다. 매일 1회의 양을 10~20ml씩 늘려 1주째에는 1회에 70~90ml를 먹을 수 있으면 됩니다. 소식하는 아기라면 60ml밖에 먹지 못할 수도 있습니다.

분유든 설탕물이든 갓난아기는 세균에 대한 저항력이 약하기 때문에 소독을 철저히 해야 합니다. 젖병꼭지를 더러운 손으로 만지거나 어른이 시험 삼아 먹어보고 나서 먹여서는 안 됩니다.

43. 출산 7일째 엄마의 몸

● 2~3번째 출산으로 쉽게 아기를 낳은 엄마는 퇴원 즉시 집안일을 시작할 수 도 있지만, 초산부의 경우 퇴원 후 1주간은 누워있게 된다.

출산이라는 큰일을 치르기 위해 많은 변화가 생긴 엄마의 몸은 출산이 끝나면 다시 원래대로 돌아와야 합니다. 대개 6주 정도 지나면 원래의 상태로 되돌아옵니다. 가장 큰 일을 한 자궁은 급속히 작아져 10일째에는 복강에 닿지 않습니다. 그리고 5~6주가 지나면 이전의 크기로 돌아옵니다.

●

다시 생리가 시작되는 것은 사람에 따라 다릅니다.

배란이 시작되는 것은 40일 후이지만 생리가 시작되는 것은 사람에 따라 다릅니다. 모유를 먹이지 않는 엄마는 6~12주 사이에 대부분 생리가 시작됩니다. 반면 모유를 먹이는 엄마는 생리 시작이 사람마다 달라서 6주 만에 시작되는 경우도 있고, 2년 동안 생리가 없는 경우도 있습니다. 40일 이후에는 생리가 없어도 배란은 되기 때문에 임신할 가능성이 있습니다.

보통 출산한 지 3일 내지 1주가 지나면 산부인과 병원에서 퇴원하는데, 이때쯤이면 핑크색이었던 분비물(오로)이 황백색으로 변해 있습니다. 분비물이 멈추는 것은 3~6주 사이입니다.

분비물은 저절로 멈추는 것이기 때문에 조금 오래 끌더라도 의사에게 갈 필요는 없습니다. 왜냐하면 진찰을 받으러 가면 의사는 '치료'를 할 것이고, 아기를 데리고 가는 것도, 누군가에게 아기를 맡기는 것도 쉬운 일이 아니기 때문입니다.

●

분비물이 멈추면 목욕을 할 수 있습니다.

부부관계는 그 이후에 가능합니다. 언제부터 일상적인 집안일을 할 수 있는가는 출산할 때 얼마나 손상을 입었는가에 따라 다릅니다. 2~3번째 출산으로 쉽게 아기를 낳은 엄마는 퇴원하는 즉시 집안일을 시작할 수도 있지만, 초산부의 경우는 퇴원한 후 1주간은 누워 있게 됩니다. 초산부라도 순산하여 회복도 순조롭고 몸도 피곤하지 않은 사람은 3주째부터 간단한 집안일을 할 수 있습니다. 며칠 지나면 무슨 일이든 할 수 있다는 것은 아닙니다. 자신의 몸 상태를 보고 결정해야 합니다.

●

산욕체조 등은 굳이 하지 않아도 원래의 몸으로 돌아옵니다.

예전에 출산 후 자주 발생하던 산욕열은 세균 감염에 의한 것이였습니다. 최근에는 항생제로 세균을 퇴치할 수 있게 되어 산욕열은 없어졌습니다. 순산한 엄마에게 출산후 1개월 이내에 무서운 병이 생기는 일은 거의 없습니다. 그래도 갑자기 고열이 나거나 다량의 출혈이 있으면 산부인과 의사에게 연락해야 합니다. 열의 원인이 유선염이라는 것을 알게 되면 항생제를 처방해 줄 것입니다. 고열과 함께 배뇨통이나 배뇨 횟수가 증가한다면, 예전부터 있던 세균뇨의 세균이 설치기 시작한 것일 수도 있습니다.

●

우울증이 생기는 경우도 있습니다.

처녀 시절에 우울증을 앓은 적이 있는 사람은 출산 후 재발하는 경우가 가끔 있습니다. 기력이 없어져 그때와 비슷하다고 생각되면 항우울제를 먹도록 합니다. 우울증을 앓은 적이 없는 사람이라 하더라도 출산 후 기분이 가라앉을 수 있습니다. 주위 사람들은 엄마가 태만해졌다고 생각해서는 안 됩니다.

출산 후의 엄마를 위해 특별히 영양가 있는 식단을 따로 마련하지 않아도 됩니다. 모유를 먹이면 엄마도 배가 고파져 무엇이든 잘 먹게 됩니다. 모유를 먹이지 않을 경우에도 출산으로 약간의 혈액을 소모했기 때문에 빈혈을 보충하는 의미에서 육류, 생선, 쇠간, 달걀, 해초 등을 먹는 것이 좋습니다.

환경에 따른 육아 포인트

44. 기저귀 사용법

● 소변이나 대변으로 옷을 더럽히지 않게 하려면 완벽하게 싸주는 것이 좋겠으나, 아기의 다리 운동을 위해 다소 새어 나오는 것은 어쩔 수 없다.

● 가능한 한 종이 기저귀보다 면 기저귀를 사용한다.

고관절 탈구가 생기지 않도록 조심해야 합니다.

기저귀 채우는 방법이 까다로워진 것은, 생후 3개월 사이에 후천적으로 고관절 탈구가 생길 수도 있다는 사실을 알게 되면서부터입니다. 태어날 때부터 일종의 기형으로 탈구되어 있는 아기도 있지만, 태어난 뒤 양다리를 뻗게 한 상태로 고정시켜서 탈구되는 경우도 적지 않습니다.

원래 아기는 태내에서도 안짱다리이고, 태어날 때도 양다리를 벌린 채 무릎 부분을 구부리고 있는 것이 자연스러운 모습입니다. 이 자세가 관절구에 대퇴골의 머리 부분이 잘 자리 잡고 있는 것입니다. 이 상태에서 양다리로 차는 운동을 하는 사이에 미완성의 고관절이 완성되어 일어서도 빠지지 않게 됩니다. 그러나 무리하게 무릎을 뻗게 하여 양다리를 가지런히 하면, 대퇴골에 붙어 있는 근육이 긴장되어 대퇴골의 머리 부분이 어긋나게 됩니다. 이것이 머리 부분이 들어갈 구개(臼蓋)의 발육을 나쁘게 하여 탈구를 일으키기도 합니다. 그러므로 기저귀는 양다리의 생긴 모양 그대로 고관절과 무릎을 자유롭게 움직일 수 있도록 채워야 합니다. 양다리를 가지런히 뻗게 하여 친친 감아 움직이지 못하도록 하는 것이 제일 나쁩니다.

소변이나 대변으로 옷을 더럽히지 않게 하려면 기저귀로 배설물이 나오는 부분을 완벽하게 싸주는 것이 좋겠지만, 다리 운동을 방해하지 않도록 하려면 다소 새어 나오는 것은 어쩔 수 없습니다. 더럽혀진 옷을 세탁하는 편이 탈구된 관절을 고치는 것보다는 훨씬 간단합니다. 생후 3개월까지 기저귀 커버를 하는 목적은 기저귀가 흐트러지지 않게 하려는 것입니다. 신생아용 기저귀 커버에는 사용 방법에 대한 설명서가 붙어있으므로 그대로 하면 됩니다. 굳이 배꼽을 가릴 필요는 없습니다.

더운 계절에는 기저귀 채우는 시간을 짧게 합니다.

기온이 높은 계절에는 기저귀로 인한 피부병을 막기 위해서 기저귀를 채우지 않는 시간을 길게 합니다. 아기의 키를 잴 때는 양다리를 모아서 아래로 당기면 안 됩니다.

여자 아이의 경우 대변을 닦을 때 기저귀의 한 자락으로 뒤에서 앞으로 닦으면, 대변 안에 있는 대장균이 음부로 들어가 요도를 통해 방광으로 이동해 방광염을 일으킬 수 있습니다. 그리 흔한 병은 아니지만 여자 아이에게만 있는 것을 보면 그것이 원인으로 보입니다. 항문을 닦을 때는 물티슈로 항상 앞에서 뒤로 닦아줍니다.

기저귀가 닿는 부위의 피부가 짓무르는 아기도 있습니다. 이런 아기는 기저귀를 자주 갈아줘도 잘 짓무르므로 엄마의 태만 탓으로 돌리면 안 됩니다. 어쨌든 피부가 짓무르면 더 자주 기저귀를 갈아줘 젖은 채 그냥 두지 않도록 합니다. 이번 아기에게는 예전의 방수용 기저귀 커버를 사용해서는 안됩니다.

기저귀는 비눗기를 완전히 제거해야 합니다.

기저귀를 세탁할 때 비눗기를 완전히 제거하지 않으면 아기 피부를 자극하게 됩니다. 뜨거운 물로 비눗기가 완전히 빠지도록 깨끗이 헹구어야 합니다. 피부가 짓무른 부분의 살갗이 벗겨졌다면 세균이 침입하지 않도록 기저귀를 햇볕에 바짝 말려 소독해야 합니다. 햇볕이 들지 않는 날은 다리미질하여 소독합니다. 세탁이 덜 되었어도 깨끗한 것처럼 보이게 하는 표백제나 흡수력을 떨어뜨리는 의류용 린스는 사용하지 않는 것이 좋습니다.

최근에는 종이 기저귀를 사용하는 가정이 많아졌습니다. 종이를 만들 때 넣는 화학물질에 대해 아기가 예민하지 않고 피부도 짓무르지 않는다면 사용해도 괜찮습니다. 면 기저귀를 매일 세탁하여 말릴 만한 체력이 안 될 때는 할 수 없습니다. 이것은 사용하는 사람의 형편에 따라 개인이 선택할 사항입니다.

그러나 면 기저귀를 사용하면 감촉이 좋아 아기가 좋아할 뿐 아니라 굴곡 있는 아기의 몸에도 잘 맞습니다. 또 오줌을 싸도 뽀송뽀송한 종이 기저귀보다 오줌을 싸면 축축하여 불쾌함을 느낄 수 있는 면 기저귀가 아기의 정신교육상 좋습니다. 그것은 자연의 섭리일 뿐 아니라 아기가 불쾌해서 울면 엄마가 기저귀를 자주 갈아주게 되어 피부 짓무름을 예방할 수 있습니다. 변이 묻은 면 기저귀를 빨기 싫어 종이 기저귀를 사용하는 엄마도 있는데, 이 시기에는 처리하기 곤란할 정도의 대변은 보지 않습니다. 기저귀 커버에 묻은 변은 미지근한 물에서 비누로 빨면 잘 씻깁니다.

추울때는 기저귀를 따뜻하게 해서 갈아줍니다.

겨울에 방이 추울 때는 기저귀를 따뜻하게 해서 갈아주면 체온이 떨어지는 것을 막을 수 있습니다. 기저귀는 일단 25~30장 정도 준비하는데 아기에 따라 부족할 수도 있습니다. 이런 것도 아기마다 차이가 납니다.

45. 선천성 고관절 탈구

● 아기를 반듯이 눕혀 하반신을 벗기고 무릎을 구부린 후 허벅지를 잡아 좌우를 동시에 눌렀을 때 어느 한쪽이 다른 쪽에 비해 저항감이 있고 충분히 벌어지지 않는다.

선천성 고관절 탈구를 일으켜도 아기는 전혀 아픔을 느끼지 못합니다. 그러므로 엄마가 발견할 수밖에 없습니다. 아기를 반듯이 눕혀 놓고 하반신을 벗겨 무릎을 구부린 후 허벅지를 잡아 좌우를 동시에 누르면서 벌립니다. 이때 좌우가 똑같이 쉽게 벌려지면 괜찮지만, 어느 한쪽이 다른 쪽에 비해 저항감이 있고 충분히 벌어지지 않을 때는 정형외과에 가서 진찰을 받아봐야 합니다.

예전에는 선천성 고관절 탈구라고 했지만 요즘에는 '선천성 고관절 형성 이상'이라고 합니다. 대퇴골의 머리 부분이 관절구로부터 빠져 있는 것만을 문제 삼았는데, 그렇게 되기까지는 여러 가지 단계가 있다는 것을 알게 되었기 때문입니다. 관절구의 형성이 나쁘다든지, 탈구 발생의 위험 등이 그것입니다.

●

고관절 탈구는 후천적으로도 생깁니다. 따라서 탈구를 어떻게 예방할 것인가가 커다란 문제로 대두되었습니다. 탈구되는 것은 100명 중 1명 정도지만 예방은 간단합니다. 아기를 생후 3개월까지는 안짱다리로 내버려두면 일단 예방이 됩니다.

아기는 태내에 있을 때 무릎을 구부리고 고관절을 외전위(外轉位)로 유지하고 있습니다. 태어난 직후에도 외부에서 힘을 가하지 않는 한 같은 모습을 하고 있습니다. 그런데 여기에 무리하게 힘이 가해지면 고관절이 제대로 형성되지 못하는 경우가 생깁니다. 직립하는 어른의 입장에서는 양다리를 똑바로 맞춰 펴는 것이 바른 자세라고 생각할 수 있습니다. 여자 아기에게 드레스를 입혔을 때 안짱다리가 되어 앞이 벌어지면 엄마는 자기도 모르게 다리를 가지런히 하여 잡아당기고 싶어집니다. 그리나 절대 그러면 안 됩니다.

자연적으로 안짱다리가 되는 것은 그렇게 해야 관절에 붙어 있는 근육이 제일 편하기 때문입니다. 억지로 무릎을 뻗게 하여 다리를 가지런히 하게 하면 근육이 당겨져서 대퇴골의 머리 부분이 밖으로 빗나가게 됩니다.

뼈의 머리 부분이 관절구에 놓여 있지 않으면 관절구의 뼈 발육이 나빠져 대퇴골의 머리 부분이 들어가는 관골구가 얕아집니다. 여기에 다시 힘이 가해지면 탈구를 일으키게 됩니다. 대퇴골의 머리 부분이 관절구에 잘 놓여 있지 않다고 진단했을 때, 정형외과 의사는 그 정도에 따라서 기저귀 채우는 방법만을 지시하거나 특수 밴드를 하게 합니다. 의사는 보통 특수 밴드를 하고 1주 정도 되어 아기의 다리가 자유롭게 움직이는지를 검사합니다. 움직임이 제한될 때는 밴드를 늘이거나 줄입니다. 다리를 움직여 대퇴골의 머리

부분이 관골구에 닿아야 관절의 형성을 촉진시킵니다. 생후 1개월이 지나도 대퇴골의 머리 부분이 관골구에 잘 들어가 있지 않을 때는 입원을 해서라도 잘 들어가도록 잡아당겨야 합니다.

특수 밴드를 잘 장착할 수 있다면 대퇴골의 머리 부분이 관골구에 꼭 맞는지는 외견상으로도 진단할 수 있기 때문에 엑스선 사진을 여러 번 찍을 필요가 없습니다. 관절의 불안정은 노련한 의사는 쉽게 알 수 있지만 엑스선에는 나타나지 않습니다. 그러나 초음파로는 알 수 있기 때문에 최근에는 주로 초음파로 진단합니다. 특수 밴드의 사용 기간은 대개 2~3개월로 족합니다. 여러 가지 치료를 해도 탈구가 낫지 않을 때는 관절 조영을 하여 수술 방법을 결정합니다. 수술 시기는 아기의 연령과 탈구 정도에 따라 결정합니다.

불안정한 고관절은 자연스럽게 낫습니다.

생후 2주까지는 고관절이 불안정하더라도 자연히 낫습니다. 초음파 검사를 너무 빨리 하면 불필요한 치료를 시작할 수 있기 때문에 2~4주째에 하는 것이 좋습니다. 경과를 추적해 조사할 때도 초음파가 좋습니다. 뼈가 있어야 찍히는 엑스선보다 빨리 알 수 있을 뿐만 아니라, 무엇보다 좋은 점은 방사선을 쬐지 않는다는 것입니다.

고관절 탈구는 여자 아이에게 많은데, 남자 아이의 6배에 달합니다. 가족 중 고관절 탈구가 있는 경우, 거꾸로 태어난 아기, 발에 기형이 있는 아기, 제왕절개로 태어난 아기는 고관절 탈구를 일으키기 쉽습니다.

46. 목욕시키기

● 38℃ 정도의 물로 가능하면 아기용 욕조를 사용하지 말고 욕실에 있는 욕조에서 시킨다.

● 목욕 횟수는 기후와 아기의 배설 유형에 따라 다르다.

엄마는 경험자가 아기를 어떻게 목욕시키는지 잘 봐두어야 합니다.

출산 후 15일쯤 된 초산부가 아기를 직접 목욕시키는 일은 드뭅니다. 생후 3일에서 1주까지는 병원에서 목욕을 시켜주고, 퇴원 후에는 친정어머니 등이 목욕을 시켜줄 것입니다.

그사이 엄마는 경험자가 아기를 어떻게 목욕시키는지 잘 봐두어야 합니다. 아기를 잡은 손이 미끄러지지 않도록 아기를 타월로 감싼 채로 안아 욕조로 들어간다든지, 귀에 물이 들어가지 않도록 귓구멍을 엄지손가락과 가운뎃손가락으로 뒤에서 감싸 누른다든지, 부드러운 가제에 비누를 묻혀 머리부터 씻기기 시작하여 몸을 다 씻기고 나서 맨 나중에 사타구니를 꼼꼼하게 씻긴다든지, 머리는 매번 감기지만 비누는 3~4일에 한 번만 사용한다든지, 비눗물이 눈에 들어가지 않도록 하는 것 등을 익혀야 합니다.

●

화상을 입지 않도록 주의해야 합니다.

아기를 목욕시킬 때 제일 중요한 것은 화상을 입지 않도록 하는 것입니다. 귀에 물이 들어가도, 눈에 비눗물이 들어가도 그다지 큰

일이 아닙니다. 그러나 화상은 경우에 따라 생명이 위험하거나 평생 지울 수 없는 흉터를 남깁니다. 젊은 부부 둘이 집에서 아기를 목욕시키려면, 화상 예방을 위해 어떻게 해야 하는지 우선 상의해야 합니다.

욕실에 욕조가 있다면 욕조에서 씻기는 것이 안전합니다. 엄마가 못 들어가면 아빠가 먼저 욕조 밖에서 온몸을 비누로 깨끗하게 씻은 후 아기를 받습니다. 아빠가 아기를 씻기는 동안 엄마는 갈아입힐 옷을 준비한 후 타월로 아기를 받습니다.

집안에서 아기용 욕조는 사용하지 않는 것이 좋습니다.

아파트에서 아기용 욕조로 안전하게 목욕을 시키기가 어렵기 때문입니다. 아기 용 욕조로 목욕을 시키려면 뜨거운 물을 운반해야 합니다. 좁은 아파트 공간에 놓아둘 장소도 마땅치 않을뿐더러 목욕 도중 물이 미지근해지면 뜨거운 물을 보충해야 하는데, 그 또한 복잡한 일이고 온통 위험투성이입니다.

물은 어른에게 알맞은 온도보다 조금 미지근한 정도가 좋습니다.

아기를 욕조에 넣을 때, 38℃ 정도의 조금 미지근한 물이 좋습니다. 눈에 물이 들어가지 않도록 하고, 입 안은 절대 씻겨서는 안 됩니다. 그리고 완전히 마르지 않은 스펀지는 곰팡이나 세균이 서식하고 있으므로 사용하지 않도록 합니다.

아기의 등을 볼 수 있는 것은 목욕시킬 때뿐입니다. 무슨 일이 일어났을 때 즉시 알기 위해 목욕시킬 때 아기의 온몸을 잘 기억해 둬야 합니다. 체중은 목욕 후에 재도 좋습니다. 엄마가 아기를 타월로 감싼 채 체중을 재고, 아기에게 옷을 입힌 후 엄마가 타월을 가지고 한 번 더 체중을 재면 그 차이가 아기의 체중입니다.

●

목욕 횟수는 기후와 아기의 배설 유형에 따라 다릅니다.

대변을 이틀에 한 번 보는 아기는 매일 목욕시키지 않아도 되지만, 하루에 5~6번이나 배변을 하고 젖도 자주 토해 목 주변이 지저분해지는 아기는 매일 목욕을 시켜야 피부가 짓무르지 않습니다. 아기 목욕시키는 일을 아빠에게 도움받는다면 대체로 퇴근 후인 밤에 하게 됩니다. 또 수유 직후는 피해 적어도 1시간은 간격을 두는 것이 좋습니다. 그리고 보통 때보다 눈에 띄게 젖을 적게 먹은 날은 목욕을 시키지 않는 것이 좋습니다.

더운 계절에는 목욕 후에 끓여서 식힌 물이나 과즙을 20~30ml 줍니다. 98. 과즙 먹이는 법

47. 계절에 따른 보살핌

- 봄가을에는 문을 열어 바깥 공기가 방안으로 들어오게 한다.
- 여름에는 너무 차게 냉방하지 말고 모기향을 사용하지 않는다.
- 겨울에는 방 안 온도로 20℃ 정도가 적당하다.

봄가을에는 문을 열어 바깥 공기가 방 안으로 들어오게 합니다.

가을에 날씨가 좋을 때는 되도록 창문이나 베란다 문을 열어 바깥 공기가 방 안으로 들어오도록 합니다. 초봄이나 늦가을쯤 바람이 조금 차갑게 느껴질 때는 찬 바람이 아기에게 직접 닿지 않게만 하면 됩니다. 아기는 이불을 덮고 있기 때문에 바람이 닿는다고 해도 얼굴뿐입니다. 바깥 공기를 되도록 많이 쐬어주어 유약한 아이로 자라지 않게 해줍니다.

●

여름에는 너무 차게 냉방하면 안 됩니다.

여름에 냉방이 되는 산부인과 병원에서 집으로 아기를 데려왔을 때 집에도 에어컨을 설치해야 할지 망설이게 됩니다. 그러나 갑자기 에어컨을 설치하면 적절한 온도 조절과 아기의 양육이란 두 가지 일이 겹쳐 혼란스럽습니다.

에어컨을 들인다면 그 전해부터 들여 놓아 온도 조절에 익숙해져 있어야 합니다.

갑작스럽게 들여와 냉방을 하면 자기도 모르는 사이에 시원하다

못해 너무 춥게 조절해 버릴 수 있기 때문입니다. 실내 기온이 바깥 기온보다 4~5℃ 정도만 낮은 것이 좋고, 25℃ 아래로는 내려가지 않도록 합니다. 그리고 냉방을 하다 보면 환기를 자주 해야 한다는 것을 잊어버리기 쉬우므로 주의해야 합니다.

지역에 따라서는 냉방할 필요가 없는 곳도 있습니다. 그런 곳이라면 낮 동안은 타월을 한 장 정도 덮어주고, 밤이 되어 시원해지면 얇은 이불을 덮어주는 정도로 충분합니다.

낮에 너무 더우면 부채로 부쳐주는 것도 좋습니다. 또 부채 바람 정도로 선풍기를 멀리 놓고 회전시켜 틀어줘도 됩니다.

파리나 모기가 아기를 귀찮게 하지 않도록 문에 방충망을 설치해야 합니다. 모기향은 아기에게 좋지 않습니다. 모기향 성분이 인체에 해가 없다 해도 실내 공기는 나빠집니다.

더운 계절에는 분유를 타서 냉장고에 보관하지 않도록 합니다. 여름에는 차가운 것을 꺼내느라고 수시로 냉장고 문을 여닫기 때문에 온도를 10℃ 이하로 유지하기가 힘들므로 먹이기 직전에 타는 것이 좋습니다. 아울러 젖병과 젖병꼭지는 열탕으로 소독합니다.

●

한겨울에 아기가 있는 방의 실내 온도는 너무 높게 할 필요가 없습니다.

한겨울에 아이가 있는 방의 실내 온도는 20℃ 정도가 적당합니다. 가스난로나 석유난로를 사용하는 경우, 1시간에 한 번 정도는 창문을 열고 환기를 시켜야 합니다. 이것을 밤새 켜놓는 일도 없어야 합니다.

가습을 위해 난로에 주전자를 올려놓는 경우도 있는데, 아기가 생기면 절대 금물입니다. 어쩌다 주전자가 엎질러졌을 때 그 안의 뜨거운 물로 아기에게 치명적인 화상을 입힐 수 있습니다.

선풍식 난방기의 온풍이 직접 닿는 자리에 아기를 눕혀 놓는 것도 위험합니다. 겨울에 편리하다는 이유로 전기담요나 전기장판을 많이 사용하는데 이 역시 아기에게는 위험합니다. 잘못 조절하거나 온도조절기가 고장 나면 과열되어 아기가 탈수증을 일으키게 됩니다.

감수자 주

온돌방에 아기를 재울 때는 바닥이 너무 뜨겁지 않은지 항상 주의해야 한다. 바닥이 뜨거울 때는 요를 몇 겹 깔아 너무 뜨겁지 않게 한다. 그렇지 않으면 아기가 화상을 입거나 탈수증을 일으킬 수 있다. 아기용 침대를 사용할 때도 실내 온도는 20℃ 정도를 유지하도록 한다. 방이 너무 건조하면 가습기를 사용한다. 일반적으로 초음파를 이용한 가습기와 가열식 가습기가 있는데 초음파 가습기는 세균 또는 곰팡이균이 잘 번식하여 위생상의 문제를 초래할 수 있기 때문에 자주 청소를 해야 하고, 가열식 가습기는 물통에 데워진 물이 쏟아져 화상을 입을 위험이 있다. 그래서 요즘은 분무될 만큼의 물만 데워 증기가 나오게 하는 가습기가 개발되었다.

48. 형제자매

● 갓 태어난 동생은 엄마를 빼앗아간 질투의 대상이 될 수 있다. 따라서 엄마는 갓 태어난 아기 못지않게 큰아이에게도 각별한 신경을 써야 한다.

아기의 출생은 큰아이의 영역을 어느 정도 침해하는 사건입니다.

이 침해를 큰아이는 자기 나름대로 정신적인 상처로 받아들입니다. 큰아이의 불행은 부모가 출산 때문에 정신이 없고 출산으로 인한 어른들 간의 의례적인 인사에 쫓기다 보니 아이의 정신적인 상처를 알아차리지 못한다는 것입니다. 그리고 부모는 자신들이 기쁘기 때문에 큰아이도 틀림없이 기뻐할 것이라고 제멋대로 생각해 버립니다. 그러나 큰아이에게 엄마의 출산은 오히려 괴로운 경우가 많습니다.

집에서 출산하게 되면 우선 엄마를 만나기가 어려워집니다. 엄마에게 가까이 가려고 하면 엄마가 있는 방에 들어가면 안 된다고 꾸짖기 일쑤이고, 항상 엄마와 함께 자던 아이는 언니 혹은 형이 되었으니까 이제부터 혼자서 자야 한다는 말을 듣게 됩니다. 드디어 아기가 태어나 엄마 방에 가보면, 엄마는 얼굴이 새빨간 낯선 아기를 안고 젖을 먹이고 있습니다.

엄마가 산부인과 병원에 입원하여 출산할 경우에도 마찬가지입니다. 아무리 울어도 3일 내지 1주 동안은 엄마가 오지 않습니다. 아빠가 옆에서 같이 자지만 어딘지 모르게 서먹서먹합니다. 그러다가 간신히 엄마가 집에 돌아와도 엄마는 찾아오는 이웃 할머니나 아주머니에게 인사를 하거나 같이 이야기를 할 뿐 기다렸던 자신은 완전히 무시합니다.

이렇게 되면 큰아이가 동생을 미워하는 것은 당연합니다. 형제니까 사이좋게 지내겠지 하는 것은 어른의 생각일 뿐입니다. 만 2세 된 아이가 50일 된 동생을 비닐 봉지로 질식시킨 사건도 있었습니다.

●

엄마는 아기보다 큰아이를 먼저 달래줘야 합니다.

엄마는 산부인과 병원에서 집으로 돌아오면 누구보다 먼저 집에서 기다리고 있는 큰아이를 달래줘야 합니다. 큰아이가 만 3세 이하인 경우에는 가능하면 그 앞에서는 아기에게 젖을 먹이지 않는 것이 좋습니다. 며칠쯤 지난 후 큰아이가 기분이 좋아지면 자진해서 동생인 아기에게 젖을 먹이라고 말하게 됩니다. 질투심이 강한 아이와 그렇지 않은 아이가 있기 때문에 부모가 다소 무신경하게 행동해도 아기에게 적의를 갖지 않는 아이도 있습니다. 어떤 경우이든 엄마가 산부인과 병원에서 돌아오는 날, 큰아이에게 좋아하는 장난감을 주어 장난감에 주의를 집중시키는 것도 한 방법입니다.

●

큰아이가 전염되는 병에 걸렸다면 격리가 불가피합니다.

갓난아기와 큰아이가 사이좋게 지내는 것은 바람직하지만 산부인과 병원에서 아기를 데려왔을 때 큰아이가 병이 들어 있으면 곤란합니다. 기침을 하거나 콧물을 흘리면 아기와 같은 방에 두어서는 안 됩니다.

큰아이가 홍역, 풍진(3일홍역), 수두, 볼거리를 앓고 있을 때는 아기가 옆에 있어도 전염되지 않습니다. 엄마가 이미 그러한 병을 앓은 뒤라면, 아기는 탯줄을 통해 면역 항체를 받았기 때문에 발병하지 않습니다. 하지만 백일해는 아기에게 전염됩니다. 그리고 백일해는 치료가 끝나도 1개월 정도는 가지고 있기 때문에 다 나았다 하더라도 아기와 1개월 정도 격리시켜야 합니다. 생후 1개월 된 아기의 백일해는 아주 심각하고 고통스러우므로 주의해야 합니다.

큰아이가 용혈성 연쇄상구균 감염증인 경우에도 전염될 위험이 있으므로 아기에게 가까이 가지 못하게 해야 합니다. 열이 내리더라도 2주 정도는 안심할 수 없습니다. 큰아이에게는 항생제를 먹입니다.

천식이나 자가중독증(주기성 구토증)369 자기중독증이다은 아기에게 전염될 염려가 없습니다. 두드러기도 전염되지 않습니다. 그러나 농가진은 전염됩니다.

49. 이웃

- 이웃이 찾아와 하는 얘기 중에는 들어서 좋은 얘기가 있고, 그렇지 않은 얘기도 있다.
- 이웃으로부터 빌려 써도 되는 것이 있고 새로 구입해야 하는 것이 있다.

분유로 바꾸라는 이웃의 말에 넘어가지 말아야 합니다.

이웃 사람들이 건강한 아기를 낳고 돌아온 엄마를 축하하러 옵니다. 그리고 첫아이를 낳은 부모에게 여러 가지 선의의 조언도 해줍니다. 어떤 사람은 아기를 목욕시켜 주겠다고 할지도 모릅니다. 경험이 있는 사람의 제안이라면 호의로 생각하고 받아들여도 됩니다. 어떤 사람은 아기를 위해 체중계를 빌려준다고 할 것입니다. 집에 체중계가 없다면 빌리는 것이 좋습니다. 그러나 너무 예민하게 매일 체중을 잴 필요는 없고 5일에 한 번, 목욕할 때 재보면 됩니다.

아기용 침대는 빌려도 됩니다. 소독법은 24 아기용 침대를 참고하십시오. 유모차는 빌리지 않는 것이 좋습니다. 유모차의 내구성은 한 명의 아기를 키울 수 있는 정도에 지나지 않으므로 파손으로 사고가 날 수 있기 때문입니다.

이웃의 조언 중 한 가지 따르지 말아야 하는 것이 있습니다. 모유가 적게 나올 때 "빨리 분유로 바꿔요"라는 충고입니다. 조언자는 분유를 먹이는 것이 간단할 뿐만 아니라 아기를 크게 키울 수 있다고 할지도 모릅니다. 그러나 생후 1주 만에 '이제는 모유가 나오지 않나 봐'라며 모유 먹이기를 포기하는 것은 너무 성급한 일입니다.

친척이나 친한 사람들도 축하하러 옵니다. 손님들이 아기를 안고 누구를 닮았느니 어쩌니 하면서 돌려가며 보는 일은 삼가는 것이 좋습니다. 모여 있는 손님 중에는 감기에 걸린 사람이 있을지도 모릅니다. 때마침 그런 사람이 기침을 하면 아기가 감기에 걸릴 수 있습니다. 미숙아에게는 그것이 폐렴의 원인이 될 수도 있습니다. 또 입 안에 헤르페스(따가운 물집)가 생긴 사람은 아기에게 바이러스를 옮겨 심각한 병을 앓게 할 위험이 있습니다. 부모에게 헤르페스가 생겼을 때는 마스크를 하고, 사용한 식기는 열탕으로 소독해야 합니다.

엄마를 놀라게 하는 일

50. 체중이 너무 적게 나간다_저체중 출생아

● 미숙아에게도 최고의 영양은 모유이다. 정상아보다 힘들더라도 모유를 먹이는 것이 좋다.

37주 미만에 태어난 아기를 미숙아라고 합니다.

WHO(세계보건기구)에서는 태어날 때의 체중이 2.5kg 미만인 아기를 '저체중아'라고 정하고 엄마 뱃속에 있는 기간이 37주 미만인 아기를 '미숙아'라고 명명했습니다. 그리고 저체중아를 다시 분류하여 1.5kg 미만을 '극소저체중아', 1kg 미만을 '초극소저체중아'라고 합니다. 일본은 세계에서 미숙아 사망이 가장 적은 나라입니다. 이유는 미숙아에게 모유를 먹이는 엄마가 많아졌기 때문이라고 할 수 있습니다. 아기에게 모유가 제일 좋다는 것은 누구나 알고 있지만, 미숙아에게도 모유 주는 것이 실행되기까지는 많은 시간이 걸렸습니다.

여기에는 많은 소아과 의사와 간호사들의 노력이 있었습니다. 그중에서도 일본의 국립오카야마병원에 세계에서 가장 완벽한 미숙아 시설을 만들어 유니세프(국제연합아동기금)로부터 아기에게 친절한 병원 제1호로 인정받게 한 야마노우치 이치로(山內逸郞) 선생의 공적을 빼놓을 수가 없습니다. 야마노우치 선생은 아기를 산부인과에서 소아과로 되찾아온 사람입니다 예전에는 아기가 태어난 후 며칠 동안은 산부인과 병원에 있었습니다.

많은 산부인과 병원은 간호사의 부족으로 태어난 즉시 아기를 엄마로부터 격리하여 신생아실에 모아놓고 시간을 정해 엄마의 침대로 데리고 가서 수유를 시켰습니다. 그리고 엄마의 젖이 잘 나오지 않으면 쉽게 분유로 바꿨습니다. 분유 회사에서 산부인과 병원에 분유를 무료로 주기 때문에 분유로 바꾸는 것은 간단했습니다. 아기가 퇴원할 때는 분유 회사에서 '선물'로 엄마에게 분유를 증정했습니다. 또 산부인과 병원에서 미숙아가 태어나 인큐베이터에 들어가면 당연히 분유를 먹였습니다. 미숙아는 엄마보다 나중에 퇴원하기 때문에 먼저 집으로 돌아간 엄마는 모유를 먹일 기회가 없거나 적어서 아기가 퇴원할 때쯤이면 아예 젖이 나오지 않게 됩니다. 그런 이유로 미숙아에게는 모유를 먹일 수 없는 것으로 여겨졌습니다. 소아과 의사도 산부인과를 거쳐 소아과로 온 미숙아에게 '어떤 성분의 분유를 주면 좋을까'만 생각했습니다.

하지만 미숙아만 돌보는 시설을 만든 야마노우치 선생은 미숙아에게 모유만 먹이게 했습니다. 그 결과 미숙아의 사망률이 훨씬 줄어들었습니다. 패혈증이나 세균성 수막염을 일으키지 않게 되었기 때문입니다. 이것을 통해 그는 미숙아는 더욱 모유로 키워야 한다는 것을 확신하게 되었습니다. 병원 내의 감염을 철저히 예방하고 직접 만든 기기를 포함한 최첨단 의료 기기를 앞장서서 설치하여 미숙아들을 구한 야마노우치 선생의 노력에 경의를 표합니다. 그가 무엇보다 가장 크게 공헌한 점은 아기가 퇴원하여 집으로 올 때까지 엄마의 젖이 말라버리지 않도록 하는 방법을 고안해 낸 일입니다.

젖이 마르지 않게 하려면 인큐베이터에 있는 아기에게 모유를 계속해서 먹여야 합니다. 모유는 짜면 나옵니다. 손으로 짜도 되고, 유착기로 짜도 됩니다. 야마노우치 선생은 하루에 여러 번 짠 젖을 냉동 보관할 수 있는 특별한 나일론 봉지를 고안했습니다. 이 나일론 봉지에 젖을 짜서 냉동실에 보관했다가 미숙아 시설에 가져갑니다. 매일 가져갈 수 없으면 5~6일 동안 모아서 가져가도 됩니다. 먼 곳이라면 냉동차를 이용하여 배달하는 택배 서비스를 이용하면 됩니다.

이때 주의해야 할 점은 젖이 세균에 감염되지 않도록 하는 것입니다. 젖을 짜는 손은 짜기 전 비누로 씻고 흘러내리는 수돗물에 적어도 30초 정도 헹궈야 합니다. 그리고 수도꼭지는 손이 아니라 팔꿈치로 잠글 수 있는 지레식 손잡이로 바꿉니다. 소독약을 세면기에 가득 채우고 손을 소독해서는 안 됩니다. 알코올을 묻힌 탈지면은 피부를 거칠게 합니다. 모유팩은 소독되어 있으므로 안쪽은 만지지 않도록 합니다. 야마노우치 선생은 모유를 냉동실에 넣어 두면 모유 안에 들어 있던 세균이 오히려 줄어든다는 것을 확인했습니다.

미숙아에게 최고의 영양은 모유입니다.

미숙아용의 특별 분유가 있지만, 분유만 먹이면 위장에 괴사(국소적인 세포의 죽음)를 일으킬 확률이 높습니다. 분유를 주더라도 동시에 모유(저장시킨 모유도 포함하여)를 주면 그 발병률은 어느 정도 낮아집니다. 모유를 먹이고 나서부터 많은 극소저체중아를 살릴 수 있게 되었고, 후유증도 줄어들었습니다. 그러나 초극소저체중아는 살아남더라도 후유증이 적지 않습니다. 앞으로의 의학 과제는 미숙아로 태어나지 않도록 하는 것입니다. 미숙아로 태어난 아기의 예방접종은 정상적으로 태어난 아기와 똑같이 해도 됩니다. 백일해·디프테리아·파상풍·유행성 소아마비에 대한 예방접종은 생후 2개월부터 시작하는데 1개월 빨리 태어났다고 해서 생후 3개월에 시작할 필요는 없습니다. 미숙아라도 제 날짜에 태어난 아기와 똑같이 항체가 생긴다는 사실이 밝혀졌기 때문에 백신의 양도 줄여서는 안 됩니다.

51. 쌍둥이를 출산했다

쌍둥이를 키우는 것은 처음에는 아주 힘듭니다.

예전에는 아기가 태어나기 전에 쌍둥이라는 진단을 하는 것이 쉬운 일이 아니었지만, 지금은 초음파 검사로 간단하게 알 수 있습니다.

쌍둥이를 키우는 것은 처음에는 아주 힘듭니다. 그러나 아이들이 서로를 잘 인식하게 되면, 항상 함께 놀 수 있는 상대가 옆에 있으므로 혼자인 아이보다 즐겁게 지내고 협동심도 빨리 배울 수 있습니다. 또 부모 입장에서 키우기는 힘들지만 아이를 갖는 기쁨은 배가 됩니다. 쌍둥이를 키운 엄마에게 물어보면, 쌍둥이를 키우게 되어 좋았다고 말하는 이가 대부분입니다.

쌍둥이는 태어날 때의 체중이 2.5kg 미만인 경우가 많아 산부인과 병원에서는 미숙아로 취급합니다. 그래서 인큐베이터에서 키우는 경우 모유를 짜서 먹이면 됩니다.

쌍둥이의 체중이 2.5kg 이상이 되어 퇴원을 허락받았을 때, 모유가 잘 나오면 계속 모유를 먹이는 것이 좋습니다.

둘 다 모유로 해결되면 이상적이지만, 둘 다 먹기에는 부족한 경우 혼합영양(모유와 분유)을 하는 것이 좋습니다. 단, 쌍둥이의 체중이 차이가 많이 나서 한 명은 2.8kg인데 다른 한 명은 2.4kg밖에 되지 않을 때는 당분간 작은 아기에게만 모유를 줍니다. 작아도 건강하다면 곧 체중이 증가합니다. 그렇게 되면 둘 다 혼합영양으로 합니다. 혼합영양이 도저히 불가능해지기 전까지는 인공영양(분유)을 하지 않겠다는 각오로 노력하는 것이 좋습니다.

쌍둥이는 미숙아라고 생각해야 합니다.

출산 후 3개월까지 쌍둥이의 발육은 보통 아이보다 조금 느립니다. 분유도 분유통에 적혀 있는 분량만큼 먹지 못한다 해도 괜찮습니다. 쌍둥이라고 하여 더 보러 오는 사람이 많은데, 감염에 대한 저항력이 약하므로 생후 3개월이 지날 때까지는 사람들을 만나지 않게 하는 것이 좋습니다.

쌍둥이를 키우기 위해 부모는 가정 경영을 과감하게 합리화해야 합니다.

특히 엄마가 익숙해질 때까지 처음 3개월 동안은 아빠의 절대적인 협조가 필요합니다. 엄마가 힘들어 쓰러져 버리면 큰일이므로 투자를 아껴서는 안 됩니다. 기저귀 빨기가 힘들 것 같으면 과감히 건조기가 딸린 세탁기를 구입하든지, 또는 기저귀 빨아줄 사람을 구하든지, 대여 기저귀를 이용하든지 해야 합니다.

엄마가 피곤해질 때면 언제라도 편히 쉴 수 있도록 안락의자도 준비합니다. 그리고 아빠는 엄마가 손수 만든 요리를 먹는 것이 즐겁더라도 당분간은 인스턴트식품으로 만족해야 합니다. 쌍둥이의 양육은 아무리 투자를 해도 손해 보지 않는 큰 사업입니다.

쌍둥이를 구경거리로 만들어서는 안 됩니다.

세상 사람들은 쌍둥이, 특히 서로 구별하기 힘든 일란성 쌍둥이에게 흥미를 가집니다. 엄마는 구경거리가 되어 있는 쌍둥이를 더욱 인기 상품으로 만들기 위해 둘에게 똑같은 옷을 입히기도 합니다.

하지만 둘이 아무리 많이 닮았더라도 각각 독립적인 인격체입니다. 독립적인 인격을 가진 한 인간으로 인정받지 못한다는 것은 불행한 일이며, 본인의 자존심에 크게 상처를 받게 됩니다. 둘이 합쳐서 하나의 인격체라는 것은 인격의 독립성을 인정받지 못하는 것입니다.

쌍둥이는 세상 사람들의 눈에 대항하여 독립적인 인간이 되어야 합니다. 그러기 위해서는 부모도, 아이들 스스로도 둘은 각각 별개의 인격체라는 인식을 가져야 합니다. 아이들이 옷을 식별하게 되면(약 1년 후), 옷을 서로 다르게 입혀 각자가 독립적인 인격체임을 분명하게 인식시켜 주는 것이 좋습니다.

52. 머리에 혹이 있다

● 두혈종이라는 것으로 출산 시 산도를 통과하면서 혈관의 일부가 상처를 입은 것이다.

● 생후 1~2개월 지나면 대부분 저절로 낫는다.

아기의 머리에 혹이 만져집니다.

간혹 생후 2~3일째 아기의 머리 꼭대기보다 조금 오른쪽이나 왼쪽으로 치우친 곳에 혹이 생긴 것을 발견하게 됩니다. 물렁물렁하며 눌러도 아기가 울지 않으니 아프지는 않은 것 같습니다. 무언가 싫어 2~3일 정도 상태를 지켜봐도 전혀 변함이 없습니다.

의사에게 보이면 '두혈종(頭血腫)'이라며 그냥 두면 낫는다고 할 것입니다. 그러나 며칠이 지나도 전혀 작아질 기미가 없고 여전히 물렁물렁합니다. 잘 만져보면 혹 주위에 뼈가 링(ring)처럼 솟아올라 있어 혹 아래에는 뼈가 없는 것 같은느낌이 듭니다.

이것은 두개골의 골막 아래에 출혈이 있었던 것입니다. 출산할 때 산도를 통과하다가 압박받은 뼈가 겹쳐 혈관의 일부가 상처를 입은 것입니다. 계속해서 출혈하는 것은 아니고, 그냥 그대로 흡수되어 낫습니다. 링처럼 솟아오른 뼈도 원상태로 되돌아옵니다. 대개 생후 1~2개월 지나면 그다지 표시가 나지 않지만, 때로는 생후 6개월이 지나도 깨끗이 없어지지 않는 경우도 있습니다. 그러나 반드시 낫습니다.

이때 제일 나쁜 것은 주삿바늘로 혹 속의 혈액을 뽑아내는 것입니다. 그대로 두면 나을 텐데 주삿바늘로 찔러서 세균이 침입해 곪는 경우도 있습니다. 두개골의 외부에 생긴 것이기 때문에 나중에 뇌에 후유증을 일으킬 염려는 없습니다.

53. 젖을 토한다

● 태변도 나왔고 배도 비정상적으로 팽팽하지 않고 기분이 좋아 보인다면 그냥 둬도 된다.

태어나서 1~2일 사이에 처음으로 젖을 토하는 경우가 있습니다.

이때 태변이 나오지 않았으면 장의 어딘가가 막힌 것은 아닌가 걱정하게 됩니다. 그러나 태변도 나왔고, 배도 비정상적으로 팽팽하지 않으며, 기분도 좋아 보이면 그냥 둬도 됩니다.

모유나 분유를 주면 토하지만 설탕물(끓여서 식힌 물 100에 설탕 5 비율)을 주면 가라앉는 경우가 많습니다. 그렇다면 1~2회 모유나 분유를 주지 말고 설탕물만 먹여 봅니다. 원인은 잘 모르지만, 이렇게 하면 대개는 젖을 토하지 않고 3일째부터는 잘 먹게 됩니다. 하지만 황록색 담즙이 섞여 있는 젖을 계속 토하며 배가 팽팽해지거나 열을 동반한 경우에는 의사에게 진찰을 받아야 합니다. 이때는 토한 것을 그대로 의사에게 보여야 합니다.

54. 토사물에 피가 섞여 있다

● 먼저 피의 원인이 엄마에게 있는지 아기에게 있는지를 확인한다. 엄마에게 있다면 저절로 나을 수 있고 아기에게 있다면 비타민 K 부족 현상으로 보충하면 나을 수 있다.

간혹 아기의 토사물에서 피가 섞여 있는 경우가 있습니다.

동시에 대변에도 검고 끈적끈적한 것(혈액이 장을 지나면 항상 이런 색깔이 됨)이 나옵니다. 이것은 '신생아 출혈증'이니 '신생아 멜레나'라고 하는 병입니다. 아기의 탯줄 혈액을 검사해 보면 혈액 응고에 필요한 비타민 K가 부족한 경우가 있습니다. 이것은 일일이 비타민 K를 검사하지 않고 예방을 위해 모든 신생아에게 비타민 K를 먹인다든지 주사를 놓게 됨으로써 줄어들었습니다. 예방하는 것을 잊어 출혈한 경우에도 비타민 K를 보충하면 며칠 지나지 않아 낫습니다.

이와 아주 비슷하지만 아기가 출혈한 것이 아니고 엄마의 피를 마셨던 것을 토하는 경우도 있습니다(가성 멜레나). 산도에서 피를 마셨거나 엄마의 젖꼭지에 생긴 상처에서 나온 피를 모유와 함께 먹은 것일 수도 있습니다. 이럴 경우 병으로 취급하지 않습니다. 젖꼭지에서 피가 나온 것이라면 하루 동안 그쪽 젖꼭지로 먹이지 않으면 낫습니다. 아기가 토한 것에 피가 섞여 있을 때, 처음에는 누구 때문인지 잘 모릅니다. 이때 엄마의 피인지 아기의 피인지 구별하는 검사를 해보면 간단하게 알 수 있습니다. 신생아 출혈증은 생후 2~3일에 일어나지만, 엄마의 젖꼭지가 갈라져 출혈하는 것은 생후 10일 이후가 많습니다.

55. 구순열과 구개열이다

● 처음 젖을 먹일 때 고생이 따르지만 수술을 통해 거의 정상으로 돌아올 수 있다.

태어난 아기의 윗입술이 찢어졌습니다.

태어난 아기의 윗입술이 찢어져 있는 것을 보는 순간 엄마의 놀라움은 이루 말할 수 없을 정도입니다. 다시 잘 살펴보아 윗입술만이 아니고 입 속의 입천장까지 찢어져 있는 것을 발견했을 때 엄마는 거의 절망적이 됩니다. 이때 아빠는 정신을 바짝차리고 엄마를 격려해줘야 합니다. 구순열만 있는 경우에는 나중에 수술하면 흉터를 거의 알아볼 수 없게 됩니다. 구개열도 처음에 젖을 먹일 때는 고생하지만 거의 정상이 됩니다. 그러나 어느 쪽도 한 번의 수술로 완치되리라고 기대해서는 안 됩니다. 여러 번 수술할 각오를 해야 합니다.

●

수술 시기는 유형에 따라, 의사에 따라 각기 다릅니다.

구순열을 예전에는 빨리 수술하여 젖을 먹기 쉽도록 했지만, 최근에는 흉터가 눈에 띄지 않게 하기 위해서 조금 더 성장한 후에 수술하는 것이 좋다는 의견이 더 지배적입니다. 대개 생후 3개월이 되어 체중이 5kg을 넘을 때쯤 수술합니다. 수술 후 3개월은 꿰맨 자리가 딱딱해지지만 저절로 낫습니다.

수술 후 1년 정도는 흉터가 빨갛게 보이는데 이것도 나중에는 눈에 띄지 않게 됩니다. 경우에 따라서는 만 4~5세에 보정 수술을 해야 하는 아이도 있습니다. 이때 코의 정형을 요하는 수술이라면 10대 이후에 하는 것이 좋습니다. 적령기가 되면 코가 높아지기 때문입니다.

구개열의 수술 시기에 대해서는 의사들 사이에서도 의견이 완전히 일치하지는 않습니다. 어떤 의사는 만 1세 반 정도에 하자고 하고, 또 다른 의사는 만 2세가 넘어서 하자고 할 것입니다. 빨리 수술하면 젖도 먹기 쉬워지고 발음도 이상해지지 않는다는 이점이 있지만 수술할 때 치아의 싹을 다치게 하거나 나중에 커서 위턱의 모양이 비뚤어질 위험이 있습니다.

반면 수술 시기를 늦추면 구개열인 사람의 발성법에 이미 익숙해져 고치기가 힘듭니다. 최근에는 만 3세를 넘기지 않는 것이 보통입니다.

구개열은 그 모양이나 정도가 여러 가지이기 때문에 각각의 증상에 따라 수술 시기를 정해야 합니다. 그것을 결정하는 것은 의사 각자의 경험에 따라 다릅니다. 구순열이든 구개열이든 고도의 의료 기술이 필요하므로 가능하면 전문적으로 다루는 병원에서 수술하는 것이 좋습니다.

구순열도 구개열도 입 안의 압력이 외부보다는 음압(陰壓)을 만들 수 없기 때문에 젖이나 액체를 먹는 것이 서툽니다. 잘못 먹어서 기도로 들어가면 이상이 생길 수도 있습니다.

●

구개열인 아기에게 젖을 먹일 때는 각별히 신경을 써야 합니다.

구개열인 아기는 잘못 먹은 젖이 목에서 귀 쪽으로 들어가버리기 때문에 만성 중이염을 일으키기 쉽습니다. 젖에 세균이 섞여 있으면 감염을 일으킵니다. 만약 아기가 어디가 아픈 것처럼 울면서 잠을 잘 못 자거나, 갑자기 38℃ 이상의 열이 나면 이비인후과에서 진찰받아야 합니다. 귀 입구에서 고름이나 이상한 액체가 나오는 경우는 중이염으로 고막에 구멍이 뚫린 것이기 때문에 이비인후과에서 치료를 받아야 합니다. 그냥 방치하면 난청이 되어 말을 배울 수 없게 됩니다.

또 잘못하여 기관으로 들어간 젖이 폐에서 염증을 일으키면 폐렴이 됩니다. 이때도 고열이 나고 기침을 심하게 합니다. 심해지면 젖을 전혀 먹으려고 하지 않으므로 의사에게 데리고 가서 빨리 치료를 받아야 합니다. 어쨌든 지금까지 기침을 하지 않던 아기가 기침을 하게 되면 의사와 상담해야 합니다. 이런 것을 예방하기 위해서는 젖을 먹일 때 아기의 상체를 똑바로 세웁니다.

●

구순열이나 구개열인 아기는 보통 젖병꼭지로는 잘 빨지 못합니다.

빨아들이기 위한 음압을 만들 수 없기 때문입니다. 따라서 입 안에 가득할 만큼 큰 젖병꼭지가 구순열용으로 시판되고 있지만 잘 먹일 수 없는 경우가 많습니다. 경우에 따라서는 스포이트(액즙 주입기)를 사용합니다.

아기는 입과 혀가 움직이지 않기 때문에 먹는 방법을 배우지 못합니다. 먹일 때 찢어진 입술을 일회용 밴드로 붙이면 먹이기가 조금은 쉽습니다. 이런 아기는 되도록 컵을 사용하는 연습을 일찍 시작하도록 합니다. 이유식은 서두르지 말고 컵 사용이 익숙해지면 시작합니다.

●

정확한 발음 연습을 시켜야 합니다.

말을 할 수 있게 된 후에 구순열 수술을 한 경우에는 예전의 발음을 고치도록 정확한 발음 연습을 시켜야 합니다. 그러나 너무 서두른 나머지 아이에게 지나친 정신적인 부담을 주게 되면 오히려 말을 더듬는 수가 있습니다. 경우에 따라서는 만 7세 이후에 치열 형성술을 받고 사춘기가 되어 추가 형성술을 받으면 외모로 인한 열등감을 덜어줄 수 있을 것입니다. 이 아기 외에 가족 가운데 구순열이니 구개열인 아이가 전혀 없는 경우, 다음에 태어날 아기에게 이런 일이 생길 확률은 2% 정도로 매우 낮습니다.

동물 실험에서는 임신 중에 비타민 A나 리보플라빈, 엽산이 부족하면 구개열이 되는 것으로 나타났습니다. 구개열인 아기는 심장이 기형인 경우가 있으므로 심장검사도 받아두는 것이 좋습니다.

56. 피부에 반점이 있다

● 저절로 없어지는 점도 있고 수술을 요하는 점도 있다. 수술을 요할 경우 완벽하게 제거하기는 어렵다.

몽고반점은 만 10세까지는 없어집니다.

태어나지마자 눈에 띄는 반점에는 여러 가지가 있는데, 청색 반점으로 엉덩이 주변에 생기는 몽고반점은 만 10세까지는 없어집니다. 같은 청색이거나 조금 더 진한 청색의 이소성 몽고반점(얼굴, 팔다리)도 없어지는 경우가 많습니다.

그러나 검은 반점은 색소세포가 모인 것으로 자연히 없어지지 않습니다. 등의 절반 정도를 차지하는 거대한 것에서 작은 점에 이르기까지 크기도 여러 가지입니다. 백인 아기에게 큰 검은 반점이 생겼을 때는 만 5세가 되기 전 피부암이 되는 경우가 적지 않습니다. 그러므로 피부가 하얀 아이는 일광욕을 시키지 않는 것이 좋습니다. 암이 될 경우 반점이 갑자기 커지거나 색깔이 진해지므로 잘 관찰해야 합니다. 눈에 띄는 곳에 있는 반점은 없애고 싶겠지만, 현대 의료 기술로는 흉터가 남습니다. 하지만 의료 기술은 나날이 진보하니 기다렸다가 아이에게 선택하도록 할 수 있습니다.

외부에서 힘이 가해지면 암을 유발시키는 자극이 될 수도 있으므로, 자주 건드리는 옷깃이 닿는 목, 벨트로 고정시키는 허리의 검은 반점은 없애라고 권하는 의사도 있습니다.

붉은 반점은 혈관이 퍼져서 생긴 것입니다.

목덜미, 머리 꼭대기, 이마, 눈꺼풀 등에 생기는 구름 모양의 불규칙한 연한 붉은색 반점은 표면이 솟아 있지 않습니다. 그리고 누르면 색이 없어집니다. 얼굴과 목덜미에 생긴 것은 1년 정도 지나면 없어집니다. 그러나 다리에 생긴 것은 완전히 없어지지는 않습니다.

표면이 딸기처럼 울퉁불퉁한 새빨간 반점은 딸기상 혈관종이라고 합니다. 태어날 당시에는 거의 알아챌 수 없다가 생후 1~2개월이 지나야 알게 되는데 점점 커지기 때문에 놀랄 수도 있습니다. 팥알만 한 것에서 체리(버찌) 정도의 크기가 보통이지만 얼굴의 절반을 덮을 만큼 큰 반점도 있습니다. 표면이 울퉁불퉁한 혈관종은 빠르면 5~6개월, 늦으면 1년 정도 지나면 점점 색깔이 연해져서 만 5~10세 사이에 없어집니다.

조금이라도 작아지는 경향이 있으면 안심해도 됩니다. 수술이나 엑스선 치료는 하지 않는 것이 좋습니다. 하지만 눈두덩에 생긴 혈관종의 무게 때문에 1주 이상 눈이 감겨있으면 약시가 되므로 즉시 수술하여 없애야 합니다.

저절로 없어지지 않는 반점도 있습니다.

같은 붉은 반점이라 하더라도 겉으로 튀어나오지 않고 표면이 매끈하며 포도주 색상의 지도 같은 '와인양 혈관종'은 저절로 없어지지 않습니다. 현재 레이저 광선을 이용해 없애는 방법을 계속 개발하고 있는 중입니다. 몇 살에 치료하는 것이 가장 좋은지를 확실히 알게 되면 젖먹이 때 하게 될지도 모릅니다.

와인양 혈관종이 한쪽 앞이마나 눈두덩을 덮은 것처럼 된 것을 '스터지웨버 증후군'이라고 합니다. 뇌 속에 혈관종이 생긴 경우에는 여러 가지 장애를 일으키기 때문에 소아신경과에서 진찰을 받아야 합니다. 반점은 늘 눈에 보이기 때문에 빨리 치료하고 싶을 것입니다. 하지만 잘라낼 경우에는 흉터가 남습니다. 그리고 흉터가 남지 않는 레이저 치료에 대해서는 아직 피부과 의사들 사이에 의견이 분분합니다.

57. 귀 모양이 이상하다

● 발견 즉시 소아과 의사의 진찰을 받은 후 지시에 따라 이비인후과 의사와도 상담한다. 간단한 방법으로 치료될 수도 있고 수술을 해야 하는 경우도 있다.

태어난 직후 알게 되는 것으로 귀의 기형이 있습니다.

가장 중요한 것은 귀의 구멍(외이도)이 뚫려 있는가 하는 것입니다. 외이도가 양쪽 다 막혀 있으면 소리가 들리지 않습니다. 이 경우 가능하면 빨리 소리를 들을 수 있도록 해줘야 합니다. 그렇지 않으면 말도 늦고 지적 발달도 늦어지므로 알게 된 즉시 이비인후과에 가서 진찰을 받아야 합니다.

감수자 주

귀의 기형은 신장 등 다른 기관에도 기형을 동반할 가능성이 있으므로 일단 소아과 의사에게 진찰을 받은 후 지시에 따라 이비인후과 의사와 수술 시기를 상담하는 것이 바람직하다.

수술은 이른 나이에도 가능하므로, 만 1세 전후에 한쪽 수술을 하라고 할 것입니다. 한쪽만 막혀 있고 다른 쪽은 들릴 경우에는 초등학교에 입학하고 나서 수술해도 됩니다. 귀의 모양만 이상하더라도 빨리 이비인후과에 가서 보여야 합니다. 귀가 서 있다든지, 앞쪽으로 구부러져 있다든지, 윗부분이 가라앉은 경우에는 일회용 반창고로 고정시키거나 자주 잡아당기는 것만으로 낫는 경우도 있습니다. 태어나서 1주 이내에 시작하면 1개월 만에 정상적으로 되는 경우도 있습니다.

귓바퀴의 한 부분에 튀어나온 작은 피부혹도 연골이 없으면 실로 묶어놓기만 해도 떨어집니다. 소이증(小耳症)이나 무이증(無耳症)이라고 하는 것은 서둘러 수술하지 않습니다.

이 시기 아빠에게

58. 생후 0~7일 아빠가 할 일

- 아내의 노고를 위로해 주고 집안일도 함께 해야 한다.
- 큰아이가 있다면 큰아이와의 관계를 더욱 친밀하게 한다.

아빠는 우선 시대가 변했다는 인식을 가져야 합니다.

남자가 출산 때문에 직장을 쉰다는 것을 구세대는 이해하지 못할 것입니다. 예전에는 출산도, 육아도 여자들만으로 꾸려갈 수 있는 대가족 체제였습니다. 그러나 요즘에는 대부분 젊은 부부끼리만 살기 때문에 한 사람이 움직일 수 없게 되면 다른 한 사람이 도와야만 합니다. 출산을 위해 아내를 병원에 데려다 주는 일이 끝나면 남편은 집안일도 해야 합니다. 그러다 보면 일상생활에 많은 힘과 지혜가 필요하다는 것을 새삼 깨닫게 될 것입니다.

남편은 신생아실에서 아기를 첫 대면하고 나면 이제 퇴원할 때까지는 할일이 없다고 생각하지 말고 입원 중인 아내를 여러 번 찾아야 합니다. 이때 아내의 노고를 위로해 주는 것은 물론 퇴원 이후의 준비에 대해서도 아내와 의논해야 합니다. 집안일을 조금만 해보면 아내에게 물어봐야 할 일이 계속 생길 것입니다.

큰아이가 있다면 큰아이와의 관계를 더욱 친밀하게 해야 합니다.

큰아이가 있을 경우 아빠가 큰아이와의 관계를 지금까지보다 더욱 친밀하게 해야 합니다. 동생이 집에 왔을 때 큰아이의 충격을 조금이라도 줄여주기 위해서입니다.

핵가족 시대가 되고 나서, 산후 1개월가량은 엄마가 목욕을 하지 못하기 때문에 아기를 목욕시키는 일[46 목욕시키기] 이 주로 아빠의 몫으로 자리 잡고 있습니다.

엄마에 따라서 산후 1~2개월은 정신적으로 안정이 되지 않는 사람도 있습니다. 모유가 잘 나오지 않거나 아기가 젖을 별로 먹지 않으면 분유를 먹이게 되는데, 이것이 엄마를 노이로제로 만들어 버립니다. 이때는 남편의 위로와 격려가 최고의 명약이 된다는 것을 잊지 말기 바랍니다. 특히 아기가 어딘가 장애가 있는 경우 "그래, 우리 함께 극복하자!"라는 남편의 말 한마디가 아내에게는 절대적인 힘이 됩니다. 남편도 그런 일을 통해 인간적으로 성숙해질 것입니다.

눈을 뜨고 있는 시간보다
자는 시간이 더 많습니다.
소변 횟수도 하루에 5~6번에서
10여 번까지 여러 가지입니다.
체중은 줄었다가 다시 늘어납니다.
수면, 배설, 식욕 모두가 아기마다 다르며,
이 외에도 아기의 다양한 개성이
나타나기 시작합니다.

3

생후 7~15일

이 시기 아기는

59. 생후 7~15일 아기의 몸

- 눈을 뜨고 있는 시간보다 자는 시간이 훨씬 많다.
- 수면, 배설, 식욕, 모든 면에서 각자의 개성이 나타나기 시작한다.

산부인과에서 출산하면 엄마는 3일~1주간은 병원에서 지내게 됩니다.

따라서 엄마가 스스로 책임지고 아기를 돌보게 되는 것은 퇴원 후부터입니다. 엄마의 몸이 아직 완전히 회복되지 않았기 때문에 대개 할머니가 아기를 돌보게 될 것입니다. 또는 산후도우미가 집으로 출장 와서 아기를 목욕시키고, 수유를 포함한 육아 지도를 해주는 경우도 있을 것입니다.

엄마는 할머니나 산후도우미가 하는 것을 옆에서 보게 될 텐데, 이때 텔레비전에서 보거나 잡지에서 읽었던 것과 다르더라도 일일이 신경을 곤두세울 필요는 없습니다. 아기를 다루는 방법은 한 가지만 있는 것이 아니기 때문에, 꼭 이 방법이 아니면 안 된다는 생각은 하지 말기 바랍니다.

●

이 시기의 아기는 눈을 뜨고 있는 시간보다 자는 시간이 훨씬 깁니다.

몇 시간을 자야 한다는 것은 정해져 있지 않습니다. 소변 보는 횟수도 하루에 5~6번에서 10여 번까지 제각각입니다. 대체로 엄마는 아기의 소변에 대해 별로 걱정하지 않지만, 대변에 대해서는 걱정을 합니다. 대변 보는 횟수가 잦으면 소화불량이 아닐까 걱정하기도 합니다. 그러나 이 시기 아기에게 그러한 병은 없습니다. 대변을 하루에 한 번밖에 보지 않는 아기가 있는가 하면 소변으로 기저귀를 갈아줄 때마다 대변이 나와 있는 아기도 있습니다. 특히 모유로 키우는 아기에게 이런 일이 많습니다. 변을 보는 횟수가 많을수록 변은 형태가 없고, 기저귀에 스며들어 점액이나 좁쌀 같은 것만 보입니다. 냄새가 시큼하며 색깔은 녹색인 경우가 많은데, 이것이 아기에게는 정상적인 변입니다.

체중이 줄었다 다시 늘어납니다.

생후 3일 내지 1주가 되어 병원에서 퇴원할 때의 체중은(퇴원할 때 정신이 없어서 체중을 재지 않고 집으로 가는 경우가 많은데, 꼭 재봐야 함) 태어났을 때의 체중과 별로 차이가 나지 않는 경우가 많습니다. 이것을 생리적인 체중 감소라고 하는데, 아직 젖을 많이 먹지 못하는 아기에게 일어나는 자연스러운 현상입니다. 그러나 생후 1주부터는 체중이 현저하게 늘기 시작하면서 아기의 몸이 본격적으로 성장하기 위한 태세를 갖추게 됩니다.

그러나 아무리 아기의 태세가 갖추어져 있더라도 엄마 젖이 잘 나오지 않으면 아기의 체중은 늘지 않습니다. 1~2주 사이에 체중이 늘지 않는 것은 이 시기에 모유가 잘 나오지 않아 부족하기 때문입니다. 이때 쉽게 분유로 바꿔버리면 체중은 부쩍부쩍 늘어나지만, 엄마는 좀 더 신중하게 생각해야 합니다. 인생의 목적은 체중을 늘리는 데 있는 것이 아닙니다. 아기에게 모유보다 이상적인 영양은 없으므로 그 이상의 실현을 무엇보다 우선시해야 합니다. 체중이 그다지 늘지 않더라도 어떻게든 모유로 키워보려는 마음을 끝까지 포기하지 말아야 합니다.

산부인과 병원의 간호사는 바쁘다는 이유로 젖이 잘 나오지 않는 엄마의 유방이 불어나길 기다리지 않고 쉽게 분유로 바꿔버립니다. 힘들지만 어떻게든 모유를 먹여 온 엄마는 물론, 반(半)은 분유로 보충하던 엄마도 충분히 가능성이 있기 때문에 생후 4주까지는 포기하지 말고 모유를 먹이려고 노력해야 합니다. 아기의 체중이 표준(하루 35g)만큼 증가하지 않더라도 아기가 계속 울지만 않는다면 모유를 먹이도록 애써 봅니다.

그러나 아무리 엄마의 의지가 강하더라도 아기의 체중이 1주에 100g밖에 늘지 않을 때는 분유로 조금 보충해 주는 것이 좋습니다. 모유가 부족해서 아기가 너무 울면 배꼽이 튀어나올 수 있습니다.

또 반대로 엄마의 젖은 잘 도는데 아기가 잘 먹지 않는 경우도 있습니다. 5~6분 동안 먹고는 적당히 빨다가 잠들어버립니다. 그러고는 30분쯤 지나면 다시 배가 고파서 울기 시작합니다. 이런 아기에게는 수유 간격을 정할 수 없는데 이것 역시 아기의 개성이라고 생각하면 됩니다. 언젠가는 간격이 더 길어질 것입니다.

아기가 젖을 적게 먹었다고 해서 자고 있는 아기를 흔들어 깨워서 젖을 먹일 필요는 없습니다. 아기는 배가 고프면 반드시 울기 마련입니다. 분유를 먹이는 아기에게는 약 3시간마다 먹일 수 있지만 모유를 먹이는 아기에게는 수유 간격을 일정하게 정하기가 힘듭니다.

아기의 다양한 개성이 나타나기 시작합니다.

수면, 배설, 식욕 모두 아기마다 다르며 이외에도 아기의 다양한 개성이 나타나기 시작합니다. 어떤 아기는 아주 조심스럽게 기저귀를 갈아주는데도 엉덩이가 빨개집니다. 또 어떤 아기는 배꼽이 떨어진 자리가 완전히 마르지 않아 짓무르고 빨개집니다. 자주 딸꾹질을 하는 아기가 있는가 하면, 얼굴이 새빨개지면서 악을 쓰는 아기도 있습니다. 모유나 분유를 먹은 후 2~3분 또는 20분 정도 지나 분수처럼 토해 버리고 난 뒤에 아무렇지도 않은 듯 즐겁게 노는 아기도 있습니다. 젖을 먹을 때 급하게 먹다가 사레가 들리는 아기도 있습니다. 또 눈썹에 비듬 같은 것이 생기고, 뺨에 조그만 여드름 같은 좁쌀 모양이 생기기 시작하는 아기도 있습니다. 코가 막혀 킁킁거리기 시작하는 것도 이때쯤부터입니다.

이러한 증상을 병이라고 생각해서는 안 됩니다. 정상적으로 태어난 아기라면 이 시기에 병에 걸리는 일은 거의 없습니다. 따라서 특별히 치료할 필요도 없습니다. 체온을 매일 잴 필요는 없지만, 하루에도 몇 번이고 아기를 안고 뺨을 비벼 아기의 체온을 기억해 두도록 합니다.

거꾸로 태어난 아기는 목의 오른쪽이나 왼쪽에 단단하고 둥근 것이 만져지고, 목을 한쪽으로 돌리고 자는 경우가 많다는 것을 알게 되는 시기도 이 무렵입니다. 92 머리가 한쪽으로 기울어졌다_사경

병원에서 퇴원해 집으로 돌아온 뒤 아기의 눈에 약간의 눈곱이 계속 끼는 경우가 있습니다. 한쪽이 심하고 다른 쪽은 가볍거나 거의 끼지 않는 경우도 있습니다. 그러나 속눈썹이 달라붙을 정도는 아니고 눈의 흰자위도 빨갛지 않습니다. 자세히 보면 눈초리 가까운 부분의 속눈썹이 안구에 닿아 있습니다. 이것은 속눈썹이 약간 안쪽을 향하여 난 것입니다(부안검이라고 함). 이때는 소독한 솜으로 눈을 닦아주면 됩니다. 160 자꾸 눈곱이 낀다

남녀를 불문하고 아기의 젖이 붓는 경우가 있습니다. 만져보면 덩어리 같은 것이 있습니다. 그리고 누르면 하얀 젖이 나옵니다. 이러한 부기는 2개월 이내에 자연히 빠지므로 만지지 않는 것이 좋습니다.

이 시기 육아법

60. 모유를 먹이는 엄마

- 아기가 젖 빠는 힘이 점점 세지므로 젖꼭지에 상처가 나지 않도록 조심한다.
- 젖꼭지는 늘 청결하고 소중하게 관리한다.
- 젖이 부족하다고 해도 쉽게 젖 먹이는 것을 포기하지 않는다.

생후 1주~15일쯤 되면 아기가 젖을 빠는 힘이 점점 세집니다.

이 시기에 주의해야 할 점은 엄마의 젖꼭지에 상처가 나지 않도록 하는 것입니다. 모유가 아주 잘 나오는 경우에는 아기가 한쪽 젖만 먹어도 배가 부르기 때문에 다른 쪽 젖은 한 번 걸러서 쉴 수가 있습니다. 그만큼 젖꼭지에 상처가 생기는 일도 줄어들게 됩니다. 그러나 모유 분비가 왕성하지 않을 때는 아기가 원하는 만큼 먹기 위해서 오랫동안 젖을 빱니다. 젖이 잘 나오면 5~6분 만에 거의 먹고 그 후 7~8분은 노는 것처럼 먹기 때문에, 아기가 젖꼭지를 오랫동안 세게 빨지는 않습니다. 그러나 젖이 잘 나오지 않으면 10분이고 15분이고 세게 빨기 때문에 젖꼭지에 상처가 나기 쉽습니다. 수유할 때마다 오른쪽과 왼쪽을 번갈아가며 먹이므로 어느 쪽이든 상처가 생깁니다.

젖꼭지의 상처는 무척 아픕니다. 처음에는 참아보다가 참을 수 없을 정도가 되면 상처가 없는 쪽의 젖만 먹이게 됩니다. 이렇게 하면 아프지 않던 젖꼭지에도 조만간 상처가 나게 됩니다. 상처 난 부위를 청결하게 하지 않으면 곪을 수도 있고, 나중에는 유선까지 곪아 유선염을 일으키기도 합니다.

유방이 아픈 데다 열까지 나면 의사에게 가야 합니다. 사태가 여기까지 이르면 도저히 모유를 먹일 수 없다고 포기하여 분유로 바꾸게 됩니다. 모유를 먹여 키우려고 노력하던 엄마 중 이 같은 이유로 포기하게 되는 경우가 많습니다.

그러므로 이 시기에는 젖꼭지를 소중히 다루어야 모유를 계속 먹일 수 있습니다. 젖꼭지를 항상 청결하게 하기 위해 깨끗한 타월을 가슴에 대주어 금방 불결해질 수 있는 속옷에 직접 닿지 않도록 합니다(하루에 5~6장 필요함). 또 수유하기 전에 소독면으로 젖꼭지를 닦아도 좋지만 너무 세게 닦으면 상처가 납니다. 젖꼭지가 청결하다면 닦지 않아도 됩니다.

아기에게 젖을 물릴 때는 충분히 입 속 깊이 집어넣어 젖꼭지만을 빨게 하지 않도록 합니다. 그리고 아기가 한쪽 젖꼭지를 15분 이상 빨지 않게 해야 합니다. 다 먹고 난 후 젖꼭지를 무리하게 빼서도 안 됩니다.

모유가 부족하면 분유로 보충해 줍니다.

아무래도 모유가 조금 부족하다고 생각될 때는, 임시방편으로 분유로 보충해 줍니다. 37 부족한 모유 보충하기 이때 매회 모유를 먹인 후 바로 분유로 보충해 주는 방법을 권장하지 않는 이유 중 하나는 젖꼭지를 보호하기 위해서입니다. 모유를 줄 때는 모유만, 분유를 줄 때는 분유만 주면 젖꼭지는 한번 걸러 쉴 수 있습니다.

생후 2주부터 1개월 사이에, 지금까지 모유가 잘 나오지 않다가 갑자기 잘 나오게 되는 경우도 적지 않습니다. 병원에 있을 때 "모유가 부족합니다"라는 말을 듣고 분유로 바꾸었던 엄마가 혹시나 하는 마음에 집에 돌아와 모유를 먹이기 시작하자 점점 잘 나오게 되어 1개월째부터는 완전히 모유만으로 키우게 되는 사례도 있습니다. 겨우 15일 정도 노력해 보고 모유 먹이기를 포기하는 것은 너무 성급한 결정입니다.

남은 젖을 짜내면 모유가 더 잘 나옵니다.

모유만 먹일 때 한 번에 한쪽 젖만으로는 부족하여 다른 한쪽 젖도 먹이는데, 전부 먹지 않고 반 정도만 먹고도 만족하여 젖을 놓아버리는 아기가 있습니다. 이때 남은 젖을 짜버리는 것이 좋은지, 아니면 그냥 두는 것이 좋은지에 대한 질문을 자주 받습니다.

남은 모유가 유방 안에서 상하는 일은 절대로 없습니다. 남은 젖을 짜내라고 하는 것은 유방을 비워두는 것이 모유 분비를 자극하기 때문입니다. 목적은 모유가 잘 나오게 하는 것입니다. 따라서 답은 간단합니다. 둘 다 시도해 보는 것입니다. 젖을 먹이고 남았다고 생각되면, 일단 그 젖은 짜냅니다. 61 모유 짜기 이렇게 해서 다음번에 모유가 더 잘 나오면 남은 젖은 항상 짜내는 것이 좋습니다. 그러나 짜내거나 짜내지 않거나 다음번에 나오는 젖의 양이 별로 차이가 없을 때는 일부러 짜낼 필요가 없습니다. 다만 젖이 잘 나오는 유방의 경우, 남은 젖을 짜버리지 않으면 밤사이에 응어리가 생겨 아플 수 있습니다.

수유 간격에 대해서도 그다지 신경 쓸 필요 없습니다.

수유 간격이 2시간이 좋은지 3시간이 좋은지는 당연히 3시간마다 수유하는 것이 편합니다. 그러나 목적은 모유를 계속해서 먹이는 것입니다. 어쩔 수 없이 1시간 30분 간격으로 주는 한이 있더라도 모유가 나오기만 하면 되는 것입니다. 3시간 간격이 아니라고 해서 모유 먹이기를 포기해서는 안 됩니다.

이 시기에는 모유 분비가 아직 고르지 않습니다.

모유가 많이 나올 때는 아기가 많이 먹고 배가 불러 수유 간격이 길어지지만 조금밖에 나오지 않으면 금방 또 먹고 싶어 합니다. 모유를 먹이는 양은 아기가 먹고 싶어 하는 만큼 먹이면 됩니다. 그래서 어떤 때는 2시간, 어떤 때는 4시간 간격이 됩니다.

출산 후 10일 정도에는 매회 수유 전과 후에 정밀한 체중계로 체중을 달아보아 모유의 양을 측정하는 일은 안 해도 됩니다. 모유를 측정해야 하는 엄마는 어차피 젖이 잘나오지 않는 사람입니다. 측정한다고 해서 젖이 잘 나오게 되는 것은 아닙니다. 따라서 매회 측정하여 지난번에는 50g, 이번에는 60g이라고 엄마에게 알리는 것은 엄마를 오히려 초조하게 만들 뿐입니다 아무튼 모유를 계속 나오게 해 좀 더 많이 나오게 될 때까지 시간을 버는 것이 현명한 방법입니다. 모유가 모자랄 때는 임시방편으로 분유로 보충해 주는 한이 있더라도 최소 1개월 동안은 노력해 봐야 합니다.

반대로 아기가 숨이 막혀 먹기 힘들 정도로 모유가 잘 나올 때는, 젖을 먹이면서 다른 한쪽 젖을 짜내면 젖의 양이 적어져 먹기 쉬워집니다.

61. 모유 짜기

● 여러 가지 유축기가 있으나 손으로 짜는 것이 가장 잘 나온다.

수유에 익숙해지면 모유 짜기는 쉬운 일입니다.

엄마의 젖은 수유에 익숙해지면 아기가 먹는 것과 똑같이 쉽게 짜낼 수 있습니다.

모유를 짜는 여러 가지 유축기가 판매되고 있지만 손으로 짜는 것만큼 잘 나오지는 않습니다. 모유를 짤 때 엄마는 먼저 손을 비누로 잘 씻습니다. 바닥에 주저앉아도 좋고 의자에 걸터앉아도 좋습니다. 왼쪽 젖을 짤 때는 오른손, 오른쪽 젖을 짤 때는 왼손을 사용합니다. 겨울에는 손을 충분히 따뜻하게 합니다.

젖을 짠다는 것은 젖꼭지를 짜는 것이 아닙니다. 젖꼭지 뒤쪽에 있는 수십 개의 유선을 짜는 것입니다. 그것은 유방의 검은 부분 밑에 가지런히 놓여 있습니다. 이 내용물을 눌러 짜내면 유선에서 젖이 모아집니다. 엄지손가락과 4개의 손가락을 검은 부분을 사이에 두고 유방에 바짝 대어 가슴을 누르는 것처럼 한 뒤, 엄지손가락과 4개의 손가락으로 유방 가운데를 잘록하게 동여매는 것처럼 조이면서 앞쪽으로 눌러 짜냅니다. 유축기로는 이렇게 할 수 없습니다.

미숙아라 인큐베이터에 아기를 넣게 된 경우에 엄마는 병원에서는 모유를 짜서 아기에게 먹이면 되고, 엄마만 먼저 퇴원하고 난 뒤에는 모유팩에 젖을 짜 넣어 냉동고에 보존했다가 병원에 가져가면 됩니다. 모유를 계속해서 짜내면 아기가 퇴원한 뒤에도 계속 모유를 먹일 수 있습니다.

62. 젖동냥

● 미숙아로 태어난 아기의 경우 가능하다면 생후 3개월까지는 가까운 친지의 모유를 먹이는 것이 분유보다 낫다.

젖동냥은 옛날부터 있던 풍습으로 지금은 중지되었습니다.

분유가 없던 시대에 모유를 줄 수 없는 아기에게 모유의 대용물로 줄 수 있는 것은 쌀가루로 만든 죽밖에 없었습니다. 하지만 그런 죽 속에는 동물성 단백질도 없고 비타민도 없어 아기가 잘 자라지 않기 때문에 젖이 나오는 사람에게서 젖을 얻어 먹이는 풍습이 있었습니다. 옛날에는 유복한 집에서는 유모를 고용했습니다. 경제적으로 여유가 없는 집의 엄마는 자기 아이를 남에게 맡기고, 젖이 나오지 않는 엄마의 유복한 집에 유모로 들어가 살면서 그 집 아이에게 하루 종일 젖을 먹였습니다. 또 젖도 잘 나오지 않고 가난한 엄마는 이웃의 젖이 잘 나오는 엄마에게 하루에도 여러 번 젖동냥을 했습니다.

하지만 지금은 이웃과 그 정도로 친밀한 가정도 드물고, 위생 관념도 변했으며, 에이즈와 B형 간염 등이 수유로도 감염되기 때문에 젖동냥을 '엄금'하게 되었습니다. 한때는 산부인과 병원에서 젖이 잘 나오는 엄마의 남은 젖을 모아 모유뱅크를 만들어 미숙아에게 먹이기도 했지만 지금은 중지되었습니다. 에이즈 바이러스를 죽이기 위해 저온 살균을 하면, 지방을 잘 소화시키게 하는 모유 속 효소의 활성 능력이 없어져 설사를 일으키기 때문입니다.

그러나 예외적으로 젖동냥이 인정되는 경우가 있습니다.

미숙아로 태어난 아기가 퇴원했는데 모유가 나오지 않을 경우 엄마의 자매 중 젖이 잘 나오는 사람이 가까운 곳에 산다면 그 사람에게 젖을 얻어 먹이는 것이 분유를 먹이는 것보다는 좋습니다. 가능하면 적어도 생후 3개월까지는 그렇게 하는 것이 좋습니다. 양쪽 아기의 월령이 달라도 관계없습니다. 모유팩을 이용해도 좋습니다.

그러나 모유가 잘 나오더라도 생후 1~2개월 만에 사망한 아기의 엄마라면 유모로 삼아서는 안 됩니다. 1~2개월 만에 사망한 아기에게는 선천성 매독이 있었을 위험이 있습니다.

63. 분유를 먹이는 엄마

● 아기가 먹는 분유의 양은 아기마다 다르므로 적게 먹는다고 해서 너무 걱정할 필요 없다.

아기가 먹는 분유의 양은 아기마다 각기 다릅니다.

모유의 분비가 충분치 않아 분유로 보충해 주기 시작하면, 충분히 먹을 힘이 있는데도 젖이 모자라 욕구불만이었던 아기는 마치 걸신들린 듯이 분유를 먹습니다. 이때 모유를 먹인 뒤 부족한 만큼만 분유를 먹이는 방법을 택하면, 아기는 그 방법을 눈치 채고 잘 나오지 않는 모유 쪽은 점점 더 멀리 하려고 합니다.37 부족한 모유 보충하기 모유와 분유를 번갈아주든 또는 분유만 먹이든 아기는 분유를 점점 많이 먹게 됩니다. 15일 가까이 되면 분유통에 쓰여 있는 양으로는 부족한 아기도 나옵니다.

태어날 때 3.5kg 이상이었다가 10일 후 4kg 가까이 된 아기 중에는 분유를 150ml나 먹는 아기도 있습니다. 그러나 15일까지는 120ml 정도만 주는 것이 비만을 막는 방법입니다.

반면 벌컥벌컥 먹지 않는 아기라면 1주에서 15일까지는 100ml를 줘도 70ml밖에 먹지 않습니다. 출산 예정일에 태어났지만 체중이 2.5kg 미만인 저체중아에게 이런 경우가 많습니다.

분유로 키울 때는 3시간마다 하루 7회 정도 수유하면 편하지만 이것은 어른의 입장에서 편하다는 것일 뿐, 아직 이 시기에는 3시간을 버틸 수 있을 만큼의 양을 먹지 못하는 아기도 있습니다. 수유 간격이 더욱 좁아져 횟수가 늘어나도 괜찮지만, 2시간 이내는 되지 않도록 하는 것이 좋습니다.

미숙아로 태어나 산부인과 병원의 사정으로 조금 빨리 퇴원한 아기는 1회 먹이는 양을 50ml 이하로 하여 하루에 9회 먹이는 경우도 있습니다. 그러나 3kg 이상으로 태어나 생후 15일이 되었는데도 1회에 50ml를 먹지 못하고 하루에 먹는 분유의 양이 300ml가 되지 않는다면 조금 비정상입니다. 심장이 나쁘거나 아주 소식하는 아기라고 볼 수 있습니다.

아기가 적게 먹으면 엄마는 신경 쓰이고 걱정이 되는데, 그렇다고 해서 절대 무리하게 먹이려고 해서는 안 됩니다. 다른 상표의 분유로 바꿔보는 것은 그다지 의미가 없고, 분유를 조금 묽게 타보는 것이 좋습니다. 먹는 양이 적다고 분유를 진하게 타는 것은 가장 나쁜 방법입니다.

젖병꼭지에 따라 아기가 젖 먹는 것이 달라질 수도 있습니다.

젖병꼭지의 구멍이 너무 작으면 먹기가 힘들어 도중에 그만 먹으려고 하는 아기도 있습니다. 젖병꼭지의 딱딱함이나 둥근 모양 등은 모유와 교대로 먹는 아기에게는 간혹 분유를 기피하는 원인이 되기도 합니다. 젖병꼭지를 엄마의 젖꼭지와 닮은 것으로 바꿔보는 것도 한 방법입니다.

생고무 냄새를 좋아하지 않는 것 같으면 실리콘 고무로 된 젖병꼭지로 바꾸어 봅니다. 실리콘 고무로 된 젖병꼭지는 오래 사용할 수 있기 때문에 일단 아기가 마음에 들어 하면 편합니다. 생고무 젖병꼭지는 겨우 익숙해질 만하면 사용할 수 없을 정도로 낡아버리지만, 실리콘 고무로 된 젖병꼭지는 그럴 염려가 없습니다. 41 분유 먹이기

64. 비타민제

● 비타민 부족으로 발생하는 질환을 예방하기 위해 먹는 비타민제는 필요 이상 섭취하면 오히려 몸에 해롭다. 적량을 지키는 것이 중요하다.

생후 15일이 지나면 비타민제를 먹입니다.

아기는 엄마 몸속에 있을 때 각종 비타민을 공급받고 그것을 비축한 채로 태어납니다. 예전에는 이렇게 아기 몸에 비타민이 비축

되어 있기 때문에 생후에 비타민을 주지 않아도 2개월 정도는 지탱한다고 생각했습니다. 그러나 최근의 연구에서 엄마가 편식을 하면 어떤 비타민은 생각보다 빨리 없어지므로, 아기에게 비타민을 따로 공급해 주지 않으면 비타민 결핍증이 생긴다는 사실이 밝혀졌습니다.

그래서 임신 중에 엄마가 종합비타민제를 제대로 먹지 않았을 경우, 아기가 비타민 부족이 되지 않도록 일찍부터 예방하는 의미에서 비타민을 주게 되었습니다. 특히 미숙아는 엄마로부터 비타민을 받은 기간이 짧고 비축량도 적기 때문에 일찍부터 보충해줘야 합니다.

결론부터 말하면, 성숙아, 미숙아, 모유영양, 분유영양을 불문하고 생후 15일이 지나면 하루에 한 번 종합비타민액을 주는 것이 안전합니다. 좀 더 자세하게 그 이유를 말해보겠습니다.

비타민 부족으로 생기는 질병은 다양합니다.

'구루병'은 뼈의 발육이 나빠지는 병인데, 이것은 비타민 D의 부족으로 생깁니다. 자외선을 쬐면 사람의 피부는 비타민 D를 만들 수 있습니다. 하지만 아기는 생후 1개월 정도까지는 보통 햇볕을 쐬지 않습니다. 그러므로 생후 3주 이후에는 하루에 400IU의 비타민 D를 보충해 주어야 합니다. 특히 미숙아로 태어나 체중이 2kg대인 아기는 비타민의 비축량이 부족하기 때문에 생후 2주 정도부터 보충해 주어야 합니다.

'괴혈병'은 몸의 여러 부분에서 출혈을 일으키고, 발을 만지면 아파서 펄쩍 뛰며 웁니다. 이것은 신선한 과일에 많이 포함되어 있는 비타민 C의 부족으로 생깁니다. 모유를 먹이는 경우는 엄마가 전혀 과일을 먹지 않는 것이 아니라면 비타민C의 결핍은 거의 생기지 않습니다. 그러나 분유를 먹이는 경우는 분유를 탈 때 뜨거운 물을 사용하기 때문에 비타민 C의 일부가 파괴됩니다. 하지만 소독을 철저하게 하기 위해서는 어쩔 수 없습니다. 그러므로 생후 2~3주부터 하루에 25mg 정도의 비타민 C를 보충해 줘야합니다(밀감즙으로 50ml 정도).

비타민 A가 부족하면 눈의 각막이 건조해지고, 심한 경우에는 실명하기도 합니다. 비타민 A는 열에 강하기 때문에 분유를 소독해도 상당량 남아 있고, 모유에도 많이 포함되어 있습니다(100ml당 200~500IU). 그러므로 비타민 A는 보충해 주지 않아도 됩니다. 그러나 예방을 위해 주는 것이라면 하루에 1500~2000IU로 충분합니다.

비타민 B_1이 부족하면 '각기병'을 일으킨다는 사실은 잘 알려져 있습니다. 아기는 하루에 0.5mg의 비타민 B_1을 필요로 합니다. 만약 엄마가 보리, 국수, 빵 등을 싫어해 흰쌀밥만 먹고 반찬을 충분히 먹지 않는다든지 인스턴트식품을 주로 먹는 경우, 모유에 비타민 B_1이 부족해 아기가 각기병에 걸리게 됩니다. 따라서 모유를 먹이는 엄마는 흰쌀밥을 좋아하더라도 빵이나 국수도 가끔 먹어야 합니다. 그리고 엄마가 먹는 음식물에 포함된 비타민 B_1의 양을 정확히 알 수 없기 때문에 이것 또한 예방을 위해서 아기에게 하루에 0.5mg 정도 주는 것이 안전합니다.

종합비타민액의 양을 제멋대로 늘려 먹여서는 안 됩니다.

비타민 부족에 의한 여러 가지 문제를 예방하려면 위에서 언급한 것과 같은 주의가 필요합니다.

어린 아기에게 간유(식용 어류의 신선한 간에서 얻은 지방유)는 자극이 강하고 과즙은 설사를 일으킬 우려가 있으므로 종합비타민액을 먹입니다. 시간에 관계없이 하루에 한 번 스포이트로 입에 넣어주면 됩니다. 시판되는 종합비타민액에는 비타민 A·D·C·B_1 외에도 각종 비타민의 1일 필요량이 들어 있기 때문에 비타민 부족 예방에 좋습니다. 다만 비타민 A나 D는 필요 이상으로 섭취하면 해롭기 때문에 종합비타민액의 양을 제멋대로 늘려 먹여서는 안됩니다.

최근에 나온 특수 조제 분유에는 각종 비타민이 들어 있습니다. 하루에 100g의 분유 가루를 타서 먹이면 아기에게 꼭 필요한 양의 비타민을 섭취할 수 있습니다 그러나 이 월령의 아기는 하루에 분유 가루 100g을 다 먹지 못하기 때문에 역시 종합비타민액으로 보충해 주는 것이 안전합니다. 하지만 아기가 더 커서 자주 햇볕을 쬐고, 먹는 젖의 양도 늘고, 과즙도 먹을 수 있게 되면 종합비타민액이 반드시 필요하지는 않습니다.

65. 목욕시킨 후 해야 할 일

● 짓무른 곳이 없다면 굳이 분이나 오일을 발라주지 않아도 된다. 오일은 목욕의 대용품일 뿐이다.

어른들은 아기를 목욕시킨 후 의식처럼 분이나 오일을 발라줍니다.

그러나 짓무른 곳이 없는 아기에게는 아무것도 발라주지 않아도 됩니다. 엉덩이나 사타구니가 조금 빨개졌을 때는 베이비파우더(대개는 활석분 또는 산화아연)를 뿌린 뒤 손으로 문질러 부드럽게 펴지게 합니다.

너무 많이 뿌리면 기저귀가 젖었을 때 뭉쳐서 지저분해집니다. 이것을 닦아내려고 기저귀로 문지르다 보면 오히려 피부에 상처가 납니다. 그리고 배꼽에는 분을 뿌리지 않도록 합니다.

●

가슴이나 목 부분에도 직접 베이비파우더를 뿌려서는 안 됩니다.

분가루가 날려 아기가 숨을 쉴 때 기도로 들어갈 수 있습니다. 엄마의 손바닥에 분을 덜어내어 목, 귀 뒷부분, 가슴 등을 문지릅니다.

옛사람들은 베이비오일이라는 것을 사용하지 않았습니다. 오일이 없었던 것이 아니라 털구멍을 오일로 막아버리면 산뜻하지 않다는 것을 경험으로 알고 있었던 것입니다. 습도가 높을 때는 피부가 호흡을 하게 해주어야 합니다.

서양에서도 베이비오일은 몸에 바르는 용도로 사용하는 것이 아닙니다. 그들은 아기를 목욕시키는 대신 불결한 것을 닦아내는 용도로 오일을 사용하고 있습니다. 말하자면 베이비오일은 목욕의 대용품입니다. 일본에서도 목욕이 심장에 부담을 주는 미숙아는 목욕 대신 오일로 닦아내기도 합니다. 아기가 목욕하여 산뜻해졌는데 또 베이비오일을 바른다면 목욕한 의미가 없습니다.

66. 체중 증가

● 아기의 건강 상태를 체중으로 판단하는 것은 잘못된 일이다. 별로 먹지 않아도 평화로워 보인다면 건강한 것이다.

생후 2주 된 아기의 체중이 모두 같지는 않습니다.

"생후 2주 된 아기의 체중은 어느 정도가 정상입니까?"라는 질문은 난센스입니다. 태어날 때의 체중은 아기마다 상당한 차이가 있습니다. 그러나 4kg로 태어난 아기는 건강하고, 3kg으로 태어난 아기는 나약하다고 말할 수 없습니다. 건강한 아기라도 태어날 때 체중이 적게 나갈 수 있습니다. 게다가 튼튼하게 잘 자라는 아기들도 매일 먹는 젖의 양에는 차이가 있습니다. 그러므로 생후 2주 후에 반드시 일정한 표준 체중이 되어야 한다는 생각은 잘못된 것입니다. 사람의 건강상태를 체중으로 판단하는 것은 옛날 사고방식입니다.

젖을 잘 먹지 않는 아기는 체중의 변화가 거의 없습니다.

젖을 잘 먹지 않는 아기는 태어났을 때나 생후 1주 후의 체중이 그다지 다르지 않습니다. 하지만 태어난 날부터 젖을 먹기 시작했고 엄마도 젖이 잘 나와 1주 후에 150g 이상 체중이 늘어난 아기도 있습니다.

엄마의 젖이 잘 나오지 않거나 아기가 소식을 하여 많이 먹지 않을 때는 15일이 지나도 태어났을 때의 체중과 별로 차이가 나지 않습니다. 그래도 모유가 점점 잘 나오게 되면, 체중이 모자건강수첩에 그려져 있는 곡선처럼은 증가하지 않더라도 분유로 보충해 주지 않고 지내보는 것이 좋습니다.

모유가 잘 나오면 이 시기에는 체중이 하루에 30~40g 증가합니다. 분유를 먹이는 경우에도 하루 30~40g을 기준으로 생각하면 됩니다. 하루에 평균 50g 이상 증가한다면 과식하고 있다고 봐야 합니다.

15일째에 체중을 재본 결과, 퇴원할 때보다 오히려 줄어 있고 아기가 특히 밤에 잘 운다면 분유로 보충해 주어야 할 것입니다. 그런데 모유가 잘 나오는데도 아기가 한쪽 젖만 먹고 만족하여 잠들어버리는 경우도 있습니다. 이때는 소식하는 아기라고 생각하면 됩니다. 체중은 하루 평균 20g 정도 증가할 것입니다 이런 아기는 분유를 보충해줘도 체중이 늘지 않습니다. 별로 먹고 싶어 하지 않는 것이 이 아기의 평소 모습입니다.

아기가 하루에 20g밖에 체중이 늘지 않는 경우, 모유 부족 때문인지, 소식하기 때문인지는 바로 구별할 수 있습니다. 먹고 싶지만 모유가 나오지 않으면, 아기는 양쪽 젖을 먹은 뒤에도 배가 고파 울고 밤에도 여러 번 잠을 깹니다. 반면 소식하는 아기는 이와 달리 아주 평화롭게 보입니다.

분유를 먹는 경우에도 소식하는 아기가 있습니다. 70~80ml밖에 먹지 않아도 평화로운 아기는 소식하는 아기일 것입니다 이런 아기는 많이 먹이려고 해도 먹지 않으므로 체중이 늘지 않는 것은 당연합니다.

67. 안아주기

● 하루 종일 누워 있게 하는 것보다 가끔씩 안아주는 것이 좋다. 안기는 것이 이 시기 아기의 즐거움이다.

생후 1주~15일까지의 아기는 배만 부르면 잘 잡니다.

온순한 아기는 기저귀가 젖었을 때만 울기 때문에 젖을 줄 때 이외에는 안아주지 않게 됩니다. 이런 아기는 깨어 있으면 젖을 준 후나 기저귀를 갈아준 후에 가끔씩 안아주는 것이 좋습니다. 이때 고개를 아직 제대로 가누지 못하기 때문에 머리 뒷부분을 단단히 받쳐주어야 합니다. 날씨가 좋다면 강한 햇살을 피해 바깥 공기를 쐬어주는 것도 좋습니다.

안아주는 것이 좋다고 하는 이유는, 아직 아기의 눈이 잘 보이지 않는 시기여서 안아주는 것만으로도 부모의 따뜻함을 전할 수 있기 때문입니다. 아기도 하루 종일 같은 자세로 누워 있는 것보다 가끔씩 안기는 것이 기분 좋을 것입니다. 손자 손녀를 안고 싶어 하는 할아버지, 할머니가 있을 때는 안겨드리도록 합니다.

안아주는 버릇을 들이지 않으려는 것은, 아기가 누워 있는 동안 어른이 무언가 다른 일을 하려고 하기 때문입니다. 안기는 것이 이 시기 아기의 즐거움이라면 그 즐거움을 누리게 해주는 것도 좋은 일입니다. 안아주었다고 해서 반드시 안아주지 않으면 울기만 하는 그런 아기가 되는 것은 아닙니다.

보통의 아기에게는 안기는 것도 즐거움이며, 피곤할 때 누워 자는 것도 즐거움입니다. 버릇을 들이지 않기 위해서 안아주지 않는 부모가 많은데, 안아주는 버릇이 생긴 아기는 원래부터 잘 우는 특별한 아기입니다.

68. 병원에서 퇴원한 미숙아 돌보기 

● 미숙아를 위한 청결한 방을 따로 만들고 되도록 모유를 먹이며 아기가 위험한 신호를 보냈을 때 즉각 병원을 찾는다.

미숙아를 위한 방을 따로 만들어야 합니다.

인큐베이터에 있던 미숙아가 위험한 증상이 없어져 건강해지고, 줄었던 체중도 증가하기 시작하고, 젖을 잘 먹게 되면 집으로 갈 수 있게 됩니다. 이런 아기는 여러 가지 면에서 보통 아기와는 다릅니다. 젖도 많이 먹지 못하고, 체온 조절도 서툴고, 감염에도 약합니다. 그러므로 집에서도 특별한 보살핌이 필요합니다.

제일 중요한 것은 감염으로부터 예방하는 것입니다. 무리가 있더라도 아기 방을 따로 만들어 돌보는 사람(엄마와 할머니) 이외에는 들어가지 않도록 합니다. 무심코 방에 들어온 아빠가 재채기를 할 때, 때마침 몸에 지니고 있던 바이러스(이것은 아빠에게는 병을 일으키지 않음)가 아기에게 침입하여 폐렴을 일으키는 경우가 없지 않습니다. 미숙아는 외부에서 온 방문객과는 절대로 마주하게 해서는 안 됩니다. 형제라도 아기가 있는 방에 들어오게 하면 안 됩니다.

아기 방에 출입하며 돌보는 사람은 방에서만 입는 하얀 가운을 입는 것이 좋습니다. 만약 아기가 감기에 걸리면 생명까지 위태로울 수 있으므로 돌보는 사람은 항상 마스크를 하고 마스크는 매일 교체해야 합니다. 또 모유를 먹이기 전이나 분유를 타기 전에는 손을 비누로 깨끗이 씻습니다.

여름이나 따뜻한 계절이라면 특별히 실내 온도를 조절할 필요가 없지만(에어컨은 사용해서는 안 됨), 겨울에는 난방을 해야 합니다. 실내 온도는 20~25℃를 유지하면 됩니다. 18℃ 이하는 춥습니다. 이불 속의 온도는 30~32℃가 좋습니다. 그리고 습도는 50~55% 정도를 유지합니다. 석유스토브나 가스스토브로 난방할 때는 방의 넓이를 고려해 가끔 환기시켜야 합니다.

아기 옷은 면으로 된 것이 좋습니다. 겨울에는 털이 보풀보풀한 면이 따뜻하고 좋습니다. 그러나 모직은 아기에게 좋지 않습니다. 그리고 새 옷은 한 번 세탁한 후에 입혀야 합니다.

가능하면 모유를 먹입니다.

아기가 입원해 있는 동안 엄마가 젖을 계속 짜내면 아기가 집에 돌아온 후에도 모유를 먹일 수 있습니다. 모유가 나오지 않는데 젖을 얻어서라도 먹일 수 있다면 그렇게 해야 합니다. 62 젖동냥

아무리 해도 모유가 잘 나오지 않을 때는 미숙아용 분유를 먹입니다. 희석 방법은 병원에 있을 때와 똑같습니다. 농도를 진하게 하기 보다는 분량을 늘립니다. 물론 분유를 탈 때는 소독을 철저히 해야 합니다. 40 분유 타기

일반적으로 미숙아는 생후 2주부터 체중 1kg당 하루에 열량은 110~150kcal, 수분은 150ml를 필요로 하며 단백질 필요량은

2.25~5g입니다. 모유 100ml에는 1.1g의 단백질이 들어 있지만 소화흡수율이 높습니다.

영양분을 보충해 줘야 할 때가 있습니다.

정상아는 모체로부터 받은 철분이 4개월 만에 없어지지만, 미숙아는 2개월이면 없어지므로 6주나 그 이전부터 보충해 주어야 합니다. 101 미숙아에게 철분 복용시키기 그런데 소아과 의사가 출생 즉시 철분 공급을 망설이는 이유는, 혈액 중의 철분이 포화 상태가 되면 모유에 포함되어 있는 락토페린과 트랜스페린의 살균력이 저하되기 때문입니다. 철분은 적어도 6개월 동안 계속 먹여야 합니다.

종합비타민액은 생후 2주부터 만 2세까지 주는데, 하루에 한 번 스포이트로 입에 넣어줍니다. 미숙아용 분유에서 보통 분유로 교체하는 시기는 미숙의 정도와 그 후의 성장 상태에 따라 결정됩니다.

분유의 양은 아기의 체중이나 개성에 따라 다르지만, 대체로 체중 1kg당 하루에 150~180ml를 먹이도록 합니다. 체중이 2.5kg인 아기라면 하루에 350~450ml 정도 먹을 수 있으면 됩니다. 하루에 7회, 3시간마다 먹이는 것이 무리라면 하루에 8~9회 먹여도 됩니다.

생후 2주 이내에 체중이 2.5kg까지 늘어난 아기는 집에 돌아와서도 젖을 잘 먹어 보통 아기의 성장 속도를 곧 따라갑니다. 하지만 1개월 이상 걸려 겨우 2.5kg이 된 아기는 집에 돌아와서도 주의 깊게 보살펴야 합니다. 태어나자마자 울음을 터뜨린 아기도 있고 태어날 때 가사상태였던 아기도 있는데, 물론 후자의 경우에 더 조심해야 합니다.

미숙아는 목욕도 너무 자주 시키지 않는 것이 좋습니다.

조금 먹은 젖으로 얻은 에너지를 목욕하느라고 다 소모해 버리기 때문입니다. 특히 추운 계절에는 가급적 목욕을 피하는 것이 좋습니다.

그러나 1회에 분유를 100ml 이상 먹게 되고 체중도 3kg이 넘으면 보통 아기와 똑같이 목욕을 시켜도 됩니다. 하지만 1회에 겨우 50ml밖에 먹지 못하는 시기에는 목욕을 시키지 않는 것이 안전합니다.

미숙아로 태어난 아기는 정상적으로 태어난 아기보다 황달이 오래 지속됩니다. 1개월이 지나도 황달이 없어지지 않는 아기도 흔하지만 특별한 치료는 하지 않아도 됩니다.

아기가 보내는 위험한 신호들이 있습니다.

산부인과 병원에서 미숙아에게 퇴원 허가를 하는 것은 집에서도 별문제 없이 지낼 수 있을 것이라고 판단했기 때문이므로 너무 겁낼 필요는 없습니다. 그러나 다음과 같은 증상이 있을 때는 바로 의사에게 연락하는 것이 좋습니다.

우선 체온이 내려갔을 때입니다. 보통 36℃ 전후인 체온이 35℃

이하로 내려갔을 때는 주의해야 합니다. 이때는 즉시 의시에게 연락합니다. 그리고 의사에게 보일 때까지는 이불 속을 따뜻하게 해줍니다. 그러나 당황하여 너무 덥게 해주면 열이 지나치게 오르므로 이것도 주의해야 합니다.

겨울에 아기의 손이 차가워지지 않도록 장갑(벙어리장갑)을 끼우는 것은 위험합니다. 헐렁한 바늘코 사이로 손가락이 비져 나와 꽉 조이게 되자 혈액 순환이 잘 안 되어 하룻밤 사이에 손가락이 썩어버린 사례가 보고된 적도 있습니다. 부모는 아기가 우는 것은 알아도 왜 우는지는 알지 못합니다.

체온이 38℃ 이상으로 너무 높을 때는 우선 아기를 너무 덥게 해준 것은 아닌지 살펴봅니다. 호흡이 심하게 빨라졌을 때도 의사에게 알려야 합니다. 특히 기침을 한다든지 입에서 거품이 나올 때는 서둘러야 합니다.

얼굴색이 밀랍 인형처럼 창백해졌을 때나 우는 소리가 아주 약해졌을 때도 의사와 상담하도록 합니다. 젖 먹는 양이 갑자기 줄었을 때는 특히 주의해야 합니다. 갑자기 아기의 배가 불러졌을 때도 위험 신호입니다 아기가 경련을 일으켰을 때도 의사에게 알려야 합니다.

이러한 이변이 있을 경우 겨울밤 같은 때 너무 먼 거리의 병원까지 난방이 되지 않는 차로 데리고 가는 것은 위험합니다. 도중에 몸이 차가워질 수 있으므로 병원에서 휴대용 인큐베이터를 가지고 아기를 데리러 오게 하는 것이 좋습니다.

미숙아로 태어난 아기는 언제까지 특별히 다루어야 할까요?

체중이 3kg이고 1회에 먹는 젖의 양이 계속 100ml 이상(또는 체중 증가가 하루 평균 30g 이상)이면 마음을 놓아도 됩니다. 이 시기를 정상아의 15일 정도로 간주하고 그 후에는 이를 기준으로 이 책의 월령 순서에 따르면 됩니다. 1.5kg 이하로 태어난 미숙아는 생후 3개월까지 50% 정도가 배꼽 헤르니아가 되지만 1년 후면 나으니까 걱정할 필요는 없습니다.

엄마를 놀라게 하는 일

69. 함몰 유두이다

● 젖꼭지가 들어가 있어 아기가 빨기는 힘들어도 수유에는 지장이 없다. 임신 중 들어간 젖꼭지를 끄집어내거나 유착기로 짜서 먹이는 방법도 있다.

젖꼭지가 들어가 있으면 수유가 불가능하다는 것은 잘못된 생각입니다.

왜 분유를 먹였느냐는 질문에 젖꼭지가 들어가 있어서(함몰 유두) 그랬다고 대답하는 엄마가 있습니다. 젖꼭지가 들어가 있으면 수유가 불가능하다는 것은 잘못된 생각입니다. 젖이 나오는 것은 젖꼭지이지만 아기가 빠는 것은 젖꼭지가 아닙니다. 젖꼭지와 그 주변의 검은 부분을 동시에 입 안에 넣는 것입니다.

혹시 젖꼭지가 들어가 있어 아기가 빨기 힘들다 하더라도, 그것은 아기의 입이 작아서 젖꼭지를 검은 부분과 함께 물지 못하는 시기뿐입니다. 아기가 성장하여 입이 커지면 젖꼭지 주변의 검은 부분을 같이 빨 수 있기 때문에 수유에는 지장이 없습니다. 아무리 해도 아기가 엄마의 젖꼭지를 제대로 물지 못할 때는 약국에서 파는 유두보호기를 사용하면 잘되는 경우도 있습니다.

아기의 입이 작아서 젖을 제대로 물지 못하는 시기에도 어떻게 해서든지 모유를 계속 먹인다면, 나중에는 정상적으로 모유를 먹일 수 있게 됩니다. 그러므로 이런 아기에게는 처음 15일이나 1개월 동안은 모유를 짜서 주면 됩니다. 61 모유 짜기

아기는 나날이 자라기 때문에 매일 젖을 입에 물리는 연습을 해야 합니다. 엄지손가락과 집게손가락으로 젖의 검은 부분을 잘 잡고 납작하게 하여 아기 입에 밀어 넣습니다. 젖이 불면 검은 부분 밑에 있는 유선이 차서 단단해지므로 손가락 사이에 잘 끼울 수가 없습니다. 이때는 처음에 젖을 좀 짜내 검은 부분을 부드럽게 한 후 젖을 물립니다. 임신 중일 때부터 젖꼭지를 집어내려고 틀림없이 여러 가지 방법을 시도해 보았을 것입니다. 그런데도 산부인과 병원에서 이런 젖꼭지로는 모유를 먹일 수 없다든지, 왜 미리 젖꼭지를 빼놓지 않았느냐고 탓한다면 엄마는 모유를 먹이고 싶은 마음이 사라져버립니다. 하지만 젖꼭지가 들어간 채로 아기를 낳아도 결코 비관할 일이 아닙니다. 모유는 아기에게 먹이지 않으면 나오지 않습니다. 젖이 나오지 않는 것이 아니라 젖이 나오게 하려고 노력하지 않은 것입니다.

70. 유선염이 생겼다

● 유방이 부풀고 팽팽하며 아픈 증상으로 화농성 유선염인지, 단순히 젖이 막힌 것인지를 먼저 확인해야 한다.

유방이 부풀어 팽팽해지고 만졌을 때 아프면 보통 '유선염'이라고 합니다. 그러나 아기가 생후 2주 이내일 때는 진짜 유선염은 별로 없고 젖이 너무 많이 모여 응어리가 생긴 경우가 많습니다. 화농균에 의해 유선에 염증이 생기는 유선염은 생후 4~5주가 지나서 생기는 것이 보통입니다. 젖이 많이 모여서 덩어리가 만져질 때는 아기가 힘차게 먹어주기만 하면 자연히 낫습니다.

옛날에는 이런 덩어리를 주물러서 풀어주는 사람이 있었는데 요즘은 찾아보기 힘듭니다. 이럴 경우 우선 외과 의사에게 화농성 유선염인지, 아니면 단순히 젖이 막힌 것인지 진단받아야 합니다.

●

젖이 막힌 경우

적당한 외과 의사를 찾을 수 없는 산간벽지에서는 엄마 자신이 직접 진단할 수밖에 없는데, 단순히 막혀 있을 때는 열이 나지 않습니다. 그리고 부은 유방 쪽의 겨드랑이 밑에서 둥글둥글한 것(림프절)이 만져지지 않고, 유방의 피부도 빨갛지 않습니다.

이때는 다소 아파도 참고 젖을 짜는 것과 똑같은 방법으로 유방을 천천히 마사지해 봅니다.61 모유 짜기 그런 후 젖이 나오면 편해집니다. 이렇게 하루에 2~3번 반복합니다.

아플 때는 따뜻한 타월로 찜질을 하면 다소 편해집니다. 또 젖을 브래지어로 밑에서부터 추켜올리듯이 받치면 아프지 않습니다. 젖이 막혀 유방이 아픈 것은 2~3일 동안이니 어떻게든 참고 젖을 계속 먹여야합니다.

화농성 유선염인 경우

화농균으로 인해 유선염이 생겼을 때는 기분이 나쁘고 유방을 만지면 아플 뿐만 아니라 오한이 나거나 열이 38℃ 이상 오르며, 유방의 피부가 빨개지거나 겨드랑이 밑의 림프절이 딱딱하고 부어서 누르면 아픕니다. 의사에게 보이면 항생제를 처방해 줄 것입니다.

이때는 4~5일 동안 그쪽 젖은 먹이지 말고 괜찮은 쪽의 젖만 먹입니다. 항생제를 복용하는 엄마의 젖은 아기가 먹어도 괜찮습니다. 다만 아크로마이신은 10일 이상 먹으면 앞으로 나게 될 아기의 치아가 노랗게 되니 먹지 않아야 합니다. 엄마는 약을 처방 받으면 아크로마이신이 들어 있지 않은지 꼭 물어 봐야 합니다.

엄마가 유선염을 수술하기 위해 입원할 때는 수유를 위해 아기도 같이 입원시키는 것이 좋습니다. 그것은 불가능하지만 병원과 집이 가깝다면 젖 먹일 시간에 아기를 병원에 데리고 와서라도 먹이는 것이 좋습니다.

71. 배꼽에서 피가 난다

● 배꼽을 건조한 상태로 깨끗이 해두는 것만으로도 충분히 치료가 가능하다.

평소 배꼽을 깨끗이 해도 피가 날 수 있습니다.

4~5일째 탯줄이 떨어진 뒤 한동안 말랐던 배꼽이 어느 정도 시간이 지나고 나서 짓무르거나, 때로는 배꼽을 덮고 있는 가제에 피가 묻기도 합니다. 탯줄이 떨어진 자리가 완전히 말라 나을 때까지 걸리는 기간은 아기마다 다릅니다. 길게는 1개월 반까지 걸리는 아기도 있습니다.

배꼽의 움푹 파인 곳에 핑크색을 띤, 팥알 크기 정도의 둥근 살덩어리가 보이는 일이 자주 있습니다. 이것은 제육아종(臍肉芽腫)이라고 하는데, 별로 걱정할 만한 것은 아닙니다. 이러한 증상은 시간이 지나면 낫습니다. 탯줄이 떨어진 자리가 금방 깨끗이 나을지 여부는 치료를 잘하고 못하고와는 관계가 없습니다. 평소 깨끗이 해도 육아종이 생길 수 있습니다.

치료는 배꼽을 건조한 상태로 깨끗이 해두는 것만으로도 충분합니다. 그리고 소독한 가제로 덮어두는 것이 좋습니다. 남자 아기는 오줌이 배꼽을 적시지 않도록 기저귀 앞부분을 두껍게 해줍니다. 활석분이 들어 있는 베이비파우더를 사용하면 배꼽에 육아종을 일으키기 쉽습니다. 그러므로 베이비파우더가 배꼽에 닿지 않도록 주의해야 합니다.

의사는 습관적으로 제육아종을 질산은으로 지져서 식염수로 씻는 치료를 하는데, 이렇게 해야만 낫는 것은 아닙니다. 목욕 후 소독솜으로 가볍게 두드린 후 멸균 가제로 덮어두면 낫습니다. 태어난 지 15일도 되지 않은 아기를, 제육아종 때문에 많은 외래 환자가 기다리는 외과 병원에 매일 데리고 가는 것은 그다지 현명한 일이 아닙니다. 외과의 외래에는 화농균을 가진 환자가 모이기 때문에 세균에 감염될 수 있습니다. 화농균에 감염되면 여러 가지 병을 일으킵니다.

배꼽에 세균이 감염되면 배꼽 주위가 빨개지고 붓습니다. 이때는 되도록 빨리 의사에게 보여야 합니다.

72. 황달이 사라지지 않는다

● 주로 모유 먹는 아기에게 나타난다. 저절로 사라지는 현상이므로 크게 걱정할 것 없다.

생후 15일이 지나도 황달이 심하면 엄마는 걱정을 하게 됩니다.

아기의 피부가 황색이 되는 황달은 보통 생후 3~4일에 나타나며 1주 정도 지나면 저절로 없어집니다. 그런데 생후 15일이 지나도 황달이 심할 경우 엄마는 여러 가지로 걱정을 하게 됩니다. 담즙을 내는 관이 막혀서 그런가, 간장에 이상이 있는 것은 아닌가 하여 소아과 의사를 찾아갑니다. 그러나 생리적인 신생아 황달 중에는 1개월 반 정도 계속되는 아기도 많습니다. 생후 15일 정도에 황달이 없어지지 않는다고 해서 심각한 병이라고 생각할 필요는 없습니다. 아직은 조금 더 기다려보는 것이 좋습니다. 아기가 젖을 잘 먹고, 큰 소리로 울고, 열도 없고, 변이 새하얗지 않다면 당장 의사에게 보일 필요는 없습니다. 의사도 조금 더 기다려보자고 할 것입니다.

황달은 모유만 먹는 아기에게 많이 나타납니다. 시기도 조금 늦어서 생후 1주가 끝나갈 무렵이나 2주째 초기에 나타납니다. 그 후 황달이 심해져 혈액 안의 담즙 색소의 양이 꽤 많아지는 경우도 있지만, 미숙아가 아니면 뇌에 이상을 일으키지는 않습니다.

모유를 2~3일 쉬고 분유를 먹이면 황달이 가벼워지지만, 이것은 아기에게 아무런 이득도 없습니다. 모유를 계속 먹이며 황달이 3개월이나 지속된 사례에서도 별 이상이 없었습니다.

73. 숨 쉴 때 목에서 소리가 난다

● 숨을 들이쉴 때 후두의 일부가 좁아지면서 나는 소리로 시간이 지나면 저절로 낫는다.

젖도 잘 먹고 건강한데 목 부분에서 소리가 납니다.

생후 1주 정도 지나서 알게 되는 때가 많은데, 아기가 숨을 들이쉴 때 목 부분에서 '휴~' 하는 소리가 나는 경우가 있습니다. 숨을 쉴 때마다 소리가 나기 때문에 엄마의 걱정이 태산 같을 것입니다. 엄마는 목의 어딘가가 막혀 있는 것은 아닐까 하고 걱정하게 됩니다. 늘 소리가 나는 것이 아니라 아기가 울어서 화가 났을 때 심하게 소리가 납니다. 조용하게 있을 때는 그렇게 심하지 않습니다. 우는 소리는 목이 쉰 소리가 아닙니다. 젖도 잘 먹고 건강하며, 열도 나지 않습니다. 의사에게 데리고 가도 이상이 없다고 합니다.

태어날 때부터 후두 부분이 부드러워서 숨을 들이쉴 때 후두의 일부가 변형되어 좁아지기 때문에 소리가 나는 것입니다. 시간이 지나면 부드러워져 있던 부분이 점점 단단해지므로 소리가 나지 않게 됩니다. 이러한 증상은 6개월 만에 낫는 경우도 있고, 조금 더 걸리기도 합니다. 그러나 첫돌이 될 때까지는 다 낫습니다.

이것은 전혀 문제가 없으므로 특별한 치료는 하지 않아도 됩니다. 자주 바깥 공기를 쐬어주고 햇볕을 쬐어주면 뼈와 연골이 단단해지므로, 목에서 소리가 난다고 하여 실내에만 가두어두어서는 안 됩니다. 의사는 '단순성 선천성 후두 협착'이라는 어려운 병명을 붙일 것입니다.

74. 입 안이 하얗다_백태 

● 건강한 아기에게도 있는 일로 그냥 둬도 생후 15일에서 1개월 사이에 저절로 낫는다.

젖 찌꺼기 같은 것이 물을 먹여도 없어지지 않습니다.

태어나서 1주 정도 된 아기가 울 때, 우연히 뺨의 안쪽이나 잇몸 부분에 젖 찌꺼기 같은 하얀 것이 붙어 있는 것을 발견하게 됩니다. 그런데 끓여서 식힌 물을 먹여도 없어지지 않습니다. 이것은 일종의 곰팡이(칸디다)가 붙은 것입니다. 임산부의 20%는 산도에 이 곰팡이가 있다고 하니 출산할 때 옮았을 것입니다.

이것은 건강한 아기에게도 많이 있는 일이므로 걱정하지 않아도 됩니다. 예전에는 '아구창(我口瘡)'이라고 하여 영양이 부족한 아기에게 생긴다고 생각했지만 영양 상태가 좋은 아기에게도 생길 수 있습니다. 건강한 아기라면 그냥 둬도 생후 15일에서 1개월 정도 지나면 낫습니다.

하지만 이 곰팡이가 항생제 치료를 하는 도중에 나타났다면 항생제 부작용이기 때문에 의사에게 즉시 알려야 합니다. 젖병과 젖병꼭지의 소독도 특히 철저히 하여 재감염을 예방해야 합니다.

미숙아로 태어난 아기가 분유를 먹는 양이 점점 적어지면서 입 안에 하얀 곰팡이가 생겼을 때도 의사와 상담해야 합니다. 이때는 입 안의 곰팡이보다도 분유를 먹지 않는다는 것이 더 심각한 문제입니다.

이 시기 아빠에게

75. 생후 7~15일 아빠가 할 일

● 먼저 금연을 하고, 집안일을 적극 도와준다. 특히 아기의 목욕은 정해진 시간에 아빠가 해준다.

아빠가 되면 이 새로운 시대의 남편으로서 대응해야 합니다.

남편이 가사와 육아에 어느 정도 참여해야 하는지는 아내의 체력과 아기의 개성에 따라 다릅니다. 일반적으로 말하면, 25세 미만의 산모는 30세가 넘은 산모에 비해 체력 회복이 빠릅니다. 그리고 운동으로 단련된 산모는 그렇지 않은 산모보다 중노동을 잘 견딥니다. 조금만 자고 나면 체력이 회복되는 산모는 밤에 아기 때문에 여러 번 일어나더라도 다음날 집안일을 하는 데 지장이 없을 것입니다. 그러나 평소 불면증에 시달리거나, 밤잠을 설치면 다음 날 컨디션이 좋지 않은 산모는 아기를 키우면서 집안일을 한다는 것이 전에 없던 중노동일 것입니다. 또 밤에 한 번도 잠을 깨지 않는 아기와 몇 번씩 깨면서 기저귀도 여러 장 적시는 아기는 같은 육아라도 산모의 체력 소모에 큰 차이가 납니다. 비슷한 시기에 출산한 이웃의 주부가 어떻다든가, 시누이가 어땠다든가 하는 것은 이상적인 기준이 될 수 없습니다.

인간에게는 각자 개성이 있듯이, 각각의 부부와 그 아기에게도 다른 가정과는 차별되는 개성이 있기 마련입니다. 이 가정의 개성에 맞는 도움을 줄 수 있는 사람은 핵가족에서 아빠밖에 없습니다. 가사와 육아에 대한 아빠의 참여는 시대적인 요구입니다. 남자는 그런 일을 하면 안 된다는 생각은 낡은 고정관념에 불과합니다.

물론 낮 동안의 일로 아빠도 피곤할 것입니다. 그러나 산모가 전업주부일 때는 1개월만 도와주면 체력을 빨리 회복하여 남편의 도움이 크게 필요하지 않게 될 것입니다.

물론 맞벌이 가정에서는 그 후에도 남편이 가사와 육아를 도와야 합니다. 핵가족이면서 맞벌이를 하는 것도 새로운 시대적 상황이기 때문입니다.

●

아내는 남편의 도움이 서툴러도 기쁘게 받아들여야 합니다.

산모가 전업주부인 경우 체력이 회복되면 남편은 생각보다 빨리 가사와 육아의 짐을 덜 수 있을 것입니다. 대부분의 남성들은 부엌일과 세탁일에 여자보다 훨씬 서툴기 때문에 아내는 남편의 도움이 오히려 방해가 된다고 느낄 수도 있습니다. 물론 하루 24시간 옆에 붙어 아기를 보살피는 아내의 관찰력과 2~3시간밖에 보지 않는 남편의 관찰력이 같을 수는 없습니다. 그러나 아내는 남편의 도움이 서툴러도 기쁘게 받아들여야 합니다.

1개월만 지나면 아빠와 엄마가 아기를 보는 눈은 큰 차이가 납니다. 그렇게 되면 아빠는 엄마의 육아 실력을 인정해야 합니다. 아빠는 가끔 아기를 제대로 파악하지 못합니다. 출장에서 돌아온 아빠가 아기가 기침하는 것을 보고 당장 의사에게 가보라고 말하지만, 15일쯤 전부터 아기 목에서 소리가 나는 것을 관찰하고 있는 엄마는 그 말에 동요하지 않습니다.

무엇보다도 당장에 아빠가 조심해야 할 것은 다음과 같은 것입니다.

모유만 나온다면 생후 1주에서 15일까지는 아기에게 별다른 사건이 일어나지 않습니다. 문제가 되는 것은 모유가 부족한 것 같은데 분유로 보충해야 할지 말아야 할지를 결정할 때입니다. 이때 아빠는 36 모유가 부족한 것은 아닐까와 60 모유를 먹이는 엄마를 잘 읽고 함께 생각해 보기 바랍니다. 체중을 측정하는 것도 중요하지만 너무나 정확한 의사의 업무용 체중계 같은 것은 엄마를 노이로제로 만들어버리기 때문에 사 오지 않는 것이 좋습니다.

출산이 힘에 겨웠던 엄마 중에는 1주가 지나도 제대로 움직일 수 없는 경우도 있습니다. 이럴 때는 남편이 적극적으로 집안일을 도와주어야 합니다. 특히 아기의 목욕은 아빠의 일이라고 생각하는 것이 좋습니다. 목욕한 뒤 아기의 체중을 재기로 했다면 아빠는 정해진 시간에 집에 돌아와야 합니다.

미숙아가 2.5kg이 되어 퇴원해서 집으로 왔을 때 아빠의 협조가 절실히 필요합니다. 엄마는 밖에 나가지 않기 때문에 병을 옮길 가능성이 있는 사람은 아빠밖에 없습니다. 밖에서 돌아오면 현관 가까이 있는 방에서 실내복으로 갈아입도록 합니다. 머리에도 나이트캡 같은 것을 쓰고, 마스크도 해야 합니다. 그리고 손을 깨끗이 씻고 나서 아기를 만나는 것이 좋습니다. 거듭 말하지만 금연하기 바랍니다. 아빠가 중년이 되어 심근경색이나 암으로 쓰러져 가족을 유족으로 만들지 않기 위해서뿐만이 아닙니다. 담배연기를 마신 엄마는 폐암에, 아기는 천식에 걸릴 가능성이 높습니다.

4

생후 15일~1개월

가장 중요한 것은 아기가 기분 좋을 때의
표정을 잘 기억해두는 일입니다.
아무리 변의 횟수가 많고 녹색변을 봐도,
또 변에 좁쌀 같은 것이 섞여 있어도, 젖을 토해도
아기가 기분 좋은 얼굴이라면 괜찮습니다.
아기의 기분 좋은 얼굴을
기억할 수 있는 사람은
이 세상에 엄마밖에 없습니다.

이 시기 아기는

76. 생후 15일~1개월 아기의 몸

아기의 개성이 더욱 뚜렷해집니다.

있는지 없는지 모를 정도로 순한 아기가 있습니다. 이런 아기는 수면 시간이 길고, 충분히 배가 꺼진 뒤에 눈을 뜹니다. 배가 고프므로, 우유도 꿀꺽꿀꺽 마십니다. 모유라면 양쪽 젖을 모두 비웁니다. 분유라면 120ml 정도는 가볍게 마십니다. 그리고 소변을 봅니다. 기저귀를 갈아주면 기분 좋게 있다가 또 어느 사이엔가 자버립니다. 밤에는 2시경이나 5시경에 눈을 뜹니다. 기저귀를 갈고 우유를 먹이면 곧 잠들어 버립니다. 대변도 1일 1회 봅니다.

이런 아기를 1명 키우고 있는 이웃 엄마가 그 이외의 개성적인 아기를 보면, 어디가 안 좋은 것 아닌가 하고 '충고'를 할 것입니다. 그러나, 이런 얌전한 개성은 오히려 적어서, 일반 아기들은 그렇게 평화롭게 지내지 않습니다. 외부의 자극에 잘 반응하고 자기 표현 능력이 풍부한 개성은 더욱 소란스럽습니다. 잘 우는 아기인 것입니다. 조금만 소리가 나도 눈을 뜹니다. 그리고 기저귀가 젖어 있으면 "으앙" 하고 큰 소리로 불쾌감을 표현합니다. 기저귀를 갈아줘도 배가 고프면 울음을 그치지 않습니다.

모유를 5~7분 먹고 나서 공복감이 사라지면 '획' 고개를 돌려 그만 먹습니다. 이때 무리하게 젖을 물리면 못마땅한 일을 당한 것처럼 이제까지 애써 먹은 젖을 왈칵 토해 버립니다. 그러고는 10분 정도 지나면 또 배가 고프다고 울기 시작합니다. 그러다가도 5~6분 젖을 먹으면 잠들어버립니다. 때로는 그대로 4시간이나 잠을 자는 경우도 있습니다.

이런 아기에게 수유를 규칙적으로 하기는 어렵습니다. 하루에 12~13회 수유하게 될 수도 있습니다. 특히 모유 분비가 충분하지 않을 경우 아기는 아기대로 마음껏 먹지 못해 짜증이 나고, 엄마는 엄마대로 초조한 나머지 수유 때만 되면 그것이 인생의 목적인 것처럼 씨름판을 벌여야 합니다. 이것을 못 견디고 많은 엄마가 모유 먹이는 것을 포기합니다.

분유로 바꾸면 어느 정도는 나아지지만 그래도 완전히 평화로워지지는 않습니다.

이런 아기는 젖병의 분유가 잘 나오지 않으면 화를 내며 울고, 젖병꼭지를 밀어내며 먹지 않습니다. 이제 겨우 먹는가 보다 싶으면 20분 정도 지나 전부 토해 버립니다. 특히 남자 아기들이 잘 그렇습니다. 분유를 토하는 양에 따라 공복이 되기까지 걸리는 시간도 다릅니다. 따라서 울면서 분유를 먹고 싶어 할 때까지 어떨 때는 1시간 30분, 또 어떨 때는 2시간이 걸리는 일도 있어 수유 시간이 일정하지 않습니다. 그래도 이러한 것을 개성이라고 하는 이유는 약을 먹여야 낫는 것이 아니라 시간이 흐르면 자연히 나아지기 때문입니다.

●

개성은 식욕에서도 나타납니다.

모유를 먹이면 잘 알 수 없지만, 분유를 먹이면 매회 먹는 양을 확실히 알 수 있기 때문에 엄마는 아기의 식욕을 눈으로 볼 수 있습니다. 엄마는 아기가 분유를 많이 먹으면 걱정하기는커녕 오히려 기뻐합니다. 식욕이 좋은 것이 건강한 증거라고 생각하기 때문입니다.

그러나 식욕이 너무 왕성한 것이 반드시 좋은 것만은 아닙니다. 겨우 1개월 된 아기가 매회 180ml나 먹는다면 지나치게 많이 먹는 것입니다.

엄마가 걱정하는 것은 소식하는 아기입니다. 분유통에 쓰여 있는 분량대로 분유를 줘도 항상 20~30ml는 남깁니다. 이런 아기는 별로 공복감을 느끼지 않는 듯 밤에도 중간에 깨지 않고 푹 잡니다. 낮에도 배고프다고 극성맞게 우는 일이 없습니다. 아주 키우기 쉬운 아기입니다.

그러나 비슷한 시기에 태어난 이웃집 아기가 분유를 항상 180ml나 먹고, 자기 아기의 2배 가까이 살이 찐 것을 보면 엄마는 불안해집니다. 자기 아기는 어디가 나빠서 분유를 제대로 먹지 못하는 것이라고 생각해 버립니다. 더욱 곤란한 것은, 의사가 소식하는 아기의 체중을 보고, "이 아기는 모자건강수첩에 나와 있는 발육곡선의 50%에도 미치지 못하네요. 좀 더 먹을 수 있게 해드리죠"라며 단백동화호르몬 등을 주사하는 것입니다. 장수가 보장된 소식 체질을 호르몬으로 바꾸려는 이런 시도는 성공하지도 못하거니와 의미도 없습니다. 주사 때문에 아기가 아파하고 주사의 효과도 별로 없기 때문에 엄마는 더욱 초조해지기만 합니다. 게다가 이 주사는 꺼림칙한 부작용까지 있습니다.

배설의 개성도 이 시기에는 더욱 확실해집니다.

소변은 아무리 횟수가 많아도 오줌이 기저귀에 스며들어 보이지 않기 때문에 엄마가 걱정하지 않습니다. 그러나 대변은 눈에 보이기 때문에, 횟수가 많고 녹색이거나, 희고 좁쌀 같은 것이 있거나, 끈적끈적한 것이 섞여 있으면 아기가 설사를 한다고 생각해 버립니다.

이 시기 배설의 또 하나의 개성은 변비라는 형태로 나타납니다. 성인을 대상으로 "당신은 하루에 몇 번 배설합니까?"라는 설문조사를 해보면, 1/3 정도는 변비일 것입니다. 이러한 설문조사를 아무도 하지 않는 것은 변비일지라도 건강에는 큰 관계가 없기 때문입니다.

매일 대변을 보는가, 2~3일 만에 보는가는 전적으로 그 사람의 개성에 속합니다. 정확히 생후 1개월이 될 때부터 이런 개성이 나타납니다.

엄마를 걱정하게 하는 개성도 있습니다.

생후 15일쯤에 나타나는 여러 가지 개성은 1개월쯤 되면서부터 더욱 뚜렷한 모습을 보여 엄마를 걱정시킵니다. 뺨에 작은 여드름 같은 것이 생겼던 아기 중에는 뺨 전체가 새빨갛게 되어 살갗이 딱딱해지고 누런 진물이 나오는 경우도 있습니다. 생후 15일쯤, 눈썹에 비듬 같은 것이 붙어 있던 아기는 이 시기가 되면 이마나 머리에 기름기가 많은 부스럼이 생기기도 합니다.

또 귓바퀴 뒤쪽의 뿌리 부분이 빨개져 짓무른 것처럼 되는 경우도 있습니다. 의사에게 데리고 가면 습진(아토피성 피부염)이라고 할 것입니다. 얼굴이 빨개져서는 내내 "앙앙" 하고 악을 쓰는 아기도 있습니다. 그러다가 배꼽이 튀어나와 배꼽 헤르니아가 되기도 합니다. 너무 자주 우는 아기도 마찬가지입니다. 코가 막혀 킁킁거리던 아기는 이때쯤에는 더욱 심해져 계속해서 젖을 먹을 수 없는 경우도 있습니다.

모유나 분유를 잘 토하는 아기들 중에는 특히 남자 아기가 많은데, 이때가 되면 매번 분수처럼 토해 체중이 더 이상 늘지 않기도 합니다. 의사에게 데리고 가면 '유문(幽門) 경련'이라고 합니다. 그러나 이것은 병이 아니라 아기의 개성이 이 월령이 되어 나타난 것이기 때문에 걱정하지 않아도 됩니다. 그 하나하나에 대한 처치는 이 시기의 '엄마를 놀라게 하는 일' 항목을 읽어보기 바랍니다.

엄마는 아기의 다루기 힘든 개성에만 마음이 쏠려 아기가 성장하고 있음을 잊어서는 안 됩니다. 아기는 아직 눈이 잘 보이지 않지만, 생후 1개월에 가까워지면 기분이 좋을 때는 웃기도 합니다. 손발의 움직임도 점차 활발해집니다. 더운 계절이면 다리에 덮어준 타월을 발로 차내기도 합니다. 그리고 손톱을 잘 깎아주지 않으면 얼굴에 상처를 내기도 합니다.

가장 중요한 것은 기분이 좋을 때의 아기 얼굴을 기억해 두는 것입니다.

아무리 변의 횟수가 많아도, 녹색 변을 봐도, 변에 좁쌀 같은 것이 섞여 있어도, 젖을 토해도, 체중 증가가 생각보다 적어도 아기가 기분 좋은 얼굴이라면 괜찮습니다.

아기의 기분 좋은 얼굴을 기억할 수 있는 사람은 이 세상에 엄마밖에 없습니다. 엄마가 '아무래도 평소의 기분 좋은 얼굴과는 다른데…' 하고 느낀다면, 아기는 어딘가 상태가 나쁜 것입니다.

5~6분 동안 처음 보는 아기를 진찰하는 의사보다, 태어난 후 줄곧 지켜보아 아기의 얼굴을 누구보다 잘 알고 있는 엄마가 아기의 건강을 더 잘 파악할 수 있습니다. 엄마는 평소 아기의 얼굴을 잘 살펴봐야 합니다.

갓 태어난 아기가 아기다운 모습이 되어갈 즈음 엄마도 출산과 부모가 되었다는 흥분에서 깨어나게 됩니다. 그리고 건강한 아기라면 엄마가 약간의 실수를 하더라도 별 탈 없이 성장해 간다는 것을 경험하게 될 것입니다. 또 육아에는 최고의 지식이 필요하지도 않고, 좀 게으름을 피워도 괜찮다는 것도 알게 될 것입니다. 이것은 육아에 익숙해졌다는 뜻으로 엄마로서의 자격이 그만큼 갖추어졌다고도 할 수 있습니다.

감수자 주

이 시기에는 결핵을 예방하기 위한 BCG 접종을 한다. BCG는 생후 1개월 이내에 접종하는 것을 원칙으로 한다.[150 예방접종]

이 시기 육아법

77. 모유로 키우는 아기

● 이전까지 젖이 잘 돌지 않던 엄마도 생후 15일이 지나면서부터는 젖이 잘 돌게 된다.

● 아기가 모유를 먹고 부족해서 울 때 쉽게 분유로 보충해 주면 안 된다.

생후 15일이 지나면 젖이 점점 잘 돌게 됩니다.

생후 15일까지 별로 나오지 않던 젖이 15일이 지나 점점 잘 돌게 되는 수가 많습니다. 모유가 잘 나오고 있는지를 확인하는 확실한 방법은 체중계로 수유 전과 후에 체중을 재어 그 차이를 보는 것입니다. 5일마다 목욕할 때 재보는데 5일 전과 비교해서 150g 이상 늘었다면 모유가 꽤 잘 나오고 있는 것입니다. 하지만 100g도 늘지 않았다면 모유가 부족한 것입니다.

●

원래부터 많이 먹는 아기와 적게 먹는 아기가 있습니다.

원래부터 많이 먹어야 만족하는 아기와 조금 먹어도 만족해하는 아기가 있습니다. 많이 먹고 싶어 하는 아기는 5일 동안 체중이 150g이나 늘고 양쪽 젖을 다 비운 후에도 더 먹고 싶다고 웁니다.

반면 소식하는 아기는 5일 동안 100g밖에 늘지 않으며 어느 정도 먹고 나면 계속 젖이 나와도 더 이상 먹지 않습니다.

체중계가 있어도 아기의 체중을 5일마다 재보는 부지런한 엄마는 의외로 적습니다. 그래도 괜찮습니다. 지나칠 정도로 육아에 부지런한 엄마는 세세한 부분까지 너무 신경을 써서 오히려 큰 일을 그르치는 경우가 있기 때문입니다.

아기가 모유를 먹은 후에 더 먹고 싶어 울 때, 젖이 모자란 것이라고 결론을 내려 쉽게 분유로 보충해 줘서는 안 됩니다. 매번 모유를 준 후에 분유를 더 주면 모유는 열심히 먹지 않게 되고 1개월 정도 지나면 결국 분유만 먹게 됩니다.

5일에 한 번 체중을 재봅니다.

집에 체중계가 있다면 5일에 한 번쯤 아기의 체중을 재보는 부지런을 떠는 것도 괜찮습니다. 왜냐하면 모유로 키우면 아무래도 변의 횟수가 많고 설사를 하는 아기도 많을 텐데, 5일마다 체중이 150g 이상 늘고 있으면 병적인 설사가 아니라고 안심할 수 있기 때문입니다. 그리고 모유를 먹는 아기 중에 자주 젖을 토하는 아기도 있습니다. 너무 심하게 토하는 것이 아닌가 하는 생각이 들어도 체중이 5일마다 150g 이상 늘고 있다면 토하는 것이 너무 많이 먹인 탓임을 알 수 있기 때문에 엄마는 안심하게 됩니다. 모유로 키우는 경우 아기가 잘 먹고 모유도 잘 나오면 5일 동안 200g 이상 늘기도 합니다. 모유는 고맙게도 계속 먹여도 탈이 나지 않습니다.

분유를 먹이는 것은 무엇보다도 손이 많이 갑니다.

생후 15일에서 1개월 정도라면 모유를 단념하기에는 이릅니다. 모유를 먹이고 난 후에도 아기가 젖이 모자라서 그런지 계속 울 때는 체중을 5일마다 재보는 것이 좋습니다. 그런데 150g 이상 늘고 있다면 모유의 양은 충분한 것입니다 그래도 아기가 더 먹고 싶어 한다면 설탕물이라도 먹여 만족시켜 주고, 모유를 계속 먹이도록 노력해야 합니다. 또한 젖을 먹이면 15분 정도 먹다가 입을 떼고 잘 자는 아기라도 젖은 충분하다고 쉽게 결론 내리지 말고 한번 아기의 체중을 재보는 것이 좋습니다. 만약 5일이 지나도 겨우 100g 밖에 체중이 늘지 않았다면 이 아기는 소식하는 아기임을 짐작할 수 있습니다.

78. 모유가 부족할 때

● 모유가 부족하다고 해서 초조해할 필요는 없다. 초조하면 오히려 젖이 더 나오지 않는다.

생후 3주가 지나면 아기의 식욕이 갑자기 왕성해집니다.

지금까지는 한 번 젖을 먹으면 3시간은 견뎠는데 이제는 2시간만 지나도 웁니다.

이때 즉시 분유로 보충하지 말고 모유를 먹이는 횟수를 늘려봅니다. 아기가 자주 빨아 주는 것이 자극이 되어 모유가 잘 나오게 되는 경우가 많습니다. 수유 간격이 채 2시간도 되지 못할 때는 아기의 체중을 재봅니다. 5일 동안 100g밖에 늘지 않았다면, 이는 모유가 부족한 것입니다. 체중 증가가 100~150g 사이라면 조금 더 노력하여 모유를 줘도 되지만, 아기가 잘 울고 밤에도 몇 번이나 깨서 식구들이 잠을 설친다면 그때는 분유로 보충해 줍니다. 분유로 보충해 주는 방법에 대해서는 37 부족한 모유 보충하기, 38 내 아이에게 맞는 분유 선택하기, 39 생우유를 먹이면 안 될까, 40 분유 타기, 41 분유 먹이기를 참고하기 바랍니다. 모유가 많이 부족할 경우(5일 동안 100g도 늘지 않았을 때)에는 모유를 3~4회, 분유를 3회 먹여봅니다.

5일 동안 체중이 100g밖에 늘지 않아 모유 부족이라고 생각해 분유를 보충해 줘도 먹지 않는 아기가 있습니다. 이때 억지로 분유를 먹이기보다는(먹이려고 해도 성공하지 못하지만) 그냥 지금까지처럼 모유를 먹이는 것이 좋습니다. 어쨌든 체중이 늘고 있기 때문에 영양실조는 되지 않을 것입니다. 모유가 더 나올 수도 있습니다. 또 아기가 정말로 배가 고프다면 분유를 먹게 될 것입니다.

모유가 어느 정도 나온다면(체중 증가가 5일 동안 100~150g) 모유 4~5회, 분유 2회로 시작합니다. 분유의 1회 양은 100~120ml로 충분합니다. 이렇게 해서 5일 후에 체중을 재보아 150g 이상 늘었다면 계속 이렇게 하면 됩니다.

모유가 충분하지 않다고 해서 초조해할 필요는 없습니다. 초조해하면 오히려 젖이 더 나오지 않습니다. 어쨌든 가정이 평화로워질 수 있다면 잠깐이라도 분유로 보충해 주는 것도 좋습니다. 가정의 평화가 유지되면 모유가 더 잘 나오게 되어 분유로 보충하지 않아도 되는 경우가 많기 때문입니다.

79. 분유로 키우는 아기

● 아기가 분유를 잘 먹는다고 해서 양을 계속 늘리는 것은 위험하다. 분유는 너무 진하지 않게 타서 하루 6~7회 먹이는 것이 좋다.

모유가 잘 나오지 않는다고 해서 생후 15일 만에 분유만 먹이는 일은 없도록 합니다.

모유는 1개월이 지난 후부터 잘 나오는 것이 보통이기 때문에 아직 포기하지 말고 임시방편으로만 분유로 보충해 줍니다. 흔하지는 않지만 아무리 애를 써도 젖이 나오지 않는 사람도 있습니다. 배가 고픈 아기가 계속 울며 밤에도 자지 않고 있는데, '모유신앙'에 얽매여 죄의식을 느낄 필요는 없습니다.

'분유로 바꿨더니 아기가 잘 먹고, 지금까지와는 달리 새근새근 오랫동안 잘 자고, 설사도 하지 않고, 만사가 순조롭다.' 이렇게 된다면 좀 더 일찍 분유를 먹였더라면 좋았을 것이라고 생각하는 엄마가 많을 것입니다. 체중도 부쩍부쩍 증가하는 것을 보고 역시 아기에게는 분유를 많이 줘야 한다는 고정관념에 사로잡히게 됩니다.

그러나 여기에는 한 가지 위험이 있습니다.

100~120ml의 분유를 줘서 잘 먹으면 더욱 양을 늘리고 싶어진다는 것입니다. 생후 1개월 가까이 되면, 1회에 120ml의 분유로는 부족한 아기도 있습니다. 120ml를 전부 먹어치우고도 빈 젖병을 쭉쭉 빨고 있습니다. 그러면 엄마는 쉽게 분유의 양을 130~140ml로 늘릴 것입니다. 모유와는 달리 분유는 양을 늘리기가 간단합니다.

지금까지 120ml를 먹던 아기에게 140ml를 줘도 깨끗이 먹어치우고, 나중에 토하지도 않고, 그다음 날 설사를 하지도 않습니다. 체중을 재보면 하루 평균 40g 이상 늘고 있습니다. 이렇게 되면 엄마는 완전히 자신감을 갖게 됩니다. 그리고 아기가 젖병을 비우고 빈 병을 쭉쭉 소리 나도록 빨면, 분유를 20ml 정도 더 늘려도 괜찮다고 생각하게 될 것입니다. 그래서 분유를 너무 많이 주게 되면, 오히려 아기가 분유를 싫어하게 되거나 비만아를 만들게 됩니다.

생후 15일에서 1개월까지의 아기를 분유만으로 키울 때는 1회 양을 100~120ml까지로 제한하는 것이 좋습니다. 빈 젖병을 쭉쭉 빨면 20ml 정도 연한 설탕물을 주면 됩니다.

하루 수유 횟수는 6~7회. 그리고 수유 간격은 3시간 정도로 합니다. 단, 울보 아기라면 3시간까지 기다리지 못할 수도 있습니다. 여러 번 주더라도 하루에 주는 전체 양이 너무 늘지 않는다면 괜찮습니다. 이 시기에 심야에 수유를 하지 않아도 되는 아기는 거의 없습니다. 1회로 끝나면 양호한 편입니다.

분유는 너무 진하지 않게 타는 것이 좋습니다. 100~120ml의 분유를 탈 때 분유통에 쓰여 있는 양을 넘지 않도록 합니다. 종합비타민은 15일째부터 줍니다.

●

아기 중에는 대식가도 있고 소식가도 있습니다.

분유만으로 키울 경우에는 매회 먹는 양을 확실히 알 수 있기 때문에 소식아인지 아닌지는 모유로 키우는 경우보다 쉽게 알 수 있습니다. 분유를 100ml 줘도 항상 70~80ml밖에 먹지 않는 아기는 흔히 있습니다. 때로는 100ml를 먹을 때도 있지만 기껏해야 하루에 1회 정도입니다.

그런데 사람들 중에는 대식가도 있고 소식가도 있다는 사실을 잊어버리는 엄마들이 있습니다. 분유통에 15일에서 1개월까지의 아기에게는 120ml를 먹이라고 쓰여 있다고 해서, 아기가 그만큼 먹지 않으면 정상이 아니라고 생각해 버립니다. 70ml밖에 먹지 않는 아기에게 남은 분유를 마저 먹이려고 뺨을 쿡쿡 찌르거나 입 안에 넣은 젖병꼭지를 좌우로 흔들거나 하면서 '강제사육'을 합니다. 하지만 이것은 절대로 성공하지 못합니다.

아무리 해도 70ml 정도밖에 먹지 않는 아기는 체중 또한 늘지 않습니다. 5일 동안 120g 정도밖에 늘지 않습니다. 그러면 엄마는 아기가 병이 난 것은 아닐까 하고 걱정하게 됩니다.

이런 아기는 별로 울지도 않고 밤에도 잘 잡니다. 일찍부터 심야에 수유를 하지 않아도 되는 경우는 이러한 소식아에게 많습니다. 키우기 좋은 '착한 아기'라고 할 수 있습니다. 그러나 엄마는 이런 아기를 분유통에 쓰여 있는 양만큼 먹지 못하는 나약한 아기, 뒤떨어진 아기로 생각해 버리기 쉽습니다. 아기의 개성이 인정받지 못하고 있는 것입니다.

환경에 따른 육아 포인트

80. 이 시기 주의해야 할 돌발 사고

● 이 시기 사고는 대부분 어른들의 부주의에서 비롯된다.

생후 1개월까지의 아기는 스스로 할 수 있는 일이 없습니다. 가만히 얌전하게 누워 있을 뿐입니다. 만일 사고가 일어난다면 그것은 전부 주위에 있는 어른들의 실수 때문입니다. 바꾸어 말하면, 이 시기에 어른들만 주의한다면 모든 사고는 막을 수 있다는 것입니다.

●

제일 많은 사고는 화상입니다.

중화상은 거의 대부분 뜨거운 물을 아기용 욕조에 부으려고 옮기다가 잘못하여 넘어지는 바람에 아기에게 뜨거운 물을 쏟아서 일어납니다. 바닥에 아기를 눕혀놓을 때는 석유스토브에 주전자를 올려놓아서는 안 됩니다. 옷에 걸려 주전자가 떨어져 아기가 중화상을 입은 사례도 있습니다.

감수자 주

온돌 바닥에 아기를 눕히는 것은 매우 위험하다. 바닥 온도가 너무 높으면 아기의 피부가 빨갛게 되거나 수포가 생길 수 있다. 이런 바닥에는 요를 몇 겹으로 깔아주고, 아기가 구르거나 해도 바닥에 몸이 직접 닿지 않도록 요의 크기는 여유가 있어야 한다. '뜨거우면 울겠지'라고 생각하면 오산이다. 아기가 울 정도까지는 뜨겁지 않다 하더라도 오랫동안 닿은 채로 있으면 화상을 입게 된다.

온풍기의 뜨거운 바람이 닿는 곳에서 재우는 것도 위험합니다.

화상도 단지 빨개진 정도라면 그대로 두면 낫습니다. 물집이 생겼을 때는 소독 가제를 덮고 붕대로 가볍게 감아두면 그대로 가라앉는 경우가 많습니다. 이때 기름이나 연고를 발라서는 안 됩니다.

만약 물집이 터지면 의사에게 맡겨야 합니다. 화상이 심하면 선불리 만지지 말고 구급차를 불러 병원으로 데리고 가야 합니다. [266 화상을 입었다]

다음으로 흔한 것은 일산화탄소중독[651 응급처치] **입니다.**

알루미늄 새시 문이 있는 좁은 방에서는 밤새도록 가스스토브나 석유스토브를 켜놓지 않도록 합니다. 또 아무리 환기에 신경 써도 실내에서 아빠가 담배를 몇 개비나 피워댄다면 아무 소용이 없습니다.

모유로 아기를 키우는 엄마는 잠을 자면서 젖을 주어서는 안 됩니다. 익숙하지 않은 육아로 완전히 지친 엄마가 젖을 물린 채로 누워 있다가 잠들어 버려 유방으로 아기를 질식시킬 수 있습니다. 어지간히 자란 아기는 숨이 막히면 버둥거리지만 1~2개월 된 아기에게는 아직 그럴 만한 힘이 없습니다.

아기가 젖을 자주 토한다고 하여 베개 밑에 비닐을 깔면 안 됩니다.

바람이 불어 비닐이 날려 올라와 얼굴을 덮으면 아기는 자기 힘으로 비닐을 치울 수가 없기 때문에 질식할 수 있습니다. 마찬가지로 창문이 열려 있는 방에서 아기 머리 밑에 세탁소에서 옷에 씌워 보낸 빈 비닐 커버를 두는 것도 위험합니다.

자주 젖을 토하는 아기가 젖을 먹고 막 잠들었을 때 혼자 놓아두고 장을 보러 가는 것도 위험합니다. 토한 젖 덩어리가 기관을 막는 경우가 있습니다. 자주 젖을 토하는 아기를 혼자 둘 때는 옆으로 뉘어놓아야 합니다.

만 2~3세 된 큰아이와 갓난아기만 방 안에 두는 것도 위험합니다.

동생에 대해 질투심이 있는 어린 오빠나 언니가 아기에게 위해를 가할 수 있기 때문입니다. 흔한 일은 아니지만 고양이나 쥐가 아기를 갉아대는 일도 있습니다. 도둑고양이가 있는 곳이라면 반드시 창문을 닫아두어야 합니다.

그리고 아기의 뺨이나 턱에 묻어 있는 분유가 동물을 유인할 수도 있으므로 얼굴이나 손은 항상 깨끗이 해두어야 합니다. 고양이가 아기의 얼굴 위에 올라가 아기를 질식시킨 사례도 있습니다.

81. 이웃과의 관계

● 이웃의 말에 너무 휘둘리지 않고 자신의 방식대로 주체성 있게 아기를 키우는 것이 훌륭한 육아의 지름길이다.

생후 1개월이 되면 아기를 안고 문 밖으로 나가는 경우가 있습니다.

또 아기가 어떻게 생겼을까 궁금하여 이웃의 아주머니가 보러 오는 일도 많아집니다. 이때 "젖은 잘 나오나요?"라든지 "분유는 어떤 것을 먹여요?"라고 물을 것입니다.

그리고 자신이 고생했던 일을 똑같이 겪게 하지 않겠다는 뜻으로 여러 가지 조언을 해줄 것입니다. 친절은 고맙지만 잊지 말아야 할 것은 아기마다 개성이 있다는 것과 이 아기에게 좋았던 것이 저 아기에게도 꼭 좋다고는 할 수 없는 것입니다. 또 하나는 자기 아기에 대해 세상 누구보다 잘 알고 있는 사람은 엄마 자신이라는 자부심을 갖는 것입니다.

이 시기의 아기가 젖도 잘 먹고 건강하고 큰 소리로 울고 체중도 먹는 양에 맞추어 늘고 있다면, 심각한 병에 걸리는 일은 없습니다. 아기가 잘 자라고 있다는 것을 아는 사람은 엄마밖에 없습니다. 아기가 건강하다고 믿고 있다면, 내 아기에 대해 잘 모르는 사람이 여러 가지 병에 대해 이러쿵저러쿵하는 말에는 귀 기울일 필요가 없습니다.

"설사가 계속되어 진찰해 봤더니 소화불량이었어요. 주사를 맞고 나았죠"라든지, "배꼽이 헐어 치료하러 다녔더니 곪지도 않고 나았어요"라든지 "젖을 토하는 것을 그냥 두었더니 각기병이 되어 1개월 동안 주사를 맞으러 병원에 다녔죠"라는 등의 조언을 그대로 받아들일 필요는 없습니다.

가능하면 생후 1개월 이내에는 병원에 다니지 않는 것이 좋습니다. 병도 아닌데 병원에 다니다가 대기실에서 오히려 진짜 병을 얻는 것만큼 어리석은 일은 없습니다. 잘못된 이웃의 충고에 휘말리면 아기의 자연스러운 생리적 상태도 병으로 의심하게 됩니다. 남의 이야기를 들을 때에도 이리저리 마음이 흔들리지 않도록 엄마가 주체성을 가지고 육아를 해야 합니다.

82. 바깥 공기 쐬어주기

● 비바람이 없는 날에는 포대기에 싸서 안고 베란다에 나가 바깥 공기를 쐬어주는 정도로 세상 구경을 시켜주는 것이 좋다.

생후 3주가 지나면 차차 바깥 공기를 쐬어주어야 합니다.

생후 1개월 미만인 아기를 사람들이 많이 모인 곳에 데리고 가지 말라는 것은 병에 전염되지 않도록 하기 위해서입니다. 그러나 병을 두려워한 나머지 바깥 공기를 전혀 쐬어주지 않아서는 안 됩니다. 생후 3주가 지나면 차차 바깥 공기를 쐬어주어야 합니다. 여름이면 되도록 방문이나 창문을 열어놓아 바깥공기가 잘 들어오게 합니다.

봄이나 가을에도 바람이 너무 강하지 않은 한, 바깥 온도가 18℃ 이상이라면 창문이나 방문을 열어놓는 것이 좋습니다. 겨울에도 날씨가 좋은 따뜻한 시간이라면 1시간에 한 번 정도는 창문을 열어 방의 공기를 바꿔줍니다.

아기가 생후 1개월이 가까워지면 비바람이 없는 한, 혹한인 날을 제외하고는 아기를 포대기에 싸서 안고 베란다 정도는 나가도 됩니다. 얼굴이나 팔다리에 바깥공기를 쐬어주어 피부를 단련시키고, 방안보다 낮은 온도의 외기에서 숨 쉬게 하여 기도 점막을 단련시킵니다. 이것을 하루에 두 번, 한 번에 5분 정도 합니다. 하지만 바깥 온도가 10℃ 이하일 때에는 문 밖으로 나가지 않아야 합니다. 또 아기에게 아직 직사일광은 너무 강하므로 일광욕은 시키지 않는 것이 좋습니다.

엄마를 놀라게 하는 일

83. 젖을 토한다

● 이 시기에 젖을 토하는 것은 위의 움직임이 활발해서 나타나는 증상으로 놀랄 일은 아니다.

생후 15일이 지나면 남자 아기는 자주 젖을 토합니다.

젖을 먹고 20분 정도 지나서 왈칵 토하는데 처음에는 젖을 너무 많이 먹었기 때문이라고 생각합니다. 먹은 즉시 토하면 젖이 그대로 나오지만, 20분쯤 지나서 토하면 두부처럼 덩어리가 되어 나옵니다. 이것은 위 속에 잠시 머무는 동안 위산으로 인해 굳어졌기 때문입니다.

엄마는 아기가 젖을 먹으면서 입가로 줄줄 흘릴 때는 걱정하지 않지만, 힘차게 분수처럼 왈칵 토하면 무언가 이상이 있는 것은 아닐까 걱정하게 됩니다. 젖을 먹이는 방법이 서툴러 공기를 마시게 해서 그런가 보다고 생각하여, 젖을 먹인 뒤에 아기를 세워서 안고 트림을 시켜보지만 그래도 역시 토합니다. 처음에는 하루에 1~2번 토하던 것이 점차 횟수가 많아져 먹일 때마다 토하는 아기도 있습니다.

그런데 주의해서 살펴보면 시간이 지나서 토한 젖에는 두부처럼 굳은 덩어리가 들어 있기는 하나, 젖 이외의 것(예를 들면 황색 담즙, 혈액, 똥 냄새가 나는 것)을 토하는 일은 절대로 없습니다. 그리고 토하기 전에도 토한 후에도 아기는 괴로워하는 기색이 전혀 없습니다. 기분도 별로 나쁘지 않아 보입니다. 다만 젖을 토할 뿐입니다. 그리고 어떻게 해주어도 계속 토합니다.

의사에게 데리고 가면 '유문 경련'이라고 합니다. 어려운 글자가 나열되어 있는, 들어본 적도 없는 병이기 때문에 엄마는 깜짝 놀라게 될 것입니다. 어떤 병이냐고 물어보면 의사는 위의 출구 부위가 경련을 일으키는 것으로 심하면 수술해야 한다고 설명해 주는 경우가 많습니다.

그러면 엄마는 울상이 되어 집으로 돌아와 남편과 의논을 할 것입니다. 그리고 아기가 이렇게 건강한 얼굴을 하고 있는데 무서운 병에 걸렸다며 슬퍼합니다. 그러나 걱정할 필요 없습니다. 건강한 남자 아기는 원래 젖을 잘 토합니다. 유문 경련이라는 병명에 놀라서는 안 됩니다. 누구라도 무언가를 토할 때는 유문이 경련하며 오그라들지 않으면 토할 수가 없습니다. 유문 경련이라는 말은 젖을 토하는 것을 어려운 말로 표현한 것뿐입니다.

건강한 아기는 위의 움직임이 활발해서 그런 것 같습니다.

젖을 토하는 것은 쉽게 그치지 않는데, 생후 1~2개월 사이에 가장 심합니다. 생후 3개월에 들어서면 훨씬 줄어들고 4개월이 되면 거의 없어집니다. 자연히 낫는 것이므로 병이라고는 할 수 없습니다. 생후 2주 정도에 시작되는 경우가 많지만, 개중에는 2개월이 지나서 토하기 시작하는 아기도 있습니다.

●

수술해야 하는 것은 유문 경련이 아니고 '유문 협착'이라는 병입니다.

다행히도 유럽인의 이 유전병은 우리에게 흔치 않습니다. 이것은 일반적인 토유보다 조금 늦게 나타납니다(생후 3~5주). 이때는 전혀 안 먹는다고 할 정도로 젖을 먹지 못하고 아기가 바싹 마릅니다. 정말로 위의 출구가 막힌 것이기 때문에 위가 몸부림치며 요동합니다. 야윈 아이의 배에서 위장이 벌레처럼 꿈틀거리는 것이 보이는 점이 특징입니다.

●

젖을 잘 토하는 아기의 처치로는 특별한 것이 없습니다.

이것은 모유를 먹는 아기에게나 분유를 먹는 아기에게나 똑같이 일어나는데, 어느 쪽이든 1회 수유량을 조금 줄여봅니다. 단, 금방 공복이 되므로 수유 횟수는 늘려야 합니다.

가장 심하게 젖을 토하는 기간은 1주 정도이기 때문에 이때는 아기가 조금 야윕니다. 젖은 토하지만 설탕물이나 과즙은 토하지 않는다면, 수분이 부족해지지 않도록 그런 것을 먹입니다. 수분을 입으로 충분히 섭취할 수 있다면 주사로 보충해서는 안 됩니다. 이런 아기는 주사 등으로 아프게 하면 흥분하여 젖을 더 토하게 됩니다.

●

젖을 먹인 뒤에는 상체를 곧추세워서 안고 트림을 시킵니다.

젖을 먹고 10~15분이 지나 아기가 잠들려고 할 때는, 20~30분 후에 젖을 토할 때 덩어리가 기관에 들어가 질식하지 않도록 엄마가 반드시 옆에 있어야 합니다. 아기를 혼자 눕혀둘 때는 옆으로 눕히는 것이 안전합니다.

옛날에는 아기가 젖을 토하면 '각기'라고 했는데, 옛날 의사 중에는 '영아 각기'라는 진단을 내리는 사람도 있었습니다. 그러나 각기는 엄마에게 비타민 B_1이 부족할 때 생기는 병으로, 분유를 먹는 아기에게는 없습니다. 아기를 분유로 키웠는데도 의사가 각기라고 하면 그 말은 믿지 않아도 됩니다. 또 엄마가 흰쌀밥만 먹는 것이 아니라 빵과 국수도 먹고 비타민 B_1이 들어 있는 종합비타민제도 먹고 있다면, 영아 각기는 없다고 생각해도 됩니다. 각기라고 진단을 내리고 비타민 B_1 주사를 맞히러 통원하라고 한다면 곤란합니다.

아기가 젖을 토하면 장중첩증이나 수막염일 가능성에 대해서도 생각해 봐야 한다고 쓰여 있는 책도 있습니다. 하지만 그런 병에 걸렸다면 아기가 괴로워하거나 아파서 울지 천연덕스러운 얼굴을 하고 있지는 않습니다.

84. 소화불량이다

● 먹는 양이 많아지면 자연히 변을 보는 횟수도 늘어난다. 아기가 설사를 해도 아기의 기분이 좋고 건강하다면 별문제 아니니 굳이 병원을 찾아 처방을 받을 필요가 없다.

하루 2~3번이던 변의 횟수가 7~8번으로 늘면 엄마는 아기가 소화불량이라고 생각합니다.

모유만으로 키우는 아기는 생후 1개월 가까이 되어 소화불량 때문에 여러 의사에게 진찰을 받으러 다니는 경우가 있습니다. 아기는 편견 때문에 빚어진 이런 일로 성가신 일을 치러야 합니다.

모유를 먹이는 것이 가장 좋다고들 하여 무리해서 모유를 먹이는 엄마는 이상주의자입니다. 이상적인 영양을 하고 있기 때문에 아기의 변도 이상적인 상태로 나올 것이라고 생각합니다.

엄마가 생각하는 이상적인 변은 황금색으로 반죽한 것처럼 균질한 '유형의 변'입니다. 하지만 이것은 편견입니다.

모유를 먹는 아기의 변처럼 보기 흉한 것도 없습니다. 색깔도 꼭 황색이라고는 할 수 없습니다. 녹색인 경우도 많습니다. 균질한 것은 오히려 예외이고, 하얀 덩어리나 하얀 좁쌀 같은 것이 들어 있기도 합니다. 뿐만 아니라 질질 늘어지는 끈적끈적하고 투명한 점액이 섞여 있는 경우도 있습니다. 아무 형태도 없고, 마치 맑은 국물에 달걀을 풀어놓은 것 같은 설사변인 경우도 종종 있습니다. 이러한 변을 보기만 해도 소아과 의사는 아기가 모유를 먹고 있다는 것을 알아맞힙니다.

아기의 변에 대하여 이상적인 생각을 가지고 있는 엄마가 현실에서 아기의 '설사'를 보고 놀라 병이 아닌가 하고 생각하는 데에는 또 한 가지 이유가 있습니다. 그것은 처음 2주 정도는 변의 횟수가 하루에 2~3번이었던 것이 갑자기 7~8번으로 늘어났기 때문입니다.

이것은 처음에는 모유가 잘 나오지 않다가 이때쯤부터 잘 나오게 되었기 때문인 경우가 많습니다. 먹는 양이 많아졌기 때문에 나오는 변의 양도 많아진 것뿐입니다. 체중을 재보면 금방 알 수 있습니다. 체중이 분명 갑자기 증가했을 것입니다.

이때 여러 명의 아기를 모유로 키운 경험이 있는 할머니가 옆에 있으면 흔히 있는 일이라고 이야기해 줄 것입니다. 하지만 요즘은 젊은 부부끼리만 사는 경우가 많다 보니 자연히 이웃에 사는 아주머니에게 상담을 하게 됩니다.

그런데 이웃 아주머니가 아기를 분유로 키운 경험밖에 없으면 "틀림없이 소화불량이에요"라는 식으로 말할 것입니다. 분유로 키운 아기의 변은 좀 더 흰빛을 띠고, 수분이 없기 때문에 형태가 있으며, 설사변이 아닙니다. 변은 형태를 갖추고 있다고 생각하는 이웃 아주머니가 모유를 먹는 아기의 변을 처음 보고 설사라고 생각하는 것도 무리는 아닙니다.

게다가 분유를 먹는 아기는 변의 횟수도 많아봐야 하루에 2~3번입니다. 그러나 모유를 먹는 아기는 7~8번 변을 보는 것이 보통입니다.

경험 많은 의사는 이런 아기에게 섣불리 소화제를 처방하지 않습니다.

변에 점액이 섞여 있고 횟수도 많기 때문에 엄마는 소화불량이 틀림없다고 생각하여 병원에 데리고 갑니다. 소아과 의사에게 가서 변을 하루에 7~8번이나 보고 점액도 섞여 있다고 하면, 아기를 많이 보아온 의사는 우선 변을 보여달라고 합니다. 엄마가 "아기가 소화불량 변을 봐요"라고 말해도 의사는 믿지 않습니다. 왜냐하면 모유는 균이 없어 소화불량을 일으킬 리가 없기 때문입니다. 소아과 의사가 된 지 반세기가 지난 필자도 생후 2주에서 1개월 사이의 아기가 치료를 해야 할 정도의 설사를 하는 경우는 보지 못했습니다.

엄마에게 변이 묻은 기저귀를 가져오게 한 소아과 의사는 변을 보고 "모유를 먹는 아기의 변은 이것이 정상입니다. 걱정할 필요 없습니다"라고 말할 것입니다. 만약 그 의사가 시간적인 여유가 있다면 아기의 체중을 재보아 "태어났을 당시보다 이만큼 늘었으니까 괜찮습니다"라고 말해 줄 것입니다. 그러나 불행하게도 아기를 많이 보아오지 못한 의사는 아기의 변을 보지 않습니다.

미혼인 젊은 의사는 집에서 모유를 먹는 아기의 변을 본 적도 없습니다. 기혼자라도 아기의 기저귀를 갈아본 적이 없는 남자 의사는 젊은 엄마만큼도 아기의 변을 본 적이 없습니다. 이런 의사는 엄마의 말만 듣고 소화제를 처방해 주면서, 변이 녹색인 것은 '영아 각기'의 우려가 있다며 비타민 B_1 주사까지 놓기도 합니다.

만약 엄마가 이것은 병이 아니라고 말해 준 의사를 믿는다면 그 한마디로 문제는 해결됩니다. 단, 아기는 하루에도 여러 번 '소화불량변'을 계속 볼 것입니다. 그러면서도 체중은 늘고 건강하고 정상적인 생활을 합니다.

그런데 만약 변을 걱정하지 말라는 의사의 말을 믿지 않고 '이상적인 변'을 동경한 나머지 다른 의사를 찾아간다면 어떻게 될까요? 다른 의사가 아기의 변은 보지 않은 채 엄마의 말만 듣고 소화불량에 대한 치료를 해준다면 엄마는 계속 그 의사를 찾아갈 것입니다.

그러나 이것은 원래 생리적인 설사이기 때문에 약을 먹어도, 비타민 B_1 주사를 맞아도 여간해서는 '이상적인 변'으로 바뀌지 않습니다. 아기가 조금 더 자라 모유만으로는 부족하여 분유로 보충해 준 후 '좋은 변'을 보게 될 때까지 엄마는 병원을 들락거릴 것입니다. 그때까지 기다리지 못하는 엄마는 또 의사를 바꿀 것입니다. 이것이 모유를 먹는 아기의 '소화불량'입니다.

엄마는 변을 키우는 것이 아니라 아기를 키우고 있다는 사실을 잊지 말아야 합니다. 아기가 자라고 있는지 어떤지는 체중을 재보면 알 수 있습니다. 엄마로서 좋은 의사인지를 분별하는 데는 의사가 변을 살펴보는지 그렇지 않은지, 또 갈 때마다 체중을 재보는지 그렇지 않은지를 보고 판단할 수 있습니다.

엄마에게 아기가 기분이 좋을 때의 얼굴을 잘 기억해 두라고 하는 것은 이럴 때 도움이 되기 때문입니다. 아기가 기분이 좋고 건강하다면 소화불량 따위는 걱정하지 않아도 됩니다.

85. 변비에 걸렸다

● 변을 자주 보는 것도 개성이고 변을 드물게 보는 것 또한 개성이다. 변을 아예 못보는 것이 아니라면 너무 걱정할 필요 없다.

진짜 걱정해야 할 변비는 젖의 양이 부족하여 변을 보지 않을 때입니다.

지금까지 하루 2~3번 변을 보던 아기가 생후 15일이 지나서부터 하루에 한 번으로 줄고, 1개월 가까이 되면서 하루에 한 번씩 꼬박꼬박 변을 보지 않게 되는 경우도 있습니다. 그냥 두면 2일에 한 번 또는 3일에 한 번밖에 변을 보지 않아 엄마는 걱정하기 시작합니다. 하지만 진짜 걱정해야 할 변비는, 아기가 젖을 먹는 양이 부족하여 기아 증상으로 변을 보지 않을 때뿐입니다.

분유로 키울 때는 아기가 매회 먹는 분량을 알고 있을 것입니다. 1회에 100ml씩 하루 6~7회 먹는 아기는 기아일 리가 없습니다.

모유로 키울 때는 아기가 매회 먹는 양을 잘 모르기 때문에 우선 젖이 부족하여 변비가 되는 것은 아닐까 하고 생각해 봅니다. 이것은 체중의 증가 상태를 조사해 보면 간단히 알 수 있습니다. 변비가 있고 나서, 이전까지 5일마다 150g씩 늘던 체중이 100g도 늘고 있지 않다면 모유가 부족한 것이라고 생각할 수 있습니다.

그러나 실제로 엄마가 고민하는 것은 젖의 부족으로 인한 변비가 아닙니다. 모유나 분유를 충분히 먹고 체중도 분명히 늘고 있는데도 매일 변을 보지 않는다며 아기를 의사에게 데리고 갑니다.

여기서 생각해 봐야 할 것은, 변비가 정말로 유해한가 하는 점입니다. 물론 변이 전혀 나오지 않는 것은 무서운 일입니다. 장의 어딘가가 막혀 있거나 변이 이상한 상태의 덩어리가 되어 장을 막아 버리거나 하면 큰일입니다.

그러나 엄마가 변비라고 하면서 병원에 데리고 온 아기를 보면, 변이 전혀 나오지 않는 상태는 아닙니다. 분명히 변은 나오는데, 단지 그 간격이 길 뿐입니다. 2~3일 기다리면 자연히 변이 나올 텐데 엄마가 그때까지 기다리지 못하는 것입니다. 변은 매일 나와야 한다는 법칙은 어디에도 없습니다. 밀린 변이 독을 뿜고 몸 전체를 순환하면서 해를 끼친다는 것은 '변비 치료제' 광고문에 그렇게 쓰여 있을 뿐, 아기에 관해서 증명된 것은 아닙니다.

아기 때부터 학교 갈 나이가 될 때까지 변을 2일에 한 번밖에 보지 않는 아이라도 아주 건강하게 잘 자라기도 합니다. 그 아이의 형제가 전부 이렇다면 이것은 그 가족의 내력으로 여길 수밖에 없습니다. 하루에 5~6번 변을 보는 것이 개성이라면, 3일에 한 번밖에 보지 않는 것도 개성입니다.

2~3일에 한 번밖에 변을 보지 않지만 그다지 힘들지 않게 변이 나오고, 변이 단단해서 항문에 상처를 내지도 않고, 아기도 건강하며 체중도 늘고 있다면, 변비를 병이라고 할 이유가 없습니다. 2일

에 한 번 보는 변은 병이 아니라고 하는 의사의 충고를 엄마가 받아들인다면, 변비의 절반 정도는 병이 아니게 됩니다.

●

변비도 개성이기 때문에 여간해서 그 체질을 바꾸기는 힘듭니다.

변비 유해론을 철석같이 믿고 있는 엄마는 약을 먹이거나 주사를 놓아도 아기의 변비가 낫지 않으면 점점 더 초조해집니다. 자나깨나 변을 보게 하는 것만 생각합니다. 사실 이 상황은 아기가 병이 난 것이 아니라 엄마가 변비 공포증에 걸린 것입니다.

변비는 아기에게 실제로 해가 되는지를 생각하여 처치하면 됩니다. 변이 뜸해지면서 변을 볼 때마다 아기가 "끙끙" 하며 힘을 쓰고, 단단한 변 때문에 항문에 상처가 나서 피가 난다면(항문의 상처는 그대로 두어도 변이 부드러워지면 자연히 낫지만), 변이 굳기 전에 쉽게 배변시킬 수 있는 방법을 생각해 봐야 합니다.

●

변비를 완화시키는 몇 가지 방법이 있습니다.

모유를 먹이고 있는 경우라면 먼저 설탕물을 먹여봅니다 목욕한 뒤에 먹이는 것이 좋습니다, 설탕물이 효과가 없을 때는 과즙에 끓여서 식힌 물을 1대 1의 비율로 희석하여 20ml 정도 먹여봅니다. 분유를 먹이고 있을 때는 과즙을 하루에 2~3회 먹여봅니다.

이런 방법으로도 전혀 반응이 없다면 장의 출구를 자극해 봅니다. 가장 안전한 것은 관장입니다. 소아용 관장약을 사용하면 됩니다. 소아용으로 나오지 않으면 어른용을 사용해도 무방합니다.

관장 요령은 하늘을 향해 누워 있는 아기의 엉덩이 아래에 기저귀를 펴고 하반신을 노출시켜서, 왼손으로 아기의 양 발목을 꽉 잡고 양다리를 충분히 들어 올려 항문에서부터 관장기의 끝을 배꼽을 겨냥하는 것처럼 하여 집어넣습니다. 그리고 2cm 정도 들어갔을 때 액을 주입시킨 다음 관장기를 뺌과 동시에 바로 항문을 탈지면으로 누릅니다. 그리고 다리를 내려 기저귀를 채우고 기다리면 2~3분 이내에 변이 나옵니다. 10분이 지나도 나오지 않으면 한 번 더 합니다.

흔히 휴지 꼰 것을 넣는 사람도 있는데, 휴지는 무균 상태로 만들기가 곤란합니다.

장 입구에 상처가 있으면 화농의 원인이 되기 때문에 권하고 싶지 않습니다. 소독 면봉을 사용하는 것은 좋습니다. 관장을 하면 습관성이 되지 않을까 걱정하는 사람이 많은데, 생후 1개월쯤에 매일 관장했다고 해서 평생 관장을 해야 하는 사람은 없습니다.

다만 개성으로 2일에 한 번 변을 보는 아기는 관장에 관계없이 그것이 평생 계속되기도 합니다. 생후 1개월쯤에 있었던 변비가 3~4개월이 되면 언제 그랬냐는 듯이 낫는 경우도 많습니다. 야채나 과일을 먹을 수 있게 되면 많이 괜찮아집니다.

아기에게 변비약을 사용하는 것은 내키지 않습니다. 장이 이상하게 움직여 장중첩증이라도 일으키지 않을까 염려되기 때문입니다. 영아체조의 배 마사지를 하루에 3회 정도 해보는 것도 좋은 방법입니다. 164 이 시기 영아체조의 그림 ②

아기가 태어난 후 자연스럽게 변을 보지 못해 배가 땡땡할 때는 의사의 진찰을 받아야 하지만 이것은 몇십만 명 중 1명꼴의 일입니다.

86. 코가 막혔다

● 바깥 공기를 마시게 하여 자연스럽게 낫게 하는 것이 좋다. 보통 생후 1개월이 지나면 좋아지고 그 뒤로 완전히 낫는다.

생후 15일쯤 된 아기는 자주 코를 킁킁거립니다.

밖에 나가지도 않았고, 감기에 걸린 사람과 가까이 하지도 않았는데 코가 막힙니다. 코딱지가 붙어 있는 경우도 있는데 조심스럽게 제거해도 역시 킁킁거립니다. 이것이 점점 심해져 생후 3~4주쯤 되면 숨 쉬기가 곤란해져 수유에 애를 먹게 됩니다. 의사에게 데리고 가면 감기라며 약을 처방해 줍니다. 이비인후과에 데리고 가면 코에 약을 넣어줍니다.

그러나 어느 쪽도 그다지 효과는 없습니다. 여전히 낫지 않아서 또 의사에게 데리고 가면 이번에는 주사를 놓아줍니다. 하지만 항생제 주사를 맞아도 전혀 변함이 없습니다. 코가 막히는 아기는 눈썹 부분에 비듬 같은 것이 붙어 있거나, 뺨에 작은 여드름 같은 것이 나 있는 경우가 많습니다. 같은 조건에서 키워도 코가 잘 막히는 아기와 그렇지 않은 아기가 있으며, 아빠도 아기 때 그랬다면 아기의 코막힘은 체질적인 것이라고 볼 수 있습니다.

코가 막히면 확실히 젖을 먹기가 힘들어집니다.

하지만 그렇다고 해서 젖을 먹을 수 없게 되는 것은 아닙니다. 다소 고생은 하지만 먹을 수는 있습니다. 정말로 괴로운 시기는 기껏해야 1주간이기 때문에 야단법석을 떨 필요는 없습니다.

이런 증상은 겨울에 많습니다. 이상건조주의보가 내려진 날에는 방의 습도를 높입니다. 방의 온도를 낮추면 증세가 가벼워지는 경우도 있습니다. 코막힘은 아기를 지나치게 따뜻하게 해주는 것과도 관계가 있는 것 같습니다.

날씨가 좋을 때 자주 바깥공기를 쐬어주면 코가 뚫립니다. 감기라고 생각하여 방문을 꼭 닫고 따뜻하게 해주는 것이 오히려 좋지 않습니다.

어른에게 사용하는 코 뚫리는 약을 아기에게 사용해서는 안 됩니다.

소독 면봉에 올리브유를 발라 코 안을 간지럽혀 재채기를 시켜서 코딱지를 배출시키는 방법도 있는데, 점막이 부어서 막혀 있는 경우에는 이렇게 해도 낫지 않습니다. 할머니는 흔히 아기의 콧구멍에 입을 대고 분비물을 빨아들이는데, 이렇게 하면 분명히 입구가 막히는 것은 막을 수 있습니다. 하지만 가능하면 바깥 공기를 마시게 해서 자연히 낫기를 기다리는 것이 좋습니다. 이러한 증상은 생후 1개월이 지나면 훨씬 나아지고 곧 완전히 낫습니다.

87. 머리 모양이 비뚤어졌다

● 아주 심하게 비뚤어진 머리도 만 1세쯤 되면 눈에 띄지 않게 된다. 하지만 머리 모양이 비뚤어지지 않았는데도 한쪽만 볼 경우 사경을 의심해야 한다.

누워 있는 아기가 자꾸 한쪽으로만 얼굴을 돌립니다.

아기가 생후 1개월 가까이 될 즈음, 눕혀 놓으면 어느 한쪽으로만 얼굴을 돌린다는 것을 알 수 있습니다. 잘 살펴보면 머리의 좌우가 똑같이 둥글지 않고, 오른쪽만 보는 아기는 오른쪽 후두부가 왼쪽만 보는 아기는 왼쪽 후두부가 납작해져 있습니다. 어느새 아기의 머리가 비뚤어진 것입니다. 이때 "한쪽으로만 눕혀놓아 아래쪽이 납작해져 버렸어"라고 엄마가 핀잔을 듣게 되는데, 이것은 억울한 일입니다.

아기의 머리는 인생의 어느 때보다도 생후 1개월 사이에 갑자기 커집니다. 1개월 동안에 머리 둘레가 3cm나 커집니다. 하지만 머리뼈의 급격한 성장은 좌우가 반드시 대칭적으로 진행되는 것은 아닙니다. 좌우의 차이는 밖으로부터의 압력 때문이 아니라 내부의 힘에 의해 생깁니다. 좌우 불균등이 어느 정도까지 진행되면 아기의 머리는 한쪽으로만 고개를 돌리는 것이 안정적입니다. 한쪽으로 고개를 돌린다는 것을 알게 된 때는 이미 좌우가 다른 모양이 되어 있습니다.

이렇게 되고 난 뒤에 오른쪽으로 눕는 아이를 왼쪽으로 돌려 눕히려고 하는 것은 무리입니다. 생후 2개월이 지나면 아기가 자유롭게 머리를 움직이기 때문에 더욱 어려워집니다.

따라서 아기의 머리를 좌우 대칭으로 하려면 생후 1개월 이내에 머리를 잘 살펴보고 조금이라도 납작해질 것 같으면 그쪽이 바닥에 닿지 않도록 해야 합니다. 하지만 이것은 좀처럼 실행하기 힘듭니다. 아무리 주의해도 머리의 좌우가 다른 모양이 되는 아기도 있습니다.

머리 형태에 대해서 너무 신경을 곤두세울 필요는 없습니다. 누구라도 조금은 비뚤어져 있으며, 아주 심하게 비뚤어진 머리도 만 1세쯤 되면 눈에 띄지 않게 됩니다. 이 시기의 아기가 머리 모양이 비뚤어지지 않았는데도 한쪽만 볼 경우에는 사경 92 머리가 한쪽으로 기울어졌다_사경 을 의심해 봐야 합니다.

88. 황달이 없어지지 않는다

● 가라앉는 듯하면서 젖을 잘 먹고 변이 새하얗지 않다면 조만간 저절로 낫는다.

건강한 아기의 황달은 오래 끌더라도 생리적인 황달인 경우가 보통입니

다.

보통 1주나 10일이 지나도 없어지지 않고 3주가 지나도 아직 남아 있을 경우, 엄마도 주위 사람들도 몹시 걱정하기 시작합니다. 책을 보면 황달이 없어지지 않는 경우에 생기는 여러 가지 무서운 병에 대해 쓰여 있습니다.

그러나 황달이 조금씩 가라앉는 듯하고 아기가 힘차게 젖을 잘 먹고, 변이 새하얗지 않다면 시간이 지나면 저절로 낫습니다. 달이 차서 정상적으로 출산한 건강한 아기의 황달은 오래 끌더라도 생리적인 황달인 경우가 보통입니다.

특히 아기가 모유를 먹고 있는 경우 황달은 오래 끌어도 이상한 것이 아닙니다. 이것은 모유에 간장의 담즙 색소 조절을 방해하는 물질이 들어 있기 때문입니다. 이럴 때 모유를 중단하고 분유로 바꾸면 빨리 황달이 없어지긴 하지만, 황달은 어차피 없어지므로 잘 나오고 있는 모유를 애써 끊을 필요는 없습니다. 오히려 엄마가 바지락 된장국이라도 먹으면서 수유를 계속하는 것이 좋습니다. 태어날 때의 체중이 2.5kg 이하인 아기는 1개월이 지나도 황달이 없어지지 않는 일이 종종 있습니다.

89. 얼굴에 부스럼이 나고 엉덩이가 짓물렀다 

● 습진의 일종으로 이 시기 습진은 그냥 내버려두는 것이 좋다.

이것은 일종의 습진입니다.

대부분의 아기는 태어나서 10~15일이 지나면 얼굴 상반부 어딘가에 부스럼이 납니다. 눈썹 속에 비듬 같은 것이 생기거나, 이마 언저리에 작은 여드름 같은 것이 2~3개 나거나, 뺨에 작고 빨간 좁쌀 같은 것이 3~4개 생깁니다.

이때 아기를 지나치게 덥게 해주거나 햇볕을 쬐어주면 이런 증상이 갑자기 더 심해져 엄마는 깜짝 놀라게 됩니다. 얼굴의 부스럼은 분유를 먹는 아기에게 많이 생기지만 모유만 먹는 아기에게도 생깁니다. 이것은 일종의 습진입니다.

●

습진은 여러 가지 형태로 생기는 것이 특징입니다.

어떤 때는 손가락이나 발가락 사이, 발바닥 등에 지름 1mm 정도의 구진(피부로부터 솟아오른 알맹이 같은 것)이나 작은 물집이 생기는 경우도 있습니다. 이러한 것을 발견하면 예민한 엄마는 가정의학 책을 뒤져서 신생아의 질병 부분에 "선천성 매독에 걸린 아기는 발바닥이나 손바닥에 물집이 생기거나 코가 막힌다"라고 쓰여 있는 것을 보고는 매독 노이로제에 걸립니다.

그럴 때는 모자건강수첩을 받았을 때 혈액의 매독 검사가 음성이었더라도 불안해집니다. 그 후에 자신도 모르는 사이 매독 환자가 만진 물건에 접촉하여 감염된 것은 아닌가 하고 걱정하기 시작합니다.

그러나 남편의 품행이 바르다면, 혈액 검사 결과 음성인 임산부에게서 태어난 아기가 선천성 매독에 걸리는 일은 없습니다. 또 지금은 발바닥이나 손바닥에 커다란 물집이 생기는 것 같은 중증의 선천성 매독은 없어졌습니다.

이 시기의 습진은 그냥 내버려두는 것이 좋습니다. 꼭 치료하려면 미량의 부신피질호르몬이 들어 있는 연고를 하루에 2회 바르는 정도로 하고 나은 후에는 바로 중지합니다. 불소가 들어 있는 부시피질호르몬은 잘 듣기는 하지만 부작용도 심합니다. 3~4일 사용하여 좋아지면 사용을 중단하는 것이 좋습니다.

습진은 태열 또는 아토피성 피부염이라고도 합니다.

아토피라는 것은 태어날 때부터 과민 반응을 일으키기 쉬운 체질로 유전적인 것입니다. 혈액을 검사해 보면 면역글로불린 E가 많아져 있습니다. 습진인 아기도 혈액을 검사해 보면 면역글로불린 E가 많습니다.

태어날 때부터 생우유, 달걀, 생선 등에 과민해서 습진이 생기는 아기도 있습니다. 모유만으로 키우는 엄마는 생우유나 달걀을 먹지 않아 보는 것도 좋습니다. 만약 엄마가 매일 200ml씩 먹던 생우유를 완전히 중단하고 나서 아기의 습진이 가벼워졌다면, 생후 3개월까지 엄마는 생우유를 먹지 말아야 합니다.

●

얼굴에 습진이 생기는 아기는 기저귀로 인한 피부병도 생기기 쉽습니다.

이런 아기에게는 면 이외의 기저귀를 사용해서는 안 됩니다. 그것도 새 것보다 여러 번 빤 헌 것이 좋습니다.

대변 안에 있는 효소와 소변 속의 암모니아가 쉽게 염증을 일으킵니다. 기저귀로 인한 피부병을 치료하려면 엉덩이를 항상 마른 상태로 유지해 주어야 합니다. 종이 기저귀가 수분을 흡수한다고 광고하더라도 젖은 종이 기저귀를 오래 채워두면 피부병을 일으킵니다.

소변과 대변을 보는 횟수가 많은 아기는 부지런히 기저귀를 갈아주어야 합니다. 밤에 적어도 한 번은 갈아줍니다. 비닐로 된 기저귀 커버는 빼버리고 통풍을 잘 시켜주도록 합니다.

기저귀를 갈아줄 때 아기의 엉덩이를 깨끗이 한 후 헤어 드라이어의 시원한 바람으로 2분간 쬐어주는 것도 좋습니다. 여름이라면 기저귀를 벗겨놓는 시간을 길게 합니다.

곰팡이가 원인이 되기도 하므로 기저귀를 빨기 전에 뜨거운 물을 붓고 비누로 두 번 빤 후에 충분히 헹구어 냄새가 남지 않도록 합니다. 삶는 것도 좋습니다.

여름에는 하루에 두 번 정도 목욕시키고 엉덩이를 깨끗이 합니다. 약산성의 습진용 비누를 사용해 보는 것도 좋지만, 습진의 원인이 비누에 있는 경우는 드뭅니다. 사용할 때마다 심해진다면 모르지만, 비누가 습진에 좋지 않다고 단정적으로 생각해서는 안 됩니다. 비누를 써보고 습진이 악화되지 않는다면 그 비누는 계속 써도 됩니다.

수돗물에는 살균용 염소가 들어 있습니다. 수돗물을 사용하지 않고 우물물을 사용한 후 습진이 나았다는 보고도 있습니다.

습진은 너무 따뜻하게 하면 가렵습니다. 그러므로 겨울에 아기가 추울까 봐 습진 있는 부분까지 너무 따뜻하게 해주지 않도록 주의해야 합니다.

90. 배꼽이 튀어나왔다

● 아주 큰 것이 아닌 이상 생후 2~3개월이면 거의 다 들어가고, 경우에 따라 1년 정도 걸리는 아기도 있다. 그냥 둬도 위험하지 않으므로 걱정할 필요 없다.

만 1개월이 가까워지면 아기에 따라서는 배꼽이 튀어나옵니다.

이것은 복압이 가해져 장의 일부가 배꼽으로 내밀린 것입니다. 내용물이 장이라는 증거로 튀어나온 배꼽을 누르면 '꾸르륵' 소리가 나며 뱃속으로 들어갑니다. 장 안에 가스와 소화물이 섞여 있기 때문에 이런 소리가 나는 것입니다. 복압이 가해지는 것은 아기가 악을 쓰거나 울기 때문입니다. 따라서 항상 얼굴이 새빨개지도록 악을 쓰는 아기, 신경질적이고 잘 우는 아기, 모유가 모자라서 우는 아기 가운데 배꼽이 튀어나온 경우가 많습니다.

단, 미숙아는 배꼽이 잘 조여지지 않는 경우가 많기 때문에 배꼽이 나올 확률이 높습니다. 튀어나온 배꼽은 어지간히 큰 것(지름 5cm 이상)이 아닌 이상 저절로 들어갑니다. 생후 2~3개월 만에 낫는 경우가 많지만 1년 정도 걸리는 아기도 있습니다.

●

그냥 둬도 위험하지 않고 자연히 나으므로 수술할 필요는 없습니다.

1년이 지나도록 튀어나온 배꼽이 들어가지 않던 아기도 학교에 갈 때쯤이면 낫습니다. 배꼽 부분에 장이 '감돈(장이나 자궁 따위의 복부 기관 일부가 조직의 틈으로 빠져 나온 채 제자리로 돌아가지 못하는 상태)'하는 경우는 거의 없습니다.

그대로 내버려두는 것이 좋은지, 반창고나 셀로판 테이프를 붙이는 것이 좋은지가 문제인데, 반창고를 붙이는 것이 빨리 낫는다는 확실한 증거는 없습니다. 오히려 오래 누르고 있는 동안 피부가 곪기도 합니다. 이렇게 되면 흉터가 남아 성형 수술로도 잘 없어지지 않습니다.

배꼽에는 신경 쓸 필요가 없지만, 아기에게는 신경을 써야 합니다. 복압이 가해져서 배꼽이 튀어나오는 것이므로 이 원인을 제거할 수 있으면 제거해야 합니다. 아기가 악을 쓰는 것은 시간이 지나야 낫기 때문에 어쩔 도리가 없습니다. 대수롭지 않은 일로 울기 시작하는 신경질적인 아기는 되도록 안아주는 것이 좋습니다.

변이 단단하여 변을 볼 때 심하게 힘을 준다면 과즙을 줘서 변이 나오기 쉽게 유도합니다. 모유로 키우려고 별로 나오지 않는 젖으로 애를 쓰고 있을 때는, 이제 이쯤이 적당한 시기라 생각하고 분유로 보충해 줍니다. 그러면 아기는 울지 않을 것입니다.

복압을 가하지 않으면 배꼽이 밖으로 튀어나오지 않기 때문에 자연히 낫습니다.

햇볕을 적게 쬐면 구루병에 걸리고, 이 병에 걸리면 근육이 이완되어 배꼽이 튀어나오기 쉬우므로, 겨울에 태어난 아기라도 1개월이 지나면 자주 바깥 공기를 쐬어주도록 합니다.

91. 한쪽 고환이 부었다_음낭수종

● 고환 바깥쪽에 물이 고인 것으로 그냥 두면 2~3개월 만에 자연 흡수된다. 하지만 생후 1년 이후에 생긴 음낭수종은 저절로 낫지 않고 수술해야 한다.

고환이 점점 붓습니다.

태어날 당시에는 아무렇지도 않았던 남자 아기가 15일이나 1개월쯤 지나 한쪽 고환이 붓는 것을 발견하게 됩니다. 피부 색깔도 변함이 없고, 만져도 아픈 것 같지는 않습니다. 그런데 고환이 조금씩 커져 생후 1개월이나 1개월 반쯤 되면 다른 쪽 고환의 2~3배로 커지는 경우가 많습니다.

의사에게 데리고 가면 '음낭수종'이라고 합니다. 즉 음낭 안에 물이 고여 있는 것이라고 설명해 줍니다. 탈장의 경우에는 잘 주무르면 장이 뱃속으로 들어가 고환이 보통 크기로 돌아오지만, 음낭수종은 눌러도 작아지지 않습니다. 탈장이라면 안에 들어 있는 것이 장이기 때문에 물처럼 투명하지 않습니다. 의사가 음낭에 플래시를 비추어 투명한 곳을 보여줄 것입니다. 이것은 고환의 바깥쪽에 물이 고인 것으로, 고환 자체에 이상이 있는 것은 아닙니다.

●

음낭수종은 흔히 있는 것으로 기이한 병은 아닙니다.

그냥 두면 2~3개월 만에 자연히 흡수되어 흔적이 남지 않습니다. 아무리 늦더라도 1년을 넘기는 일은 없습니다.

가장 나쁜 것은 주사바늘로 음낭 안에 있는 물을 뽑아내는 것입니다. 주삿바늘로 물을 뽑아내도 물론 낫습니다. 그러나 생후 15일에서 1개월 사이에는 뽑아내도 또 금방 고입니다. 여러 번 뽑아내는 동안 혹시라도 소독이 불완전해 곪기라도 하면 오히려 일이 더 성가시게 됩니다.

화농까지는 아니더라도 출혈하면 고환과 그 주변이 유착을 일으키기도 합니다. 유착이 생기면 수술을 요할 경우 수술이 곤란해지고, 고환에 상처를 내게 됩니다. 1년까지 기다려보고 그래도 낫지 않으면 그때 다시 생각해 보면 됩니다. 그러나 복강(腹腔)으로 통하는 길이 열려 있어 누르면 안에 있는 물이 쉽게 복강으로 돌아가는 경우에는 빨리 수술해야 합니다.

●

음낭수종과 함께 그 옆에 서혜 헤르니아가 있는 경우도 없지 않습니다.

아무리 해도 서혜 헤르니아가 낫지 않을 때는 수술해야 합니다. 이때 음낭수종도 같이 치료하는 것이 좋습니다. 음낭수종과 서혜 헤르니아 둘 다 있을 때는 장에 상처를 낼 수 있기 때문에 절대로 주삿바늘로 찔러서는 안 됩니다.

생후 1년 이후에 생긴 음낭수종은 저절로 낫지 않습니다. 6개월이나 기다려도 없어지지 않으면 수술해야 합니다. 음낭수종은 한쪽에 생기는 경우가 많지만 양쪽에 생기는 경우도 있습니다.

92. 머리가 한쪽으로 기울어졌다_사경

● 얼굴이 똑바로 천장을 보도록 타월이나 얇은 이불을 상반신 밑에 끼워주고, 스스로 목을 가눌 수 있게 되면 응어리가 있는 쪽에서 딸랑딸랑 소리를 내어 아기 스스로 목을 돌리도록 한다.

거꾸로 태어난 아기에게 많이 생깁니다.

거꾸로 태어난 아기는 생후 2주째에 목의 오른쪽 또는 왼쪽 측면에 1원짜리 동전크기만 한 단단한 응어리가 만져집니다. 우연히 발견하기보다는 아기가 오른쪽으로만 향하고 있어 왼쪽으로 향하도록 목에 손을 대었다가 응어리가 있는 것을 알게 되는 경우가 많습니다.

이 응어리가 왜 생기는지는 아직 확실히 모릅니다. 거꾸로 태어난 아기에게 많기 때문에, 예전에는 출산 때 목의 근육(흉쇄유돌근) 안에 출혈이 있었기 때문이라고 생각하여 '흉쇄유돌근혈종'이라는 이름을 붙였습니다. 그러나 이것이 원인인 것 같지는 않습니다.

태내에서 무리한 자세를 취하면 근육의 혈액 순환이 원활하지 않아 덩어리를 만들 수 있습니다. 이 때문에 아기가 거꾸로 있게 되는 것 같습니다.

●

마사지를 해주는 것이 좋다는 의사도 있고 그냥 두라는 의사도 있습니다.

예전에는 반반 정도였지만 지금은 그냥 두라는 의사가 압도적으로 많습니다. 마사지를 하지 않는 편이 빨리 낫는다는 것을 알게 되었기 때문입니다.

목 옆의 응어리는 발견된 후 1주 정도는 점점 커지기 때문에 엄마는 그냥 두어 악화되었다고 생각하기 쉽습니다. 그러나 4주가 지나면 점점 작아지기 시작합니다. 그리고 만 1년이 되면 거의 알 수 없게 됩니다.

처음의 응어리가 아주 큰 것은 1년이 되어도 없어지지 않기도 합니다. 이런 경우에는 수술해야 합니다. 수술하지 않고 사경인 채로 두면 얼굴이나 머리 모양의 좌우가 달라집니다. 그러나 이런 경우는 거의 없습니다.

●

머리 한쪽이 납작해질 우려가 있습니다.

사경인 아기는 한쪽(응어리가 있는 반대쪽)으로만 머리를 향하기 때문에 머리 한쪽이 납작해질 우려가 있습니다. 얼굴이 똑바로 천장을 보도록 타월이나 얇은 이불을 상반신 밑에 끼워주도록 합니다.

목이 단단해져 스스로 가눌 수 있게 되면 응어리가 있는 쪽에서 딸랑딸랑 소리를 내거나 빨간색의 문체를 보여줘 아기가 스스로의 힘으로 목을 돌리도록 합니다. 예전에 그랬던 것처럼 억지로 힘을 가해 무리하게 돌리는 것은 좋지 않습니다. 치료를 위해 매일 마사지하러 병원에 오라고 하면 의사를 바꾸는 것이 좋습니다.

눈을 뜨고 있는 시간이 길어지고
미소를 짓는 횟수도 하루가 다르게 늘어납니다.
그리고 손발의운동도 활발해집니다.
주먹 쥔 손을 입으로 가져가기도 합니다.
눈이 보이기 시작하고 표정도 풍부해집니다.
개성이 더욱 드러나 잘 우는 아기와 잘 울지 않는 아기가 있고
잘 먹는 아기와 잘 먹지 않는 아기가 있습니다.
발육이 빠른 아기는 목을 가누기도 합니다.

5

생후 1~2개월

이 시기 아기는

93. 생후 1~2개월 아기의 몸

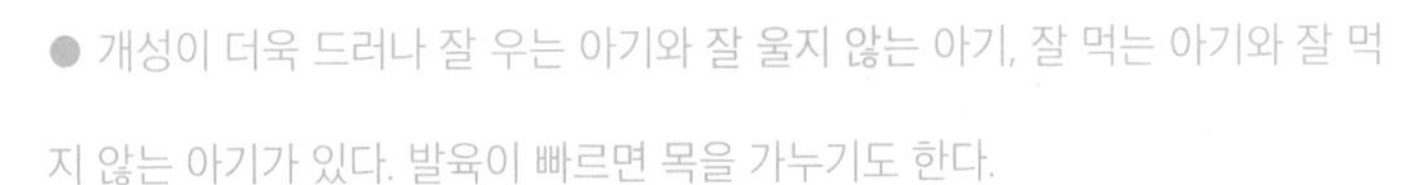

● 개성이 더욱 드러나 잘 우는 아기와 잘 울지 않는 아기, 잘 먹는 아기와 잘 먹지 않는 아기가 있다. 발육이 빠르면 목을 가누기도 한다.

생후 30일이 지나면 눈이 약간 보이는 듯하고 표정도 풍부해집니다.

눈을 뜨고 있는 시간도 길어지고 기분이 좋을 때가 많아집니다. 미소를 짓는 횟수도 하루가 다르게 늘어납니다. 손발 운동도 활발해집니다. 주먹 쥔 손을 입으로 가져가기도 합니다.

그러다가 생후 2개월이 되면 눈이 보이기 시작합니다. 얼러주면 웃기도 합니다. 주먹을 입 안에 넣고 소리가 나도록 빨기도 합니다. 눈이 보이기 때문에 천장에 달아놓은 빙빙 도는 모빌을 즐거운 듯이 바라보는 시간도 길어집니다. 옹알이도 합니다. 어떤 때는 소리를 내어 웃기도 합니다. 그리고 다리로 이불을 차는 힘도 점점 강해집니다. 따뜻한 계절이라면 모유나 분유를 먹으면서 머리에 땀을 흘리기도 합니다.

자고 있을 때는 오른쪽이나 왼쪽 어느 한쪽으로만 얼굴을 향하는 일이 많습니다. 그리고 자세히 살펴보면 특별히 밝은 쪽만 향하도록 둔 것도 아닌데, 아기 머리 한쪽이 찌그러져 있습니다. 이것은 두개골의 발육 속도가 갑자기 빨라졌는데 오른쪽과 왼쪽의 발육 속도가 조금 다르기 때문에 일어난 일시적인 현상으로, 돌 때쯤이면 둥글어집니다. 머리를 자주 좌우로 흔드는 아이는 후두부의 머리카락이 적어집니다.

잘 우는 아기와 잘 울지 않는 아기가 있습니다.

별로 울지 않는 아기는 생후 15일에서 1개월까지 젖을 먹고는 자고, 눈을 떠서도 조금 울다가 다시 젖을 먹으면 조용해집니다. 이런 아기는 이 시기에도 젖을 충분히 먹기만 하면 얌전해집니다. 기분이 좋고 조용히 웃고 있는 시간도 길어지기 때문에 착한 아기라고 더욱 칭찬받게 됩니다.

이와 반대로 개성이 강한 아기도 있습니다. 잠들었다가 금방 눈을 뜨던 아기도 이 시기에는 먹은 것을 뱃속에 꽤 오랫동안 저장할 수 있기 때문에 자는 시간이 길어집니다. 그래도 밤 11시, 새벽 2시와 5시가 되면 변함없이 깨서 울며 젖을 먹어야 조용해지는 아기도 있습니다. 뭔가 조금이라도 마음에 들지 않으면 큰 소리로 우는 아기는 성장하여 힘이 세진 만큼 우는 소리도 더 커지고 우는 시간도 길어집니다. 너무 심하게 우는 아기는 안아주는 것 외에는 달리 방법이 없습니다. 100 아기를 안아줘야 할 때 낮에는 잘 자는데 밤만 되면 우는, 낮과 밤이 바뀐 아기도 있습니다.

젖을 먹는 것에서도 개성이 더욱 확실하게 드러납니다.

분유를 먹는 아기 중에 잘 먹는 아기는 150ml도 부족하여 다 먹고 난 뒤에도 웁니다. 이럴 때 분유 양을 늘리면 생후 2개월이 될 즈음에는 180ml로도 모자라게 됩니다. 이런 식으로 하다보면 어떻게 될지는 다음 달에 알 수 있습니다.

분유를 별로 좋아하지 않아 겨우 100ml를 먹는 것이 고작인 아기도 있습니다. 분유통에 매회 120ml를 먹이라고 쓰여 있기 때문에 엄마는 어떻게 해서든 그 양을 먹이려고 애를 쓰게 되고, 애를 쓰면 쓸수록 아기의 저항도 그만큼 커지게 됩니다. 소식하는 아기가 아무리 해도 100ml 이상 먹지 않는 것은 그 아기의 개성임을 인정해 주어야 합니다. 생후 1~2개월 된 아기의 수유 횟수는 아직 하루에 7회 정도가 정상입니다.

●

젖을 먹는 방법에서 나타나는 이러한 개성은 체중 증가에 그대로 반영됩니다.

매회 200ml나 먹는 아기는 하루에 40~50g씩 늘고 100ml밖에 먹지 않는 아기는 25g밖에 늘지 않습니다. 특히 모유를 먹는 아기라면 엄마의 젖이 도는 것이 매회 다르기 때문에, 아기가 전부 먹어버렸다 해도 다시 공복을 느끼기까지 걸리는 시간이 일정하지 않습니다. 수유 간격이 2시간 30분이 되거나 4~5시간으로 벌어져도 이상한 일이 아닙니다.

분유만 먹일 때는 2개월이 지날 무렵이 되면 하루에 6회 먹는 경우가 많습니다. 주면 7회라도 먹는 아기는 1회 양이 150ml 전후일 때는 6회로 제한해야 합니다. 아무리 많이 먹어도 전혀 문제를 일으키지 않는 모유는 마음껏 실컷 먹일 수 있어 마음이 편합니다.

수유한 뒤 젖을 토하는 것은 지난달에 비하면 조금은 줄지만, 남자 아기의 경우는 여전히 토유가 계속됩니다. 이런 아기는 수유 시간이 좀처럼 일정해지지 않습니다.

한여름 이외에는 모유나 분유 외에 수분을 보충할 필요가 없습니다.

수분은 모유나 분유로도 충분합니다. 대변이나 소변의 배설 횟수는 전체적으로 지난달보다 조금 줄어듭니다. 지금까지 하루에 10번 이상 대변을 보던 아기는 5~6번으로 줄어듭니다. 단, 지난달에 별로 모유가 나오지 않았던 엄마가 이번 달 들어 갑자기 젖이 잘 돈다면, 대변이나 소변을 보는 횟수가 많아지는 것은 당연합니다. 모유를 먹는 아기가 분유를 먹는 아기보다 변 보는 횟수가 많고 설사변을 보는 경우가 많은 것은 지난달과 마찬가지입니다. 배변 횟수가 줄어들면 지난달에 변비 증상을 보이던 아기의 변비가 더욱 심해집니다. 2일 동안 변이 나오지 않는 날이 계속되는 경우도 흔합니다. 85 변비에 걸렸다 소변은, 수유 전에 젖은 기저귀를 갈아 주었는데 다음 수유 전에 또 기저귀가 젖어 있을 때가 많습니다. 소변으로 기저귀가 젖을 때마다 반드시 울어서 알려주는 아기도 있습니다.

이 시기 아기의 입 안을 들여다보면 혀 안쪽의 반쯤이 마치 하얀 이끼로 덮여 있는 것처럼 보입니다. 그러나 어느새 자연히 없어지고 혀가 깨끗해지므로 치료할 필요는 없습니다.

생후 2개월이 가까워지면 아기가 악을 쓰는 일도 적어집니다.

이 시기에 배꼽이 나오는 것은 앞서 언급했듯이 잘 우는 아기와 변비가 있는 아기입니다. 아기의 습진은 예민한 엄마에게 걱정거리가 됩니다. 약을 바르면 잘 낫지만 좋아졌다고 약을 중단하면 또 나타납니다. 얼굴과 머리 전체에 기름기 많은 딱지(부스럼)가 생기는 경우도 있습니다. 그러나 반드시 낫는 것이기 때문에 걱정하지 않아도 됩니다. 109 습진이 생겼다

생후 2개월이 되면 빠른 아기는 목을 제법 가눕니다.

엎드려 눕혀놓으면 목을 조금 들어 올리기도 합니다. 이 시기에 기저귀를 갈아줄 때 무릎 관절에서 "따닥따닥" 하고 소리가 나는 아기도 있습니다. 이것이 탈구는 아닙니다. 그대로 두면 자연히 소리가 나지 않게 됩니다. 특히 여자 아기는 고관절 탈구를 일으키지 않도록 되도록 양다리를 O자형으로 하여 기저귀를 채웁니다. 그리고 다리를 가지런히 해서 입어야 하는 옷은 입히지 않도록 합니다.

이 시기 육아법

94. 모유로 키우는 아기

● 수유 횟수가 일정해지고 모든 게 평화로운 시기이다. 하지만 모유 양이 줄어들 때를 대비해 생후 1개월부터는 젖병에 익숙해지도록 물이나 보리차를 젖병에 넣어 먹인다.

모유만 잘 나오면 생후 1~2개월은 정말로 평화로운 시기입니다.

수유 횟수도 아기의 개성에 따라서 점차 일정해집니다. 이 시기에는 밤중에 수유하지 않아도 되는 아기는 별로 없습니다. 하지만 낮에 3시간이 지나도 배고파하지 않고 소식하는 아기라면, 밤에 젖을 먹지 않더라도 괜찮습니다. 대부분 이런 아기는 변을 보는 횟수도 적습니다.

이에 반해 잘 나오는 젖을 양쪽 다 먹어버리는 아기는 대변 보는 횟수도 많고, 얼핏 봤을 때 설사변으로 보이는 경우도 많습니다. 그리고 모유가 너무 잘 나와 적량 이상을 먹은 아기는 더 먹은 만큼 토하기도 합니다. 모유를 먹는 아기 중에도 젖을 잘 먹는데 변비가 있는 경우도 가끔 있습니다. 85 변비에 걸렸다

생후 1개월이 지나면 아기의 젖 빠는 힘이 아주 강해지기 때문에

엄마 젖꼭지에 상처가 나는 일도 많아집니다. 상처 난 곳으로 세균이 침입해 유선염을 일으키는 경우도 자주 있습니다. 그러므로 한쪽 젖을 15분 이상 빨리지 않도록 주의해야 합니다. 35 젖꼭지에 상처가 났을 때

수유 전에 엄마는 손을 깨끗이 씻어야 합니다. 속옷도 깨끗이 하여 젖꼭지의 청결 상태를 유지하도록 합니다.

아기의 체중은 5일에 한 번, 같은 시각에 재는 것이 좋습니다.

5일 동안 150~200g 늘었다면 성공적입니다. 그러나 5일 동안 100g도 늘지 않았다면 밤에 일어나는 횟수가 많아지든지, 젖 먹는 간격이 짧아지든지 해서 아기는 불만을 나타낼 것입니다.

그러면 분유로 1~2회 보충해 주어야 합니다. 우선 엄마의 젖이 잘 돌지 않을 때(대부분 엄마의 경우 오후 4시부터 6시 사이) 분유를 1회 줍니다. 이때 모유를 먹인 후 분유로 보충해 주는 방법은 좋지 않으니 분유만 줍니다. 대개 120ml 정도 먹을 것입니다 이렇게 해서 모유를 1회 쉬게 함으로써 다음 모유가 잘 나오거나 밤중에 우는 일이 적어졌다면 계속 이렇게 합니다.

분유의 1회 보충만으로는 밤중에 우는 것이 여전하고 밤에 모유도 잘 돌지 않는다면, 밤 10시나 11시에 먹이는 모유를 1회 더 쉬고 분유로 줍니다. 한밤중에 분유를 주지 않는 이유는 단지 귀찮기 때문입니다. 귀찮은 일은 하지 않는 것이 좋습니다. 귀찮다보면 아무래도 분유를 탈 때 소독에 소홀해질 수 있습니다. 또 아빠 입장에서도 분유를 탈 때까지 아기가 계속 울어대면 잠을 설칠 수 있습니

다. 따라서 밤중에는 아기가 울면 금방 먹일 수 있는 모유를 먹이는 것이 좋습니다.

분유로 보충해 주는 것이 1회가 좋은지, 2회가 좋은지, 또는 그래도 부족한지를 알아보기 위해서는 아기의 체중을 재보면 됩니다. 이전까지 5일 동안 100g밖에 늘지 않았는데 분유를 1회 보충하여 150g 정도 늘었다면 1회로도 충분합니다. 단, 처음부터 5일 동안 100g밖에 늘지 않았는데 조금도 불만스러워하지 않는 아기도 있습니다.

앞에서 말한 소식하는 아기입니다. 이런 아기는 분유를 줘도 100ml도 먹지 않기 때문에 소식아임을 알 수 있습니다. 소식하더라도 아기가 평화롭게 지낸다면 무리해서 분유를 줄 필요는 없습니다. 줘도 먹지 않을 것입니다. 소식도 하나의 개성이라 생각하고 초조해하지 않도록 합니다.

모유만 먹이는 엄마는 아기가 소식하더라도 활기차고 '이 시기 아기는' 부분에 쓰여 있는 정도의 발육 상태를 보인다면, 아기가 건강하다는 자신감을 갖기 바랍니다.

●

모유를 먹는 아기는 생후 1~2개월에는 병이라고 할 정도의 병은 걸리지 않습니다.

설사처럼 보이는 변을 보거나, 대변을 보는 횟수가 하루 7~8번이거나, 젖을 토하거나, 습진이 생기더라도 아기가 젖을 잘 먹고 웃는 얼굴을 보인다면 아무 걱정하지 않아도 됩니다. 사소한 증상에 신경 쓰다가 건강한 아기를 병원에 다니게 해서는 안 됩니다.

●

아기에게 모유만 먹이는 경우 명심해야 할 일이 또 한 가지 있습니다.

모유의 분비가 언젠가는 줄어들지 모른다는 것입니다. 그때는 분유로 보충해 주어야 하는데 젖병으로 먹여야 합니다. 그러나 모유만 먹던 아기는 생후 2개월이 지나면 고무나 실리콘 등 인공 젖병꼭지를 싫어하여 빨지 않는 경우가 많습니다.

생후 1개월에는 젖병꼭지를 그다지 싫어하지 않습니다. 그러므로 모유가 나오지 않게 되었을 때를 대비하여 1개월경부터 하루에 2~3번 젖병꼭지에 익숙해지도록 합니다. 목욕한 뒤에 보리차나 끓여서 식힌 물을 젖병에 넣어 먹이거나, 모유와 모유 수유 사이에 젖병에 과즙을 20ml 정도 넣어 먹이는 것이 좋습니다. 98 과즙먹이는 법

95. 분유로 키우는 아기

● 사정상 모유를 먹일 수 없다면 엄마는 아기를 분유로도 충분히 잘 키울 수 있다고 생각한다. 하지만 아기가 잘 먹는다고 너무 많은 양을 주지 않도록 한다.

엄마는 모유 콤플렉스에 빠질 필요가 없습니다.

모유가 전혀 나오지 않거나 사정상 모유를 먹일 수 없어 분유만 먹이게 되었을 때(인공영양) 엄마는 죄책감에 빠지지 않도록 해야

합니다. 모유가 아니면 아기가 잘 자라지 못한다고 믿어서는 안 됩니다. 분유를 먹이더라도 40 분유 타기에 쓰여 있는 사항을 잘 지킨다면 세균에 의한 설사는 없습니다.

분유 먹는 아기들이 모유 먹는 아기들에 비해 사망률이 높습니다. 이것은 원래 사망률이 높은 미숙아가 대부분 분유를 먹고, 육아에 열심인 엄마들은 모유를 먹이는 경우가 많기 때문입니다. 하지만 의학의 진보로 해마다 사망률의 차이가 좁아지고 있습니다.

●

분유를 너무 많이 주어 소화기에 부담을 주지 않도록 합니다.

생후 1개월이 지난 아기에게 분유를 먹일 때 제일 중요한 것은, 분유를 너무 많이 줘 아기의 소화기에 부담을 주는 일이 없도록 하는 것입니다. 분유가 모자라면 아기는 울면서 배고픔을 호소하지만 과식했을 때는 아무 표현도 하지 않습니다. 대식하는 아기라면 충분한 양을 먹고도 모자라는 것처럼 빈 젖병을 쭉쭉 빱니다. 이렇게 젖병을 빠는 행동을 보고 양이 모자라서일 것이라고 생각하여 분유를 점점 늘리다 보면 자신도 모르는 사이에 너무 많이 주게 됩니다.

대강의 표준을 말하면, 3~3.5kg 정도로 태어난 아기의 경우 생후 1개월 즈음에는 하루에 700ml 정도를 먹습니다. 그러다가 2개월이 되는 동안에 800ml가량으로 늘어납니다. 하루 7회 수유하면 1회에 120ml, 6회 수유하면 1회에 140ml 정도 먹이는 것이 좋습니다. 그러나 이것은 어디까지나 표준일 뿐, 많이 움직이고 잘 우는 아기는 많이 먹고 싶어 하는 반면, 얌전하고 잘 자는 아기는 그다지 먹고 싶어 하지 않습니다.

소식하는 아기는 꼭 표준량을 먹지 않아도 됩니다.

대식하는 아기는 주기만 하면 150~180ml라도 먹어버리는데, 되도록 150ml 이상은 주지 않는 것이 좋습니다. 150ml를 먹고도 아직 부족한 듯 울 때는 끓인 설탕물(따뜻한 물 100에 설탕 5 비율)을 식혀서 30ml 정도 먹입니다. 어떤 분유통에는 이것보다 많은 양이 적혀 있기도 한데, 그렇게 먹이면 아기에게 소화 능력 이상의 무거운 부담을 주게 됩니다. 또 분유에 설탕을 첨가하면 비만이 됩니다.

분유를 먹는 아기라도 이 시기에 하루 4~5번 변을 보고도 건강해 보인다면 걱정할 필요 없습니다. 또 반대로 변이 매일 나오지 않는 아기에게는 과즙을 하루에 2~3회 주어보는 것도 좋습니다. 이렇게 하여 변이 매일 나오면 좋지만, 그렇지 않더라도 건강하게 자라고 있다면 그다지 걱정할 필요는 없습니다. 85 변비에 걸렸다

요즘의 분유에는 종합비타민이 들어 있지만 뜨거운 물로 녹이면 비타민 C가 일부 파괴됩니다. 보통 소독을 번거롭게 하지 않도록 뜨거운 물을 사용하기 때문에 비타민 C는 따로 종합비타민이나 과즙으로 보충해 주는 것이 좋습니다.

96. 비만 예방법

● 아기가 하루에 먹는 섭취량을 계산해서 너무 많다고 생각되면 분유량을 줄여야 한다.

● 5일마다 같은 시각에 몸무게를 잿을 때 5일 전보다 200g 이상 늘었다면 비만이라 할 수 있다.

아기가 먹는 1일 섭취량을 계산해 봅니다.

아기는 태어나서부터 만 1세까지 체중 1kg당 하루 105~115kcal를 필요로 합니다. 하지만 이 숫자는 어디까지나 평균치일 뿐, 실제로 건강하게 자라고 있는 아기가 섭취하는 칼로리에는 상당한 차이가 있습니다. 생후 6개월까지는 95~145kcal, 6개월에서 만 1세까지는 80~130kcal 정도로 차이가 있으므로 엄밀하게 생각할 필요는 없습니다. 칼로리가 조금 부족해도 아기는 잘 자랍니다.

처음 4개월 동안에는 섭취하는 칼로리의 1/3이 성장에 사용되고, 그 이후에는 1/10밖에 사용되지 않습니다. 나머지는 운동하는 데 소모됩니다. 체중 1kg당 하루 120kcal 이상 섭취하면 비만이 됩니다. 계산에 강한 엄마는 아기가 어느 정도 칼로리를 섭취하고 있는지를 분유의 칼로리와 아기의 체중으로 산출할 수 있을 것입니다.

불편하게도 분유통에 쓰여 있는 사용법에는 분유 가루를 1회에 몇 그램 사용하는지 명확히 써놓지 않은 것이 많습니다. 그렇더라도 분유 가루를 재는 숟가락이 몇 그램짜리인지 알기 때문에 계산은 가능합니다.

정확히 계산하면 회사마다 조금씩 다르지만 분유 가루 100g의 칼로리는 거의 비슷합니다. 따라서 아기가 하루에 먹는 분유 가루의 총량을 알 수 있고, 하루 몇 칼로리를 섭취하는지도 계산할 수 있습니다. 그 총 칼로리를 아기 체중으로 나누면 체중 1kg당 1일 칼로리 섭취량이 나옵니다. 이것이 120kcal 이상이면 비만이 됩니다. 그런데 분유통에 쓰여 있는 대로 주면 대부분 생후 1~2개월 된 아기의 경우 체중 1kg당 120kcal가 넘습니다. 아기가 비만인지 의심되면 한번 칼로리를 계산해 보는 것이 좋습니다. 너무 많다고 생각되면 분유 양을 줄여야 합니다.

그러나 태어났을 때 체중이 적었던 아기가 정상인 아기를 따라잡으려면 120kcal를 넘을 수도 있습니다. 체중을 따라잡은 뒤에는 100kcal 정도로 줄입니다. 하루에 체중 1kg당 80kcal 이하로 섭취한다면 양이 부족합니다. 그러나 소식하는 아기에게는 이런 경우가 드물지 않습니다. 이렇게 귀찮은 계산을 하지 않아도 이 책의 각 월령에 해당하는 부분에 쓰여 있는 주의사항만 잘 지킨다면 비만은 예방할 수 있습니다. 계산을 좋아하지 않는 엄마는 일일이 계산해 보지 않아도 됩니다.

단, 5일마다 일정한 시간에 체중을 재보는 것이 좋습니다. 이때 5일 전보다 200g 이상이나 늘어났다면 비만이 되어가고 있다는 것입니다.

97. 과즙 먹이기

● 과즙은 아기의 변비 해소에도 도움이 되고, 미각이 발달하는 시기에 맛있는 과즙을 줌으로써 인생의 즐거움을 알게 해준다.

과즙은 언제부터 먹여야 한다는 원칙은 없습니다.

모유를 먹이고 있다면 모유 안에 비타민 C가 들어 있기 때문에 과즙을 주지 않아도 영양은 부족하지 않습니다. 분유를 먹이고 있더라도 시판되는 종합비타민액을 지시대로 먹이고 있다면 비타민 C가 부족할 일은 없습니다. 또 종합비타민을 주지 않더라도 분유에 비타민 C가 들어 있기 때문에, 열에 의해 조금 파괴되기는 하지만 예전처럼 괴혈병을 일으키는 일은 없습니다. 64 비타민제 종합비타민을 주고 있다면 아기에게 따로 과즙을 줄 필요가 없다고 할 수 있습니다.

그런데도 아기에게 과즙을 주고 싶은 것은 아기가 맛있어하기 때문입니다. 생후 2개월 전후의 아기에게 목욕 후 과즙을 주면 소리가 나도록 빨아 먹으며 다 먹고 나서도 빈 병을 한참 동안 빨고 있습니다. 아기가 과즙을 맛있어하면 과즙이 비타민 보충에 도움이 되므로 주는 것이 좋습니다.

이 시기 아기의 즐거움은 주로 미각이기 때문에 가능한 한 맛있는 것을 주어 인생의 즐거움을 알게 해줄 필요가 있습니다. 게다가 분유를 먹는 아기에게 과즙을 주면 단단하던 변이 수월하게 나오는 경우도 많습니다. 하루 걸러서 나오던 변이 매일 나오게 되기도 합니다.

그러므로 변이 단단한 아기, 변비인 아기에게는 되도록 일찍부터 과즙을 주는 것이 좋습니다. 그러나 과즙을 줘도 변이 전혀 부드러워지지 않고, 변비도 낫지 않는 아기도 있습니다. 사과즙 같은 것을 주면 오히려 변 보는 간격이 더욱 벌어지는 경우도 없지 않습니다. 또 어른 중에도 과일을 싫어하는 사람이 있는 것처럼 아무리 과즙을 먹이려 해도 싫어하는 아기가 있습니다. 어쨌든 일단 줘보지 않으면 알 수 없습니다.

아기가 가장 좋아하는 과즙을 달게 하거나 연하게 해서 계속 먹여 변이 수월하게 나오도록 하는 것이 좋습니다.

●

목욕 또는 산책 후 목이 말랐을 때 준다.

모유를 먹는 아기는 일반적으로 변을 보는 횟수가 많은데, 여기에 과즙까지 주면 더욱 심해질 것이라는 걱정 때문에 과즙을 빨리 주지 않는 경우가 많습니다. 그러나 젖병꼭지에도 익숙해지도록 하고, 맛있는 과즙도 먹인다는 의미에서 생후 2개월이 되기 전에 조금씩 주는 것이 좋습니다. 과즙을 주면 약간 녹색기가 있는 변을 보지만 문제는 없습니다.

과즙은 목욕하고 난 후나 산책하고 난 후와 같이 목이 말랐을 때 주는 것이 좋습니다. 모유만 먹이고 과즙이나 보리차를 먹이지 않는다고 해도 아기의 소변이 지나치게 진해지는 일은 없습니다.

98. 과즙 먹이는 법

● 제철 과일을 사서 세균이 침입하지 못하도록 청결하게 하여 즙을 낸 다음 끓여서 식힌 물과 1대 1로 섞어 희석해서 20~30ml씩 먹인다.

제철 과일의 과즙을 먹입니다.

과즙을 먹이는 것은 비타민 C 공급만이 목적이 아니라, 과즙이 맛있는 음료라는 것을 알려주는 것도 목적입니다. 따라서 어느 과일에 비타민 C가 많은지 계산할 필요는 없습니다. 제철 과일이 가장 맛있고 싸고 신선합니다.

봄에는 사과·딸기, 여름에는 토마토·수박·복숭아, 가을에는 포도·배, 겨울에는 사과·귤이 좋습니다. 레몬이나 오렌지는 사계절 내내 살 수 있습니다. 아기가 즐겨 먹는다면 캔에 들어 있는 천연 과즙도 좋습니다. 그러나 주스라는 이름이 붙어 있어도 설탕물에 인공 색소나 향을 가미한 것은 안 됩니다.

●

과즙을 만들 때 가장 중요한 것은 청결 상태를 유지하는 것입니다.

의학적으로 청결이라는 것은 세균이 침입하지 못하게 하는 것입니다. 세균을 막으려면 뜨거운 물을 끼얹어 소독한 도구를 사용해야 합니다. 물론 주서(juicer)를 사용해도 좋습니다. 그러나 가장 간단한 것은 과즙기입니다.

과일에는 농약이 묻어 있기 때문에 껍질은 벗겨야 합니다. 주서나 과즙기로 짜낸 과즙을 젖병에 그대로 넣으면 과육이 젖병꼭지의 구멍에 막혀 과즙이 나오지 않습니다. 짜낸 과즙은 차를 거르는 금속망(뜨거운 물로 잘 끼얹어둠)으로 걸러서 젖병에 넣어줍니다. 그리고 차를 거르는 망은 곧바로 씻어둡니다.

과즙을 거르는 데는 흔히 가제를 사용하라고 쓰여 있는데 가제를 소독하는 것은 귀찮은 일입니다. 비누로 깨끗이 빨아서 햇볕에 말린 후 4등분으로 접어 깨끗한 찜통에 한 장씩 겹쳐서 넣고 쪄야 합니다. 물론 한꺼번에 몇 회분을 소독해도 되기 때문에 매일 소독할 필요는 없습니다. 그러나 아무래도 소독에 신경이 많이 쓰여 자신이 없는 사람은 캔에 들어 있는 천연 과즙을 먹이는 것이 오히려 좋습니다.

●

과즙을 희석해서 줍니다.

과즙을 그대로 줄 것인지 묽게 해서 줄 것인지가 문제인데, 생후 1개월 무렵의 아기에게는 과즙과 끓여서 식힌 물을 1대 1 비율로 희석해 줍니다. 설탕을 넣지 않아도 잘 먹는다면 그냥 주지만, 잘 먹지 않으면 설탕을 조금 넣어도 됩니다. 분량은 20~30ml로 합니다.

변비 해소를 목적으로 주었는데 희석한 것으로 효과가 없을 때는 희석하지 않고 그대로 줍니다. 또 분량도 늘려봅니다. 아기가 맛있게 먹고 변에도 영향이 없을 때는 하루에 2회 줘도 됩니다. 분량을 점점 늘려도 괜찮습니다. 그러나 이 월령에 1회 분량은 50ml로 제한하는 것이 좋습니다.

99. 아기 몸 단련시키기

● 실내에서 바깥 공기를 쐬게 해주는 외기욕을 시작으로 바람이 차지 않다면 하루에 한 번씩은 집 밖으로 나가 바깥 공기를 쐬어준다.

일광욕은 아직 이릅니다.

아기의 몸 단련이라고 하면 일광욕이 제일 먼저 떠오릅니다. 하지만 생후 1~2개월 된 아기에게는 아직 시키지 않는 것이 좋습니다. 일광욕에 앞서 바깥 공기를 쐬어주는 외기욕으로 피부를 어느 정도 단련시켜 놓아야 합니다.

예전에는 엄마들이 무의식중에 외기욕을 시켰습니다. 위아래가 붙어 있는 옷을 입은 아기는 기저귀를 갈 때마다 상체까지 벗겨져 난방이 잘 안 되는 방에서 찬 공기를 쐬었습니다. 그러나 요즘 아기들은 상의와 하의를 따로 입고 추울 때는 방을 따뜻하게 해주기 때문에 기저귀를 갈아줄 때도 온도차에 의한 자극을 받지 않습니다.

이렇듯 요즘 아기들은 옛날 아기들에 비해서 무의식적인 외기욕이 줄었습니다. 그런 만큼 엄마는 의식적으로 외기욕을 시켜줘야 합니다. 기저귀를 갈아줄 때를 이용하여 실내에서나마 공기를 쐬게 해줍니다.

●

수유 후 1시간 이상 지나 기분이 좋을 때 1~2분간 간단한 다리 체조를 시켜줍니다.

"주먹 쥐고 손을 펴서…"와 같은 노래를 부르면서 무릎을 굽힌 채로 다리를 벌렸다가 오므려줍니다. 그러나 무리하게 잡아당기면 고관절 탈구를 일으킬 수 있기 때문에 무릎을 펴게 해서는 안 됩니다. 또 아기가 단련을 즐거워하도록 해야 합니다. 생후 2개월이 끝날 무렵에는 이것을 하루에 2회 해도 괜찮습니다. 자세한 것은 127 영아체조법을 참고하기 바랍니다.

●

실내에서 하는 공기욕 외에 아기를 안고 집 밖으로 나가는 것도 좋습니다.

추운 겨울에도 바람만 심하지 않다면 하루에 한 번은 바깥 공기를 쐬게 해주는 것이 좋습니다. 그늘의 기온이 18~20℃ 이상인 경우에는 2~3분에서 시작해 하루 총 30분 이상 집 밖으로 데리고 나갑니다. 햇볕이 비치는 곳으로 나갈 때는 모자를 씌워 직사광선이 직접 닿지 않도록 합니다. 길가로 안고 나갈 때는 사람이 많이 모인 곳에는 가지 않는 것이 좋습니다. 그리고 아이들이 노는 공원에서는 공에 맞지 않도록 주의해야 합니다.

100. 아기를 안아줘야 할 때

● 우는 것은 이 시기 아기의 유일한 의사소통 수단이므로 이를 무시하면 분노가 생긴다.

● 적당히 안아주는 것은 장 속의 가스 위치도 바뀌게 해 아기의 기분을 좋게 한다.

아기가 우는 데는 여러 가지 이유가 있습니다.

배가 고파서 우는 경우가 제일 많습니다. 배설물로 기저귀가 젖어 기분 나빠서 울 때도 있고, 장에 가스가 차서 불쾌감을 느껴 울기도 합니다. 젖을 먹인 후 얼마 지나지 않았는데도 울면 기저귀가 젖어 있는지를 점검해야 합니다. 기저귀가 깨끗한데도 아기가 울면 엄마는 어떻게 해야 할지 몰라 당황합니다. 그러나 당황할 필요 없습니다.

배도 고프지 않고 기저귀가 젖어 있지도 않은데 우는 아기는 안아주기를 바라는 것입니다. 우는 아기를 그대로 두면 '우는 버릇'이 들어버립니다. 이렇게 되면 아기는 3개월이 지나도 잘 웁니다.

●

울 때마다 안아주면 버릇이 들어 누워서는 자지 않을까 봐 걱정이 됩니다.

노인들은 흔히 안아 주는 버릇을 들이면 나중에 힘들다고 충고합니다. 아파트에서 부모와 아기, 셋이서 생활하는 경우 아기를 안고만 있어야 한다면 집안일을 할 수가 없습니다. 이렇게 생각하여 우는 아기를 안아주지 않고 그대로 둡니다. 4~5분 동안 내리 울다가 그치는 아기도 있습니다.

그러나 조금 안아주면 금방 울음을 그치고, 2~3분만 안고 있으면 그대로 잠이 들어 내려놓아도 더 이상 울지 않는 경우도 있습니다. 안아줬더니 장 안의 가스 위치가 바뀌어 기분이 좋아졌을지도 모릅니다. 또 우는 아기를 안고 집 밖을 한 바퀴 돌고 오면 기분이 좋아져서 눕혀놓아도 울지 않는 경우도 있습니다.

안아줌으로써 아기 기분이 좋아지고 생활이 평화로워진다면, 울지 않아도 하루에 몇 번은 안아주는 것이 좋습니다. 또 안아서 몸을 반듯하게 해주는 것이 이 시기 아기에게는 운동도 됩니다. 안아주는 버릇이 나쁘다는 생각 때문에 젖을 줄 때 이외에는 아기를 절대로 안아주지 않는 것은 잘못된 생각입니다. 우는 것은 아기의 유일한 의사소통 수단입니다. 이것이 무시되면 아기는 의사표시로써가 아니라 분노 때문에 울게 됩니다.

●

안긴다는 것이 아기에게는 기분 좋은 일이기 때문에 안아주면 기뻐합니다.

모든 아기가 계속해서 안고만 있어달라는 것도 아니고, 안아준다고 하여 반드시 버릇이 드는 것도 아닙니다. 물론 개중에는 어떻게 해줘도 안긴 채로 있고 싶어 하는 아기도 있습니다. 이런 아기는 내려놓으면 불붙은 듯이 웁니다. 안아 올려도 금방 울음을 그치지 않습니다. 흔들면서 여기저기 걸어 다녀야 겨우 울음을 그칩니다.

조금 가라앉았다고 생각하여 내려놓으면 또다시 울기 시작합니다.

이런 아기는 선천적으로 잘 우는 아기입니다. 이런 아기를 안아주는 버릇을 들이지 않겠다고 그냥 울게 내버려두면 헤르니아(탈장)가 될 수도 있습니다. 너무 울어 이웃으로부터 항의가 들어와서 어쩔 수 없이 안아주는 경우도 있을 것입니다. 선천적으로 잘 우는 아기와 별로 울지 않는 아기가 따로 있습니다.

●

안아주는 것이 버릇될까 봐 바깥 공기 쐬어주는 것을 잊으면 안 됩니다.

감수성이 예민한 아기는 다른 아기가 느끼지 못하는 정도의 작은 자극에도 불쾌감을 느끼는 것 같습니다. 또 표현 욕구가 강한 아기는 자신의 불쾌감을 큰 소리로 우는 것으로 표현하는 것 같습니다. 잘 울지 않는 아기는 아무리 많이 안아줘도 안아주는 버릇이 들지 않으며, 잘 우는 아기는 안아줄 수밖에 없습니다. 따라서 안아줘야만 울음을 그치는 아기가 육아의 실패로 그렇게 된 것은 아닙니다.

물론 가능하면 안아주는 버릇은 들이지 않는 편이 좋습니다. 그렇다고 안아주는 버릇이 들까 염려되어 아기를 안고 바깥 공기 쐬어주는 것을 잊어서는 안 됩니다. 휴가 때 친정에 데리고 갔다 온 뒤부터 안아주는 버릇이 들었다고 불평하는 엄마를 자주 볼 수 있습니다. 이것은 아기가 안겨서 외기욕하는 즐거움을 발견하여 즐거운 인생을 요구하기 시작한 것입니다. 아기가 방 안에 누워만 있는 것이 엄마는 편하겠지만 아기에게는 좋지 않습니다.

101. 미숙아에게 철분 복용시키기

● 분유를 먹는 아기는 미숙아용 분유에 철분이 들어 있기 때문에 괜찮지만, 모유만 먹는 아기는 의사에게 철분제를 처방받아 생후 1년간은 먹이는 것이 빈혈 예방에 좋다.

미숙아는 생후 1년간 철분제를 먹이는 것이 좋습니다.

모든 아기는 엄마에게서 철분을 공급받아 태어납니다. 철분은 산소를 운반하는 혈색소를 만들기 때문에 없어서는 안 되는 성분입니다. 철분이 모자라면 혈색소가 부족하여 빈혈을 일으킵니다.

출산 예정일보다 빨리 태어난 아기는 엄마에게서 공급받은 철분의 양이 적어서 생후 6주가 지나면 자주 빈혈을 일으킵니다. 따라서 미숙아로 태어난 아기는 생후 1개월이 지나면 철분을 보충해 줘야 합니다. 분유를 먹는 아기는 미숙아용 분유에 철분이 들어 있어서 괜찮지만, 모유만 먹는 아기는 의사에게 철분제를 처방받아야 합니다. 엄밀하게는 미숙아의 혈액을 검사해서 복용해야 할 철분 양을 정해야 하지만, 아기가 분유 이외의 것을 먹기 시작하면 철분 섭취량은 계산하기 어려워집니다.

안전을 위해 미숙아에게 생후 1년간 철분제를 먹이는 것이 좋습니다. 단, 이유식을 먹을 수 있게 되면 음식으로 조절할 수 있습니다.

환경에 따른 육아 포인트

102. 이 시기 주의해야 할 돌발 사고

● 목을 가누지 못하는 시기로 급정차 시 머리를 부딪힐 수 있으며 다리 힘이 세져 침대에서도 잘 떨어진다.

가능하면 차에 태우지 않는 것이 좋습니다.

예전 같으면 1~2개월 된 아기는 대부분 집 안에만 있었기 때문에 집 밖에서의 사고는 거의 없었습니다. 그러나 요즘은 자동차를 가지고 있는 사람이 늘어 아기를 태우고 밖으로 나가는 일이 많아졌습니다. 이 때문에 생후 1~2개월 된 아기가 교통사고를 당하는 일도 있습니다.

아직 목을 가누지 못하는 아기는 가능하면 차에 태우지 않는 것이 좋습니다. 어쩔 수없이 차에 태울 때는 머리를 아주 잘 받쳐주지 않으면, 급정차했을 때나 추돌했을 때 위험합니다. 머리를 부딪히지 않도록 모자로 잘 보호해야 합니다. 또 안고 있는 사람도 안전벨트로 몸을 고정시켜야 합니다. 적어도 앞자리에는 절대 태워서는 안 됩니다.

●

침대에서 떨어지기도 합니다.

집 안에서의 사고로는 침대에서 추락하는 것이 제일 많습니다. 아기의 다리 힘이 세져 이불을 발로 찬 반동으로 떨어지는 것입니다. 133 이 시기 주의해야 할 돌발 사고 그러므로 아기를 혼자 침대에 놓아둘 때는 꼭 난간을 해야 합니다. 그리고 아기가 떨어져도 다치지 않도록 침대 아래에는 푹신한 카펫을 깔아둡니다.

아기용 침대를 창가에 둘 경우, 커튼을 핀으로 고정시켜서는 안 됩니다. 바람에 커튼이 날려 핀이 떨어지는 경우가 있기 때문입니다. 마침 그때 울고 있던 아기의 입으로 핀이 들어가고, 아기가 그것을 삼켜버려 기관이 찔렸던 사례가 있습니다.

●

손톱을 자주 잘라줍니다.

아기가 자기 손톱으로 얼굴을 긁어 흉터(평생 흉터가 되는 경우는 없음)를 만드는 것도 이 시기부터 많으므로 아기의 손톱도 잘 잘라주어야 합니다. 이때 아기용으로 끝이 둥글게 되어 있는 가위를 사용합니다. V자형의 손톱깎이도 괜찮지만 이발용 가위는 안 됩니다.

이외의 사고 예방에 대해서는 80 이 시기 주의해야 할 돌발 사고를 다시 한 번 읽어보기 바랍니다.

103. 아기와 함께 떠나는 여행 시 챙겨야 할 것 

● 충분한 기저귀, 분유가 들어있는 젖병, 슬링 등을 꼼꼼하게 챙긴다.

비행기로 이동할 경우, 분유를 먹는 아기는 기내에서 분유를 타면 됩니다.

친정에서 분만하는 경우가 늘었기 때문에 생후 1~2개월 된 아기의 여행도 그만큼 많아졌습니다. 친정에서 집으로 돌아갈 때는 친정에 갈 때 이용했던 교통편을 그대로 이용하는 것이 엄마가 익숙해져 있어서 좋습니다. 비행기 이용이 늘고 있는 것은 그 신속함과 안전성이 인정되었기 때문일 것입니다.

기내에서는 분유를 탈 뜨거운 물을 얻을 수 있습니다. 그리고 아기 승객이 많아져서 아기용 침대도 준비되어 있습니다. 아빠가 운전하는 자가용으로 이동할 경우, 아기를 안은 엄마가 조수석에 타서는 안 됩니다. 뒷좌석에 앉아 단단하게 안전벨트를 매야 합니다. 아기를 눕혀서 옮길 때는 아기를 눕힌 아기바구니째로 안전벨트를 고정시킵니다.

●

소형차로 이동 시 냉방이나 난방을 할 때는 가끔 차를 세워 환기시켜야 합니다.

그리고 아빠는 차 안에서 금연해야 합니다. 여름에 냉방이 안 되는 차로 엄마가 아기를 안고 간다면 적어도 30분마다 차를 세워 아기를 시원한 곳에 눕혀놓아야 합니다. 엄마의 체온과 지면으로부터의 복사열 때문에 열사병에 걸릴 위험이 있기 때문입니다.

겨울이라도 차가 심하게 흔들리지 않는 한 차 안의 공기를 30분마다 환기시키며 간다면, 실내에서의 생활과 그다지 차이가 없습니다. 젖을 줄 때마다 멈추어 1~2시간 동안 쉬었다 간다면 6시간 정도의 여행길은 그다지 무리가 되지 않습니다. 아기를 차안에 재워둔 채 부모만 휴게소에서 식사를 해서는 안 됩니다. 에어컨이 중지되거나 난방이 너무 강해 열사병에 걸리는 경우가 흔히 있습니다.

기차 여행은 모유를 먹는 아기는 괜찮지만 분유를 먹는 아기는 조금 고생을 하게 됩니다.

●

도중에 분유를 3회나 먹여야 할 경우 소독한 젖병을 3개 준비하는 것이 안전합니다.

이동 중에 한 번 사용한 젖병을 깨끗이 씻어서 완벽하게 소독하기가 어렵기 때문입니다. 젖병은 끓여서 소독한 뒤 완전히 건조시켜서 제각기 분유를 넣습니다. 그리고 젖병꼭지를 끼우고 젖병에 꼭 맞는 뚜껑으로 닫습니다. 보온병에는 3회분의 뜨거운 물을 넣어 가지고 가면 됩니다. 뜨거운 물을 구할 수 있는 곳이 확실히 있다면 그다지 큰 보온병을 준비하지 않아도 됩니다.

1~2일간의 여행이라면 과즙이나 비타민은 준비하지 않아도 됩니다. 수분 보충을 위해 도중에 보리차나 끓여서 식힌 물을 아기에

게 먹이도록 합니다.

기저귀를 많이 준비해야 합니다.

여행할 때는 엄마의 옷을 더럽히지 않도록 하기 위해 소변이나 대변이 새지 않게 아기의 하반신을 평소보다 더 철저히 감싸게 됩니다. 그러다보니 기온이 높을 때는 기저귀 안의 배설물 때문에 사타구니가 짓무르기도 합니다. 따라서 여행 중에는 기저귀를 많이 준비해 자주 갈아주어야 합니다. 여행 시에는 종이 기저귀를 이용하는 것이 좋습니다.

더운 계절이라고 아기를 너무 얇게 입히면 비행기나 기차의 냉방이 너무 잘되어 추울 수 있습니다. 이러한 상황에 대비해 서늘할 때 입을 옷도 준비해 가야 합니다.

슬링을 사용하면 편리합니다.

이 시기의 아기는 아직 목을 가누지 못하기 때문에 데리고 나갈 때는 그야말로 '운반'하는 셈이 됩니다. 몸을 바로 세워 운반할 수 없으므로 눕혀야 합니다.

엄마의 어깨에 메서 사용하는 '슬링'이라고 하는 일종의 포대기 같은 것을 사용하면 편리합니다.

그러나 슬링의 사용은 생후 3개월까지로 제한하는 것이 좋습니다. 아기가 목을 잘 가눌 수 있게 되는 3개월 이후에는 오히려 엄마나 아기에게 불편한 도구가 되기 때문입니다.

104. 계절에 따른 육아 포인트 

● 봄가을에는 부지런히 바깥 바람을 쐬어준다.

● 여름에는 하루 두 번 목욕시키고 속옷과 베개 커버를 자주 갈아준다.

● 겨울에는 너무 덥지도 않고 너무 춥지도 않도록 실내 온도를 20℃ 정도로 유지한다.

봄가을 날씨 좋은 날 부지런히 바깥 바람을 쐬어줍니다.

아파트에 사는 사람들은 아기를 밖으로 데리고 나가는 일이 생각보다 적습니다. 하지만 생후 1~2개월 된 아기는 심각한 병에 걸리는 일은 없으므로 봄가을 날씨가 좋을 때는 되도록 부지런히 밖으로 데리고 나가는 것이 좋습니다.

●

여름에는 하루에 두 번 목욕을 시킵니다.

여름이 다가오면 아기는 점점 땀을 많이 흘리게 되므로 땀띠가 나지 않도록 주의해야 합니다. 땀띠가 나는 것은 관리를 잘해 주지 못해서라기보다는 체질인 경우가 많습니다.

땀을 많이 흘리는 아기는 가능하면 하루에 두 번 목욕을 시켜줍니다. 이것이 치료의 역할도 합니다. 그리고 가제로 된 속옷을 입히고 몇 번이라도 갈아입힙니다. 갑자기 더워져서 땀을 많이 흘린 날은 소변 양이 훨씬 줄어 기저귀를 적시는 일이 적어집니다.

이럴 때 소변이 나오지 않는다고 놀라 의사에게 달려오는 엄마도 있습니다.

여름에는 모유를 먹이든 분유를 먹이든 끓여서 식힌 물이나 희석한 과즙을 하루에 20~30ml씩 2~3회 먹입니다. 특히 땀을 많이 흘리는 아기에게는 꼭 필요합니다.

아주 더워지면 머리에 생긴 땀띠가 곪는 경우도 있으므로 베개 커버를 자주 갈아 주어야 합니다. 후두부에 땀띠가 심할 때는 타월로 감싼 얼음베개를 베어줍니다. 더워서 밤에 잠을 이루지 못할 경우에는 선풍기를 2m 정도 떨어진 곳에 두고 좌우로 회전시켜 틀어줘도 됩니다. 에어컨을 사용할 때는 찬 바람이 직접 닿지 않도록 하고, 실내 온도가 바깥보다 4~5℃만 낮게 합니다. 25℃ 이하는 너무 춥습니다.

소식하는 아기는 날씨가 더워지면 분유를 먹고 싶어 하지 않게 됩니다. 이럴 때는 무리하게 젖병을 입 안에 밀어 넣지 말고, 분유를 차게 해서 주는 것이 좋습니다. 수돗물과 같은 온도나 그보다 조금 차가운 정도로 해도 됩니다.

더운 계절이 되면 모기가 생깁니다. 이 월령에는 아직 일본뇌염에 걸리는 일은 거의 없습니다. 그러나 엄마가 전혀 면역되지 않았을 때는 태어난 지 얼마 안 된 아기라도 걸릴 가능성이 있습니다. 여행지에서는 모기장으로 모기를 막는 것이 안전합니다.

창문을 꼭 닫고 방충제를 뿌리는 것은 아기에게 안전하지 않습니다. 오히려 모기향을 피우는 것이 낫지만, 이 경우에도 방을 밀폐하지 않도록 해야 합니다.

겨울 방의 온도는 20℃ 전후가 좋습니다.

감기에 걸린 엄마는 열이 있어도 수유를 해도 됩니다. 다른 가족이 감기에 걸렸을 때는 아기에게 가까이 오지 못하도록 하고, 엄마는 마스크를 해야 합니다. 감기 때문에 엄마가 먹는 항생제는 모유를 통해 아기에게도 영향을 미치지만 분량이 적기 때문에 테트라시클린 이외에는 장기간 계속 복용하지 않는 한 지장이 없습니다.

방의 온도는 20℃ 전후가 좋습니다. 15℃보다 낮으면 춥고 25℃를 넘으면 너무 덥습니다. 석유스토브나 가스스토브의 경우 실외로 배기가 되지 않을 때 1시간에 한 번은 환기를 시켜야 합니다. 추운 곳에서 밤새도록 스토브를 켜놓아야 할 때는 실외 배기 장치가 필요합니다.

감수자 주

온돌 바닥에 아기를 눕히는 것은 매우 위험하다. 바닥 온도가 너무 높으면 아기의 피부가 빨갛게 되거나 수포가 생길 수 있다. 이런 바닥에는 요를 몇 겹으로 깔아주어야 한다. 아기는 생후 2개월 가까이 되면 다리 움직임이 활발해지므로 요 바깥으로 몸이 나가지 않도록 넓은 요를 사용하도록 한다.

105. 폐결핵을 앓는 가족이 있을 때

● 가족 중에 폐결핵 환자가 있을 때는 1개월마다 투베르쿨린 반응 검사를 하여 체크해야 한다.

결핵은 치료가 가능하니 당황할 필요 없습니다.

아기의 결핵은 무서운 병이라는 선입관 때문에 가족 중에 폐결핵 진단을 받은 환자가 생기면 당황하게 됩니다. 그러나 요즘에는 아기의 결핵은 약으로 치료할 수 있기 때문에 당황할 필요가 없습니다.

투베르쿨린 반응으로 결핵에 걸렸는지 간단하게 알아볼 수 있지만, 생후 1~2개월 된 아기는 반드시 그런 것만도 아닙니다. 왜냐하면 투베르쿨린 반응은 결핵에 감염된 다음 날부터 바로 양성으로 나타나는 것이 아니라, 15일에서 1개월이 지나야 나타나기 때문입니다. 그러므로 출생 후 병원에서 퇴원해 15일 정도 지나 결핵에 감염된 아기라면 생후 40일 전까지는 아직 투베르쿨린 반응이 양성으로 나오지 않습니다.

하지만 이 경우 결핵이 아니라고 단정할 수는 없습니다. 물론 1개월을 더 기다린 후 투베르쿨린 반응을 다시 검사해서 그 결과가 양성이라면 결핵에 감염된 것이므로 그때 치료를 시작해도 늦지 않습니다. 그러나 1개월을 기다리는 동안 병이 깊어지는 경우도 없지는 않습니다. 심하게 감염되었을 때는 그럴 가능성도 있습니다.

그러므로 감염의 정도가 가벼우면 투베르쿨린 반응이 양성으로 나올 때까지 기다리지만, 감염의 정도가 심하다고 생각되면 투베르쿨린 반응 결과를 기다리지 말고 바로 치료를 시작하는 것이 안전합니다. 치료라고 해도 이소니아지드를 먹이는 것뿐이므로 부작용의 염려는 거의 없습니다.

치료 후 1개월이 지났을 때쯤 다시 한 번 투베르쿨린 반응 검사를 하여 음성으로 나오면 다행히 감염되지 않은 것이니(이소니아지드는 공연히 먹인 셈이 되었지만), 그때 치료를 중지하면 됩니다. 하지만 투베르쿨린 반응이 양성으로 나오면 계속 치료해야 합니다.

이렇게 치료하면 됩니다.

어떻게 해서 아기가 결핵에 심하게 감염되었는지, 또는 가볍게 감염되었는지는 추측에 의존할 수밖에 없습니다. 자주 기침을 하고, 폐에 공동(空洞)이 있고, 가래에서 결핵균이 많이 발견된 사람에게 늘 안겨 있던 아기는 심하게 감염되었을 것입니다. 반면 폐결핵이라고 해도 병변이 가볍고 가래에서 결핵균이 쉽게 발견되지 않는 사람과 가끔씩 접촉했을 때는 감염의 정도가 가볍다고 생각할 수 있습니다.

따라서 가족 중에 폐결핵 환자가 있을 때는 그 병의 정도가 심한지 가벼운지를 먼저 파악해야 합니다. 엑스선 사진을 찍어 폐에 공동의 흔적이 확실하게 나오면 결핵균이 있는 것으로 생각해도 됩니다(가래를 검사하여 즉시 균이 발견된다면 확실하게 감염의 가능성이 있음). 엄마나 항상 돌봐주는 할머니에게서 폐에 공동이 발견되었을 때는 아기가 심하게 감염된 것으로 생각해야 합니다.

물론 아기에게 투베르쿨린 반응 검사를 하여 양성으로 나왔다면 즉시 이소니아지드를 먹여야 합니다. 스트렙토마이신은 부작용으로 난청이 될 위험이 있으므로 주사를 놓아서는 안 됩니다.

아기에게서 투베르쿨린 반응이 음성으로 나오더라도 항상 아기를 안고 있는 엄마나 할미니에게서 폐에 공동이 발견되었을 때는 감염된 지 얼마 되지 않았지만 이미 결핵균이 아기의 체내에 침입하여 활동하고 있다고 보고 치료를 시작해야 합니다.

엄마나 할머니에 비해서 아기를 안는 기회가 적은 아빠나 할아버지의 폐에 공동이 있을 때도, 만약 아기가 자주 기침을 한다면 심하게 감염된 것으로 생각해야 합니다.

반면 아기가 거의 기침을 하지 않는다면 전염되지 않았을지도 모르므로 1개월 후에 투베르쿨린 반응 검사를 하여 양성으로 나오면 그때 치료해도 됩니다.

가족 중 누군가 엑스선 사진에 병소는 있지만 폐에 공동이 보이지 않을 때는, 아기의 투베르쿨린 반응이 양성으로 판명될 때까지 치료하지 않고 그냥 둡니다. 최근에는 자연 감염(BCG를 접종하지 않은 사람이 투베르쿨린 반응에서 양성으로 나오는 것)이 있으면 발병 여부에 상관없이 예방하는 의미에서 이소니아지드를 먹입니다. 그쪽이 안전하기 때문입니다.

가족 중 결핵 환자가 있을 때는 어떻게 해야 할까요?

물론 폐결핵이라고 진단한 의사가 치료해 줄 것입니다. 여기서는 아기를 위해 가족 중 결핵환자가 어떻게 해야 하는지에 대해 생각해 보겠습니다. 폐결핵인 것은 틀림없지만 폐에 공동도 없고 가래에서 쉽게 균이 보이지 않으며 기침도 하지 않는 환자는 본인이 확실하게 치료한다면 아기에게는 그다지 위험하지 않습니다. 아빠나 할머니, 할아버지가 이런 가벼운 폐결핵 환자라면 지금까지 해오던 대로 생활해도 됩니다. 다만 아기에게 1개월마다 투베르쿨린 반응 검사를 하여 양성으로 바뀌지 않았는지 주시해야 합니다.

엄마가 가벼운 폐결핵 환자인 경우에는 과로하지 않도록 합니다. 기저귀 세탁도 다른 사람에게 부탁하고, 집안일도 도와줄 사람을 찾습니다. 그리고 모유를 먹는 경우에는 균이 전염되지 않도록 마스크를 해야 합니다. 이 외에는 지금까지와 같이 육아를 계속해도 됩니다. 생후 1~2개월 된 아기는 아직 누워 있는 시간이 많으므로 엄마도 그다지 몸을 많이 움직이지 않아도 될 것입니다.

그러나 엄마에게서 폐에 공동이 발견되고 균이 나올 경우에는 균이 나오지 않을 때까지(1개월간 치료하면 대개 감염되지 않음) 마스크를 해야 합니다 그리고 마스크는 매일 교체해야 합니다. 모유에서는 균이 나오지 않기 때문에 수유는 계속해도 됩니다. 다만 엄마가 스트렙토마이신 주사를 맞아서는 안 됩니다. 이것은 모유를 통해 아기에게 영향을 미쳐 난청이 될 수 있기 때문입니다.

아빠나 할머니, 할아버지가 폐에 공동이 있는 폐결핵 환자로 균이 발견되었을 때는 균이 없어질 때까지 아기와 같은 방을 사용해서는 안 됩니다.

형제가 소아결핵이라는 것을 알았을 경우에는 그 아이만 치료하면 됩니다. 소아결핵은 어른의 폐결핵과는 달리 폐에 공동이 생기지 않기 때문에 아기에게 전염되지 않습니다.

그러나 확실히 해두기 위해 1개월 간격으로 두 번 아기에게 투베르쿨린 반응 검사를 해봅니다. 그리고 소아결핵은 어른의 폐결핵에서 전염되는 것이 보통이기 때문에 가족 전원이 엑스선 검사를 받아보아야 합니다.

지금까지 자주 놀러 왔던 이웃집 아주머니가 폐결핵 환자라는 것을 알았을 경우에는 아기에게 투베르쿨린 반응 검사를 해보아야 합니다. 음성이라면 그대로 두었다가 1개월 후 다시 한 번 검사해봅니다. 만약 이때 양성으로 나오면 약을 먹어야 합니다. 이웃집 아저씨가 폐결핵 환자라고 하더라도 그 부인에게 균이 묻어 아기가 감염되는 일은 없습니다.

106. 젖을 토한다

● 상습적인 토유는 3개월, 늦어도 5개월이 되면 저절로 낫는다. 하지만 한 번도 토한 적이 없는 아기가 젖을 토하고 괴로운 표정을 짓는다든지, 토한 뒤 심하게 울 때는 의사와 상담해야 한다.

생후 1~2개월 된 아기 중에는 아직까지 상습적으로 젖을 토하는 아기가 있습니다.

대개는 생후 15일 전후부터 젖을 토하는 버릇이 있던 아기입니다. 특히 남자 가운데 이런 아기가 많습니다. 몸을 만져봐도 열이 있는 것 같지 않고, 잘 놀며 아픈 것 같지도 않은데, 어느 순간 갑자기 왈칵 젖을 토합니다. 또 젖을 토한 뒤에 아무 일도 없었던 것 같은 얼굴을 하고 있는데, 이것은 상습적인 토유입니다. 자세한 것은 83 젖을 토한다 부분을 다시 한 번 읽어보기 바랍니다.

●

토하는 젖의 양은 각각 다릅니다.

많이 토하면 빨리 공복이 되기 때문에 3시간도 채 못 되어 젖이 먹고 싶어 울기 시작합니다. 이럴 때는 물론 젖을 줘도 괜찮습니다. 젖을 토하는 것은 모유를 먹는 아기 쪽이 조금 더 많은 것 같지만 분유를 먹는 아기에게도 흔히 있는 일입니다 분유를 먹일 때는 분유를 너무 많이 준 것이 아닌가 하는 의심을 해봐야 합니다. 분유의 양을 늘리고 난 뒤 자주 토하는 것 같으면 분유를 줄여봅니다.

아기를 안고 수유하지 않으면 생후 1개월이 지난 후부터 분유를 토하는 일이 많아집니다. 반드시 아기를 안고 젖을 먹인 후 트림을 할 때까지 상체를 곧추세워 안아주도록 합니다.

●

모유를 먹는 아기는 모유의 분비가 활발해지는 1개월쯤부터 자주 젖을 토합니다.

매번 양쪽 젖을 먹어야 만족하는 대식가인 아기도 자주 토합니다. 변을 보는 횟수도 증가하는 경우가 많습니다. 체중이 하루에 40g 이상 늘어날 때는 모유를 약간 줄여 보도록 합니다.

모유를 주는 방법이나 분유의 양을 아무리 조절해도 계속 토하는 아기도 많습니다. 그러나 아기가 건강하며 잘 웃고, 변도 지금까지처럼 나온다면 그냥 두어도 괜찮습니다. 상습적인 토유는 생후 3개월, 늦어도 5개월이 되면 저절로 낫습니다.

토한 젖이 아기의 귀로 들어가는 경우가 있는데, 젖이 들어갔다고 하여 반드시 중이염을 일으키는 것은 아닙니다. 귀에 들어간 젖은 소독 솜으로 닦아냅니다. 더러운 천으로 닦으면 귀 입구에 상처를 내어 외이염을 일으킬 수 있습니다. 자주 토할 때는 토한 젖이 기관으로 들어가지 않도록 옆으로 눕혀 재웁니다.

지금까지는 상습적으로 젖을 토하는 아기에 대해 이야기했습니다. 그러나 여태까지 한 번도 토한 적이 없는 아기가 젖을 토하고 괴로운 표정을 짓는다든지, 토한 뒤에 심하게 울 때는 의사와 상담해야 합니다. 112 갑자기 심하게 운다 클릭

107. 소화불량이다

● 변 속에 하얀 좁쌀 같은 것이 섞여 있거나 녹색기가 있고 투명하고 끈적거릴 때 엄마는 소화불량이라고 판단 내리지만 이것은 모유를 먹이는 아기에게서 흔히 나타나는 증상이다. 아기의 체중이 늘고 기분이 좋다면 걱정할 필요 없다.

엄마는 아기의 녹색 변에 소화불량이라는 판단을 내립니다.

생후 1~2개월 된 아기를 병원에 데리고 온 엄마가 진찰실에서 "소화불량인 것 같아요"라고 말하는 일이 가끔 있습니다. 물어보면 변속에 하얀 좁쌀 같은 것이 섞여 있거나 녹색기가 있거나, 투명하고 끈적끈적한 것이 있어 '소화불량'이라고 한 것입니다 이런 일은 모유를 먹는 아기에게 많습니다.

아기의 상태가 어떠냐고 물어보면 매우 건강하다고 합니다. 또 아기를 진찰해 봐도 이상한 점이 발견되지 않습니다. 모유를 먹는 아기는 이런 변을 보더라도 병이 아니라고 하면, 엄마는 그래도 예

전에는 변이 괜찮았는데 최근 들어 이런 변을 본다며 얼른 수긍하지 않습니다.

엄마가 아기의 변에 대해서 품고 있는 '이상형'에 대해서는 지난 달의 84 소화불량이다 부분을 읽어보기 바랍니다.

모유를 먹는 아기가 하루에 2~3번밖에 보지 않던 변을 1개월이 지난 후 5~6번이나 보게 되었다든지, 지금까지 황색이었던 변이 녹색으로 바뀌었다든지, 끈적끈적했던 것이 좁쌀 같은 것이 섞여 있게 되었다든지 하는 것은 모유가 잘 나오게 되었기 때문인 경우가 많습니다. 이것은 체중 증가를 예전과 비교해 보면 알 수 있습니다. 지난 달에는 5일마다 재보았을 때 150g도 늘지 않던 아기가 이번 달 들어서는 5일마다 150~200g씩 늘고 있다면 틀림없이 모유를 먹는 양이 늘어난 것입니다. 분유만 먹는 아기도 이 시기에는 녹색 변이 계속되는 경우가 드물지 않습니다. 1개월 전까지는 모유를 먹여 녹색 변을 보지 않던 아기가 분유를 먹이고 난 후 녹색 변을 본다면 엄마는 걱정이 됩니다. 처음에는 분유가 좋지 않기 때문인가 하여 다른 분유로 바꾸어보지만 마찬가지로 녹색 변이 나옵니다. 이러한 녹색 변은 생후 1개월에서 1개월 반 동안 계속되다가 자연스럽게 황색 변으로 바뀝니다. 이런 녹색 변에 대하여 걱정할 필요가 없는 것은 아기의 기분이 좋고 체중이 계속 증가하고 있는 것으로 알 수 있습니다.

●

신선한 오렌지를 짜서 하루에 50ml 이상 주면 녹색 변이 나오는 수도 있

습니다.

모유를 먹건 분유를 먹건 체중이 증가하고 아기가 잘 논다면, 변을 보는 횟수가 많거나 설사를 해도 걱정할 필요 없습니다. 젖을 먹이는 것은 아기를 키우는 것이 목적이지 좋은 변을 보게 하기 위한 것이 아닙니다. 변이 나쁘다고 하여 모유를 중단시키고 미음을 주거나, 단식을 시키며 링거 주사를 놓거나 포도당을 주사하는 '치료'는 변만 보고 아기는 보지 않는 것입니다 링거나 포도당은 아기가 젖을 먹을 기력이 없거나 탈수를 일으켰을 때 주입하는 것입니다. 잘 웃고 잘 노는 아기를 이러한 치료로 울리는 의사는 아기의 체중 증가 따위는 신경 쓰지 않는 사람이기 때문에 체중도 재지 않을 것입니다. '소화불량'이라고 하면서 체중도 재지 않는 치료는 받지 않는 것이 안전합니다.

●

체중이 증가하고 젖도 잘 먹는다면 변에 신경 쓰지 않아도 됩니다.

모유가 아주 잘 나와서 아기의 체중이 하루에 40g씩 증가한다면 모유를 제한해도 됩니다. 그리고 모유를 주기 전에 보리차나 끓인 설탕물(따뜻한 물 100에 설탕 5 비율)을 20ml 정도 먹입니다. 이렇게 하면 변의 횟수가 줄어드는 경우가 많습니다.

모유가 별로 많이 나오지 않는데도 아기가 설사를 하는 경우가 있습니다. 이때 체중 증가가 아주 적으면(5일 동안 100g 이하) 분유로 보충해 줘야 합니다. 그러면 '좋은 변'을 볼 수도 있습니다. 체중이 하루 평균 30~40g 증가하며, 아기가 건강하고, 젖도 잘 먹으면 변에 신경 쓰지 않는 것이 좋습니다.

108. 변비에 걸렸다

● 과즙이나 유산균 음료를 먹이되, 변비약은 먹이지 않는다.

과즙을 먹여봅니다.

아기의 변비에 대해서는 85 변비에 걸렸다 부분을 읽어보기 바랍니다. 다만 이번 달에는 과즙으로 조절할 수 있기 때문에 어떤 아기는 관장을 하지 않아도 됩니다. 과즙은 아기의 개성이 다르기 때문에 어떤 것이 좋다고 일괄적으로 말할 수는 없습니다.

사과즙을 먹어서 변이 잘 나오는 아기가 있는가 하면 오히려 더 단단해지는 아기도 있습니다. 제철 과일부터 시작하여 이것저것 먹여보면 됩니다. 98 과즙 먹이는 법

분량도 여러 가지로 다르게 해서 먹여보면서 아기에게 알맞은 양을 알아냅니다.

처음에는 20ml 정도의 과즙에 10ml 정도의 끓여서 식힌 물을 타서 먹여봅니다. 그래도 변이 바뀌지 않으면 물을 타지 말고 과즙만 줘봅니다. 하루에 1회 주어서 별 차이가 없으면 2회 주어도 됩니다. 아무리 해도 과즙으로는 변비가 낫지 않는다면 유산균 음료를 먹여봅니다. 분량은 과즙과 똑같이 줍니다. 떠먹는 요구르트는 액

체가 아니라서 2개월이 안 된 아기에게는 주기 어렵습니다. 과즙이나 유산균 음료를 줘도 변비가 계속될 경우에는 관장을 해야 합니다. 변비약은 먹이지 않도록 합니다.

항문을 중심으로 잔주름이 있는데, 그 주름 중 하나가 열상(裂傷)을 입으면 변을 볼 때마다 아픕니다. 그 통증 때문에 힘주어 변을 볼 수 없어서 변비가 되는 경우도 있습니다. 그렇다고 굳이 약국에 가서 치질약을 사올 필요는 없습니다.

109. 습진이 생겼다

● 부신피질호르몬이 미량 포함되어 있는 연고를 하루 1~2회 바른다. 너무 자주 바르는 것은 좋지 않다.

생후 1~2개월은 얼굴이나 머리에 습진이 자주 생기는 시기입니다.

89 얼굴에 부스럼이 나고 엉덩이가 짓물렀다를 다시 한 번 읽어보기 바랍니다. 습진은 되도록 증상이 가벼울 때 치료하는 것이 좋습니다. 조금 소홀히 하면 갑자기 퍼져버립니다.

증상이 가벼울 때는 부신피질호르몬이 들어 있는 연고를 하루에 1~2회 바르는(너무 세게 문지르지 말 것) 것만으로도 좋아지지만, 부스럼 딱지가 두껍게 생기거나, 부스럼 딱지가 떨어진 뒤에 빨갛게 짓무른 것같이 되어 기름기가 스며 나오면 집에서 치료하기가 힘듭니다. 의사에게 치료를 받으면 눈에 띄게 좋아지는 경우가 많지만, 개중에는 잠시 좋아졌다가 곧 다시 악화되어 쉽게 낫지 않는 경우도 있습니다. 이때 엄마는 초조해해서는 안 됩니다. 때가 되면 좋아진다고 낙관하지 않으면 의사에게 지나치게 부담을 주게 됩니다. 엄마가 의사를 만날 때마다 "어떻게 빨리 치료할 수 없을까요? 전보다 더 심해졌어요"라고 말하면, 의사 입장에서는 자기의 의술을 의심받으면 안 되겠다고 생각하여 여러 가지 강력한 약을 처방하게 됩니다. 부신피질호르몬이 들어 있는 연고 중에서도 불소가 포함된 강한 것을 사용하거나, 부신피질호르몬을 먹는 약으로 처방하게 됩니다. 불소가 들어 있는 부신피질호르몬 연고를 오랫동안 바르면 피부가 얇아져서 선상반(線狀斑)이 생기거나 출혈을 일으킵니다. 또 부신피질호르몬을 먹이면 습진은 금방 좋아지지만 한동안 계속 복용하면 효과가 없어집니다. 그래서 점점 양을 늘려 오랫동안 더 먹게 되는데, 이렇게 되면 부신피질호르몬이 부작용을 일으켜 아기의 얼굴이 부어 동그래집니다. 그리고 아기의 부신피질이 제 기능을 못하게 됩니다. 이렇게 되면 습진보다 더 심각한 문제가 생기므로 엄마는 습진이 낫기를 느긋하게 기다려야 합니다.

머리 꼭대기에 부스럼 딱지가 달라붙어 있더라도 무리하게 떼려고 하지 않는 것이 좋습니다. 이것은 자연히 낫습니다. 그곳에만 습진이 있고 다른 부위는 깨끗할 경우에는 그냥 두고 6주쯤 기다리면 저절로 깨끗해집니다.

목욕할 때 비누의 사용 여부는 사용해 보고 결정합니다.

사용해 보고 습진이 퍼질 것 같으면 중지합니다. 습진용 비누(약산성)를 사용하는 것도 괜찮습니다. 베개 커버는 자주 바꾸어 청결하게 해줍니다. 피부에 닿는 것은 전부 면 제품으로 하고, 새 것이라면 한번 빨아서 사용합니다.

여러 가지 약을 발라도 낫지 않을 경우, 분유로 키우는 아기에게는 분유를 일부 탈지분유로 바꿔 먹여보는 것도 한 방법입니다(분유와 탈지분유의 비율은 3대 4 또는 4대 3으로 함). 모유만 먹이는 경우에는 엄마가 생수를 마시지 않는 것이 좋습니다.

아기에게 '체질 개선' 주사 따위는 맞혀서는 안 됩니다. 체질은 외부적으로 바꿀 수 있는 것이 아닙니다. 쓸데없는 짓을 하여 아기를 괴롭히지 않는 것이 좋습니다.

아무튼 아기의 상태를 매일 볼 수 있는 사람은 엄마입니다. 부신피질호르몬이 미량 포함되어 있는 연고를 하루에 몇 회 바르면 좋아지는지, 또 불소가 들어 있는 강한 약을 임시로 며칠 바르면 원상태로 돌아오는지를 기억해 두도록 합니다.

110. 가래가 끓는다

● 땀의 분비가 각기 다르듯 기관지의 분비도 아기마다 달라 나타나는 증상이다. 비교적 오랜 기간 지속되지만 신경 쓰지 않고 두면 저절로 없어진다.

아기마다 기관지에서 침이 분비되는 데는 개인차가 있습니다.

생후 1~2개월 된 아기의 목 안쪽에서 "그르렁 그르렁" 하고 가래가 끓는 것 같은 소리가 들리는 경우가 있습니다. 때로는 아기를 안고 있는 팔에 아기의 가슴속에서 그르렁거리는 느낌이 전해져 오는 경우도 있습니다. 흔히 고양이의 등을 만졌을 때 느껴지는 것과 같은 느낌입니다. 그리고 밤이나 새벽에 아기가 "콜록콜록" 하고 기침을 합니다. 모유나 분유를 배부르게 먹고 난 후 기침과 함께 젖을 토해 버리는 경우도 있습니다. 그러나 아기는 매우 건강합니다. 자주 웃고, 젖도 잘 먹고, 열을 재보아도 높지 않고, 가래가 끓는 것 외에는 아무런 이상이 없습니다. 젖을 토해 놀라서 의사에게 데리고 가면 대개는 '기관지염'이라고 할 것입니다. 때로는 '천식성'이라고도 할 것입니다 당분간 흡입 치료를 위해 병원에 다니라고 말하는 경우도 있을 것입니다.

이렇게 가래가 끓는 아기가 소아과를 찾아오는 아기 가운데 20~30% 정도를 차지합니다. 이런 아기는 기관지의 분비가 조금 많은 체질입니다. 땀이나 침 같은 것의 분비에 개인차가 있듯 기관지 분비에도 개인차가 있습니다. 땀을 많이 흘리는 아기를 환자 취급하는 것이 이상한 것처럼, 가래가 그르렁거리는 아기를 환자 취급 하는 것도 이상한 것입니다.

피부와 점막을 단련시키는 것이 가장 좋은 방법입니다.

이 월령에는 기침 때문에 잠을 자지 못하는 경우는 없습니다. 그르렁거리기만 할 뿐이라면 환자 취급은 하지 않는 것이 좋습니다. 기관지 분비가 많은 체질의 아기를 치료하는 데는 피부와 점막을 단련시키는 것이 가장 좋기 때문입니다. 그러기 위해서는 바깥 공기를 쐬어주어야 합니다. 환자로 취급해 방에만 가두어놓으면 단련시킬 기회가 없습니다.

이런 아기를 목욕시켜도 괜찮은지에 대한 질문을 자주 받는데, 목욕시키면 더 심하게 그르렁거리는지, 목욕시켜도 변함이 없는지를 알 수 있는 사람은 엄마밖에 없습니다. 지금까지 괜찮다가 그르렁거리기 시작했다면 그날은 목욕을 삼가도록 합니다. 그러나 다음 날 잘 놀고 식욕도 여전할 경우에는 목욕을 시켜봅니다. 심해지지 않는다면 계속해서 목욕을 시켜도 됩니다, 목욕으로 피부가 자극을 받으므로 이것도 단련이 됩니다.

가래가 끓는 것은 비교적 오랫동안 계속되지만 몸의 단련에 의해 점차 없어집니다.

이것을 병이라고 생각해 병원에 다니기 시작하면 1개월에 15일 정도는 약을 먹거나 주사를 맞아야 합니다. 계속해서 병원에 다니다 보면 오히려 환자 대기실에서 다른 병에 감염될 수도 있습니다.

'천식'이라는 말을 들은 엄마는 충격을 받을 것입니다 그러나 아기가 건강하며, 잘 웃고, 젖도 잘 먹는다면 전혀 걱정할 필요가 없습니다. 걱정스러운 것은 아빠의 담배입니다. 금연할 수 없다면 밖에서 피우도록 합니다. 또 엄마가 하루에 담배 10개비를 피우면, 그 아기는 담배를 피우지 않는 엄마의 아기에 비해 천식에 걸릴 가능성이 2배나 높다는 보고가 있습니다.

111. 너무 자주 운다

● 안아주고 자주 산책을 시켜 준다.

● 버릇이 든다고 우는 채로 눕혀만 놓으면 배에 힘을 줘 헤르니아를 일으킬 수도 있다.

원래부터 잘 우는 아기가 있습니다.

산부인과에 있을 때부터 다른 아기보다 많이 울었던 아기가 집에 돌아와서도 잘 울어 이웃에게 폐가 되는 경우가 있습니다. 모유나 분유를 먹는 동안에는 조용하지만, 먹고 나서 30분이 지나면 자지러지게 울며 땀을 흘립니다. 젖은 기저귀를 갈아주어도 울음을 그치지 않습니다. 모유나 분유가 모자라는 것이 아닌가 하여 체중을 재보지만 하루 평균 30~35g 정도 늘고 있습니다. 영양이 부족하여 우는 것은 아닙니다. 변이나 가스가 차서 기분이 나쁜 것은 아닌가 싶어 과즙을 먹이거나 관장을 하여 매일 변이 나오게 해도 여전히 웁니다. 가을이 깊어져 추워서 그런가 싶어 난방을 해주어도 마찬가지로 웁니다. 그러다가 안아주면 조용해집니다. 그렇게 안고만 있을 수 없어 눕혀놓으면 또 울기 시작합니다. 그러면서도 밤에는 푹 잡니다. 마치 부모를 놀리는 것 같습니다. 의사에게 보여도 딱히 나쁜 곳은 없다고 합니다.

이런 아기가 20명 중 1명꼴로 있습니다. 같은 아파트의 다른 아기들이 전부 조용하면, 엄마는 이웃들이 자신의 육아법이 서투르다고 생각하지나 않을까 초조해합니다. 이럴 때 남편으로부터 "당신은 애 키우는 것이 어설퍼"라는 소리를 들으면 몹시 마음이 상할 것입니다. 그러나 평생 울기만 하는 사람은 없습니다. 뇌에 이상이 있어 밤낮으로 울기만 하는 아기도 없지는 않지만, 이런 아기는 기분이 좋을 때가 없습니다.

여기에서 말하는 울보 아기는, 울지 않을 때는 기분이 좋고 싱글벙글 하며 애교 있는 웃음을 짓는 아기입니다.

흔히 나이 든 사람들이 안아주는 버릇이 들었다고 말하는데, 실은 그렇지 않습니다.

이런 아이는 안아주지 않으면 울음을 그치지 않을 정도로 울보인 것입니다. 울보는 안아주면 빨리 그치기 때문에 안아주는 것이 좋습니다. 우는 아기는 집 안에서만 안고 있을 것이 아니라 산책하면서 바깥 공기를 쐬어주는 것이 좋습니다. 바깥공기를 쐬며 이것저것 구경하다가 어느 정도 피곤해지면 집에 돌아와 잠이 들 것입니다. 아기가 조금 더 자랐을 때 자동차에 태우고 드라이브를 시켜주면 울음을 멈추기도 합니다.

안아주는 버릇을 들이면 안 된다고 눕혀놓은 채로 계속 울게 내버려두는 것은 좋지 않습니다. 너무 울어서 머리가 나빠진다든지 경련을 일으키는 일은 없지만, 지나치게 배에 힘을 주면 헤르니아(배꼽이 튀어나오거나 탈장되는 것)를 일으킬 수 있습니다.

112. 갑자기 심하게 운다_콜릭 

- 5~10분 간격으로 심하게 울면 장중첩증일 수 있다. 병원에 가서 진찰을 받는다.
- 20~30분 계속해서 심하게 울다가 울음을 그치면 멀쩡한 것은 콜릭으로, 아기를 안고 가까운 곳으로 산책을 간다.

먼저 장이 막힌 것은 아닌지 의심해봐야 합니다.

여태까지 기분이 좋았거나 잘 자고 있던 아기가 갑자기 어디가 아픈 것처럼 울기 시작하고 안아줘도 울음을 그치지 않을 때는, 가장 먼저 장이 막힌 것은 아닌지 의심해 봐야 합니다. 장이 막힌 것이 아니라면 내버려두어도 생명에는 위험이 없습니다.

장이 막히는 것으로 제일 많은 것은 헤르니아가 '감돈'한 경우입니다. 139 탈장되었다_서혜 헤르니아 서혜부(넓적다리가 붙어 있는 부분으로 성기의 옆 부분)의 헤르니아는 감돈을 일으키기 쉽습니다. 평소 서혜 헤르니아가 있다는 것을 알고 있으면, 기저귀를 벗겨 성기 옆 부분을 살펴봅니다. 그곳이 부어 있으며 단단해지고, 평소와 같이 장이 뱃속으로 들어가 있지 않으면 감돈이라는 것을 알 수 있습니다.

그러나 지금까지 헤르니아가 없다가 처음으로 서혜부에 헤르니아가 생겨 갑자기 감돈하는 경우도 있습니다. 이때 엄마는 헤르니아 따위는 전혀 생각해 보지 않았기 때문에 젖병을 입에 물려보거나 달래봅니다. 하지만 이런 것으로는 아픔이 멈추지 않기 때문에 아기는 더욱 울어댑니다. 기저귀를 빼고 성기 옆 부분을 살펴보면 어느 한쪽이 부어 있기 때문에 알 수 있는데, 기저귀를 빼볼 생각은 좀처럼 하지 못합니다. 아기가 갑자기 울면 기저귀를 빼고 서혜부를 확인해야 한다는 것을 평소부터 생각하고 있어야 합니다.

물론 배꼽이 나오는 것도 헤르니아의 일종이기 때문에 여기에도 감돈하는 일은 있을 수 있습니다. 평소에 배꼽이 나온 아기가 갑자기 울면 배꼽을 살펴봐야 합니다. 배꼽 부분에 감돈하면 평소처럼 장이 뱃속으로 들어가지 않기 때문에 알 수 있습니다.

장중첩증은 장 안에 그 옆의 장이 끼이는 병인데, 장이 막히기 때문에 매우 아픕니다. 분유를 먹이면 토해 버립니다. 5~10분 간격으로 심하게 아파하는 것이 특징입니다. 생후 1~2개월에는 드물긴 하지만 전혀 없다고는 할 수 없습니다. 헤르니아의 감돈이든 장중첩증이든 즉시 외과에 데리고 가서 치료를 받아야 합니다. 빨리 치료하면 자르지 않아도 됩니다. 장이 막혔을 때는 아기의 얼굴이 심상치 않으므로 엄마는 예삿일이 아니라는 것을 알 수 있을 것입니다. 181 장중첩증이다

가장 많은 경우는 콜릭입니다.

아기가 갑자기 심하게 울기 시작한다는 점에서는 장중첩증과 비슷하지만, 장중첩증과는 달리 그냥 두어도 자연히 낫는 '콜릭(영아산통)'이라는 병이 있습니다. 빈도로는 제일 많습니다. 생후 1개월 때 일어나는 경우도 있지만 2~3개월 된 아기에게 많습니다. 남자 아기와 여자 아기 모두 발병합니다.

콜릭은 갑자기 아픈 것처럼 울기 시작하여 어떻게 해주어도 울음을 그치지 않는 것이 장중첩증과 비슷하지만 우는 모습이 다릅니다. 장중첩증은 몇 분 울다가 조금 쉬고 또 전과 같이 울기 시작하고 쉬는 것을 반복하다가 점차 약해집니다. 그리고 분유를 토하고 축 늘어집니다. 그러나 콜릭은 20~30분 계속하여 심하게 울다가 울음을 그치면 멀쩡합니다. 장중첩증과 달리 분유를 토하지도 않습니다. 분유도 잘 먹고 다음 발작 때까지 몇 시간은 평소와 다름없습니다. 변도 평상시와 같고, 먹은 것을 토하거나 얼굴색이 흙빛으로 변하지도 않습니다.

처음에는 깜짝 놀라서 의사에게 데리고 가지만 진찰실에 들어갈 즈음에는 이미 아기는 태연해져 의사로부터 아무 이상이 없다는 말을 들을 것입니다. 이런 일이 하루에 2~3번씩 연일 되풀이되면

또 그런가보다 하고 대수롭지 않게 여기게 됩니다.

집 밖으로 안고 나가거나 관장을 해주거나 딸랑이 소리를 들려주면 울음을 그치는 경우도 있지만, 나중에는 어느 것도 효과가 없어 2시간 내내 계속 울기도 합니다. 흔히 있는 병인데도 원인은 모릅니다. 생후 3개월이 지나면 언제 그랬냐는 듯이 낫습니다.

약을 먹일 필요도 없고 평소처럼 목욕을 시켜도 됩니다. 과즙을 먹여 변이 잘 나오게 해줍니다. 아기에게 모유만 먹이는데 콜릭이 일어났을 때는 엄마가 생우유를 마시지 않으면 멈추는 경우가 있습니다. 그래서 한때 콜릭은 우유 알레르기라는 설도 있었습니다. 그러나 생우유를 대두유로 바꿔서 낫는 아기는 극소수이기 때문에 우유 알레르기라고 할 수 없습니다.

콜릭을 예방하기 위해서는 되도록 아기를 안고 집 밖으로 산책하러 나가는 것이 좋습니다(1~3시간), 밤중에 콜릭이 일어날 경우에는 낮잠을 조금만 재웁니다. 원인을 찾아내려고 병원을 전전하는 것은 어리석은 짓입니다. 복부의 엑스선 검사는 아기의 성선(性腺)이 노출되기 쉽기 때문에 안전하지 않습니다. 콜릭이라는 것을 알면 정밀 검사는 하지 말아야 합니다. 아기가 울음을 그치지 않는 것은 감기로 기침을 하다가 중이염을 일으킨 경우일 수도 있습니다. 외이염 때문에 아파서 울 때는 겉에서 보면 한 쪽 귀의 구멍이 부어서 막혀 있는 것을 알 수 있습니다.

113. 눈매가 흐리고 멍청해 보인다_영아 각기병

● 지금은 거의 나타나지 않는 증상으로 모유를 먹는 아기에게 발생한다. 비타민 B_1을 주사하면 금세 낫는다.

지금은 매우 드물게 나타나는 증상입니다.

쌀만 먹던 시절에는 영아 각기병이 있었습니다. 아기의 눈매가 흐리고 멍청해지며, 심하면 뇌신경 마비를 일으킵니다. 어떤 아기는 심장 근육에 이상이 생겨 심장이 커지고 순환장애를 일으킵니다. 그러나 현재는 상식적인 엄마의 아기에게서는 영아 각기병은 찾아볼 수 없습니다. 엄마들이 흰쌀밥에 물만 말아 먹는 식생활은 하지 않기 때문입니다.

그러니 지금도 나이 든 의사에게 보이면 영아 각기병이란 진단을 받는 일이 없지는 않습니다. 아기가 젖을 토하거나 녹색 변을 여러 번 볼 때는 이러한 진단을 내립니다. 영아 각기병은 비타민 B_1 부족으로 발병하기 때문에 비타민 B_1 주사를 맞히게 됩니다.

그러나 모유를 먹는 건강한 아기라도 녹색 변을 보거나 젖을 토하기도 합니다. 녹색 변과 토유 이외에는 아무 문제가 없고 젖도 잘 먹고 잘 웃고 체중도 증가하는 경우, 엄마가 비상식적인 식사를 하고 있지 않거나 모유 이외에 종합비타민제를 먹이고 있다면 비타민 B_1이 부족할 리 없습니다,

상당히 심한 영아 각기병이라도 3일간 비타민 B_1을 주사하면 증

상이 없어집니다. 만약 3일간 비타민 B_1을 주사해도 토유나 녹색변이 그치지 않는다면, 그것은 비타민 B_1이 부족한 것이 아니므로 더 이상 주사해도 효과가 없습니다.

예전에는 모유를 먹는 아기에게 영아 각기병이 생기는 경우가 있었습니다. 이것은 엄마의 잘못된 식생활로 비타민 B_1이 부족했기 때문입니다. 그러나 생우유나 분유에는 비타민 B_1이 충분히 포함되어 있으므로 분유를 먹는 아기에게 영아 각기병이 생길 수는 없습니다.

114. 종종 바로 없어지는 발진이 생긴다

● 생후 1~2개월 된 아기에게서 가끔 나타나는 증상으로 그 원인은 알 수 없다.

돌발성 발진과 비슷하면서 다릅니다.

1~2개월 된 아기가 왠지 평소보다 힘이 없고 젖도 약간 적게 먹는다고 생각된 다음 날, 온몸에 빨갛고 미세한 땀띠 같은 것이 돋는 경우가 있습니다. 생후 6개월이 지나서 흔히 생기는 '돌발성 발진'과 아주 비슷합니다. 이 발진은 대개 하루 만에 사그라집니다. 그리고 돌발성 발진과는 달리 처음에 열이 나는 일도 없습니다. 더운 계절 같으면 땀띠로 착각하여 신경 쓰지 않고 지나쳐 버리는데, 땀띠는 하루 만에 없어지지 않습니다.

원인은 알 수 없지만 생후 1~2개월 된 아기에게서 가끔 발견됩니다. 이러한 발진이 있다는 것을 알고 있으면, 좁쌀 같은 것을 발견했을 때 당황하지 않을 것입니다. 이 시기의 어린 아기에게 홍역은 없습니다.

보육시설에서의 육아

115. 출산휴가가 끝난 엄마

● 부부가 힘을 합쳐 집안일을 공동 분담하고 엄마는 다시 출근을 하더라도 가능하면 모유를 계속 먹이도록 한다.

아기 때문에 가정이냐 일이냐를 선택해야 하는 경우가 생깁니다.

임신이나 출산을 계기로 사직하지 않았던 여성은 출산휴가가 끝나는 대로 출근하게 됩니다. 이 시기에는 대부분 아직 친정집에 있거나 친정어머니가 와서 도와주고 있을 것입니다. 엄마는 아기에게 젖을 먹이고, 집안일은 친정어머니가 해주는 등 모든 생활을 여성들이 이끌어가고 있습니다.

엄마가 출근을 하게 되면 아기를 누구에게 맡길 것인가가 가장 큰 문제인데, 보통 아빠의 역할에 대해서는 별로 생각하지 않습니다. 그러나 엄마의 출근은 아빠에게도 큰 문제입니다. 아내가 산후에 출근하기로 결심했다면 앞으로 가정을 어떻게 유지해 나갈 것인지에 대한 중대한 결단을 함께 내려야 합니다. 부부가 각자 일을 가지고 있는 것은 육아에 어느 정도 지장을 주기 때문입니다.

육아를 부부 중 어느 한 사람에게만 맡길 수는 없습니다. 남편과 아내가 각자 장점과 능력을 발휘하여 힘을 합쳐야만 할 수 있습니다. 산후의 출근 결심에는 육아를 함께 짊어지겠다는 남편의 각오가 있어야 합니다.

가정의 올바른 유지가 아기의 몸과 마음의 성장에 얼마나 중요한지를 젊은 부부들은 아직 잘 모를 것입니다. 옛날과 달리 지금의 핵가족 사회에서는 출산을 계기로 남녀가 힘을 합치지 않으면 가정을 유지하기 힘들어졌습니다. 육아에서 남녀가 같이 힘을 합하여 새로운 가정을 이루는 모습을 보여주는 것은 아기의 신체적인 성장 못지않게 중요한 정신 교육입니다.

문명의 진보로 사회가 여성의 노동력을 필요로 하게 됨에 따라 육아와 교육은 점점 가정 밖에서 이루어지고 있습니다. 지금까지 건전한 가정이 미성년자의 비행, 조혼, 이혼, 유아 학대를 어느 정도 억제해 왔습니다. 여성의 사회 진출이 활발해진 새로운 시대에도 어려운 여건을 극복하고 건전한 가정을 유지하는 것은 매우 중요합니다.

여성의 산후 출근은 이러한 시각에서 결정해야 하는 중대한 문제입니다. 지금까지 남성 우월적인 사고를 가지고 있던 남편은 과감한 결심을 해야만 새로운 가정을 꾸려나갈 수 있습니다.

●

엄마가 출근하더라도 가능하면 아기는 모유로 키웁니다.

출산휴가가 끝난 뒤 가정에서 육아가 원만히 이루어질 수 있는 방법은 친정어머니가 함께 살면서 아기를 돌보아주는 것입니다.

이런 경우에는 신구 세대의 의견 차이도 원만하게 해결되며, 갈등이 생기더라도 그 골이 깊어지지 않습니다. 엄마와 유전적으로 닮은 아기라면 친정어머니의 육아 체험이 그대로 활용됩니다. 반면 시어머니와 함께 사는 경우에는 양쪽이 어지간히 관대하지 않으면 육아 방법에 대한 이견 때문에 서로 대립하게 됩니다.

어쨌든 엄마가 출근하게 되더라도 아기는 가능한 한 오랫동안 모유로 키우기 바랍니다. 한국의 근로기준법 제75조에는 "생후 1년 미만의 유아를 가진 여성 근로자가 청구하면 1일 2회 각각 30분 이상의 유급 수유 시간을 주어야 한다"라고 명시되어 있어 엄마가 근무 중에 수유할 권리를 보장하고 있습니다.

직장이 가까우면 젖을 먹이러 집에 갈 수도 있지만 30분으로는 무리입니다. 그렇다고 할머니가 직장까지 아기를 데리고 가서 먹이는 것도 쉽지 않습니다. 이런 이유로 아기에게 모유를 주던 엄마가 하루에 2회는 분유를 먹이게 되는 경우가 적지 않습니다.

분유를 2회 주기로 정했다면 생후 1개월이 지날 즈음부터 연습을 시작해야 합니다. 너무 늦어지면 젖병꼭지를 거부하는 아기도 있습니다. 출근하기 전에 아기가 분유를 먹도록 해놓아야 합니다.

●

젖병꼭지를 싫어하지만 않으면 모유에서 분유로 바꾸는 것은 어렵지 않습니다.

분유는 제조 회사에 따라서 조금씩 다르지만 어느 것을 먹어도 상관없습니다. 그러나 이왕이면 아기를 맡기기로 결정한 보육시설에서 먹이는 것과 같은 분유를 먹여 아기가 익숙해지도록 하는 것이 좋습니다. 분유를 주는 시간도 보육시설에서 정한 시간에 맞추도록 합니다. 처음 분유를 줄 때 조금 공복 상태에서 주면 잘 먹습니다.

아기에 따라 분량이 다르지만 1개월이 지난 아기라면 일단 100ml를 줍니다. 대식가 아기라면 금방 먹어버릴 것입니다. 하지만 100ml를 먹지 못하는 소식아도 있습니다. 100ml로는 부족한 아기에게는 나중에 모유를 먹여도 됩니다. 첫날의 테스트는 1회만으로 족합니다.

분유로 보충해 주면 아기의 변은 흰빛을 띠며 조금 단단해집니다. 100ml를 하루에 1회 주어보고 이상이 없으면 2~3일 더 먹여본 후 하루에 2회 줍니다. 100ml로는 아무래도 부족할 경우에는 120ml를 주어도 되지만 150ml는 넘지 않도록 합니다.

분유를 먹인 만큼 엄마의 젖은 불어나는데 그대로 두지 말고 모두 짜놓아야 합니다. 61 모유 짜기 짜놓은 젖은 버리지 말고 소독한 팩에 넣어서 냉동시키는 연습을 합니다.

나중에 직장에서 젖을 짜 냉동시켜 두었다가 집으로 가지고 와야 하는 경우도 생기기 때문입니다. 분유 먹이는 연습뿐만 아니라 보육시설에 데리고 가는 연습도 미리 해두는 것이 좋습니다.

116. 아기의 집단 보육 안전한가

● 보육시설 교사들과 엄마의 육아에 대한 생각이 같다면 서로 믿고 잘 기를 수 있다.

아기를 맡기는 것은 수화물을 맡기는 것과는 다릅니다.

보육시설 중 영아 보육을 하는 곳에서는 출산휴가 90일이 지난 아기를 맡게 됩니다. 태어난 지 얼마 되지 않은 아기를 엄마로부터 인도받아 책임을 맡는 것에 대해 처음에는 많은 사람들이 불안해했습니다. 그러나 그동안의 보육시설 경험은 출산휴가가 끝난 직후부터 아기를 맡아 훌륭하게 키울 수 있다는 것을 증명했습니다. 경험이 많은 보육교사는 6개월이 지난 아기보다 출산휴가가 끝난 직후의 아기가 오히려 돌보기 쉽다고 말합니다.

그러나 보통 엄마는 아직 3개월밖에 되지 않은 아기를 남에게 맡기는 것을 불안해합니다. 엄마가 신뢰하지 않으면 보육은 잘되지 않습니다. 그러므로 엄마로부터 아기를 맡아달라는 의뢰를 받은 보육시설에서는 집단 보육에 대해서 엄마를 충분히 이해시켜야 합니다.

그러기 위해서는 영아 보육을 하고 있는 현장을 보여주거나, 보육시설의 '학부모 모임'에 참석하게 하여 보육시설의 분위기에 익숙해지도록 합니다. 같은 입장에 처한 다른 엄마로부터 직접 이야기를 들어보는 것도 불안을 해소하는 데 도움이 됩니다.

드디어 출산휴가가 끝나가고 아기를 맡기는 날이 다가오면, 엄마는 아기를 보육시설에 데리고 가서 영아실을 담당하는 보육교사들과 미리 상의해야 합니다. 집단 보육에서는 보육교사들의 생각이 서로 일치되어야 합니다. 또 보육교사들과 엄마의 육아에 대한 생각이 같아야 합니다. 아기를 맡기는 것은 수화물을 맡기는 것과는 다릅니다.

●

엄마는 보육교사들에게 아기의 개성을 충분히 전달해 줘야 합니다.

보육교사들은 아기 한 명 한 명을 그 개성에 맞게 돌보아야 합니다. 따라서 생후 90일이 될 때까지 아기가 어떤 개성을 드러냈는지를 엄마로부터 충분히 들어두어야 합니다.

·젖을 잘 먹는 아기인가, 별로 많이 먹지 않는 아기인가?
·과즙은 주고 있는가?
·잘 우는 아기인가, 조용한 아기인가?
·젖을 잘 토하는가, 전혀 토한 적이 없는가?
·하루에 몇 번 정도 변을 보는가?
·변의 형태와 색깔은 어떠한가?
·몸에 이상이 있는 곳은 없는가?
·습진이나 짓무른 곳은 없는가?
·하루에 어느 정도 바깥 공기를 쐬어주고 있는가?
·옷은 어느 정도 입히는가?

엄마는 아기의 이러한 개성을 보육교사들에게 이야기해 주어야 합니다. 보육교사들은 '성장 기록표'를 만들어 외울 때까지 아기 침대에 걸어두는 것도 좋습니다.

117. 집단 보육 과연 좋은가

● 보육하는 사람들과 엄마가 아기의 육아에 대한 생각이 같다면 서로 믿고 기를 수 있다.

보육시설은 엄마만을 위해서 있는 곳이 아닙니다.

예전의 보육시설은 엄마가 일을 해야 생계를 유지할 수 있는 가정을 위한 복지시설이었습니다. 그러나 지금은 결혼했다고 해서 여성이 직장을 그만두는 낡은 생활 방식을 개선해 나가기 위한 거점이자 맞벌이 부부를 지탱하기 위한 보루입니다. 맞벌이부부는 서로 돕지 않으면 가정을 유지해 나갈 수 없습니다. 그러니 보육시설은 엄마만을 위해서 있는 것이 아닙니다.

또한 구시대적인 사고방식의 보육시설에서는 가사와 육아에 관여하지 않는 아빠를 도와주었습니다. 보육시설에 아기를 데리고 오는 것도 엄마였고, 아기가 열이 나니 데리러 오라고 전화하는 곳도 엄마의 직장이었습니다. 그러나 이제는 시대가 변하고 있습니다. 보육시설에 아기를 데려다 주는 아빠가 등장했으며, 엄마의 육아를 돕기 위해서 집안일을 돌보는 아빠도 많아졌습니다.

많은 아이가 모이는 보육시설에서 바이러스에 의한 발열(감기)이 유행하여 아기에게 옮는 것은 피할 수 없습니다. 이것을 엄마의 책임으로 돌릴 수는 없습니다. 보육시설은 여성의 직업을 지키기 위해서 있는 곳이므로 간호사 자격증이 있는 보육교사를 두어 양호실을 만들든지, 가까운 소아과 병원과 보육시설을 연계시키든지 해야 합니다. 234 보육 병원 아기가 병에 감염될까봐 겁이 나서 보육시설에 맡기지 못하고 직장을 그만두는 엄마도 있습니다. 그러나 아기는 여러 번 감기에 걸림으로써 바이러스에 대한 면역이 생기는 것입니다. 보육시설에서 옮지 않더라도 나중에 유치원에서 옮게 됩니다.

보육시설에 아기를 맡긴 후 처음 1년은 많이 힘듭니다. 그러나 그 1년을 아빠가 함께 협력하면 잘 헤쳐나갈 수 있습니다. 불과 몇 년 전까지만 해도 보육시설에서 실시하는 집단 보육이 이상적이라고 할 수 없었습니다. 국가도 시설에 돈을 지원하지 않았으며 보육교사에 대한 대우도 좋지 않았습니다. 또한 마당도 좁고 실내에서 놀 수 있는 공간도 좁았습니다.

지금의 집단 보육이 좋은 결과를 가져온 것은 훌륭한 보육교사들이 있었기 때문입니다 이러한 보육 교사들이 어려운 여건에서도 집단 보육을 가능하게 하고, 가정에서만 키우는 것보다 더 좋은 면이 많다는 것을 증명하고 있습니다.

집단 보육의 좋은 점은 다음과 같습니다.

집단 보육 과정을 거친 아이는 자립심이 강합니다. 자기 일은 스스로 하는 습관이 생기기 때문에 집에서도 어지간한 일은 스스로 합니다. 그리고 자신의 의견을 확실히 말하기 때문에 학교에 가서도 발표력이 좋습니다.

또한 협동심이 있습니다. 집단생활을 할 때도, 놀이터에서 놀 때도 모두가 힘을 합해 협력하지 않으면 제대로 해나갈 수 없습니다. 이렇게 아이는 다른 사람과의 협력에 일찍부터 익숙해지기 때문에 이기주의자가 되지 않습니다.

집단보육을 받는 아이가 발육도 빠르고 운동 기능의 발달도 좋습니다. 같은 연령의 다른 아이들과 함께 있기 때문에 서로 보고 배워서 여러 가지 일을 빨리 할 수 있게 됩니다. 또 어느 보육시설에나 넓은 마당이 있는 것은 아니지만 그래도 보육시설에 다니면 매일 운동을 할 수 있습니다.

보육시설에 다니면 말버릇이 나빠지는 경우도 있습니다. 그러나 이것은 아이들끼리 대화 전달이 가능하게 되었음을 의미하는 것입니다. 말씨는 아주 공손하지만 친구가 없는 아이에 비해 이 편이 오히려 낫습니다.

●

그렇지 않은 보육시설도 있습니다.

이러한 집단 보육의 이점은 보육교사의 헌신에 의해 이루어진 것입니다. 일반적으로 마당도 좁고, 한 명의 보육교사가 다 대응할 수 없을 정도로 많은 아이들을 돌보고 있는 보육시설이라면, 자립심과 협력심도 길러지지 않고 발육도 빨라진다고 볼 수 없습니다.

이렇게 과밀한 보육시설에서는 아이에게 사고가 일어나지 않게 하는 것에만 중점을 두게 됩니다. 보육시설을 관리하기에 바빠 정작 아이의 입장에서는 생각하지 못하게 되는 것입니다.

아이 한 명 한 명의 요구에 응하다가는 관리를 할 수 없기 때문에 모든 것을 통일적으로 보육시설의 지시에 따라 움직이게 합니다. 이러한 보육시설에서는 집단에 맞추어 행동하는 아이를 잘 발달한 아이라고 합니다. 반면 보육시설이 요구하는 통일된 행동을 하지 못하는 아이는 집단생활을 할 수 없는 발달이 늦은 아이로 취급해 버립니다.

아이는 자기를 표현하거나 자신의 요구를 말하는 것보다 집단생활에 순응하는 것만을 배우게 됩니다. 아이 각자의 개성을 인식하고 그 아이의 가정환경에 맞추어 파악하기보다는 전체를 하나의 집단으로 보고 아이를 집단에 귀속시키면 보육은 간단해집니다. 교과과정대로 모든 아이에게 일제히 가르치기만 하면 됩니다.

그러나 이런 경우 아이는 집단행동은 할 수 있지만 보육교사와 인간적인 유대 관계는 맺지 못합니다. 어떨 때는 아이가 어리광을 부릴 수 있는 사람이 있는 것이 좋습니다.

양육시설에 있다가 만 1세가 넘어 개인 가정에 입양된 아이가 갓난아기로 되돌아간 듯 젖을 먹고 싶어 하거나 기저귀를 차고 싶어 하기도 합니다. 언뜻 보기에 퇴행하는 듯한 이런 행동을 이해하고 받아들여주면 아이가 잘 따르고 키우기 쉬워집니다. 어린아이가 성장하는 과정에는 어리광을 부리는 것도 필요합니다. 무엇이든지 말할 수있고 무슨 말이든 들어주는 사람이 있을 때 아이는 애정이라는 친밀한 인간관계에 대해 알게 됩니다.

보육시설은 집단제일주의이고, 가정에서는 맞벌이 부모여서 항상 아이를 보육시설로 내모는(밤에는 빨리 재우고, 아침에는 급하게 옷을 입히며, 보육시설로 가는 도중에 빵을 먹이는) 생활이라면, 이 아이는 어리광을 부릴 데가 없습니다. 그래서 애정이 결핍된 채 자라게 됩니다. 이런 아이는 보육시설에서 집단행동도 잘하고 자립심이 있다고 해도 고독합니다.

●

보육시설에 아이를 맡길 때 부모는 그곳의 보육 실태를 잘 알고 있어야 합니다.

만약 보육시설에서 아이들을 집단으로만 대할 때는 가정에서 아이의 개성을 키워 인간과 인간을 연결하는 애정을 가르쳐야 합니다. 보육시설이 즐거운 곳이라면 아이는 매일 아침 즐겁게 가려 할 것입니다. 자기의 개성을 자유롭게 발휘할 수 있는 곳이기 때문입니다. 따라서 아이뿐만 아니라 엄마도 기쁘게 믿고 맡길 수 있는 보육시설이어야 합니다.

일하는 엄마는 전업주부에 대한 콤플렉스를 가지고 있습니다. 보육교사는 엄마를 지도하기보다 똑같이 일하는 여성으로서 격려해 주어야 합니다.

118. 좋은 보육시설

● 집에서 가깝고 만 1세 미만의 아기만 모아 보육하며, 6명의 아기를 2명의 보육교사가 돌보는 곳이라면 좋은 보육시설이다.

좋은 보육시설이란 어떤 곳일까요?

한 명의 보육교사가 담당하는 아기의 수가 많아서는 안 됩니다. 보육교사들은 6명의 아기를 교사 2명이 돌보는 것이 제일 좋다고 말합니다.

영아 보육이라고 해도 실제로 1세 미만의 아기는 별로 환영하지 않는 보육시설도 있습니다. 이런 곳에 아기를 맡기면 많은 큰 아이들 속에 아기가 있게 됩니다. 이른바 혼합 보육을 하는 것입니다. 이것은 되도록 피해야 합니다. 영아 보육이라고 말하는 이상, 만 1세 미만의 아기만을 모아서 보육해야 합니다.

보육시설은 대부분 좁은 것이 특징이지만 아기를 맡고 있는 영아실이 너무 좁으면 곤란합니다. 아기가 앉거나 기어다닐 수 있게 되었을 때 침대에서 내려와 놀 장소가 있어야 합니다. 영아실과 연결된 베란다가 있는 곳도 적은데, 바깥 공기를 쐬어주기 위해서는 필요한 장소입니다.

보육시설에 따라서는 보육교사와 부모가 직접 만나서 이야기하는 것을 꺼려하는 곳도 있습니다. '학부모 회의'를 해도 원장과 주임 보육교사만 참석하고 다른 보육교사들은 참석하지 않습니다.

이런 보육시설은 좋지 않습니다. 가정에서의 육아와 보육시설에서의 육아가 보조를 맞추어야 아기를 잘 키울 수 있습니다. 경우에 따라서는 보육교사가 가정방문을 하여 가정에서의 아기 생활을 확실히 파악해 둘 필요도 있습니다. 그러나 가정방문을 금지하는 보육시설도 있습니다. 이런 보육시설은 원장과 보육교사들 사이에 의사소통이 제대로 되지 않는 경우가 많습니다.

●

보육시설과 부모가 서로 협력할 수 있어야 합니다.

보육시설과 부모가 협력하는 것은 당연한 일 같지만 현실적으로 쉽지가 않습니다.

현재 보육시설에 적용되는 '보육 조건'에서는 아이를 위해서라면 부모나 보육교사 중 어느 한쪽이 필요 이상의 짐을 져야 합니다. 형식적으로 '협력하자'고 하는 것은 그럴듯한 책임 회피인 셈입니다. 원장과 보육교사와 부모, 삼자가 대등한 입장에서 각자의 주장을 내놓아 서로 부딪쳐보아야 합니다. 그 와중에 서로가 한배를 탔다는 의식이 생기면 교섭해야 할 상대가 누구인지도 알게 될 것입니다. 어떤 때는 다 같이 진정도 해야 하고, 서명 운동을 해야 하는 일도 있습니다. 부모와 보육교사의 연대는 공동 육아에서 출발한 사립 보육시설이 제일 강합니다.

●

보육시설과 집의 거리는 가까울수록 좋습니다.

지역 인구에 비례해서 보육시설이 있는 것이 이상적입니다. 한편 보육시설이 집에서 가깝다고 해도 엄마 직장이 너무 멀리 떨어져 있으면 장시간 보육에 문제가 생깁니다. 119 장시간 보육_연장 보육 회사에 부대시설로 직장 탁아소를 만들어놓은 곳도 있는데, 아직까지는 제대로 시설을 갖춰놓은 곳이 많지 않습니다. 노동조합의 여성 유력자가 자기의 권한으로 만들었더라도 미혼의 조합원들이 외면하여 경영이 힘들어집니다. 경영이 잘되어도 엄마들이 각자의 요구를 일일이 내놓으면 보육교사가 일하기가 힘들어집니다. 엄마와 보육교사는 각각 가정교육과 집단 보육의 담당자이기 때문에 서로 협력해야 합니다. 그런데도 조합에서 만들었다고 해서 자기들의 보육시설이라 생각하고 보육교사에게 여러 가지 주문을 하여 집단보육의 영역을 침범하기도 합니다.

또한 조합은 국가만큼 육아시설에 보조를 할 수 없어서 보육교사의 대우도 나쁘고 시설도 열악해지게 됩니다. 이상적인 육아시설을 만들기 위해서는 조합 내에서 해결하기보다는 조합과 정부가 하나가 되어 이 문제를 다루는 것이 좋습니다. 기업이 만드는 영아시설은 공립 시설의 수준에 미치지 못하는 경우가 많습니다.

119. 장시간 보육_연장 보육

● 엄마의 직장 생활 때문에 장시간 보육하는 시설을 찾지만, 아기에게는 보육 시설에 있는 시간보다 가정에 있는 시간이 길수록 좋다.

엄마의 업무 시간 때문에 장시간 보육하는 시설을 찾곤 합니다.

대부분의 공립 보육시설에서는 아침 9시부터 아기를 맡았다가 오후 6시에 부모가 데리러 오게 합니다. 보육교사가 공무원이므로 원칙적으로 8시간 일을 하기 때문입니다. 그러나 엄마 입장에서는 9시에 맡겼다가 6시에 데리러 가기가 쉽지 않습니다. 엄마도 8시간 일을 해야 하기 때문입니다. 직장에 9시까지 가기 위해서는 아기를 8시에 맡겨야 합니다. 또 직장이 6시에 끝난다고 해도 보육시설에 도착하는 것은 6시가 넘습니다.

따라서 모든 보육시설에서는 오전 8시부터 오후 6시가 지나서까지 아기를 맡아주어야 합니다. 공립이라도 융통성이 있는 곳에서는 보육교사들이 시차를 두어 출근하거나 파트타임 보육교사를 구하여 엄마들의 요구에 응하기도 합니다.

보육시설에서 규정상 8시간밖에 맡을 수 없다고 한다면 이웃 아주머니에게 부탁하여 오후 6시에 아기를 데리러 가게 해야 합니다. 이렇게 되면 엄마는 보육시설과 이웃 아주머니, 결국 두 곳에 아기를 맡기게 되는 셈입니다. 그만큼 경제적·정신적인 부담도 큽니다.

사립 보육시설에서는 8시부터 6시 넘어서까지 아기를 맡아주는 곳이 많습니다. 이렇게 8시간 이상 보육시설에 맡기는 것을 '장시간 보육', 또는 '연장 보육'이라고 합니다. 이것은 그렇지 않아도 나쁜 보육교사들의 노동 조건을 더욱 열악하게 만듭니다.

이 때문에 노동 조건이 열악한 보육교사에게 장시간 보육을 맡기는 것이 아기에게 과연 좋을까하는 의문이 자주 제기됩니다.

아기를 즐겁게 해주면서 동시에 충분히 쉬게 해준다면, 10시간을 보육시설에 있다고 해도 아기는 따분해하지도 않고 피곤해하지도 않을 것입니다. 또 보육교사의 정원을 늘려서 교대근무제를 잘 운용하여 보육교사가 과로하지 않도록 한다면 장시간 보육도 가능합니다.

●

장시간 보육이 가능하다 하더라도 보육 시간은 되도록 짧게 하는 것이 좋습니다.

장시간 보육이 과연 아기에게 좋을까 하는 의문은 역시 남습니다. 집단 속에서 친구들과 함께 즐겁게 생활하는 것이 아이에게 필요하지만 가정이라는 환경에서 자라는 것도 장래 가정을 가질 아이에게 꼭 필요한 것입니다. 가정 안에서의 생활방식은 가정에서만 배울 수 있습니다. 남자는 여자를 어떻게 대하는지, 또 여자는 남자를 어떻게 대하는지를 배우는 곳은 아빠, 엄마와 함께 사는 가정입니다.

사회가 복잡해질수록 안식처로 가정의 중요성은 더욱 커지고 있습니다. 장시간 보육으로 아기가 피곤한 나머지 녹초가 되어 집으로 돌아와서 분유만 먹고 바로 잠들어 버리는 식이 된다면, 그 아기는 가정을 모르게 됩니다. 직장인들의 근무 시간이 점점 짧아지고 있으므로 앞으로는 부모도 아기도 가정에서 보내는 시간(자는 시간을 제외하고)이 더 많아질 것입니다. 그러므로 아기의 장시간 보육이 가능하다 하더라도 시설에 맡기는 시간은 되도록 짧게 하는 것이 좋습니다.

현재 아기의 장시간 보육은 엄마의 노동 시간이 8시간이기 때문에 생긴 것입니다. 만약 그것이 엄마에게도 부담이 되고 가정의 단란함을 유지하는 데에도 지장을 초래한다면, 아이를 키우는 엄마의 노동 시간을 좀 더 줄여야 할 것입니다.

●

노동조합에서도 '유급 조퇴'를 고려해야 합니다.

엄마가 자신의 노동 조건을 개선하지 않고 오로지 보육시설에만 장시간 보육을 요구하는 것은, 자신의 열악한 노동 조건으로 인해 생기는 육아 공백을 보육교사의 초과 노동으로 메우려고 하는 것입니다.

현재 많은 공립 보육시설의 보육 시간은 8시간 노동을 해야 하는 엄마의 현실과는 맞지 않습니다. 경제적인 이유로 일을 해야만 하는 엄마도 있으므로 복지시설인 보육시설은 이러한 엄마를 지지해야 하는 것이 당연합니다.

국가는 엄마와 아이가 8시간 이상 떨어져 있는 것이 교육상 나쁘다고 하여 "엄마여, 가정으로 돌아가라!"라고 홍보만 할 것이 아니라, 엄마가 일하지 않아도 생활할 수 있도록 해주어야 합니다. 이것이 현실적으로 이루어질 수 없다면 아기를 가진 엄마의 '유급 조퇴'를 법으로 정해야 합니다. 엄마들이 지방자치단체나 사립 보육시설의 원장과 교섭하여 보육교사의 수를 늘리고 장시간 보육을 쟁취했다 하더라도 그것으로 만족해서는 안 됩니다. 그것은 엄마의 노동 조건에 아기를 맞춘 것이므로, 아기 입장에서 그것이 최선의 보육인지 다시 한 번 생각해 보아야 합니다.

아기가 보육시설에 있는 시간이 길어지면 가정의 단란함을 즐길 시간이 그만큼 줄어듭니다. 장시간 보육에 대한 엄마의 요구에 보육교사들이 적극적으로 응하지 않는 것은, 그것이 자신들의 초과 근무를 초래할 수 있기 때문입니다. 그러나 이것뿐만이 아닙니다. 가령 같은 근로 여성으로서 여성의 사회적인 지위를 높이기 위해서 엄마의 요구를 수용한다 하더라도, 하루의 대부분을 보육시설에서 보내야 하는 아기의 생활에 대해 교육자로서 일말의 불안감을 느끼게 되는 것입니다.

120. 공동 육아

● 공동 육아는 일반 보육시설에 어려움을 느낀 엄마들끼리 모여 운영하는 보육 방법이다. 시설이 열악한 단점이 있으나 예전의 대가족과 같은 단란함이 있다.

공동 육아는 일반 보육시설보다 시설이 열악합니다.

출산휴가가 끝나자마자 일해야 하는 엄마도 있습니다. 그런데 보육시설이 근처에 있어도 영아의 인원수가 다 찼다거나 맡아주는 시간이 6시까지라 곤란한 경우가 있습니다. 이렇게 똑같은 어려움을 겪고 있는 엄마들끼리 모여 직접 보육시설을 만들어 보육하는 것이 공동 육아입니다. 종일반도 있고, 저녁 6시부터 8시까지인 반도 있습니다.

사립 보육시설로 인가를 받으면 국가나 시로부터 보조를 받을 수 있지만, 인가를 받으려면 인원 수가 5명 이상이어야 하고 건물이나 시설도 '최저 기준'을 통과해야 합니다. 몇 가정만으로 이러한 일이 가능할 리가 없습니다. 따라서 아무 보조도 받지 못하기 때문에 집세에서부터 보육교사의 급여까지 전부 개인들이 부담해야 합니다.

독지가가 장소를 빌려준 것이 계기가 되어 공동 육아를 실행하는 경우가 많습니다. 이런 곳에 근무하는 보육교사는 희생 정신이 강한 사람입니다. 부모의 열의, 장소를 제공하는 독지가, 일하는 엄마에 대한 남다른 이해가 있는 보육교사, 이 삼박자가 일치해야 비로

소 공동 육아가 가능해집니다.

건물도, 인건비도 공적인 비용으로 운영하는 공립 보육시설에서도 영아 보육은 항상 적자입니다. 하물며 개인 부담으로 운영하는 공동 육아의 경영이 쉬울 리 없습니다. 엄마 월급의 절반 이상이 매월 보육비로 지출될 정도로 부모의 부담이 큰데도 시설은 빈약합니다. 그 대신 일하는 엄마의 요구를 거의 충족시켜 줍니다. 아기를 맡아주는 시간도 오전 7시 30분이나 8시부터 오후 7시까지인 경우가 많습니다. 아침 식사를 제공해 주는 곳도 있습니다.

보육시설의 운영도 부모와 보육교사가 함께 조직한 운영위원회에서 하는 경우가 많습니다. 공동 육아와 같은 힘든 일이 어떻게든 계속될 수 있는 것은 운영위원회에 아빠가 참여해 경리 장부를 정리해 주거나, 보육교사가 쉬는 날에는 엄마가 대신해 주기도 하기 때문입니다.

공동 육아에서는 3~4평의 방을 터서 아기용 침대를 2~3개 갖다 놓고 젖먹이부터 만 3세까지의 아이를 8~10명 정도 보육하며, 보육교사 2명에 식사를 담당하는 아주머니 1명인 경우가 제일 많습니다. 여성 근로자가 많은 노동조합에서 직장 건물의 일부를 빌려 만든 직장 보육시설도 공동육아의 한 형태입니다.

●

옛날 형제가 많은 대가족과 같은 단란함이 있습니다.

시설이 빈약해도 아이를 활기차게 키우는 공동 육아 시설이 있는데, 이것은 전적으로 확고한 신념 덕택입니다. 미래를 짊어질 자주 적이고 협력적인 아이로 키우려는 엄마와 보육교사의 일치된 어린이관(觀), 여성도 남성과 마찬가지로 직업에 보람을 느낀다는 확신이 모든 어려움을 극복하게 만듭니다. 바꾸어 말하면, 이러한 정신적인 확고한 신념이 없으면 공동 육아는 오랫동안 지속될 수 없습니다. 좁은 장소(대개 마당이 없는)에서 연령이 서로 다른 아이들을 함께 보육(혼합 보육)해야 하기 때문에 보육 교사의 고생은 이만저만이 아닐 것입니다.

큰 아이가 작은 아이를 도와주거나 작은 아이가 큰 아이의 격려를 받아 능력을 향상시키는 것을 자주 볼 수 있습니다. 같은 또래만 모아서 학교식으로 교육하는 보육시설과 비교하면 공동 육아에는 옛날 형제가 많은 대가족과 같은 단란함이 있습니다.

시간 연장만 요구한다면 아기를 위한 것이 아닙니다.

공동 육아는 그 노력과 여러 가지 미담에도 불구하고, 자신의 아기에게 기회가 주어지지 않는 불행한 현실에 대한 엄마들의 저항일 뿐, 아이의 입장에서 보면 바람직한 것은 아닙니다. 공동육아는 원래 공립 보육시설에서 영아 보육을 충분히 담당하지 못해 시작된 것이기 때문에, 공동 육아에 결집된 부모들의 열의를 공립 보육시설에서 실현할 수 있는 방향으로 승화시켜 나가야 할 것입니다. 그러나 시간 연장만 요구한다면 이것은 부모의 입장일 뿐 아이를 위한 것은 아닙니다. 119 장시간 보육_연장 보육 부분을 다시 한 번 읽어보기 바랍니다.

121. 종일 육아

● 아기를 24시간 맡겨 보육시키는 것으로, 어쩔 수 없는 경우 임시방편으로 잠깐 활용할 수는 있지만 기간이 길어지면 여러 문제를 유발한다.

일반 보육시설과 달리 24시간 맡아주는 종일 보육을 하는 곳도 있습니다.

연예인이라든지 간호사 같은 직업을 가진 엄마들이 많이 이용합니다. 경제적으로 큰 부담이 되지만 아이를 돌봐줄 마땅한 사람을 찾지 못해 어쩔 수 없이 맡기기도 합니다. 엄마의 어려운 사정을 모르는 바는 아니지만 종일 보육에는 여러 가지 문제가 있습니다.

종일 보육이라는 것은 사회주의 국가에도 있는데, 이것은 어쩔 수 없는 경우의 임시방편일 뿐입니다. 사회주의 국가에서는 아이를 부모에게서 격리시켜 국가에서 양육함으로써 부모의 이기주의로부터 분리시킨다는 의도로 시작했지만 부모도 아이도 가정이라는 사적인 세계를 가져야 안정된다는 것을 알게 되었습니다. 사회주의 국가에서도 아이는 사회와 가정이 함께 키우는 것이 좋다는 결론을 내린 것입니다.

●

결혼은 가정이라는 사적인 세계의 즐거움을 누리기 위해서 하는 것입니다.

그리고 이 즐거움은 아이로 인해 더욱 커집니다. 결혼은 하지만 가정은 갖지 않겠다고 하는 것은 별난 사고방식입니다. 부모가 이런 사고방식을 갖는 것은 자유지만 아이에게까지 이런 사고방식을 강요할 권리는 없습니다.

부모가 공적인 세계에서 바쁘면 바쁠수록 가정이라는 사적인 세계에서 편안히 쉴 수 있어야 합니다. 부모는 아이를 위해서뿐만 아니라 자신을 위해서도 가정을 유지해야 합니다. 아이를 비정하게 희생시키면서까지 직장을 다닌다면 처음부터 결혼 따위는 하지 않는 것이 좋습니다.

아기가 힘들면 더 힘들어지는 것은 엄마입니다.

간호사나 보육교사를 개인적으로 고용하여 아침부터 밤까지 집에서 아기를 돌보도록 하는 것은 아기의 교육상 좋지 않습니다. 따라서 이런 경우에는 가능하면 보육시설에 맡겼다가 6시 이후에만 돌보는 사람에게 따로 맡기는 것이 좋습니다.

엄마가 아기와 함께 생활하고 있는 상태에서 아기 보는 사람을 고용하는 것과, 엄마가 하루 종일 집을 비운 채 가정부에게만 아기를 맡기는 것은 다릅니다. 전담 보육교사를 고용한다 하더라도 그것은 과보호가 됩니다. 종일 보육을 하는 곳도 아직까진 체계가 잡히지 않았습니다. 영아를 병원에서 맡아주는 곳도 있지만, 보육은 병이나 사고를 예방하기 위해서뿐만 아니라 아기의 교육을 위해서도 실시되어야 합니다. 아기의 집단 보육에 대해 제대로 공부한 보육교사, 마당, 여러 가지 놀이 기구, 다양한 친구가 있어야 합니다.

122. 보육시설에서의 아기 공간

● 아기가 있는 방은 남향, 환기가 잘되고 햇빛이 잘 들어오는 방, 냉·난방 시설이 잘 되어 있는 공간이어야 한다.

아기가 생활하는 방은 밝은 남향이 이상적입니다.

아기를 재우는 침대 사이의 간격은 아기를 안고 자유롭게 오갈 수 있을 만큼 넓어야 합니다. 침대 높이는 옷을 갈아입히거나 기저귀를 갈아주는 보육교사가 허리를 많이 구부리지 않아도 될 정도로 하려면 상당히 높아지기 때문에, 아기가 추락하지 않도록 하려면 침대에 충분히 높은 난간이 필요합니다. 24 아기용 침대 또 침대가 철제라면, 도료를 철저히 살펴 납이 들어 있지 않은지 확인해야 합니다.

방에는 햇빛이 잘 들어오고 환기가 잘되는 창이 있어야 합니다. 가장 좋은 것은 창이 문짝으로 되어 있어 그것을 열면 아기의 침대를 그대로 베란다까지 옮겨놓을 수 있도록 되어 있는 것입니다. 그러면 바깥 공기를 쐬어줄 때 편합니다. 겨울에는 난방을 하고 여름에는 냉방을 해야 합니다.

보육시설에서 뒤늦게 영아 보육을 시작한 곳이 많기 때문에 영아실은 나중에 임시로 만든 곳이 많습니다. 그러다 보니 영아실은 남향으로 된 충분히 넓은 방이 거의 없습니다. 베란다를 갖추고 있는 곳은 더욱 적습니다. 그리고 침대와 침대 사이도 너무 좁습니다.

영아를 맡는 보육시설을 새로 지을 때는 아기의 수면실과 놀이방도 따로 만들어야 합니다.

123. 보육시설에서 분유 타기

● 무균 상태의 원칙을 최우선으로 하여 아기의 분유를 타야 한다.

영아실이 있는 보육시설에서는 조리실을 갖추어야 합니다.

조리만 담당하는 영양사를 두고 있는 보육시설은 거의 없기 때문에 보육교사가 분업으로 하거나 따로 조리를 담당하는 여직원을 두고 있는 곳이 많습니다. 조리실에서 아기의 분유를 탈 때는 첫째도 무균, 둘째도 무균, 셋째도 무균, 무균을 최우선으로 해야 합니다. 분유를 탈 때 조금이라도 병원균이 침입하면 영아실의 아기 전원이 병이 나고, 경우에 따라서는 보육시설을 일시적으로 폐쇄해야 하는 상황까지 벌어지기도 합니다. 이렇게 되면 아기의 엄마는 직장을 쉬어야 합니다.

그러므로 보육시설에서는 어떤 수단을 동원해서라도 아기에게 무균 상태의 분유를 주어야 합니다. 분유는 무균 상태로 만들어져 있으며 먹이기 전에 뜨거운 물에 녹이는 것이기 때문에 젖병에만 균이 없다면 거의 무균 상태로 탈 수 있습니다.

젖병은 젖병꼭지와 함께 아기 1명당 3~4개(중간에 분유 이외의 것을 먹이는 빈도에 따라서 늘어남)를 준비하여 하루치를 한꺼번에 끓여 멸균소독합니다. 그리고 젖병은 사용할 때마다 꺼냅니다.

조리실 담당자는 분유를 타기 전에 브러시를 사용하여 손을 비누로 깨끗이 씻고 청결한 타월로 닦습니다(한번 사용한 타월은 사용하지 않음). 보육교사가 조리실 담당을 겸임한다면 기저귀를 만진 뒤에는 손을 소독액으로 깨끗이 씻어야 합니다. 또 조리실 담당자는 보건소에서 적어도 한 달에 한 번 변의 세균 검사를 받아야 합니다. 특히 조리실 담당자가 여름철에 설사를 했다면 보육교사와 교체해서라도 조리실에서 물러나야 합니다.

과즙을 만들 때는 용기를 열탕으로 씻을 수 있는 전기주서를 사용하는 것이 제일 안전합니다. 신선한 과일로 무균의 과즙을 만들기가 곤란하다면 제조 회사에서 만든 천연 과즙을 먹여도 됩니다.

124. 보육시설에서 분유 먹이기 

● 아기에게 분유를 먹이는 것은 사육이 아니므로 침대가 아닌 넉넉한 팔 안에 안고 먹여야 한다.

보육시설에서 아기에게 분유를 주는 것은 사육을 위한 것이 아닙니다.

분유를 먹는 것은 아기에게 큰 즐거움입니다. 보육교사는 아기를 즐겁게 해주려고 준다는 마음을 가져야 합니다. 즐거움은 주체적인 것이어야 합니다. 배급되는 즐거움에 익숙해진 인간을 만들어서는 안 됩니다. 수유할 때 아기의 주체성을 존중한다는 것은 각자의 월령에 맞게 아기의 개성에 맞게 수유한다는 것입니다.

조리실 사정으로 생후 2개월 된 아기에게도, 6개월 된 아기에게도 한꺼번에 분유를 주는 것은 좋지 않습니다. 7~8명의 아기에게 동시에 분유를 먹이려고 하면 아무래도 젖병꼭지를 아기의 입에 물리고, 이불이나 베개에 젖병을 기대어 세워놓은 채 먹이게 됩니다. 이런 수유는 아기에게 분유 맛 이상의 즐거움을 안겨주지 못합니다. 침대가 아닌 넉넉한 팔 안에 안겨서 먹는 것이 분유 먹는 즐거움입니다. 집에 있는 아기가 엄마를 통해 누리는 즐거움을 보육시설에 있는 아기에게도 누리게 해주어야 합니다.

영아실의 아기가 전부 같은 달에 태어난 것은 아닐 것입니다. 월령이 다른 아기가 모여 있기 때문에 수유 시간도 다를 것입니다. 따라서 다 같이 동시에 수유하는 것보다 일일이 아기를 안고 먹이는 것이 좋습니다. 또 안고 수유하는 것이 젖을 먹은 뒤 트림을 시키기에도 편합니다. 이와 같은 수유를 하기 위해서는 한 명의 보육교사가 맡을 수 있는 아기의 수는 한정될 수밖에 없습니다. 따라서 보육교사는 아기 6명당 적어도 교사 2명이 필요합니다.

125. 보육시설과 아기 기저귀 

● 보육시설에서 기저귀를 세탁하는 곳은 거의 드물다.

대부분의 보육시설에서는 아기의 기저귀를 세탁하지 않습니다.

만 1~2세 된 아기 5명을 한 명의 보육교사가 돌보아야 하는 곳에서는 기저귀를 세탁할 여유가 없습니다. 그래서 파트타임으로 고용한 사람에게 부탁합니다. 기저귀를 누가 세탁할 것인가 하는 문제로 보육시설과 엄마 사이에 다투는 일도 있을 것입니다.

보육시설에 세탁기를 갖추는 것만으로는 보육교사의 노동을 덜어주지 못합니다. 탈수된 기저귀를 펼쳐 건조대에 널었다가, 마른 것을 거둬들여 개켜, 이름을 맞추어서 따로따로 보관하는 것은 쉬운 일이 아닙니다. 세탁기를 마련한다고 하면 건조기도 사고 기저귀를 공용으로 사용하도록 해야 수고를 덜게 됩니다. 기저귀를 공용으로 사용할 때는 크레졸 비누액(10%)을 만들어 세탁하기 전에 소독해야 합니다. 이렇게 하지 않으면 설사가 유행할 우려가 있습니다.

기저귀를 가정에서 세탁한다면 건조기가 있으면 좋습니다. '세탁은 엄마, 널거나 거둬들이는 것은 아빠' 하는 식으로 일을 나누어 하지 않으면 엄마가 지쳐 버립니다.

126. 이 시기 영아체조

● 영아체조는 아기가 운동 부족으로 발육이 늦어지는 것을 막아준다. 아기의 월령과 발육 상태에 맞춰 실시한다.

매일 누워만 있으면 운동 부족으로 발육이 늦어질 수 있습니다.

아기를 집단 보육할 때 가장 일어나기 쉬운 폐해는, 바쁘다 보니 아기를 눕혀놓은 채 오랜 시간 그대로 두는 것입니다. 분유만 먹이는 시기에는 수유할 때 병을 기대어 세워놓고 눕힌 채로 먹이게 되면 아기는 하루 종일 침대에 누워 생활하게 됩니다. 이렇게 하면 운동 부족이 되어 발육이 늦어집니다. 이것을 예방하려면 수유할 때 안아서 먹이는 것은 물론, 영아체조도 시켜야 합니다.

●

영아체조에 대해서 가장 깊이 연구했던 나라는 구소련입니다.

영아의 집단 보육을 국가 사업으로 시행했던 구소련에서는, 집에서 엄마가 키울 때보다 더욱 튼튼한 아이로 만들기 위하여 소아과 의사가 영아체조를 연구했습니다.

필자 자신이 레닌그라드의 소아연구소에서 직접 견학하고 온 것을 바탕으로 구소련에서 실시했던 영아체조 방식을 소개하고자 합니다. 그리고 우리가 하고 있던 연구회의 영아부 경험도 언급하고자 합니다. 여기에서 말하는 영아체조에는 체조 외에 마사지도 포함됩니다.

영아체조는 그 시기의 아기 발육에 맞추어 실시해야 합니다.

체조를 하는 것이 오히려 해가 되는 경우, 즉 피부에 습진이 있는 아기의 마사지, 심장이 나쁜 아기의 체조, 고관절이 아직 발달하지 않은 아기의 양다리를 가지런히 하여 밑으로 당겨서 탈구를 초래하는 것 등은 제외해야 합니다. 그래서 엄밀히 말하면 구소련에서처럼 의사가 영아체조를 '처방'해야 합니다. 하지만 이렇게 되기를 기다리고 있다가는 한이 없으므로 정상적으로 발육하고 있는 건강한 아기임을 전제로 하여 이야기하겠습니다. 영아체조는 어느 경우나 할 수 있는 것은 아닙니다.

체조를 하기 위해서는 꼭 지켜야 할 일정한 조건이 있습니다.

먼저 방은 환기가 잘되어야 합니다. 창문은 반드시 열어두도록 합니다. 그리고 실내 온도는 20℃ 이상이어야 합니다. 기온이 22℃ 이상이고 바람이 없다면 밖의 그늘에서 영아체조를 실시하는 것이 좋습니다. 영아체조를 침대 위에서는 하기 힘듭니다. 가능하면 높이 70~72cm, 가로 80cm, 세로 100~120cm의 목제 탁자가 좋습니다. 그 위에 매트를 깔고 시트를 덮습니다.

우선 아기가 영아체조를 즐거워해야 합니다.

영아체조 담당자는 활기차고 즐거운 기분으로 아기에게 웃음을 띠며 해주어야 합니다. 그리고 체조를 하는 동안 끊임없이 아기에게 말을 건네야 합니다(설령 아직 말을 모르는 아기라고 해도). 체조를 하는 아기는 잠이 깨어 있고 기분도 좋아야 합니다. 오전 중이라면 수유 후 적어도 30분이 지나야 합니다. 아기가 불안해하거나 기분이 좋지 않을 때는 오후에 낮잠을 자고 난 후 기분이 좋아질 때까지 미룹니다.

영아체조 담당자는 사고를 방지하기 위해 손톱을 짧게 깎고, 몸을 굽힐 때 브로치 등이 아기 얼굴에 떨어지지 않도록 장신구는 전부 떼어놓아야 합니다. 손목시계나 반지도 아기 피부에 상처를 입힐 위험이 있습니다.

체조를 할 때 체조와 동시에 공기욕을 시키기 위해 아기를 발가벗깁니다. 그리고 땀이 나는 것을 방해하지 않도록 아기 피부에 베이비파우더나 오일은 바르지 않는 것이 좋습니다. 시트 위에는 아기 전용 타월을 깝니다. 체조가 끝나고 아기가 땀을 흘리면 잘 닦아줍니다.

체조로 아기의 호흡과 맥박이 조금 빨라질 것입니다 이것이 원상태로 돌아가는 데 2분 정도 걸립니다. 2분이 지나도 원래대로 돌아가지 않으면 아기에게 체조가 부담이 되는 것이므로 횟수를 1/2로 줄입니다. 영아체조를 계속하다 보면 호흡과 맥박이 원상태로 돌아가는 시간이 점차 짧아집니다. 월령이 늘어남에 따라서 영아체조를 오랫동안 하기도 하는데 3~4분에서 8분 정도에 끝내도록 합니다.

127. 영아체조법

● 이 시기 영아체조는 체조라기보다는 마사지에 가깝다.

생후 1개월 반에서 2개월 반까지의 아기에게 해주는 영아체조는 체조라기보다는 마사지가 주된 내용입니다. 아기를 체조대에 눕히고 보육교사는 아기의 발 쪽에 섭니다.

다음 순서로 전체를 5~6분에 걸쳐 실시합니다.

① 팔 마사지 좌우 4~5회

② 배 마사지 6~8회

③ 다리 마사지 좌우 4~5회

④ 척추 반사 운동 좌우 1회

⑤ 배를 깔고 엎드리게 하여 머리를 들어 올리는 연습

⑥ 기어다니는 연습 좌우 번갈아 8~10회

⑦ 등 근육 사용 상하 4~5회

⑧ 발근육 사용 좌우 4~5회

⑨ 발가락 사용 좌우 4~5회

⑩ 무릎 관절 사용(양다리를 가지런히 하여 세게 당기지 않도록 함) 6~7회

이상의 체조는 아기의 반사 운동을 이용하는 것이기 때문에 이러

한 동작이 제대로 되지 않는다고 무리하게 해서는 안 됩니다. 배를 깔고 엎드려 머리를 쳐들어 올릴 수 없는 아기는 ⑤를 할 수 있게 되고 나서 ⑥, ⑦의 체조를 시켜줍니다.

아기의 근육을 사용하게 할 때는 보육교사가 강제적으로 강한 힘을 줘서는 안 됩니다. 특히 두 다리를 뻗게 하여 밑으로 세게 당기는 것은 고관절 탈구를 일으키게 됩니다.

체조하는 방법은 그림으로 보는 영아체조(555쪽)를 참고하기 바랍니다.

6

생후 2~3개월

눈이 보이기 시작하면서
주위 것들에 대한 관심이 많아집니다.
귀도 들리게 되어 자다가 청소기 소리에
잠을 깨기도 합니다.
손발의 움직임도 점차 확실해집니다.
처음에는 딸랑이를 쥐여줘도 쥐려고
하지 않지만, 3개월 가까이 되면
손에 쥐여준 딸랑이를 오랫동안
쥐고 있기도 합니다.

이 시기 아기는

128. 생후 2~3개월 아기의 몸 

- 눈이 보이기 시작하면서 주위의 것들에 관심이 많아지고 활발해진다.
- 그전까지 젖을 먹으면 토하던 아기가 이즈음이 되면 증상이 가라앉는다.
- 건강하게 태어난 아기라면 이 시기 특별히 앓는 질병은 없다. 하지만 한 번도 토한 적이 없는 아기가 젖을 토하고 괴로운 표정을 짓는다든지, 토한 뒤 심하게 울면 의사와 상담해야 한다.

주위의 것들에 관심이 많아집니다.

이 시기의 아기는 눈이 보이기 시작하기 때문에 엄마와 마음의 교감을 느끼기 시작합니다. 생후 60일째의 아기는 시야 한가운데에 있는 딸랑이를 쳐다보는 정도지만 90일쯤에는 엄마가 얼르면 미소를 짓기도 합니다. 그리고 귀도 들리게 되어 자다가 청소기 소리에 잠을 깨기도 합니다.

손발의 움직임도 점차 확실해집니다. 처음에는 딸랑이를 쥐어줘도 쥐려고 하지 않지만, 3개월 가까이 되면 손에 쥐여준 딸랑이를 오랫동안 쥐고 있기도 합니다. 그러나 아직 스스로 무언가를 잡으려고 하지는 않습니다. 생후 3개월 된 아기의 거의 대부분은 엄지손가락이나 주먹을 입에 넣고 빱니다. 이것은 욕구 불만 때문이 아니라 이렇게 하는 것이 즐겁기 때문입니다.

똑바로 누워 양팔을 움직이는 것이 날이 갈수록 활발해집니다.

다리 힘도 세집니다. 안고 무릎 위에 세우려고 하면 깡충깡충 뛰는 아기도 있습니다. 계절에 따라 아기의 운동 방식도 다릅니다. 더운 계절에 거의 알몸으로 해놓으면 빠르게 움직이지만 추운 계절에 옷을 많이 입혀 이불을 덮어주면 움직이고 싶어도 움직일 수 없습니다.

주위에 대한 관심도 점점 높아져 생후 3개월이 되면 장난감에도 흥미를 나타내기 시작합니다. 아기를 안고 거리로 나가면 호기심 어린 눈을 반짝이기 시작합니다. 소리내어 웃는 일도 잦아지고, 기분이 좋으면 혼자서 옹알이하는 시간도 길어집니다.

수면 시간도 달라져 어른처럼 낮에 깨어 있고 밤에 잡니다. 하지만 낮잠에는 개인차가 있어서 오전 중에 3시간, 오후에 2시간 30분 정도 자는 아기가 있는가 하면, 오전과 오후 중 한 번만 자는 활동적인 아기도 있습니다, 한밤중에 두 번 깨는 아기, 한 번만 깨는 아기, 밤 9시부터 아침 6시까지 푹 자고 도중에 기저귀를 갈아주어도 깨지 않는 아기도 있습니다.

분유를 먹는 데서도 차차 개성이 드러나기 시작합니다.

잘 먹는 아기는 분유통에 쓰여 있는 양으로는 항상 모자라서 욺니다. 또는 더 먹고 싶은 듯 빈 젖병의 젖병꼭지를 계속 빨기도 합니다. 그래서 엄마가 분유 양을 점차 늘려 매번 180ml를 주면 기꺼이 다 먹어버립니다. 체중도 신기할 정도로 증가합니다. 하루 평균 40~50g 정도 증가합니다.

그러다 어느 날 갑자기 분유를 먹지 않습니다. 분유의 농도를 바꿔보기도 하고, 젖병꼭지를 바꿔보기도 하고, 약간 차갑게 하여 줘보기도 하지만 막무가내로 먹지 않습니다. 이걸 먹지 않으면 굶어죽을지도 모른다는 식으로 필사적으로 젖병꼭지를 밀어 넣었다가는 오히려 아기가 젖병을 보기만 해도 입을 다물어버리게 됩니다. 이것이 바로 '분유 기피증' 입니다. 138 분유를 안 먹는다

소식하는 아기도 있습니다. 이런 아기는 한 번에 겨우 120ml만 먹습니다. 먹는 양이 적기 때문에 살이 찔 리도 없습니다. 엄마는 이웃의 통통한 아기를 볼 때마다 초조해져서 어떻게 해서라도 분유통에 쓰여 있는 양만큼 먹이려고 합니다. 아기는 80ml 정도는 먹지만 그 후에는 젖병꼭지에서 입을 떼고 먹으려 하지 않습니다. 잠시 놀게 하여 기분을 좋게 만들어 10분 정도 지난 후 나머지 40ml를 겨우 먹이는 일이 매일 반복됩니다.

이런 아기는 분유 먹는 것을 즐거워하지 않습니다. 그러나 분유 먹을 때 이외에는 아주 즐거워합니다. 밤에도 깨지 않고 아침까지 푹 잡니다.

두 극단적인 아기 사이에 1회에 150~160ml를 먹는 '표준형' 아기가 있습니다. 이런 아기도 수유 횟수에는 각기 개성이 있습니다.

하루 6회 먹는 아기와 5회만 먹는 아기가 있습니다. 아주 잘 자는 아기의 경우에는 하루 4회밖에 먹지 않습니다. 5회를 먹이려면 자는 아기를 일부러 깨워야 합니다. 4회만 먹더라도 체중이 하루에 30g 이상 늘고 있다면 오히려 푹 자게 두는 편이 낫습니다.

●

젖을 먹으면 반드시 토하던 남자 아기도 생후 3개월 가까이 되면 그럭저럭 진정됩니다.

'유문 경련'이므로 수술하라는 말을 듣고도 수술하지 않고 계속 노력해 오던 아기(이 때문에 모자건강수첩 발육곡선의 50%에도 미치지 못하지만)의 엄마도 이 때가 되면 한숨 돌리며 수술하지 않기를 잘했다고 생각할 것입니다.

이 시기에 자주 발생하는 곤란한 일은, 모유와 분유를 병행하여 먹던 아기가 어느 한 쪽을 싫어하게 되는 것입니다. 그다지 잘 나오지 않는 모유를 먹으려고 하지 않는 '실리적'인 아기의 경우는 그래도 괜찮습니다. 그러나 양은 적어도 모유가 좋다고 분유를 전혀 먹으려 하지 않는 '품질 위주'의 아기도 있습니다. 모유가 부족해서 분유로 보충해 주는 것인데 분유를 전혀 먹지 않으면 엄마는 고민하게 됩니다. 그래서 어떻게 해서라도 분유를 먹이려고 아기의 입 안에 무리하게 젖병꼭지를 밀어 넣습니다. 그러나 일단 이렇게 된 뒤에는 아기는 분유를 먹지 않습니다.

이런 경우가 자주 있는데 그렇다고 아기의 장래에 심각한 문제가 생기지는 않습니다. 그러므로 일시적으로 체중 증가가 멈추었다고

해서 걱정할 필요는 없습니다. 처치에 대해서는 129 모유로 키우는 아기 참고

분유를 싫어하게 되는 가장 큰 이유는 분유를 너무 많이 줬기 때문이므로, 아무리 먹고 싶어 한다고 해도 이 시기에는 180ml 또는 200ml씩 먹여서는 안 됩니다. 더울 때는 특히 주의해야 합니다.

●

생후 2개월이 되면 분유만 먹는 아기에게는 과즙을 먹입니다.

모유 속에는 비타민 C가 포함되어 있기 때문에 모유가 잘 나올 때는 과즙을 꼭 먹여야 하는 것은 아니지만, 먹어보고 맛있게 먹으면 계속 먹입니다. 과즙은 그 계절에 가장 많이 나는 과일의 즙을 짜서 주면 됩니다. 98 과즙 먹이는 법 이때도 아기마다 개성이 있어 약간 신맛이 나는 과일은 전혀 먹으려고 하지 않는 아기도 있습니다. 이럴 때 억지로 먹일 필요는 없습니다. 종합비타민액을 먹고 있다면 그것으로 충분합니다. 시판되고 있는 천연 주스라도 상관 없습니다.

●

배설의 개성도 여전히 계속됩니다.

모유만 먹이는 아기는 아직까지 매일 5~6번 대변을 보아도 건강합니다. 변비인 아기 중에는 2일에 한 번 관장을 해야 하는 아기도 있을 것입니다. 그러나 2개월이 되면 과즙을 먹이기 때문에 변비도 어느 정도는 나아지는 경우도 많습니다.

일반적으로 분유를 먹는 아기가 모유만 먹는 아기보다 소변을 자주 보지만 개인차가 많습니다. 소변의 양이 적고 횟수가 잦은 아기가 있는가 하면, 횟수가 적고 한 번에 많은 양을 보는 아기도 있습

니다. 성장할 때까지 계속 지켜보면, 아기 때 여러 번 기저귀를 갈아주어야 했던 아기는 성장해서도 소변 간격이 짧습니다. 소변을 자주 보지 않는 아기는 밤에 잘 때 한 번도 기저귀를 적시지 않기도 합니다. 여름에 갑자기 더워졌을 때 땀을 많이 흘려 수분이 빠져나가는데 그 때문에 갑자기 소변 양이 줄어들어 놀라는 경우도 있습니다.

지난달에 습진이 생겼던 아기 중에는 이달이 되면서 아주 좋아지는 아기도 있습니다. 그러나 이런 아기에게는 대신 종종 다른 '증상'이 나타납니다. 가슴 속에 가래가 끓어 그르렁거리는 소리를 내는 것입니다. 가끔 고양이에게 느낄 수 있는 것처럼 기관지에 무언가가 걸려 있어 숨을 쉴 때마다 소리가 나는 것을 알 수 있습니다. 아기가 때때로 기침을 하는 것 외에는 별 이상이 없는 것으로 보아 병은 아닙니다. 밤에 잘 무렵과 아침에 일어날 때 종종 기침을 합니다. 밤에 젖을 먹고 나서 기침을 하면 기침과 함께 먹은 젖을 토하기도 합니다. 놀라서 병원에 데리고 가면 '천식성 기관지염'이라고 합니다. 처치에 대해서는 110 가래가 끓는다 참고 이것은 습진처럼 아이가 성장하는 과정의 어느 시기에 나타나는 개성에 지나지 않습니다.

●

바깥 구경하기를 좋아하게 됩니다.

아기에게 즐거움을 준다는 의미에서도 집 밖으로 데리고 나가 바깥 공기를 쐬게 해줍니다. 이 시기에는 특별히 눈이 많이 내릴 때를 제외하고는 추운계절에도 30분 정도, 따뜻할 때는 2시간 정도 바깥에서 지내게 하는 것이 좋습니다. 바깥 공기를 쐬어주는 데 몇 시간 정도가 좋은지는 기온과 아기의 반응을 살펴보고 엄마가 정하면 됩니다. 132 아기 몸 단련시키기

●

처음으로 머리를 깎습니다. 135 이발하기

아기를 밖으로 데리고 나가는 일이 잦아지면 병에 감염될 가능성도 많아집니다. 그러나 이 시기에는 엄마의 체내에서 받은 면역항체가 아직 아기의 몸속에 남아있기 때문에 홍역이나 볼거리에는 걸리지 않습니다. 그러나 백일해는 걸릴 가능성이 있으므로 기침을 하는 아기에게는 가까이 가지 않도록 합니다.

가장 많은 경우는 부모가 감기에 걸렸을 때 옮는 것인데, 코가 막히고 재채기가 나오고 기침을 합니다. 이 시기에는 감기에 걸려도 38℃ 이상의 고열은 나지 않습니다. 만약 38℃ 이상의 고열이 난다면 중이염일 가능성이 높습니다. 이럴 때는 아프기 때문에 밤에 울고 잘 자지 못합니다. 142 열이 난다

●

생후 2~3개월까지도 병다운 병은 없습니다.

생후 2~3개월 된 아기의 큰 병이라고 하면 선천성 심장병 정도입니다. 굳이 더 큰 병을 꼽는다면 헤르니아의 '감돈'입니다. 아기가 갑자기 아파하면서 울기 시작할 때는 이 병을 의심해 봅니다. 139 탈장되었다_서혜 헤르니아

생후 2~3개월까지는 병다운 병은 없습니다. 아기의 개성 때문에

빗어지는 생리적인 상태를 병으로 보고 치료해서는 안됩니다. 아기의 개성에 대해 엄마보다 잘 아는 사람은 없습니다.

감수자 주

생후 2개월에 하는 예방접종으로는 디프테리아, 백일해, 파상풍을 예방하는 DTap 백신과 소아마비를 예방하는 폴리오 백신 접종이 있다. 또 엄마가 B형 간염 항원 검사 결과 음성인 경우 이때 첫 접종을 한다.150 예방접종

이 시기 육아법

129. 모유로 키우는 아기

● 모유가 잘 나온다면 한 번에 먹는 양이 늘어 수유 간격이 늘고 별문제 없는 시기이다. 하지만 모유 양이 부족할 때는 분유로 보충해 주어야 한다.

한꺼번에 많이 먹을 수 있게 되어 수유 간격이 길어집니다.

모유가 잘 나오고 있다면 생후 2~3개월 된 아기는 의사를 찾아갈 이유가 없습니다. 체중도 하루 평균 30g 정도 늘어나고, 키도 1개월에 2cm 정도 자랍니다.

이 시기에는 한꺼번에 많이 먹을 수 있게 되어 수유 간격이 길어집니다. 지금까지 3시간이 지나면 배가 고파 울던 아기가 4시간, 때로는 5시간이 지나도 그대로 자는 경우가 있습니다. 아기가 잘 자고 있는데 젖 먹을 시간이 되었다고 깨워서 먹이는 것은 좋지 않습니다. 체중도 늘고 수면 시간도 길어졌다면, 먹어서 저장해 둘 수 있게 된 것입니다.

3시간마다 깨워서 먹인다면 아기에게 저장능력이 생겨도 알 수 없습니다.

별로 먹고 싶어 하지 않는 선천적인 소식아도 있습니다. 이런 아기는 태어날 때의 체중도 적습니다. 여태껏 3시간마다 모유를 먹여 왔는데 3시간이 지나도 먹으려고 하지 않습니다. 하루에 3회밖에 먹지 않게 되면 엄마는 당황합니다. 분유를 줘도 먹지 않습니다. 하지만 하루 3회밖에 먹지 않아도 아기가 건강하고 웃는 얼굴을 보인다면 걱정할 필요 없습니다. 이런 아기는 밤에 젖이 먹고 싶어 우는 일은 없을 것이니 오히려 키우기는 쉽습니다. 체중이 늘지 않아도 모유를 계속 먹이도록 노력해야 합니다.

모유 양이 줄어들어 분유를 보충해야 할 때가 있습니다.

모유만 먹였는데 모유가 점차 줄어드는 경우도 물론 있습니다. 이럴 때 엄마는 느낌으로 젖이 잘 나오지 않는다는 것을 알 수 있지만, 정확한 것은 아기의 체중을 재보아야 알 수 있습니다.

5일마다 측정해 보았을 때, 이전까지는 150g 정도 늘었는데 최근에는 100g 정도밖에 늘지 않았다면 모유 부족입니다. 이제 와서 모유를 잘 나오게 하려고 유방을 마사지해도, 잉어를 고아 먹어도 2개월이 지나면 그다지 효과를 기대할 수 없습니다. 아기가 공복을 호소하며 금방 울거나 한밤중에 한 번만 깨던 아이가 2~3번 깨어 운다면 확실히 모유가 부족한 것입니다.

모유가 부족할 때는 이렇게 합니다.

어쨌든 이럴 때는 분유를 1회만 보충해 봅니다. 엄마 젖이 가장 돌지 않는 시간(대체로 오후 4시에서 6시까지)에 분유를 150ml 먹여봅니다. 물론 150ml를 전부 먹여야 하는 것은 아닙니다. 150ml 이하라도 아기가 만족스러워하면 그것으로 충분합니다, 분유로 1회 보충해 줌으로써 우선 엄마가 휴식을 취하게 되고 그다음에는 젖이 충분히 나와 아기도 만족한다면 1회만으로도 괜찮지만 하루에 체중이 20g도 늘지 않는 경우에는 1회 더 분유로 보충해 줘야 합니다. 이러한 방법을 5일 동안 시도해 봅니다. 분유로 2회 보충해 주어도 5일 동안 체중이 100g밖에 늘지 않는다면 1회 더 보충해 줍니다.

분유를 잘 먹는다고 해서 너무 많이 먹이는 것은 좋지 않습니다.

하루에 6회 수유한다면 1회 양은 150ml를 넘지 않는 것이 좋고, 하루 평균 40g(5일째에 200g) 이상 늘지 않도록 합니다. 하루 2회나 3회 분유로 보충해 주어 체중이 하루 평균 30g 전후로 늘어난다면 그것으로 족합니다. 그대로 지속하면 됩니다.

여태껏 모유 이외에 아무것도 먹이지 않았던 아기라면, 분유를 3회 보충하게 될 경우 비타민 C를 줍니다(과즙이나 비타민 C를 하루 35mg 이상). 여태껏 모유만 먹던 아기 중에는 젖병을 싫어하는 아기도 있으니 가능하면 공복 시간에 시도해 봅니다. 그러나 무리하게 물려서는 안 됩니다 젖병꼭지의 모양이나 감촉, 부드러운 정도도 조금씩 차이가 있기 때문에 여러 종류로 시도해 봅니다.

분유로 보충해 줄 때는 모유를 먹인 후가 아니라 처음부터 젖병을 물립니다. 모유를 먹인 다음에 부족한 양을 분유로 주는 방법은 좋지 않습니다. 아기는 엄마의 젖꼭지 감촉과 비교하여 딱딱한 젖병꼭지를 싫어합니다. 맛도 모유와 다르기 때문에 먹으려고 하지 않습니다.

처음부터 분유를 전혀 먹지 않는 아기는 별로 없습니다.

오히려 한동안은 분유를 먹다가 어느 시기부터 갑자기 분유를 전혀 먹지 않게 되는 경우가 많습니다. 이때 엄마는 당황합니다. 모유만으로는 영양이 부족하다고 생각해 분유로 보충해 주려고 하는데, 분유마저 먹지 않으면 영양실조로 굶어죽는 것은 아닌가 하고 걱정합니다. 그래서 필사적으로 분유를 먹이기 위해 조금 묽게 타 보기도 하고, 분유 종류를 바꾸어보기도 하고, 먹이는 시간을 바꾸어보기도 하고, 젖병꼭지를 바꾸는 등 이것저것 시도해 봅니다. 아기가 졸려서 꾸벅꾸벅 졸고 있을 때 젖병꼭지를 잘 물리면 먹는 경우도 있지만, 깨어 있을 때는 전혀 먹으려고 하지 않습니다.

이럴 때도 전혀 걱정할 필요 없습니다. 모유 맛을 알기 때문에 분유를 받아들이지 않는 아기가 많습니다. 하지만 이런 아기들도 모두 훌륭하게 성장합니다. 결코 굶어죽는 일은 없습니다. 모유를 먹인 후에 설탕물이나 과즙을 주어 공복을 견디게 하면 됩니다. 대체로 3개월 가까이 되어 이렇게 되기 때문에 조금 더 모유로 노력하면 됩니다. 체중이 늘지 않아도 괜찮습니다. 3개월이 되면 모유 이외에 된장국, 수프, 미음 등을 주어 되도록 빨리 이유식으로 바꾸어 가면 됩니다. 분유를 싫어하는 아기는 오히려 이런 것을 좋아합니다.

분유로 보충할 때는 소독을 철저히 해야 합니다.

모유가 부족하여 처음 분유로 보충해 줄 때는 소독을 철저히 하는 것이 중요합니다. 40 분유 타기 분유를 먹기 시작하면서 아기의 변이 조금 변하기 때문입니다. 대체적으로는 이전보다 허옇고 부슬부슬한 느낌이 드는데, 드물게는 횟수도 늘어나고 수분도 많아지는 경우가 있습니다.

혹시 소화불량이 아닌가 해서 놀라는데, 이럴 때 소독만 철저히 해두었다면 심각한 결과는 생기지 않습니다. 설사를 해도 아기의 상태만 좋으면 분유에 적응하는 과정이라 생각하고 계속해서 분유를 주면 됩니다.

분유로 보충해 주기 시작할 때 중요한 것은 변이 아니라 체중의 증가입니다. 체중을 측정해 보는 것이 중요합니다. 분유로 보충해 주기 시작하면 아기에 따라 빨면 잘 나오는 젖병을 좋아하고, 어느 정도 힘들여 빨아야만 잘 나오는 모유는 점차 먹지 않게 됩니다. 엄마 젖에 입을 가져다 대주어도 금방 떼버립니다. 이럴 때는 분유로 바꾸어주어도 됩니다.

그러나 밤중에 꼭 한 번은 잠에서 깨어 젖을 먹고 자는 아기에게는 심야용으로 모유를 먹이는 것이 좋습니다. 이것이 번거롭지 않습니다. 밤중에 깨지 않는 아기라면 아침에 첫 번째 수유할 때 모유를 먹이는 것이 편합니다. 이 시기에 모유만 먹는 아기의 변은

횟수가 많고 설사변이라도 괜찮습니다. 141 설사와 변비가 있다

130. 분유로 키우는 아기

● 아기의 식욕이 왕성해 분유 양을 계속 늘리다 보면 비만이 될 수 있다. 분유 양을 하루 900ml 이하로 제한한다.

생후 2~3개월 된 아기는 식욕이 왕성합니다.

그러나 달라는 대로 분유 양을 마구 늘리면 과식하게 됩니다. 과식하는 아기는 분유기피증138 분유를 안 먹는다 이 되기도 하지만 이것은 극히 일부입니다. 대체로 아기가 과식하는 병적 상태를 엄마는 오히려 건강한 것으로 착각합니다.

과식이 계속되면 비만이 됩니다. 불필요한 지방이 몸에 붙은 것으로 정상이 아닙니다. 이 지방을 유지하기 위해 심장은 초과 노동을 해야 합니다. 또한 간장과 신장도 쉴새 없이 들어오는 영양을 처분해야 하므로 피로해집니다. 그러나 겉으로는 내장의 초과 노동을 알 수 없습니다.

●

살이 찌는 것과 튼튼한 것은 다릅니다.

엄마는 아기가 살찐 것을 보고 튼튼해진 것으로 착각하여 기뻐합니다. 모유영양으로도 비만이 되는 아기가 있기는 하지만, 고맙게

도 모유는 과식해도 동화되기 쉽기 때문에 간장과 신장이 피로해지지는 않습니다. 따라서 비만이라는 병은 분유를 먹는 아기에게만 생긴다고 할 수 있습니다.

비만을 예방하려면 과식하지 않도록 하면 됩니다. 분유는 눈금이 있는 젖병으로 먹이므로, 엄마는 매번 아기가 먹는 양을 잘 알고 있을 것입니다. 따라서 아기가 비만이 되는 것은 전적으로 엄마 탓입니다.

비만이 되지 않도록 하기 위해서 이달에는 분유를 하루에 900ml 이하로 제한해야 합니다. 하루 6회 수유할 경우에는 1회 150ml 이하, 하루 5회 수유할 경우에는 1회 180ml 이하로 제한합니다.

●

병조림 같은 이유식은 먹이지 않는 것이 좋습니다.

2개월부터 먹여도 된다고 하는 병조림 같은 이유식은 먹이지 않는 것이 좋습니다. 숟가락으로 밀어 넣으면 2개월 된 아기는 저항하지 않고 먹습니다. 그러나 일찍부터 먹일 수 있는 이유식은 주로 곡류입니다.

병조림 같은 이유식을 먹는 습관을 들이는 것은 아기를 비만아로 만드는 지름길로 가고 있는 것입니다. 그렇지 않아도 분유를 먹이는 아기는 비만아가 되기 쉽습니다.

●

소식하는 아기에게 무리하게 많이 먹이려고 하는 것은 잘못된 생각입니다.

아기에게는 각양각색의 개성이 있어 많이 먹고 싶어 하는 아기가 있는가 하면, 반대로 별로 먹지 않으려는 아기도 있습니다. 이른바 소식하는 아기입니다. 모유로 키우면 1회에 어느 정도의 양을 먹는지 잘 모르기 때문에 별로 몸집이 크지 않다는 것으로 소식아라는 것을 깨닫게 됩니다. 그러나 분유를 먹이면 매번 먹는 양을 알 수 있고, 더욱이 분유통에 쓰여 있는 2개월 된 아기에게 먹여야 할 양을 먹이면 남기기 때문에 엄마는 금방 알아차릴 수 있습니다.

생후 2개월에 체중이 5kg인 아기에게 어떤 분유통에는 210ml를 먹이라고 쓰여 있습니다. 이때 아기가 분유를 180ml밖에 먹지 않으면 엄마는 걱정하게 됩니다. 그러나 다른 분유통에는 140~160ml를 먹이라고 쓰여 있기 때문에 그때는 또 안심합니다. 어느 쪽이든 아기는 자기의 양대로 먹는 것입니다. 분유에 따라 분유 양이 이렇게 다른 것은 아기에 따라 개인차가 있어서 일률적으로 정할 수 없기 때문입니다.

소식하는 아기 가운데는 생후 2개월이 되었는데 100ml를 겨우 먹는 아기도 있습니다. 이런 아기는 생후 1개월 때부터 그다지 많이 먹지 않고, 밤에도 깨지 않고 자기 때문에 소식한다는 것을 짐작할 수 있습니다. 소식하는 아기에게 무리하게 많이 먹이려고 하는 것은 잘못된 생각입니다.

소식하는 아기의 엄마는 다른 통통한 아기들을 보아도 부러워할 필요가 없습니다. 살찌거나 마른 것은 2개월 된 아기의 능력과는 관계가 없습니다. 영아 건강검진[137 건강검진]에서 소식하는 아기의 엄마는 "아기에게 좀 신경 써서 먹이세요"라는 말을 들을 수도 있지만, 엄마만큼 아기가 먹는 것에 신경 쓰는 사람은 없으므로 이런 말에 귀 기울일 필요는 없습니다.

소식하는 아기에게 분유를 많이 먹이기 위해 주사를 놓기도 하는데 이것은 어리석은 짓입니다. 소식하는 아기는 그만큼의 양이 그 아기의 몸 전체에 잘 흡수되도록 몸의 구조가 만들어져 있는 것입니다. 호르몬제 따위를 주사하는 것은 자연의 섭리를 거스르는 행위입니다. 평소 밤에 잘 자던 아기가 전에 맞은 주사에 대한 공포 때문에 밤에 자다가 갑자기 깨서 울게 됩니다.

아기가 소식한다고 하여 분유의 농도를 진하게 타는 것도 좋지 않습니다. 위장이 작은 것이 아니라, 아기의 몸이 그 정도의 영양 섭취만으로도 아무 탈 없이 성장할 수 있기 때문에 분유를 진하게 타면 오히려 그만큼 먹는 양은 줄어들게 됩니다.

131. 목욕 시간

● 목욕은 같이 살고 있는 가족이 서로 불편을 느끼지 않는 시간에 시키는 것이 좋다.

아기의 목욕 시간은 정하기 나름입니다.

아기의 목욕 시간이 언제가 좋은가 하는 것은 태어나면서부터 정해져 있는 것이 아닙니다. 어느 정해진 시간에 목욕시키는 것이 습관이 되면 이것이 아기의 생활 리듬이 되는 것입니다. 그러나 이것도 바꿀 수 있습니다. 같이 살고 있는 가족과 서로 불편을 느끼지 않는 시간에 목욕시키는 것이 좋습니다. 맞벌이 가정에서는 밤 11~12시가 되는 경우도 있습니다.

부부와 아기만 사는 경우에는 경제적인 기둥이 되는 사람의 건강 유지와 정신적인 안정을 고려하여 목욕 시간을 정하면 됩니다. 생후 1개월까지는 아기를 목욕시키는 데 아빠의 도움이 절대적으로 필요합니다. 그러나 2개월이 되면 목욕을 할 수 있게 된 엄마가 아기를 목욕시키는 것이 일반적입니다.

하지만 추울 때는 누군가 도와주지 않으면 아기를 목욕시키기 어렵습니다. 그리고 추운 때는 매일 목욕을 시키지 않아도 됩니다. 일요일이나 휴일을 잘 이용하면 좋습니다. 날씨가 따뜻할 때는 문단속만 잘한다면 엄마 혼자서 목욕시키고 닦아주고 옷 입히는 것을 할 수 있습니다.

아빠가 아기 목욕시키기를 힘들어하지 않거나 오히려 즐겁게 생각하는 경우에는 계속 아빠의 퇴근에 맞춰 목욕을 시키는 것이 좋습니다. 그러나 퇴근하면 바로 목욕탕에 들어가 노래 부르기를 즐기는 아빠에게 아기의 목욕을 맡기는 것은 무리입니다.

●

가족의 평화를 위해 아기의 목욕 시간이 바뀔 수도 있습니다.

갈등이 생기는 것은 친정에서 출산한 엄마가 1~2개월이 지나 아기와 함께 시부모와 함께 사는 집으로 돌아왔을 때입니다. 친정에서 목욕시켰던 시간이 오후 2시부터 4시 사이였던 경우에는 별로 문제가 없습니다. 하지만 밤 9시가 지나서 목욕을 시켰던 경우에는 아기의 목욕 시간을 그대로 지키려면 가족 전체의 생활 리듬이 깨져버리게 됩니다. 이것은 가족의 평화를 위해 좋지 않습니다. 이럴 때는 아기의 생활 리듬을 가족에게 맞추도록 합니다.

아기를 목욕시키기 전에 욕조는 깨끗이 씻어서 물을 담아야 합니다. 미숙아로 태어난 아기가 아닌 한, 생후 2개월이 넘은 아기가 목욕할 때 감염되어 병에 걸리는 일은 없습니다. 옛날에는 2개월이 넘은 아기를 대중탕에도 데리고 갔습니다. 감염되기 쉬운 부분은 눈이기 때문에 대중탕 욕조의 물로는 얼굴과 머리는 씻기지 말아야 합니다.

132. 아기 몸 단련시키기 

- 하루에 2시간 정도는 안아줘서 운동 능력을 발달시킨다.
- 봄, 가을, 겨울에는 직사광선을 피해 하루 10분 정도 일광욕을 시켜준다.
- 목욕을 자주 시켜 피부를 단련시킨다.

너무 안아주지 않으면 운동 능력이 발달하지 않습니다.

안아주는 버릇을 들이면 안 된다는 생각에 생후 2개월 된 아기를 되도록 안아주지 않으려고 하는 엄마가 많습니다. 이런 엄마는 방을 깨끗하게 정리하거나, 아기 옷을 직접 만들어주거나, 정원에 화초를 기르는 부지런한 사람입니다. 엄마는 집안일을 순조롭게 해나가기 위해 아기가 침대 위에서 얌전히 있도록 하는 습관을 들이고 싶어 합니다. 그래서 수유할 때나 목욕시킬 때 이 외에는 되도록 안아주지 않습니다.

이렇게 하면 집 안도 깨끗해지고 아기 옷도 많이 만들 수 있을지는 모르지만 아기의 운동 능력은 발달하지 않습니다. 특히 얌전한 아기는 눕혀 놓아도 화가 나서 울지 않기 때문에 더 안아주지 않게 됩니다. 그러면 목 가누는 것도 늦어지고, 스스로 앉는 것도 더디어집니다.

●

생후 2개월이 되면 하루 2시간 정도는 안아주는 것이 좋습니다.

안아주면 사물을 보려고 목 근육을 사용합니다. 그리고 안겨 있으면서 상체를 똑바로 세우려고 하기 때문에 등이나 가슴, 배 근육도 사용합니다. 즐거워서 손을 움직이려고 하므로 손 근육도 사용하게 됩니다. 이것이 아기에게는 운동이 됩니다.

단지 안고 있지만 말고, 엄동설한에 바람 부는 날이나 비 오는 날을 제외하고는 집 밖으로 데리고 나가는 것이 좋습니다. 눈이 보이게 된 아기에게는 밖에서 자동차가 달리는 것을 보거나 아이들이 노는 모습을 바라보는 것이 큰 즐거움입니다. 초봄, 늦가을, 겨울철에는 햇살이 비치는 곳에 나가도 괜찮지만, 그 외의 계절에는 직사광선은 쐬지 않는 것이 좋습니다. 엄마의 체온과 직사광선으로 인해 아기의 체온이 너무 올라갈 수 있습니다. 이때는 유모차에 아이를 완전히 눕히고 벨트로 고정시켜 엄마가 지켜볼 수 있는 장소에 두고 바깥 공기를 쐬어주는 것이 좋습니다.

손, 발, 얼굴을 하루 10분 이내로 일광욕해 줍니다.

목욕은 몸을 청결히 하는 것 이외에, 알몸이 되거나 몸을 따뜻하게 함으로써 피부 단련에도 도움을 줍니다. 아기의 심장에 문제가 없다면 되도록 부지런히 목욕을 시키는 것이 좋습니다.

영아체조에 대해서는 126 이 시기 영아체조, 127 영아체조법을 참고하기 바랍니다. 자주 안아주는 아기라면 이 시기에 영아체조는 필요 없습니다.

일광욕은 초봄, 늦가을, 겨울철 얼굴, 손, 발에 하루 10분 이내로 해줍니다. 이전에 비해 일광욕을 별로 권장하지 않게 된 것은 피부암을 예방하기 위해서입니다. 통계상 피부암은 얼굴, 손, 발 등 태양을 직접 쬐는 부분에 많이 발생하고 야외에서 일하는 사람에게 많이 발생하는 것으로 나타났습니다. 따라서 일광욕은 비타민 D를 만드는 데 필요한 정도의 시간만 시키도록 합니다. 물론 아기가 햇볕을 쬐었다고 해서 바로 피부암이 되는 것은 아닙니다.

환경에 따른 육아 포인트

133. 이 시기 주의해야 할 돌발 사고

- 침대에서 떨어질 수 있다.
- 자동차에서 머리를 다칠 수 있다.
- 곳곳의 위험물로 질식사할 수 있다.
- 동물과 단둘이 두면 동물이 아기를 물 수도 있다.

침대에서 떨어질 수 있습니다.

이 시기에 가장 많은 사고는 침대에서의 추락입니다. 아직 뒤집지도 못하고 기어다니지도 못하기 때문에 떨어질 리가 없다고 방심해서는 안 됩니다. 침대 난간을 세우지 않고 아기를 재우면 추락할 수 있습니다. 아기가 침대 가장자리에 누워 있다가 이불을 발로 차는 바람에 떨어지는 등 예상치 못한 일로 추락하게 됩니다. 아기용 침대는 그다지 높지 않기 때문에 떨어졌을 때 큰 상처를 입는 일은 없습니다. 대체로 떨어졌을 때 머리를 부딪혀 아프다고 웁니다. 그 울음소리에 놀란 엄마가 달려와 추락한 것을 발견하게 됩니다.

이렇게 작은 아기가 머리를 부딪혔으니 뇌에 상처가 생기지 않았을까 걱정하는데, 생후 2개월 된 아기가 아기용 침대에서 떨어져 나중에 장애를 일으킨 사례는 들어본 적이 없습니다. 바닥이 나무 판자이거나 비닐 계통의 타일인 경우에도 뇌내출혈을 일으킨 사례는 없습니다.

이때 진찰을 받아보려고 외과에 데리고 가면 아기가 방실방실 미소 짓고 있어 의사가 오히려 당황하게 됩니다. 기껏해야 머리의 엑스레이 사진을 찍고 아무렇지 않다는 말을 듣게 될 것입니다. 머리의 엑스선 사진을 한 번 찍었다고 해서 어떻게 되는 것은 아니지만 방사선에는 되도록 노출시키지 않는 것이 좋습니다.

●

차 안에서는 머리를 부딪히지 않도록 조심해야 합니다.

침대에서 떨어진 것은 괜찮지만, 자동차에 태우고 가다가 뒤에서 받히거나 급정차하여 유리창에 머리를 부딪혔을 때는 괜찮다고 장담할 수 없습니다. 아기를 차에 태울 때 운전석 옆자리에는 절대 앉혀서는 안 됩니다. 그리고 아기를 안고 있는 사람은 반드시 안전벨트를 해야 합니다.

특히 아기의 머리를 조심해야 합니다. 엄마가 항상 머리를 끌어안고 있는 것처럼 하는 것이 좋습니다.

●

생활공간 곳곳에 질식의 위험이 있습니다.

생후 2개월까지의 아기는 엄마 곁에서 자다 젖에 눌려 질식할 위험이 있습니다. 젖을 물리다 기분이 좋아져 깜박 잠든 엄마의 젖에 아기의 코와 입이 덮였을 때, 2개월 된 아기는 아직 양팔로 엄마를 밀어내지 못합니다. 그러므로 이 시기에 젖을 먹일 때는 앉아서 아기를 안고 먹여야 합니다.

비닐 봉지 같은 것이 날아와서 얼굴을 덮어도 2개월 된 아기는 아직 걷어내지 못하기 때문에 숨이 막히게 됩니다. 따라서 바닥에서 재우는 아기의 베개 주변은 항상 정리해놓아야 합니다.

젖을 잘 토한다고 표면에 비닐 처리가 된 턱받이를 해주어서는 안 됩니다. 턱받이가 밀려 올라가 비닐이 코와 입을 막을 수도 있기 때문입니다.

베개 밑에 비닐을 까는 것도 안전하지 않습니다. 아기가 자주 젖을 토하면 그때마다 시트를 갈아주는 것이 귀찮아서 베개 밑에 비닐을 까는 엄마가 있는데, 어떤 순간에 아기가 엎드리게 되었을 때 비닐이 입과 코를 막아서 질식할 수 있습니다. 뿐만 아니라 아기를 엎드려 재웠는데 토해서 시트가 젖어버려 2개월 된 아기가 질식사한 사례가 있습니다.

●

아기 혼자 있는 곳에는 동물이 못 들어가게 합니다.

동물이 들어와서 아기의 볼과 입 주위에 묻어 있는 분유를 핥다가 아기를 물기도 합니다. 아기를 재우고 장을 보러 갈 때는 동물이 들어오지 못하도록 창문을 잘 닫아야 합니다. 침대 다리 옆에 여러 가지 물건을 놓아두면 동물이 밟고 올라가도록 도와주는 것이 됩니다.

감수자 주

추락 후에 전혀 울지 않거나 정신을 잃었다면 반드시 병원에 가서 진찰을 받아야 한다.

134. 형제 자매 

● 형이나 누나가 있는 집에서 엄마는 큰아이에게도 관심을 가져야 한다. 그렇지 않으면 질투 때문에 아기에게 위해를 가할 수도 있다. 또 큰아이가 선의의 행동으로 피해를 주거나 전염병을 옮길 수도 있다.

어린 큰아이가 있을 때는 질투 때문에 아기에게 위해를 가하지 않도록 주의해야 합니다.

특히 지금까지 혼자서 귀여움을 독차지하던 아이에게 동생이 생긴 경우라면 더욱 주의해야 합니다. 질투심에는 개인차가 있어서 같은 연령의 아이라도 전혀 다릅니다. 동생이 생긴 것을 매우 기뻐하며 아기를 위한 일이라면 스스로 도와주는 아이가 있는가 하면, 엄마가 아기를 안고 있으면 내려놓고 자신을 안아달라는 아이도 있습니다.

생후 2개월이 지나면 아기라는 새로운 존재가 일시적인 손님이 아니고 오랫동안 같이 살 사람이라는 사실을 큰아이도 깨닫게 됩니다. 그래서 질투심이 강한 아이는 아기가 2~3개월쯤 되었을 때 위해를 가하는 경우가 많습니다. 엄마는 큰아이가 질투를 하는지 아닌지 알고 있으므로, 아기를 질투하는 큰아이에 대해서는 항상 경계를 해야 합니다. 단지 경계만 할 것이 아니라 큰아이에 대한 애정이 변함없다는 것을 표현하기 위하여 안아주거나, 밤에 잠자리에 들 때 옆에 같이 있어주면서 이야기를 들려주는 것이 좋습니다. 형이 되었으니까, 누나가 되었으니까 하면서, 엄마에 대한 큰아이의 '구애'를 무심하게 물리치면 뜻하지 않은 복수를 당하게 됩니다. 또 큰아이가 질투가 아니라 애정을 가지고 아기에게 한 행동이 결과적으로는 해를 입히게 되는 경우도 있습니다. 아기가 운다고 전날 밤에 부엌에 방치해 두었던 먹다 남은 젖병을 가지고 와서 먹인다거나, 추울 거라고 생각해서 아기 얼굴에 이불을 덮어주는 행동 같은 것입니다. 엄마는 한방에 어린 큰아이와 갓난아기만 있지 않도록 항상 주의해야 합니다.

●

큰아이가 유치원에서 여러 가지 병을 옮아 와서는 아기에게 옮기는 일도 있습니다.

생후 2~3개월 된 아기는 엄마의 체내에서 받은 면역 항체가 아직 남아 있기 때문에 감염되지 않는 병도 있습니다. 홍역, 풍진, 볼거리, 일본뇌염은 생후 3개월까지는 걸리는 경우가 거의 없습니다. 그러나 백일해, 수두는 옮습니다. 특히 백일해는 어릴수록 증상이 심합니다. 따라서 아기가 태어나기 전에 유치원에 다니는 큰아이에게 반드시 백일해 예방접종을 해두어야 합니다. 수두는 생후 3개월에는 잘 걸리지 않지만 4개월이 되어 걸리는 아기도 종종 있습니다. 그러나 걸려도 증상이 가볍습니다.

큰아이에게서 성홍열이 옮아서 아기가 성홍열을 앓는 경우는 없지만, 원인인 용연균은 아기에게 무해하다고 할 수 없습니다. 큰아이가 입원하기 전에 아기와 접촉이 있었을 때는 처치에 대해 의사와 상담하는 것이 좋습니다. 이때 항생제를 주는 의사가 많을 것입니다. 큰아이가 이질이나 장티푸스로 입원했을 때도 똑같이 생각하면 됩니다. 이때는 보건소에서 집을 소독하겠지만 엄마도 분유의 소독을 더 철저히 해야 합니다.

큰아이가 유치원의 신체검사 결과 "결핵입니다"라는 말을 들었을 때, 가령 그것이 사실이라 해도 아기에게는 거의 전염되지 않습니다. 어린아이에게 폐에 공동이 있는 폐결핵은 없기 때문입니다. 폐문 림프절 결핵은 전염되지 않습니다. 그러나 왜 결핵이라고 했는지 철저히 확인해 볼 필요는 있습니다.

135. 이발하기

● 가위로 자르고 면도칼은 사용하지 않는다. 머리를 빡빡 밀어주는 것은 좋지 않다.

처음으로 머리를 깎아주게 되는 시기입니다.

아기를 차에 태우는 일이 많아져 뜻밖에 멀리까지 데리고 가야 될 경우가 있습니다. 이때는 외출복을 입히게 됩니다. 머리도 예쁘게 다듬어주게 됩니다. 아기의 머리카락은 가위로만 자르고 면도칼은 사용하지 않는 것이 좋습니다. 면도칼은 잘못하면 피부에 눈에 보이지 않는 미세한 상처를 남길 수 있습니다.

아기의 머리숱이 적어 많게 해주려고 머리를 빡빡 밀어주기도 하는데, 이것은 자제하는 것이 좋습니다. 만약 머리를 부딪혔을 때, 적어도 머리카락이 있는 편이 안전하기 때문입니다. 또 머리카락을 밀면 숱이 많아진다는 것은 과학적인 근거가 없습니다.

136. 외출하기

● 목을 완전히 가누게 되면 20~30분 정도의 외출은 가능하나 아직 삼가야 할 곳이 많다.

20분 이내의 외출은 가능합니다.

생후 2개월이 지나면 아기의 눈은 상당히 잘 보입니다. 아기 자신도 집 밖의 사물 보기를 즐거워합니다. 아기에게 기쁨을 주면서 바깥 공기의 자극으로 피부를 단련시키는 것이 아기의 외출입니다. 외출은 어디까지나 아기를 위해서 하는 것입니다. 어느 정도의 시간 동안 외출시킬 수 있는가 하는 것은 아기가 목을 가눌 수 있는 정도에 따라 다릅니다. 목을 완전히 가눌 수 있으면 20~30분 동안 바깥에서 안고 있어도 아기는 그다지 지치지 않습니다. 20분 이내에 갔다 올 수 있는 장 보기에 아기를 데리고 외출할 수도 있습니다.

하지만 아직 외출을 삼가야 할 곳이 많습니다.

유모차에 앉히는 것은 이 월령의 아기에게는 아직 이르고 위험합니다. 유모차에 아기를 눕혀서 밀고 가는 것은 도로가 포장되어 있으면 괜찮지만 울퉁불퉁한 길이라면 피하는 것이 좋습니다. 오히려 이 시기에 유모차는 엄마가 정원을 청소하거나 빨래를 널 때 잘 보이는 곳에 두고 아기를 완전히 눕혀(이때 벨트로 고정시킴) 바깥 공기를 쐬어주는 데 사용합니다. 업어주는 것도 목을 완전히 가눌 수 있으면 불가능하지는 않지만, 겨울철에 온몸을 포대기로 덮어 싸는 경우 이외에는 이 월령에는 많이 업지 않도록 합니다. 이 시기에 아기를 데리고 백화점에 쇼핑을 가기에는 아직 이릅니다. 영화관에 데리고 가는 것도 안 됩니다. 공기가 탁하고 의외로 환자들이 시간을 보내려고 영화관에 많이 가기 때문에 결핵 등에 감염될 수 있습니다.

모자를 쓰지 않으면 안 될 정도로 더운 계절에는 아기를 안고 멀리 가지 않는 것이 좋습니다. 엄마의 체온이 전해져 아기의 몸이 과열될 수도 있습니다.

137. 건강 검진

● 아기의 개성을 무시한 채 체중만을 기준으로 평가하는 건강검진이라면 아무 의미가 없다.

아기의 개성을 무시한 일률적인 영아 지도라면 오히려 하지 않는 편이 낫습니다.

보건소를 통한 영아 건강검진은 지금까지 많은 계몽적인 역할을 했습니다. 모유가 부족한 것을 모르고 있던 엄마, 분유를 너무 묽게 먹이고 있던 엄마, 과즙을 전혀 주지 않던 엄마에게 보건소 직원이 "그렇게 하면 아기가 영양 부족이 됩니다"라고 경고했습니다. 이러한 노력으로 많은 아기들이 생명을 건졌습니다. 보건소에서는 아기의 영양 부족을 예방하는 것이 가장 큰 업무였기 때문에 우선 아기의 체중을 파악하기 시작했습니다. 보건소에 모인 아기들의 체중을 측정하여 '표준 체중'에 미달인 아기를 골라내는 것이 영양이 부족한 아기를 발견해 내는 지름길이었습니다. 이 방법이 영아 건강검진의 절차가 되어 지금까지 계속되고 있습니다.

분유를 먹이는 엄마들 중에는 꼭 분유통에 쓰여 있는 대로 아기에게 먹이려는 사람이 있습니다. 그러나 분유통에 쓰여 있는 양은 상업적인 목적으로 아기에게 필요한 양보다 약간 많습니다. 그만큼 먹을 수 있는 아기도 있지만, 먹지 못하는 아기도 있습니다. 그러나 엄마는 분유통에 쓰여 있는 양만큼 먹여야 한다고 생각해 어떻게든 먹이려고 노력합니다. 그것을 3~4개월까지 지속한 상태에서 건강검진을 받게 됩니다.

만약 모인 아기들의 체중을 측정하여 모자건강수첩에 나온 발육곡선의 50%에 못 미치는 아기만 남게 하면 어떻게 될까요? 그러면 두 유형의 아기가 남게 됩니다. 하나는 모유만으로 키운 아기입니다. 분유를 먹는 아기가 많으면, 전체 아기의 체중 평균은 분유를 먹여 키우는 아기의 평균에 가까워집니다. 게다가 분유는 모유보다 많이 먹이기 때문에 매년 체중이 늘어납니다. 모유를 먹는 아기는 정상적으로 자라고 있어도 발육곡선에서는 100명을 줄 세우면 50번째에도 미치지 못합니다.

또 다른 유형은 분유로 키우고 있으나 분유통에 쓰여 있는 양만큼 먹지 못하는 아기입니다. 분유통에 쓰여 있는 대로 주면 항상 20~30ml를 남기는 아기가 매회 전부 먹는 아기에 비해 3~4개월 사이에 체중이 적게 나가게 되는 것은 당연한 일입니다.

유감스럽게도 지금까지의 절차를 개정하지 않은 '영아 지도'에서는 이렇게 체중으로 구분하여 표준 체중에 미달인 아기들에게 영양부족이라는 꼬리표를 붙입니다. 모유를 먹이는 엄마에게는 분유로 보충해 주라 하고, 분유를 먹이는 엄마에게는 더욱 열심히 분유를 먹이라고 합니다. 이러한 '지도'는 아기 입장에서는 오히려 달갑지 않은 것입니다. 아기의 개성을 무시한 일률적인 지도라면 오히려 하지 않는 편이 낫습니다.

건강검진에서 주의해야 할 것은 영양 부족이 아닌 영양 과잉입니다.

건강검진으로 지금까지 모르고 있던 선천성 고관절 탈구나 심장병이 발견되는 경우도 있을 것입니다. 그러나 의사가 지금까지 아기가 젖을 먹던 방법, 체중의 증가 상황 등을 제대로 물어보지 않는다면 그것은 형식적인 건강검진에 불과합니다. 이런 경우 모처럼 모유가 잘 나오고 있는데 본의 아니게 분유로 바꾸게 되는 아기가 생겨납니다. 또 열심히 분유를 먹이려고 해도 아기가 도무지 받아들이지 못하여 다음 달에도 표준 체중에 미달, 성의가 부족하다는 말을 듣고 노이로제에 걸리기도 합니다. 핵가족 시대의 건강 검진은 체중으로 아기의 건강을 판단하던 옛날의 평가와는 달리, 도와주는 사람 없이 혼자서 아기를 키우는 엄마를 격려하고 아기가 건강하게 자랄 수 있도록 지도하는 방향으로 나아가야 합니다. 최근 유아들의 건강검진에서 주의해야 할 것은 영양 부족이 아닌 영양 과잉입니다.

●

계절에 따른 육아 포인트. 104 계절에 따른 육아 포인트 참고

엄마를 놀라게 하는 일

138. 분유를 안 먹는다

● 분유 양이 많다는 아기의 신호이므로 양을 줄여 간장과 신장을 푹 쉬게 해주어야 한다.

잘 먹던 아기가 갑자기 어느 날부터 분유를 먹으려 하지 않습니다.

3개월 전후의 아기가 지금까지 분유를 잘 먹다가 어느 날 갑자기 먹으려 하지 않는 경우가 있습니다. 이에 놀란 엄마가 분유를 먹이려고 노력해 보지만 조급해하면 할수록 아기는 더 먹지 않습니다. 결국에는 젖병을 보기만 해도 울음을 터뜨리게 됩니다.

이런 경우 엄마가 하는 일은 대체로 정해져 있습니다. 우선 분유를 바꾸어봅니다. 농도를 묽게 해봅니다. 분유 온도를 차갑게 해봅니다. 젖병꼭지를 다른 것으로 바꾸어 봅니다. 그러나 어느 것도 성공하지 못합니다. 아기가 밤에 잠들려고 할 때 살짝 젖병꼭지를 물리면 비몽사몽간에 먹기도 합니다. 그리고 분유는 잘 먹지 않지만 과즙이나 끓여서 식힌 물은 먹기도 합니다.

이와 같이 분유를 싫어하는 아기에 대한 이야기를 잘 들어보면, '분유기피증'이 되기 1주나 2주 전에는 분유를 아주 잘 먹었던 시기가 있었습니다. 마침 그 시기에 체중을 측정했던 기록을 보면 하루에 40g 이상 늘었던 것을 알 수 있습니다.

분유기피증은 새로운 병이 아니라 아기의 정상적인 기능이 분유에 반응한 것뿐입니다.

원래 분유는 최대한 모유와 비슷한 성분으로 만들어진 것입니다. 그러나 그렇다고 모유와 똑같지는 않습니다. 아기는 관대해서 모유와 분유에 상당한 차이가 있어도 먹어줍니다. 그러나 일부 아기는 농도가 진한 분유에 적응하지 못합니다. 최근 유럽의 한 연구 결과에 따라 분유는 모유에 비해 농도가 진하기 때문에 조금 연하게 해서 먹이는 것이 좋다는 사실이 밝혀졌습니다.

생후 2개월 전후부터 농도가 진한 분유를 잘 먹던 아기가 분유기피증이 되는 것은 이 때문인 것 같습니다. 분유기피증은 새로운 병이 아니라 아기의 정상적인 기능이 분유에 반응한 것뿐입니다.

이럴 때 엄마는 아기의 간장과 신장을 푹 쉬게 해주어야 합니다.

분유를 계속 너무 많이 먹으면 간장과 신장이 피로해지고 지쳐 결국에는 아기의 몸 속에서 반란이 시작됩니다.

이것이 분유기피증으로 나타나는 것입니다. 분유를 소화시키느라 지쳐 있는 기관은 소화가 잘되는 과즙이나 수분은 기꺼이 받아들입니다. 그렇기 때문에 분유기피증은 병이 아니라 비만을 예방하기 위한 아기의 자각 반응이라고 생각하는 것이 좋습니다.

즉 '엄마, 분유 양이 너무 많아요'라고 아기가 경고하는 것입니다. 이럴 때 엄마는 아기의 지친 간장과 신장을 푹 쉬게 해주어야 합니다. 아기가 다시 분유를 잘 먹을 수 있게 될 때까지 과즙이나 수분을 충분히 보충해 주고, 싫어하는 분유를 무리해서 먹이지 않으면 됩니다.

엄마의 조바심이 가장 나쁩니다.

분유기피증의 원인이 무엇인지 알고 엄마가 침착하게 대처하면 아기의 분유기피증은 저절로 낫기 시작합니다. 분유기피증으로 굶어죽은 아기는 본 적이 없습니다. 10~15일 정도 차분하게 지켜보면 반드시 분유를 다시 먹게 됩니다.

하루 종일 먹은 분유의 양이 100ml나 200ml인 날이 계속되어도 걱정할 필요 없습니다. 과즙과 수분을 아기가 원하는 만큼 먹이면 됩니다. 아기는 자신의 소화능력만큼 분유를 먹어 간장과 신장을 충분히 쉬게 합니다. 휴식을 취하면 점차 회복되어 다시 분유를 먹게 됩니다.

분유기피증인 아기에게 분유를 먹이려고 하면 싫어하지만 분유를 그다지 먹지 않아도 축적된 것이 충분히 있기 때문에 아주 잘 놉니다. 아기가 기운이 있는 한 목욕도 시키고 바깥공기도 쐬어줍니다.

분유기피증은 엄마에 대한 중대한 경고입니다.

분유기피증인 아기를 환자 취급하여 여러 가지 주사를 놓는 것은 오히려 회복을 더디게 합니다. 분유를 먹지 않는다고 해서 아미노산이 들어 있는 영양제를 주사하면, 모처럼 쉬려고 하는 아기의 간장과 신장을 더욱 자극하여 오히려 점점 더 피로해 포도당이나 링거 주사를 맞히는 것도 의미가 없습니다. 아기는 설탕물이나 과즙은 기꺼이 먹기 때문입니다. 입으로 먹어서 위와 장으로 자연스럽게 흡수시킬 수 있는데, 부자연스럽게 정맥으로 영양을 줄 필요가 있을까요?

링거 주사는 아기를 아프게 하여 공포심을 갖게 합니다. 모처럼 간장과 신장을 쉬게 하려는 아기를 괴롭혀서 불안하게 만드는 것은 어리석은 짓입니다. 단백동화호르몬을 주사하는 것도 좋지 않습니다. 부작용으로 뼈가 빨리 굳어버려 키가 크지 않을 수도 있습니다.

아기의 몸은 자연의 섭리에 의해 조절됩니다. 그러므로 어설픈 지혜로 자연의 조절을 방해하지 말아야 합니다.

분유기피증은 엄마에 대한 중대한 경고입니다. 분유기피증이 사라진 후에는 아기에게 분유를 너무 많이 먹이지 않도록 특별히 주의해야 합니다.

139. 탈장되었다_서혜 헤르니아 

● 뱃속에 있던 장이 내려와 서혜부를 지나 음낭 속으로 들어오는 것으로 남자 아이에게 주로 많다. 저절로 낫는 경우도 있지만 수술해야 되는 경우가 많다.

주로 남자아이에게 많이 나타납니다.

남자 아기의 경우 고환이 처음에는 뱃속에 있습니다. 이것이 태어나기 전에 뱃속에서 음낭으로 내려옵니다. 고환이 통과하는 통로는 생후에는 막혀버리는 것이 보통입니다. 그런데 이 통로가 잘 닫히지 않는 아기가 있습니다. 이런 아기가 생후 2~3개월경에 심하게 울거나 변이 단단하여 힘을 세게 주면, 이 통로를 통해 뱃속에 있던 장이 내려와서 서혜(사타구니)를 지나 음낭 속으로 들어옵니다. 이것이 '서혜 헤르니아'입니다.

서혜 헤르니아는 남자 아기에게 많이 생기지만 여자 아기도 같은 방식으로 장이 서혜부에서 대음순으로 내려오기도 합니다. 난소가 내려오면 자두씨 정도 크기의 딱딱한 것이 느껴집니다.

●

장이 꼬여 가늘어지면 위험합니다.

장이 통로를 통해 내려온 것만으로는 별로 아프지도 않고 아무런 지장이 없습니다. 음낭이 부어 있어도, 난소가 내려와 있어도 정상적으로 발육합니다. 서혜 헤르니아가 위험한 경우는 통로 속에서 장이 꼬이거나 가늘어지는 때입니다. 이것을 서혜 헤르니아의 '감돈'이라고 합니다.

이 때는 열은 나지 않습니다. 감돈 서혜 헤르니아는 장이 막혀버리는 것이기 때문에 아기가 갑자기 울면서 아파합니다. 아무리 달래도 울음을 멈추지 않습니다. 초기에는 천천히 눌러서 원래대로 되돌릴 수 있습니다. 그러나 2~3시간 지속되면 토하게 되고, 결국 수술을 해야 합니다.

아기가 심하게 울면 일단 기저귀를 벗겨봐야 합니다.

아기에게 헤르니아가 있었다는 것을 알고 있을 때, 아니면 엄마가 헤르니아에 대해 알고 있을 때 아기가 갑자기 심하게 울기 시작하면 감돈이 아닌지 기저귀를 벗겨서 확인해 봐야 합니다. 평소와 다르게 많이 부어 있고 원래대로 돌아가지 않으면 의사에게 보여야 합니다.

그러나 지금까지 서혜 헤르니아가 전혀 겉으로 표시 나지 않아 엄마가 모르고 있다가 갑자기 장이 내려와서 감돈한 경우에는 서혜 헤르니아의 감돈인 것을 알아차리지 못합니다. 왜 우는지 알지 못하고 분유를 줘보기도 하고, 안고 밖에 나가보기도 합니다.

기저귀를 빼고 사타구니 부위를 살펴보려고는 하지 않습니다(아기가 이유 없이 심하게 울 때는 반드시 기저귀를 빼고 서혜부를 살펴보아야 함).

서혜 헤르니아가 있어도 장이 자유롭게 드나드는 정도라면 별 말이 없지만 항상 감돈의 위험이 있다고 생각해야 합니다. 하지만 모든 서혜 헤르니아가 감돈을 일으키는 것은 아닙니다. 4~5명 중 한 명꼴입니다. 또 출생 후부터 6개월 이내가 가장 많습니다.

저절로 낫기도 하지만 대부분 수술해야 합니다.

서혜 헤르니아는 아무런 처치를 하지 않아도 자연히 낫는 아기도 있습니다. 그러나 저절로 낫지 않아 수술해야 하는 아기가 더 많습니다. 예전에는 수술 후에 기저귀를 차면 오물이 묻어 좋지 않으므로 수술 시기를 기저귀를 뗄 때로 연기했습니다. 그러나 최근에는 탈장을 발견하면 바로 수술하는 것이 일반적입니다.

종래의 방식을 고수하는 외과 의사는 1년 정도 지난 후에 수술하자고 할 것입니다. 아기가 자란 후에 수술하기가 쉽기 때문입니다. 따라서 진찰한 의사에 따라 각기 수술방식으로 치료하는 시기가 달라집니다. 서혜 헤르니아는 의사 각자가 가장 자신 있는 방식으로 치료하는 것이 바람직합니다.

수술을 연기했을 때는 항상 감돈의 위험을 생각하고 있다가 아기가 갑자기 울면 반드시 서혜부를 살펴보도록 합니다. 그리고 만일 감돈했을 때는 수술을 예약한 외과 의사에게 연락해야 합니다.

모유를 중단하지 않도록 하기 위해, 또 아기를 엄마로부터 떼어놓아 불안해하지 않도록 하기 위해 엄마와 아기가 함께 입원하는 것이 좋습니다. 이렇게 할 수 없을 때는 통원수술을 해야 합니다.

예전에는 탈장 부분을 눌러주는 탈장대라는 것이 있었으나 최근에는 사용하지 않습니다. 이것은 장이 내려오는 것을 예방할 수 없을 뿐 아니라 고환의 혈액 순환만 나쁘게 하기 때문입니다. 일본에서는 간혹 털실로 T자형의 띠를 뜨개질하여 눌러주는 방법도 시행해 보았으나 그다지 효과가 있는 것 같지는 않습니다.

140. 습진이 낫지 않는다

● 이전부터 생겼던 습진이 더욱 심해진다면 아토피성 피부염을 의심할 수 있다. 이때는 당장 낫게 하려고 하기보다 처음부터 장기전을 각오하는 것이 좋다.

병원에서 아토피성 피부염이라고 합니다.

이전부터 생겼던 습진이 이달이 되어 더욱 심해지는 경우가 있습니다. 머리 꼭대기에 냄비를 뒤집어쓴 것처럼 지방성의 딱지가 생기고 얼굴에도 같은 종류의 딱지가 생기며, 울면 딱지가 갈라지면서 피가 납니다. 부위에 따라서는 딱지가 떨어진 곳이 새빨갛게 짓물러서 투명한 분비물이 나와 이슬처럼 고이기도 합니다. 아기는 가렵기 때문에 깨어 있을 때는 가만히 있지 않습니다.

의사에게 진찰을 받으면 아토피성 피부염이라고 진단합니다. 그리고 매일 통원하게 하여 딱지를 떼어내려고 할 것입니다. 그러나 생후 2개월 된 아기가 매일 피부과에 통원하는 것은 바람직하지 않습니다. 전염성 피부병 환자와 대기실에서 접촉하는 것은 안전하지 않기 때문입니다. 딱지는 언젠가는 자연스럽게 떨어지고 흉터도 남지 않게 됩니다.

장기전을 각오해야 합니다.

아기에게 습진이 생겼을 때 가장 중요한 것은 처음부터 장기전을 각오해야 한다는 것입니다. 금방 낫게 해달라고 하면 의사는 강한 약을 쓰게 됩니다. 매일 오는 환자가 잘 낫지 않으면 의사는 불소가 들어 있는 부신피질호르몬 연고를 사용하거나 부신피질약을 처방하게 됩니다.

아기의 습진 경과를 가장 잘 알고 있는 사람은 엄마이므로 엄마 자신이 주의 깊게 관찰해야 합니다. 목욕을 시켜서 악화될 경우에는 목욕은 자제합니다. 비누 종류도 여러 가지로 바꾸어본 후 가장 자극이 적은 것을 사용합니다. 비누를 사용하지 않는 편이 좋겠다 싶으면 비누 사용을 중지합니다.

자외선은 자극이 강하기 때문에 아기에게 직사광선이 닿지 않도록 합니다. 겨울에는 춥다고 아기를 너무 따뜻하게 해주면 가려움증이 더 심해집니다. 분유가 원인으로 생각되는 경우에는 저알레르기성 분유나 가수분해 분유로 바꾸어봅니다. 그렇게 하면 증상이 가벼워지는 경우도 있습니다.

엄마가 꼭 알아야 할 것

엄마가 가장 주의해야 할 점은 우선 아기가 손으로 습진을 긁지 않도록 하는 것입니다. 크고 튼튼한 안전핀으로 소매 끝을 바지에 연결하여 손을 올리지 못하게 합니다.

다음은 습진에 화농균이 옮지 않도록 하는 것입니다. 베개 커버는 매일 바꾸어줍니다. 이불은 얼굴이 닿는 부분을 면으로 대고 매일 갈아줍니다. 이러한 것들은 의류나 기저귀와 따로 세탁하고, 세탁하기 전 뜨거운 물을 끼얹어야 합니다. 그리고 햇볕에 바짝 말립니다.

속옷은 면으로 된 것을 입힙니다. 새 옷은 입히기 전에 깨끗이 세탁하여 섬유에 가공 처리된 약품을 없애야 합니다.

부신피질호르몬 연고는 불소가 들어 있지 않으며 농도가 묽은 것이 좋습니다. 목욕 후에 하루 1회씩 되도록 적은 양을 살짝 펴 바릅니다(문질러서는 안 됨). 불소가 들어 있는 약을 함부로 얼굴에 발라서는 안 됩니다. 흉터가 남을 수 있기 때문입니다.

빨갛게 짓무른 곳은 끓여서 식힌 깨끗한 물을 소독한 가제에 적셔서 20분씩 하루에 3~4회 찜질해 줍니다. 아기가 다른 것에 관심을 가지도록 아기를 안고 직사광선을 피해 밖의 경치를 보여줍니다. 그리고 피부병에 걸린 아이와는 가까이 하지 않도록 합니다.

●

가래가 끓는다. 110 가래가 끓는다 참고

141. 설사와 변비가 있다

- 설사일 경우 모유를 먹이는 아기는 양을 줄이고 분유를 먹이는 아기는 소독을 철저히 한다.
- 변비일 경우 모유를 먹이는 아기는 우선 모유 부족을 생각하고 분유를 먹이는 아기는 플레인 요구르트를 먹여본다.

대체로 큰 병은 아닙니다.

생후 2~3개월 된 아기가 대변 보는 횟수가 많아지거나, 대변에 좁쌀 같은 것이 섞여있거나 점액이 섞여 나온다고 해서 무서운 병이라고 생각할 필요는 없습니다. 모유만 먹는 이 월령의 아기는 소화불량이 생기지 않고 바이러스로 인한 '겨울철 설사'도 걸리지 않습니다. 모유를 먹는데 생후 2개월이 지난 후부터 설사를 한다면, 모유 분비가 전보다 좋아져서 먹는 양이 많아진 것은 아닌지 먼저 생각해 봅니다. 체중을 측정해 보아 이전까지는 5일 동안 150g 늘었는데 최근에는 200g 늘었다면 모유가 잘 나오게 된 것입니다. 수유 전에 끓여서 식힌 물을 먹이면 모유를 먹는 양이 줄어 대변을 보는 횟수도 줄어들 것입니다.

젖병이나 젖병꼭지의 소독을 철저히 하고 있다면, 이 월령에는 무서운 병에 걸리지 않습니다. 특히 열도 나지 않고 기분도 좋아 분유를 잘 먹는다면 조금 묽게 타서 먹이는 것만으로도 설사는 낫습니다. 단, 여름철에 이질이 유행하고 있거나, 엄마가 설사를 한 후 1~2일 지나서부터 아기도 설사를 한다면, 대변에 혈액이나 고름이 섞여 있지 않더라도 의사에게 보여 대변 검사(균의 배양)를 해 보는 것이 좋습니다.

아기가 증상이 없는 이질에 감염되어 가족 친지에게 전염되는 경우도 있습니다. 보육시설에서 이질이 확산되는 것은 대체로 증상이 없는 이질에 걸린 아기의 기저귀 소독을 철저하게 하지 않았기 때문입니다.

모유를 먹이는 아기의 변비는 우선 모유 부족을 생각해 봅니다.

모유를 먹는 아기가 생후 2개월이 지난 후 변비에 걸렸다면 우선 모유가 부족한 것은 아닌지 생각해 보아야 합니다. 이것은 체중을 측정해 보면 알 수 있습니다. 이전까지 5일 동안 150g 늘었는데 최근에는 100g밖에 늘지 않았다면 모유가 부족한 것입니다. 이때는 분유로 보충해 주는 것이 좋습니다. 129 모유로 키우는 아기

그러나 모유를 먹는 아기가 변비에 걸렸을 때, 전부 모유 부족 때문이라고 볼 수는 없습니다. 모유는 충분한데도 무엇인가 알 수 없는 원인으로 이때부터 변비가 습관적으로 되는 경우도 있습니다. 이때는 과즙의 종류를 바꿔보거나 분량을 늘려봅니다. 과즙은 시중에서 판매하는 것보다 집에서 만든 것이 좋습니다. 가제로 너무 꽉 짜지 말고, 차를 거르는 금속망에 으깨는 정도가 좋습니다. 식물의 세포막에 함유되어 있는 섬유소가 장을 자극하기 때문입니다. 아기가 3일에 한 번밖에 변을 보지 못하고 심하게 끙끙거리면

서 울면 하루 걸러 관장을 시켜줘도 됩니다. 대변이 단단하지 않고 쉽게 2일에 한번 저절로 나온다면 그대로 두어도 괜찮습니다. 대변은 매일 보지 않아도 됩니다.

감수자 주

모유를 먹이는 경우에는 하루에 5회까지 변을 볼 수 있고, 분유를 먹이는 경우에는 5일에 1회 변을 볼 수도 있다. 그러나 아기가 불편해하면서 배변 횟수가 줄어들면 변비를 생각해 보아야 한다.

분유를 먹는 아기가 비교적 변비가 많습니다.

이것도 지난달부터 지속되고 있는 경우라면 걱정할 필요 없습니다. 이달이 되면 숟가락으로 먹는 아기도 있으므로 떠먹는 요구르트를 시도해 보는 것이 좋습니다. 가당 요구르트는 너무 단 것이 많으므로 플레인 요구르트에 설탕을 약간 넣어줘도 됩니다.

물론 과즙을 늘려 변이 잘 나오면 문제가 없습니다. 떠먹는 요구르트는 점차 양을 늘려 매일 한 번씩 편하게 변을 보게 해주는 양이 어느 정도인지 알게 되면 그 양을 유지하면 됩니다. 관장을 안 할 경우 1주나 10일씩 대변이 나오지 않는다면 병일 수 있습니다. 특히 복부가 비정상적으로 크고 발육도 나쁘다면 진찰을 받아봐야 합니다.

142. 열이 난다

● 생후 2~3개월 된 아기가 병으로 열이 나는 경우는 드물다. 하지만 경우에 따라서는 림프절 화농이나 중이염일 수도 있다.

감기나 전염병으로 열이 날 일은 별로 없습니다.

생후 2~3개월 된 아기가 열이 나는 일은 별로 없습니다. 여름에 아기를 안고 차로 1~2시간 이상 달렸을 때 아기에게 열이 있는 것처럼 느껴지는 것은 엄마의 체온과 더운 날씨로 인해 더위를 먹었기 때문입니다. 시원한 곳에 눕혀서 얼음베개를 베어주고 차가운 주스라도 마시게 하면 2~3시간 만에 열이 내립니다.

겨울철에는 아기를 너무 덥게 해주어서 열이 나는 경우가 있습니다. 너무 뜨겁게 온도를 높인 전기담요나 전기장판에 아기를 오래 눕혀놓으면 역시 더위를 먹어 열이 날 수 있고, 심할 때는 화상을 입을 수도 있습니다.

이 월령에 열을 동반하는 전염병(홍역, 볼거리, 감기 등)은 걸리지 않습니다. 부모가 감기에 걸려 아기에게 옮는 경우는 있지만 생후 3개월 전후에는 다행히 그다지 고열은 나지 않습니다. 가족 모두 감기에 걸려 있으면 아기의 열도 감기 때문이라고 짐작할 수 있습니다.

●

림프절 화농, 중이염으로 열이 날 수도 있습니다.

아주 드문 일이지만 턱밑에 있는 림프절이 화농하여 열이 나는 경우도 있습니다. 이때는 턱밑에 멍울이 부어오르기 때문에 겉으로 봐서도 알 수 있고, 만지면 아기가 아파합니다. 림프절이 부어 있다고 생각되면 병원에 가서 항생제를 처방받아야 합니다. 초기라면 수술하지 않아도 됩니다.

열이 있고 심하게 울 때는 중이염을 생각해 봐야 합니다. 한밤중에 소아과 의사를 깨워 진찰을 받아도 귓속까지 세심하게 살펴 보지 못할지도 모릅니다. 감기일 것이라고 하여 항생제 주사를 맞고 돌아오게 되는데, 결과적으로는 중이염 치료에도 효과가 있습니다. 병원에 가지 않고 머리의 열을 식히고 다음 날 아침까지 기다렸더니 아팠던 귀에서 투명한 분비물이 흘러나와 중이염인 것을 알게 되는 경우도 많습니다. 이비인후과에는 그 후에 데리고 가도 늦지 않습니다. 3~4일 정도 병원에 다니면 찢어진 아기의 고막은 깨끗하게 낫습니다.

●

폐렴에 의한 열은 보통 때와 다릅니다.

나이 드신 어른과 같이 살고 있다면 아기의 열이 폐렴 때문이 아니냐고 겁을 주기도 합니다. 예전에는 어린 아기들이 급성 폐렴으로 많이 사망했습니다. 그러나 다행히 지금은 아기의 급성 폐렴은 거의 없다고 할 수 있을 정도로 줄어들었습니다(의사가 보험 청구를 할 때 유리하도록 감기를 폐렴으로 진단하면 통계상으로는 폐렴이 많이 줄지 않지만).

아기가 폐렴에 걸리면 엄마는 아기의 상태가 보통 때와 다르다는 것을 알 수 있습니다. 표정도 다릅니다. 입술 색깔도 나쁩니다. 젖도 먹지 않습니다. 얼러도 웃지 않습니다. 호흡이 심하게 가빠지고, 숨을 쉴 때마다 콧방울이 벌렁거리는 등 호흡곤란 증세를 보이는 경우도 많습니다. 만일 이러한 증상이 있으면 의사에게 연락해야 합니다.

그러나 옛날에도 급성 폐렴은 대부분 자연적으로 치유되었습니다. 기관지 폐렴으로 생명을 잃기도 했으나 이런 경우는 원래 구루병이 있는 아기였거나 미숙아였을 것입니다. 지금 폐렴으로 사망하는 아기가 거의 없는 것은 구루병도 없어지고 미숙아에 대한 처치 기술도 발달했기 때문입니다. 항생제도 잘 듣기 때문에 사망률은 더욱 줄어드는 추세입니다.

●

갑자기 울기 시작하여 그치지 않는다. 112 갑자기 심하게 운다_콜릭 참고

보육시설에서의 육아

143. 이 시기 보육시설에서 주의할 점

● 공간을 늘 청결한 상태로 유지하면서 아기 각자의 개성을 존중해 주어야 한다.

영아실은 늘 청결을 유지해야 합니다.

만 1세 미만의 아기들만 모아서 영아실을 운영하는 보육시설에서는 한 명의 보육교사가 4~5명의 아기를 돌봅니다. 이 4~5명의 아기들은 모두 같은 월령이 아닙니다. 만 1세 미만의 아기라고 해도 2개월 된 아기도 있고 10개월 된 아기도 있습니다. 따라서 수유 간격도 모두 다릅니다. 보육교사 입장에서는 오히려 이 편이 좋습니다. 왜냐하면 혼자서 앉을 수 있을 때까지는 한 명씩 안고 수유할 수 있기 때문입니다.

영아실에는 외부 사람의 출입을 절대 금지하여 최대한 무균 상태를 유지하려고 노력하는 보육시설도 있습니다. 정말로 철저히 무균 상태를 유지할 생각이라면, 엄마가 데리고 온 아기를 탈의실에서 옷을 모두 벗기고 보육시설에서 입는 옷으로 갈아입혀야 합니다. 그리고 아기의 손발과 얼굴을 삶은 물수건으로 깨끗하게 닦아 주어야 합니다.

이것은 보육교사도 똑같이 하지 않으면 안 됩니다.

●

아기를 눕혀만 두어서는 안 됩니다.

생후 2~3개월 된 아기의 보육에서 가장 중요한 것은 눕혀만 두지 않는 것입니다. 얌전한 아기는 조용하기 때문에 계속 침대에만 눕혀놓게 되기 쉽습니다. 그러나 때때로 안아서 큰 아이들이 놀고 있는 모습을 보여 주는 것이 좋습니다. 큰 아이들이 기거나 물건을 붙잡고 걷는 모습을 보는 것이 아기에게도 빨리 기거나 빨리 서고 싶다는 의욕을 불러일으킵니다. 이것이 바로 집단 보육의 장점입니다. 또한 아기는 큰 아이들이 노는 모습을 보기를 즐거워합니다. 이것은 가정에서는 해줄 수 없는 즐거움입니다.

보육시설에서도 집에서와 마찬가지로 아기가 분유를 너무 많이 먹지 않도록 주의해야 합니다. 아기가 운다고 금방 분유를 타서 먹이는 것은 좋지 않습니다. 아기는 안아달라고 울 때도 있습니다. 이것을 귀찮게 여겨 젖병을 물려 눕혀놓는 것이 가장 나쁩니다.

보육교사는 엄마에게도 분유를 너무 많이 먹이지 않도록 충고해 주어야 합니다.

●

큰 아이들을 통해 전염병이 옮지 않도록 주의해야 합니다.

영아를 맡는 보육시설에서 가장 주의해야 할 점은 큰 아이들에게서 전염병이 옮지 않도록 하는 것입니다 백일해와 홍역 예방접종을 하지 않은 큰 아이들에게는 빨리 예방 접종을 하도록 합니다.

이런 병이 유행하고 있을 때는 큰 아이가 영아실에 못 들어오게 하는 것만으로는 예방할 수 없습니다.

아기의 개성을 충분히 존중해 줘야 합니다.

보육시설에서 집단 보육은 하지만 아기의 개성을 충분히 존중해 주어야 합니다. 수유 시간은 아기에 따라 각기 다릅니다(집에서 아침에 일어나는 시간에 맞춰 첫 번째 수유 시간이 정해지고, 그다음은 아기의 개성에 따라 간격이 정해짐). 배설 횟수와 시간도 아기에 따라 다릅니다. 보육교사는 아기를 맡으면 먼저 엄마로부터 지금까지의 상황을 들은 후, 보육시설에서 생활하고 나서부터 어느 정도의 간격으로 배설하는지를 파악해야 합니다. 가능하다면 침대 옆에 수유 시간과 배설 시간을 기록한 카드를 각각 놓아두는 것이 좋습니다. 이렇게 하면 시간제 아르바이트 보육교사와 교대할 때도 편리합니다. 아기의 배설 시간을 알고 있으면 단지 기저귀를 갈아주는 일뿐만 아니라 목을 가누게 된 후에 변기에서 변을 보게 할 때도, 기저귀를 떼고 팬티를 입힐 때도 편리합니다.

생후 2~3개월 된 아기는 오전과 오후에 낮잠을 잡니다. 이 시간도 아기에 따라 다릅니다. 자고 싶어 하는 만큼 푹 재우고 도중에 깨우지 않는 것이 좋습니다. 가끔 엄마들이 그렇게 보육시설에서 재우니까 집에 와서는 좀처럼 자지 않아 힘들다고 하는데 이것은 잘못된 생각입니다.

이 월령에 잘 자는 아기는 낮이나 밤이나 잘 잡니다. 밤에 좀처럼 자지 않는 아기는 보육시설에서도 다른 아기보다 적게 잡니다. 가령 보육시설에서 낮잠을 잔 아기가 밤에 일찍 자려고 하지 않더라도 엄마는 그것을 부정적으로만 생각해서는 안 됩니다. 아기가 집에 돌아와서 분유를 먹고 목욕을 한 후 금방 잔다면 부모와 접촉한 시간이 없어지기 때문입니다. 그러면 가정의 따뜻함을 느낄 시간도 그만큼 없어지는 것입니다.

더운 계절에는 가능하면 보육시설에서 목욕을 시켜주었으면 합니다. 땀띠 예방도 되고, 또 목욕 후에는 푹 잘 수 있습니다. 그리고 대부분의 아기는 목욕을 좋아하기 때문입니다. 목욕 시간은 오후 3시 전후로, 수유 후 1시간 이상 지난 다음에 합니다.

엄마는 겨울철에 감기에 걸리지 말라고 많이 입혀 보냅니다. 그렇더라도 보육교사는 아기가 옷을 되도록 얇게 입고 지내도록 단련시키는 것이 좋습니다. 엄마에게 너무 옷을 많이 입히지 말도록 이야기해 줘야 합니다. 보육시설에서도 난방된 방 안에만 아기를 두지 말고 때때로 바깥공기를 쐬어줍니다. 방은 시간을 정해 환기시킵니다.

지금의 보육시설은 너무 열악합니다.

이러한 주의사항은 당연한 것들입니다. 그러나 보육시설에서 좀처럼 제대로 시행되지 못하고 있습니다. 앞서 말한 주의사항대로 해주었으면 한다고 보육시설에 이야기하면, 보육시설의 현 상태로는 도저히 불가능하다고 할 것입니다. 열악한 시설과 부족한 인력으로 아기들을 돌보아야 하기 때문입니다. 만 1세 미만의 아기 10명을 2명의 보육교사가 돌보는 것이 영아 보육의 현 실정이지만 이 인원으로는 부족합니다.

기저귀 교환을 예로 들면 알 수 있을 것입니다. 마룻바닥에 있는 아기를 침대로 올려서 기저귀 커버를 벗겨 젖은 기저귀를 빼고 새 기저귀를 채운 후 젖은 기저귀를 일정한 장소에 갖다 두려면 1명당 최하 6분은 걸립니다. 하루에 다섯 번 기저귀를 갈아준다고 하면 1명당 걸리는 시간은 30분, 10명이면 이것만으로도 5시간은 걸립니다.

그리고 분유를 먹이고 이유식을 주는 것에 아기 1명당 하루에 60분은 필요합니다. 그러면 10명이면 10시간입니다. 아기가 낮잠 자는 시간에는 옷을 가볍게 입히거나 이불을 준비해야 하기 때문에 1명당 20분은 걸립니다. 이것도 합하면 3시간이 조금 넘습니다. 이것만으로도 18시간이 되기 때문에 보육교사가 9시간을 근무해도 배설과 영양과 수면에 모든 시간을 소비해 버리는 셈이 됩니다. 그러나 실제로는 아기들을 운동도 시키고 놀게도 하고 있습니다. 사무적인 일을 보기도 합니다. 그러므로 2명의 보육교사가 10명의 아기를 제대로 돌보려면 자신은 식사 시간도 내기 어려울 정도로 바쁩니다.

아기 한 명 한 명을 안아서 분유를 먹이고 싶은 마음은 태산 같지만 그렇게 하면 분유를 먹지 못하는 아기가 생깁니다. 한 명의 아기에게 10여 분 걸리는 목욕이나 영아체조할 시간을 내기는 도저히 불가능하고, 보육교사의 몸도 그만큼 따라주지 않습니다.

게다가 보육시설이라는 곳은 대부분 비효율적으로 만들어져 있어 수납장이 제대로 없거나 조리실이 멀리 있거나 해서 보육교사들은 항상 이리 뛰고 저리 뛰고 정신이 없습니다. 이런 상황에서 보육교사의 과중 노동으로 그럭저럭 유지되고 있습니다. 그러므로 앞에서 거론한 '주의사항'을 보육시설에서 제대로 실행하지 못한다고 하여 전적으로 보육교사들의 잘못으로 돌리거나 불평만 해서는 안 됩니다. 시설과 보육교사의 인원수를 지금과 같은 상태로 묶어두고 있는 '최저 기준'을 더욱 높일 수 있도록 부모들은 보육교사나 원장과 함께 국가에 요구해야 합니다.

144. 이 시기 영아체조

● 아기의 운동 능력의 발달 단계에 맞춰 체조 종류도 늘려 연습시킨다.

지난달부터 시작한 영아체조를 계속합니다.

이 시기에 처음 보육시설에 들어온 아기에게는 지난달에 이야기한 체조를 우선 시켜봅니다. 127 영아체조법 이달에 들어서 아기의 운동 능력의 발달 단계에 맞춰 체조 종류를 늘립니다. 생후 2개월까지는 배를 깔고 눕혔을 때 머리를 들 수 없었기 때문에 뒤로 미루었던 ⑥, ⑦번 운동도 생후 3개월에 들어서 머리를 들 수 있게 되면 시작합니다.

그러나 2개월이 지나도 아직 머리를 들지 못하는 아기는 여유를 가지고 기다리면 됩니다. 아기는 이 시기에 머리를 지탱하는 힘뿐 아니라 다리 힘도 강해집니다. 양쪽 겨드랑이를 잡고 세우면 무릎을 굽히면서 깡충거리는 아기도 있습니다. 머리도 완전히 가누고 다리도 깡충거릴 수 있는 아기에게는 다음 두 가지 체조를 첨가합니다.

⑪ 등을 젖히는 근육 사용. 1~2회
⑫ 서는 연습 6~8회

체조하는 방법은 그림으로 보는 영아체조(555쪽)를 참고하기 바랍니다.

7

생후 3~4개월

지난달보다 움직임이 활발해집니다. 단순히
활발해지는 것뿐만 아니라 눈과 귀가 제 기능을
발휘하고, 손발 운동에 의한 신체 기능의
협동 작업도 차차 이루어지기 시작합니다.
머리를 점차 가눌수 있게 됨에 따라 신기한 것이
보이는 쪽으로 얼굴을 돌리고, 텔레비전의 음량이
갑자기 커지거나 하면 그쪽을 보려고 합니다.

이 시기 아기는

145. 생후 3~4개월 아기의 몸

- 여러 부분에서 각자의 개성을 드러내면서 점점 움직임이 활발해진다.
- 이유식과 소변 가리기를 시작하기도 한다.

아기의 움직임이 지난달보다 더욱 활발합니다.

단순히 활발해지는 것뿐만 아니라 눈과 귀가 제 기능을 발휘하고, 손발 운동에 의한 신체 기능의 협동작업도 차차 이루어지기 시작합니다.

머리를 점차 가눌 수 있게 됨에 따라 신기한 것이 보이는 쪽으로 얼굴을 돌리고, 텔레비전의 음량이 갑자기 커지거나 하면 그쪽을 보려고 합니다. 목욕을 시킬 때도 지금까지는 얌전하게 옆으로 안겨서 머리를 감았는데, 머리 감는 것을 싫어하는 아기의 경우 머리를 자꾸 들어 올리기 때문에 다루기 힘들어집니다. 엎드리게 해도 손발을 뻗거나, 머리를 제대로 들기 시작합니다. 목 근육만이 아니라 몸통 근육의 움직임도 활발해집니다. 눕혀놓아도 똑바로 위를 보고 있지만은 않습니다. 가벼운 옷차림이라면 몸을 옆으로 돌리려고 합니다. 하지만 아직 뒤집기는 하지 못합니다. 그러나 다리를 움직이거나 몸을 옆으로 돌리려고 하기 때문에 침대에 난간을 쳐 놓지 않으면 어느새 움직여서 추락하기도 합니다. 툇마루나 소파 등에 아기를 눕혀놓고 엄마가 자리를 떠서는 안 됩니다.

손발의 움직임도 매우 자유로워져 장난감을 만지려고 합니다. 생후 4개월 가까이 되면 수건을 입에 넣고 쭉쭉 빨거나 젖병을 양 손으로 받쳐 드는 아기도 있습니다. 몸을 잘 붙들고 무릎 위에 세우면 무릎을 깡충깡충 굽혔다 폈다 하는 아기도 있습니다. 이 운동은 개인차가 있어서 생후 6개월이 지나도 전혀 하지 않는 아기도 있습니다. 그래도 서고 걷는 것은 다른 아기들과 차이가 없습니다.

집에서 키울 때 반드시 영아체조를 해야 하는 것은 아닙니다.

몸의 움직임이 활발해져서 스스로 무언가 하고 싶어 하는 이 시기부터 영아체조126 이 시기 영아체조를 시작하는 엄마도 있습니다. 그러나 집에서 키울 때 영아체조를 반드시 해야 하는 것은 아닙니다.

밤낮을 가리지 않고 부지런히 기저귀를 갈아주고 여름에는 하루에 두 번이나 몸을 씻긴다면, 기저귀를 갈아줄 때나 옷을 벗기고 입히면서 자연스럽게 체조를 시키는 셈이 됩니다. 구소련처럼 상당히 월령이 지난 아기라도 몸을 움직이지 못할 정도로 포대기로 싸 두는 습관이 있는 나라에서는 영아체조가 필요하겠지만, 우리처럼 가벼운 복장으로 자유롭게 몸을 움직일 수 있는 계절이 긴 나라에서는 그렇게 하지 않아도 됩니다.

수면 시간의 개인차는 이 시기가 되면 더욱 커집니다.

많은 아기들이 오전과 오후 각각 2시간 정도 자고, 밤에는 8시쯤 잠들고, 밤중에 1~2번 깨지만 그렇지 않은 아기도 소수 있습니다. 아기가 잘 자면 부모도 편하기 때문에 별문제가 되지 않습니다. 그러나 밤에 자지 않는 아기는 부모를 힘들게 합니다. 밤 9시가 되어도 10시가 되어도 좀처럼 자지 않는 아기도 있습니다. 같이 놀아주면 언제까지고 깨어 있습니다.

●

젖을 먹는 양도 아기에 따라 상당한 차이가 있습니다.

잘 먹는 아기는 분유를 200ml나 먹고도 부족한 듯이 보입니다. 그러나 소식 하는 아기는 120ml 정도로도 만족합니다. 혼합영양을 해오던 아기는 이 시기가 되면 점차 분유를 싫어하게 되는 경우도 있습니다. 또 모유만 먹여왔던 아기에게 모유만으로는 부족하다고 생각하여 분유로 보충해 주려고 해도 먹지 않는 경우도 많습니다. 이 시기가 되면 지금까지 자주 분유를 토하던 남자 아기는 토하는 횟수가 많이 줄어듭니다.

●

체질상 침의 분비가 많은 아기는 침을 흘리기 시작합니다.

이런 아기도 대부분 만 1세가 되면 침을 삼킬 수 있게 되어 대개는 흘리지 않게 됩니다. 침은 언젠가는 멈추는 것이므로 걱정하지 않아도 됩니다.

●

배설에도 역시 개인차가 있습니다.

변비인 아기는 여전히 변비가 계속될 것입니다. 숟가락을 입에 넣을 수 있게 되면 떠먹는 요구르트를 먹입니다. 그러면 변이 조금 쉽게 나오는 아기도 많이 있습니다. 자연스럽게 모유에서 분유로 넘어간 아기는 변이 설사변에서 굳은 변으로 변합니다.

●

소변 가리기를 시작하는 엄마도 있습니다.

머리를 제대로 들게 되면 소변 가리기를 시작하는 엄마도 있습니다. 100일 정도 된 아기를 매일 아침 변기에 변을 보게 한다는 이웃 엄마의 이야기를 들으면 같은 월령임에도 그런 묘기를 부리지 못하는 아기의 엄마는 조급해집니다. 그러나 이것은 소변 가리기를 잘하고 못하고와는 관계가 없습니다. 소변 보는 횟수가 비교적 적고 어느 정도의 양을 모아둘 수 있는 아기는 배설 시간을 예상할 수 있기 때문에 그때에 맞춰 변기에 앉히면 소변을 보는 것에 지나지 않습니다.

소변 횟수가 잦은 아기는 부정기적으로 소변이 나오기 때문에 이것이 잘되지 않습니다. 1~2번은 성공해도 대부분은 실패하기 때문에 세탁할 기저귀가 줄지 않습니다. 결국 엄마는 시간을 맞춰 소변을 보게 하려는 생각을 포기합니다.

●

하루 2시간은 바깥 공기를 쐬어주는 것이 좋습니다.

배설 가리기보다 중요한 것이 아기를 집 밖으로 데리고 나가 바깥 공기를 쐬어주는 것입니다. 적어도 하루 2시간은 바깥 공기를 쐬어주는 것이 좋습니다. 추운 계절이라면 코트를 씌워서 바깥으로 데리고 나갑니다. 머리를 스스로 가눌 수 있게 되면 업어줘도 지장이 없습니다. 172 업어주기 바깥 공기를 쐬어주는 것은 아기의 피부와 기도 점막을 단련시키기 위해서입니다. 더욱이 아기는 집 안에 있는 것보다 밖에 나가 구경하는 것을 즐거워합니다. 엄마는 아기가 좋아하고 신체도 튼튼하게 해주는 '외출'을 자주 해야 합니다. 낮에 바깥 공기를 쐬어주면 밤에는 적당히 피곤해져 기분 좋게 푹 잡니다. 밤에 푹 자지 않는 아기는 되도록 밖에 내놓도록 합니다.

●

이유식을 시작하기도 합니다.

생후 3개월이 지나면 이유식을 주라는 '지도'를 받기도 합니다. 그러나 조급해할 필요는 없습니다. 3개월 된 아기가 모두 이유식을 먹는 것은 아닙니다. 여기에도 개인차가 있습니다.

이유식을 먹이는 데는 조건이 있습니다. 첫째는 아기가 젖 이외의 것을 먹고 싶어 할 것, 둘째는 숟가락으로 먹을 수 있을 것, 셋째는 천천히 먹기 위해서 상반신이 안정될 것(아기용 식탁의자에 앉을 수 있을 것)입니다. 젖 이외의 것을 먹고 싶어 하는지 어떤지는 먹여보지 않으면 알 수 없습니다. 숟가락으로 먹는 연습을 하다 보면 볼과 혀의 운동으로 턱을 움직일 수 있게 됩니다. 무릎에 앉혀 안고 먹이면 상반신이 곧아져서 의자에 앉을 수 있게 됩니다.

모유나 분유 이외의 것을 잘 받아먹는 아기도 있고, 생후 5개월 정도 되어야 자진해서 먹으려고 하는 아기도 있습니다. 빨리 훈련시킨다고 해서 튼튼해지는 것도 아니고, 늦게 시작한다고 해서 편식하는 아기가 되는 것도 아닙니다. 일찍부터 숟가락으로 잘 먹을 수 있는 아기가 있는가 하면 좀처럼 숟가락으로 먹지 못해서 대부분 흘려버리는 아기도 있습니다.

이유를 하는 것은 싫어하는 것을 참고 먹게 하는 도덕 훈련이 아닙니다. 식생활이라는 인생의 즐거움에 점차 익숙해지도록 하는 것입니다. 즐길 여유가 없는데 강요하는 것은 어리석은 짓입니다. 이외의 음식에 대한 기호는 누가 가르쳐주는 것이 아니라 아기 내부로부터 생기는 것입니다.

정해진 이유식 식단을 강요하지 말고 조금씩 숟가락으로 먹이는 연습을 시작하면 됩니다. 지금까지 과즙을 잘 먹던 아기는 과즙을 조금씩 숟가락으로 주기 시작합니다. 과즙을 싫어하고 분유 이외의 것은 아무것도 먹지 않는 아기라면 된장국의 웃물(액체를 침전시킨 위의 맑은 물)이나 우동 국물을 조금씩 먹여봅니다. 맛있게 먹지 않으면 15일 정도 미루어도 상관없습니다.

이웃의 아기가 어떤 방법으로 이유식을 잘 먹게 되었다는 이야기를 듣고 그대로 따라 했을 때의 성공 여부는 이웃 아기와 자기 아기의 개성의 차이에 따라 달라집니다. 어떤 아기에게나 통하는 이유법은 없지만, 각자의 개성대로 하면 이유는 반드시 성공합니다. 생후 4개월까지 무엇을 얼마만큼 먹여야 한다는 기준은 없습니다. 아기의 몸속에 여러 가지 음식에 대한 기호가 생기기를 기다리면서 숟가락을 사용하는 연습만 시키면 됩니다.

●

여러 종류의 예방접종을 시작합니다.

생후 3~4개월에는 여러 종류의 예방접종을 시작합니다.150 예방접종 예방접종은 몸속에 면역 항체를 만드는 것이 목적이므로 아기의 몸 상태가 나쁘면 효과를 기대하기 어렵습니다. 아기의 상태가 나쁘다고 느껴지면 그 사정을 이야기하고 접종을 연기하도록 합니다.

이 시기에는 병이라고 할 정도의 병은 거의 없습니다. 형제 중 누군가가 홍역에 걸렸어도 아직 전염되지 않습니다. 볼거리 환자 옆에 있어도 전염되지 않습니다. 수두에는 걸리는 아기도 있지만 가벼운 증세로 끝납니다. 부모가 감기에 걸렸을 때는 옮지만 아직 고열은 나지 않습니다. 콧물을 흘리거나 재채기를 하거나 기침을 하는 정도로 끝납니다. 세균이나 바이러스로 인해 설사를 하는 경우도 드뭅니다. 습진이 지금까지 번지고 있던 아기는 증세가 가벼워지는 경향을 보이기도 합니다.

추운 계절에는 손을 이불 밖으로 내놓게 되기 때문에 방의 온도가 낮을 경우 가벼운 동상을 입는 경우가 있습니다.204 동상에 걸렸다 여름에는 하계열을 일으키기도 합니다.177 하계열이다

이 시기까지 양다리를 붙이고 아래로 잡아당기는 무리한 행동을 하지 않는다면 후천적으로 고관절 탈구를 일으키는 일은 없습니다.45 선천성 고관절 탈구

이 시기 육아법

146. 모유로 키우는 아기

● 건강검진에서 체중 미달이라고 해도 조금 후면 이유식이 시작되므로 놀랄 것 없다. 피치 못할 상황에서는 분유로 보충해 준다.

아기가 체중 미달이라 하더라도 조급해할 필요 없습니다.

모유만으로 키우는 아기가 설사를 하거나 2일에 한 번밖에 변을 보지 않아도 개의치 않는다면 정말 키우기 편합니다. 그러므로 엄마는 주위 사람들로부터 이런저런 이야기를 듣지 않는다면 모유 이외의 것을 먹이지 않을 것입니다.

또한 아기도 3개월 동안 모유만 먹고 자랐다면 이젠 분유를 먹이려고 해도 싫어하는 경우가 많습니다. 그렇기 때문에 영아 건강검진에서 "아기가 체중 미달입니다. 분유로 보충해 주세요"라는 말을 듣고 아기에게 분유를 먹이려고 시도해도 마음대로 되지 않을 것입니다.

영아 건강검진에서 지적받지 않았어도 아기의 체중 증가가 하루 평균 10g 안팎(보통은 하루 평균 20g 전후)이거나, 밤중에 배가 고파 울 때 모유가 부족하다고 생각하여 분유로 보충해 주려 해도 아기가 젖병을 물지 않는 일이 종종 있습니다. 3개월이 되면 아기도 꾀가 생기기 때문에 한번 싫어지면 어떤 방법을 써도 먹으려고 하지 않습니다. 이럴 때 무리하게 입 속에 젖병꼭지를 밀어 넣으면 아기는 젖병을 보기만 해도 울어버립니다.

그렇다고 조급해할 필요는 없습니다. 생후 4개월이 되면 이유식을 먹을 수 있습니다. 그때까지 아기가 지금처럼 평화롭고 즐겁게 생활할 수 있다면 모유만 주어도 지장은 없습니다. 그러면 한동안 체중 증가는 주춤할지도 모릅니다. 그러나 금방 되돌릴 수 있습니다.

긴 일생을 놓고 보면 아무 문제도 없습니다. 만약 모유가 많이 부족하더라도 아기가 정말 배가 고프다면 점차 분유를 먹게 될 것입니다.

일반적으로 말하자면 소식하는 아기는 모유만으로도 충분히 만족하고 많이 먹는 아기는 분유를 더 먹게 됩니다.

체중 증가가 뜻대로 진척되지 않으면 분유로 보충합니다.

체중 증가가 뜻대로 진척되지 않거나 엄마가 일 때문에 외출해야 해서 분유로 보충해 줄 때, 우선 첫날에는 시간에 관계없이 1회만 줘 봅니다. 이때 150ml를 탑니다. 이것을 20ml나 남겼다면 소식하는 아기입니다. 다음 날도 150ml 이상은 타지 않습니다. 시험 삼아 주어본 150ml를 다 먹었다면 다음 날부터는 하루 5회 수유일 경우 1회 180ml, 하루 6회 수유일 경우 1회 150ml를 지킵니다.

그래도 부족하다면 횟수를 늘립니다. 이 경우에도 전부 분유로 바꾸는 것이 아니라 반 정도는 모유를 먹이는 것이 편합니다. 하루 5회 수유라면 3회는 분유를 주고 2회는 모유를 줍니다.

아침에 일어날 때 모유를 먹이면 겨울철에는 매우 편합니다. 분유를 하루 3회 이상 주면 과즙 먹이는 것을 잊어서는 안 됩니다.

모유만 먹고도 체중이 10일에 200g씩 늘고 있다면, 4개월까지는 목욕 후의 과즙(여름철에는 끓여서 식힌 물을 2~3회 보충) 이외에는 먹여서는 안 됩니다.

●

이 시기에는 수유 횟수도 거의 일정합니다.

먹어서 축적하는 아기는 심야에는 먹지 않고 하루 5회 수유로 충분하지만, 4시간마다 5회를 먹고 심야에 1회 더 먹어 6회 수유하는 아기도 많습니다.

생후 3개월이 지난 아기가 한밤중에 젖을 먹는 것이 의학적으로 유해하다는 증거는 없습니다. 3개월이 지나면 아기를 다른 방에서 재우는 서양에서는 부모가 힘들어서 심야에 수유를 하지 않는 것뿐입니다. 우리처럼 아기가 부모와 같은 방에서 자는 경우에는 심야에 아기가 잠에서 깨어 울면 엄마가 일어나 기저귀를 갈아주고, 그래도 그치지 않을 경우에는 안아서 재웁니다.

이때 모유가 나오는 엄마가 아기에게 젖을 물려 안심시키고 맛있는 젖으로 만족시켜서 재우는 것은 모유가 나오는 엄마의 특권입니다. 서양인의 풍습에 따르느라 이 특권을 포기하는 것은 어리석은 짓입니다.

147. 분유로 키우는 아기

● 분유를 많이 먹는다고 무조건 좋은 것이 아니다. 너무 많이 먹게 되면 분유기피증이나 비만에 걸릴 수 있다.

● 소식한다고 나쁜 것도 아니다. 아기의 기분만 좋다면 그 상태가 가장 적절하다.

분유는 하루 1000ml 이상 먹이면 안 됩니다.

분유통을 보면 3개월부터 분유의 양을 200ml 이상 먹이라고 쓰여 있습니다. 이것은 수유 횟수를 5회로 줄여서 계산한 것으로, 수유 횟수가 6회인 아기에게 1회 200ml 이상을 먹이라는 말은 아닙니다.

그러나 대체로 엄마들은 이것을 잊고 하루에 6회 수유하면서도 1회 180~200ml를 먹입니다. 실제로 이 시기의 아기는 분유를 잘 먹기 때문에 150ml 정도는 간단히 먹어버리고 젖병꼭지를 계속 쭉쭉 빱니다. 이때 240ml들이 젖병을 사용하고 있으면 윗부분이 비어 있기 때문에 엄마는 무의식중에 분유를 더 많이 먹이게 됩니다.

이전부터 소아과 의사들은 경험상 아기에게 하루 1000ml 이상 분유를 먹이지 않도록 하고 있습니다. 1회 180ml씩 6회 먹이면 1000ml를 초과해 버립니다. 1000ml를 초과해도 적신호는 켜지지 않습니다. 아기는 설사도 하지 않고 기분도 좋고 체중이 부쩍부쩍 늘어납니다. 이웃 아주머니들에게서 "어머, 아기가 통통하네요!"라는 이야기를 들으면 엄마는 기분이 좋아져 180ml, 때로는 200ml를 먹이기도 합니다. 그러나 하루 1000ml 이상 먹이게 되면 얼마 지나지 않아 '엄마를 놀라게 하는 일'이 벌어집니다. 하나는 분유기피증이고, 또 하나는 비만입니다. 비만이 되면 몸에 불필요한 지방 조직을 쌓아두기 때문에 그만큼 심장이 헛된 일을 하게 됩니다. 아기도 불필요한 지방을 짊어지고 있기 때문에 동작이 느려져 일어서는 것이 늦어지기도 합니다. 그러므로 아기가 분유를 더 먹고 싶어 한다고 해도 하루 1000ml 이상을 먹여서는 안 됩니다. 아기가 하루에 먹는 분유를 900ml 정도로 제한하기 위해서는 과식하는 아기에게 과즙이나 끓인 설탕물(따뜻한 물 100에 설탕 5 비율)을 식혀서 먹이도록 합니다.

이 시기에 240ml들이의 너무 큰 젖병을 사용하면 항상 적게 주는 것은 아닌가 하는 느낌이 듭니다.

소식하는 아기를 살찌게 할 방법은 없습니다.

분유를 먹는 아기들 중에는 소식하는 아기도 적지 않습니다. 대체로 이런 아기들은 영아 건강검진 후 "체중이 부족합니다. 분유를 좀 더 먹이세요"라는 충고를 듣게 됩니다. 그러나 이 아기의 소식은 생후 3개월이 되어서 시작된 것이 아니라, 지난달에도 분유통에 쓰여 있는 분량을 먹지 못했을 것입니다.

분유를 150ml 타줘도 항상 40~50ml씩 남기는 소식하는 아기를 살찌게 할 방법은 없습니다. 그리고 그런 방법은 없어도 괜찮습니다. 살찌게 할 필요가 없기 때문입니다.

살이 찌지 않는 원인이 소식 때문인지 병 때문인지는, 건강검진 때 아기를 처음 보는 의사나 보건소 직원보다 엄마가 더 잘 알고 있을 것입니다. 소식을 하지만 기분도 좋고, 웃는 얼굴도 보이며, 최근에는 무릎을 깡충거리며 굽혔다 폈다 할 수 있게 되었다면 3개월 된 아기가 살아가는 데 아무 문제 없습니다. 1회에 120ml를 먹는 것도, 180ml를 먹는 것도 아기의 자유입니다. 병원이나 보건소에서 엄마에게 식사 때 밥을 2공기씩 먹으라고 강요할 권한이 없는 것처럼, 아기에게 매회 180ml씩 먹이라고 강요할 권한도 없습니다. 아무리 애를 써도 아기가 정해진 분량을 먹지 못한다고 엄마가 매일 의사에게 데리고 가서 살찌게 해준다는 주사로 아기의 평화롭고 즐거운 생활을 무참히 무너뜨리는 경우도 있습니다. '우리 아기에 대해서는 내가 세상 누구보다도 잘 알고 있다'는 자부심이 이 엄마에게는 없었던 것입니다.

148. 이유 준비하기

● 생후 3개월에 이유식을 시작하는 것은 너무 이른 감이 있다. 이보다는 바깥 공기를 더 많이 쐬어주는 것이 훨씬 좋다.

생후 3개월부터 이유식을 먹이는 것은 너무 이릅니다.

요즘은 이유식을 먹이는 시기가 점차 빨라지고 있습니다. 그렇다고 해도 생후 3개월부터 이유식을 먹이는 것은 너무 이릅니다. 왜냐하면 그럴 필요가 없기 때문입니다. 아기에게는 필요가 없더라도 이유식을 권할 필요가 있는 사람이 있습니다. 이유식 회사의 외판원은 3개월 된 아기에게도 이유식을 권해야 합니다.

최근 들어서 생후 4개월 이전의 이유식이 바람직하지 않다는 사실이 알려졌습니다. 첫째는 비만아를 만들고, 둘째는 이유식에 들어 있는 염분에 일찍 길들여져 결국에는 어른이 되어 혈압을 높이는 원인이 되기도 한다는 것입니다.

엄마의 모유가 잘 나오는 아기나 분유를 잘 먹는 아기의 체중이 하루 20g 전후로(10일 기준으로 측정하여 200g) 증가하고 있으면 주변에서 이유식을 권한다고 해도 먹일 필요가 없습니다. 이유식은 월령이 적은 아기일수록 정성을 들여 손수 만들어야 합니다. 하지만 그 시간이 아깝습니다. 이유식 판매 회사에서 3개월 된 아기용 이유식을 팔지만 사면 안 됩니다. 파는 이유식이라도 이 월령의 아기에게 먹이는 데는 많은 시간이 걸립니다.

그럴 시간이 있으면 차라리 아기를 집 밖으로 데리고 나가 바깥 공기를 쐬어주는 것이 더 좋습니다. 2~3개월부터 시금치나 감자를 먹는다는 것은 아기의 일생에서 아무런 의미가 없습니다. 그러나 아기를 단련시켜야 하는 시기를 놓쳐 저항력이 약한 아기로 만들면, 걸리지 않아도 될 병에 걸려 인생의 행로가 바뀔 수도 있습니다. 그러므로 이웃에 비슷한 월령의 아기를 키우고 있는 엄마에게서 "우리 집 아이는 벌써 이유식을 시작했어요"라는 말을 들어도 초조해할 필요가 없습니다.

그래도 마음에 걸리면 숟가락으로 먹이는 연습부터 시작합니다.

그래도 이유식이 마음에 걸린다면 숟가락으로 먹이는 연습부터 시작하는 것이 좋습니다. 이유식은 앞으로 먹게 될 고형식에 익숙해지게 하기 위한 전 단계일 뿐입니다. 고형식은 젖병꼭지로 빨 수가 없고 숟가락이나 젓가락으로 먹어야 합니다. 고형식을 먹기 위해 숟가락으로 먹는 연습을 하는 것입니다. 이것은 빨리 시작하는 것이 좋지만 이 때문에 몸을 단련시키는 시간이 줄어서는 안 됩니다.

지금까지 매일 먹이던 과즙을 젖병이 아닌 숟가락으로 먹여봅니다. 처음에는 혀로 잘 받아먹지 못하고 흘리기도 하지만 입에 길들여진 맛의 과즙이기 때문에 어떻게든 먹게 됩니다. 30ml의 과즙을 우선 숟가락으로 먹일 수 있는 만큼 먹여보고 나머지는 젖병에 넣어서 먹이면 됩니다.

이유식이 필요한 아기도 있습니다.

모유가 모자라는데도 분유를 먹으려 하지 않는 아기입니다 이런 아기는 모유 이외에 무언가 영양분이 되는 것을 섭취해야 합니다. 이런 아기도 우선 숟가락으로 먹는 연습부터 시작해야 합니다. 1주나 10일 동안 숟가락으로 과즙이나 된장국, 수프를 먹여보고 흘리지 않고 꽤 능숙하게 먹을 수 있게 되면 4~6개월의 항목에 쓰여 있는 방법 168 이유 준비하기, 194 효과적인 이유 진행법 으로 이유식을 진행해 나가면 됩니다. 그러나 이때도 서둘러서 많이 먹이려고 해서는 안 됩니다.

이유식을 빨리, 너무 많이 먹인 엄마들의 이야기를 들어보면 공통점이 있습니다. 아기가 배고픈 듯이 울어 이유식을 먹였더니 울음을 그치기에 계속 주었다는 것입니다. 수유한 후에도 아기가 울면 안고 집 밖으로 나가는 것이 좋습니다.

149. 아기 몸 단련시키기

● 하루 3시간 정도 바깥 공기를 쐬어준다. 아주 추울 때도 바람이 불지 않으면 20~30분이라도 쐬어주는 것이 좋다.

바깥 공기를 많이 쐬어주는 것이 좋습니다.

생후 3개월이 지난 아기에게는 하루 3시간 정도 바깥 공기를 쐬어주는 것이 좋습니다. 기후가 좋은 계절이라면 유모차에 눕혀도 되지만 역시 안고 산책하는 것이 가장 좋습니다.

생후 3개월이 되면 아기는 여러 가지 사물에 관심을 보이고, 스스로 머리를 움직여서 좌우를 바라보기도 합니다. 안고 있으면 몸을 반듯하게 세우려고 합니다. 기분이 좋으면 팔도 움직입니다. 따라서 아기에게 산책은 좋은 운동이 됩니다.

아주 추울 때도 바람이 세게 불지 않는 날에는 손발과 귀를 잘 보호하여 따뜻한 시간을 골라 적어도 20~30분이라도 바깥 공기를 쐬어줍니다. 차가운 공기를 호흡하는 것은 기도 점막을 단련시킵니다.

여름에 더울 때는 그늘을 골라서 밖에 나갑니다. 이때 반드시 모자를 씌웁니다. 봄과 가을이라도 이 시기에는 햇볕에 피부를 태우지 않는 것이 좋습니다. 산책하고 돌아와 땀을 흘렸으면 속옷을 갈아입힙니다. 그리고 땀으로 잃어버린 수분을 보충해 주기 위하여 과즙이나 끓여서 식힌 물을 먹입니다.

●

3개월이 지나면 머리를 똑바로 세울 수 있는 아기가 많아집니다.

엎드리게 하면 머리를 들고 앞을 봅니다. 이렇게 할 수 있게 되면 아기를 바닥에 내려놓고 하루에 4~5분간 엎드리게 합니다. 침대 위에서 똑바로 누워 천장을 보고 있는 것보다 기어다니는 것이 즐겁기 때문에 아기는 엎드려 있고 싶어 합니다. 날씨가 좋지 않거나 엄마에게 시간적인 여유가 없어서 하루에 3시간 정도 바깥 공기를

쐬어줄 수 없을 때는 영아체조를 시켜주는 것이 좋습니다. 144·164 이 시기

영아체조

밖에 나가는 일이 잦아지면 옷은 어느 정도 입히는 것이 좋을까요? 초봄과 늦가을에 단순히 바깥 공기를 쐬어줄 때는 춥지 않도록 엄마보다 많이 입혀도 됩니다. 그렇지만 안고 산책할 때는 엄마와 같은 정도로 입히면 됩니다.

목욕은 습도가 높을 때 지방이 땀구멍을 막는 것을 방지해 줄 뿐만 아니라 피부 단련도 됩니다. 그러므로 되도록 부지런히 아기를 목욕시키는 것이 좋습니다. 목욕은 푹 자는 데에도 도움이 됩니다.

150. 예방접종 

● 보건소에서 무상으로 할 수 있는 기본 접종과 소아과에서 유료로 접종하는 선별 접종, 유행하거나 유행이 예측될 때 하는 임시 접종이 있다.

예방접종을 해야 할 시기입니다.

예방접종은 법률로 정해진 것과 임의로 하는 것이 있습니다. 법률로 정해 누구나 반드시 맞아야 하는 기본 접종은 보건소에서 무상으로 접종할 수 있습니다. 임의로 하는 예방접종에는 심각한 질환으로 진행되지는 않지만 아기의 면역력이 약한 경우에 엄마의 희망에 따라 가까운 소아과에서 유료로 접종하는 선별 접종과 장

티푸스·콜레라 등 돌발적인 유행이 있거나 예측되었을 때 접종하는 임시 접종이 있습니다. 임의로 하는 것은 하지 않아도 된다고 생각하기 쉽지만 선별 접종으로 분류된 수두와 헤모필루스 백신은 모든 어린이에게 접종하도록 권하고 있습니다. 이는 세계적인 추세입니다.

DTaP 백신

DTaP 백신은 디프테리아 백일해, 파상풍의 3종을 혼합하여 만든 백신으로 생후 2~6개월 사이에 2개월 간격으로 3회 주사합니다. 이와 같은 기본 접종 후에 면역력을 지속시키기 위하여 1년 뒤에 1차 추가 접종을 하고, 초등학교 입학 전인 만 4~6세에 다시 2차 추가 접종을 실시합니다. 이후에는 백일해를 제외한 디프테리아와 파상풍의 혼합 성인형 백신을 초등학교 졸업 때 1회 주사하고, 매 10년마다 추가 접종을 합니다.

DTaP를 접종한 후 1~2일 동안 열이 나며 보채기도 하고 접종한 부위가 빨갛게 붓고 응어리가 생기는데, 며칠 있으면 없어집니다. 응어리가 수개월씩 지속되는 경우도 있으나 이것도 없어집니다. 또 접종 후 24시간 이내에 37.5℃ 이상의 열이 나는 아기가 3~4% 정도 되지만 걱정할 필요는 없습니다. 생후 6개월이 지나면 열성 경련을 일으키는 아기도 있기 때문에 가능한 한 빨리 접종하는 것이 좋습니다. 예전에는 백일해 백신의 부작용으로 뇌에 장애가 생겼다고 했으나, 그 후 백신과는 무관하다는 사실이 밝혀졌습니다.

때로는 백일해 예방접종의 부작용이 겁이 나서 접종을 연기하는 부모들이 있는데, 아기에게 백일해는 아주 위험한 병으로 예방접종을 하지 않아 생길 불행을 생각한다면 접종의 필요성을 더 확실히 이해할 수 있을 것입니다.

MMR 백신

홍역, 풍진, 유행성 이하선염(볼거리)을 함께 예방하는 MMR는 균을 약독화한 백신으로, 생후 12~15개월에 1차 접종하고 만 4~6세에 추가 접종합니다. 만약 살고 있는 지역에서 홍역이 유행할 경우, 생후 6개월부터 만 1세 전의 아기에게 홍역 접종을 실시해야 합니다.

이 경우 현실적으로 홍역 단독 백신보다 MMR 백신을 맞는 편이 여러모로 더 낫습니다. 그리고 MMR 백신을 추가 접종하지 않은 만 4세 이상의 소아에게도 꼭 접종해야 합니다. 현재 홍역에 걸리는 아이의 연령은 돌 전 영아와 만 6세 이상이 많은데, 이는 엄마로부터 전달된 홍역의 항체가 생후 1년까지 유지되지 않고, 또 만 4~6세에 MMR 백신을 추가 접종하지 않은 경우가 많기 때문입니다.

홍역 백신으로 인해 6~10일 사이에 열이 나고 발진하는 경우는 10~20% 정도 됩니다. 이것은 그냥 내버려두면 저절로 낫습니다. 또 유행성 이하선염 백신으로 인해 접종 후 2~3주 사이에 한쪽 이하선이 붓는 경우도 있으나 이것도 저절로 낫습니다. 극히 드물게 무균성 뇌수막염을 일으킬 수는 있으나 그것으로 사망하는 일은 없습니다.

폴리오 생백신

폴리오 생백신은 소아마비를 예방하는 경구용 생백신으로, 생후 2~6개월 사이에 2개월 간격으로 3회 먹입니다. 먹은 직후(30분 이내) 울어서 전부 토했을 때는 1회 더 먹입니다. 집에 돌아와서 토한 경우에는 먹은 백신의 1/10만 남아 있다 해도 효과에는 변함이 없습니다.

BCG 백신

결핵을 예방하기 위한 BCG는 약독화한 우형결핵균(牛型結核菌)의 생균으로 생후 1개월 이내에 접종하는 것이 원칙입니다. 이후에는 결핵이 의심될 때, 투베르쿨린 반응 검사를 하여 음성으로 나왔을 경우(빨갛게 된 곳의 지름이 9mm 이하)에 추가 접종합니다.

만원 전철이나 버스에 탈 기회가 있는 아기, 보육시설에 맡기는 아기 등 결핵 환자와 접촉할 우려가 있는 아기는 반드시 접종해야 합니다.

B형 간염 백신

B형 간염 백신은 엄마가 B형 간염 항원 검사 결과 양성인 경우, 태어난 후 12시간 이내에(늦어도 1주일 이내) 바로 접종을 시작해

야 합니다. 음성일 때는 생후 2개월부터 접종해도 됩니다. 기본 3회 접종이므로 그 후 2회 더 접종하는데, 접종 시기는 생후 1개월에 한 번, 백신 제품에 따라 생후 2개월 또는 6개월에 또 한 번 하면 됩니다.

일본뇌염 백신

일본뇌염 백신은 생후 12~24개월 사이에 2주 간격으로 2회 접종합니다. 다음 해에 1회 더 접종하는데 여기까지가 기본 접종입니다. 그 후의 추가 접종은 만 6~12세에 2회 하면 됩니다. 일본뇌염 백신 접종 후에 두드러기가 생기기도 하는데, 접종 전에 미리 항히스타민제를 복용하여 두드러기를 막으려는 것은 효과가 없습니다.

수두 백신

수두 백신은 생후 12~15개월 사이에 1회만 주사하면 됩니다. 어른이 되어 걸리면 증상이 심각해 얼굴에 흉터가 남기 때문에 이것도 접종해 두는 것이 좋습니다. 접종 후 14~30일이 지나 발열 또는 발진하는 경우가 있으나 그것으로 끝나버립니다. 신 증후군이나 천식으로 부신피질호르몬을 사용하는 아기는 반드시 접종해야 합니다.

인플루엔자 백신

인플루엔자 백신은 단순 감기가 아닌 독감을 예방하는 백신으로 태어나서 만 8세까지는 해마다 2회, 만 9세부터 성인은 해마다 1회 접종하는 것이 원칙입니다. 인플루엔자 백신은 내년에는 이것이 유행할 것이라고 예측하여 만든 백신으로, 예측이 맞으면 효과를 보지만 예측이 빗나가는 경우도 있습니다.

추가 접종 시기를 놓쳤을 때는 DTaP든 소아마비든 처음부터 다시 접종하는 것이 아니라 정해진 횟수만 접종하면 됩니다.

예방접종은 오전 중에 하는 것이 좋습니다.

예방접종을 할 때는 가능하면 오전 중에 끝내서 오후에는 아이의 상태를 지켜보는 것이 좋습니다. 목욕은 전날 미리 시키고 당일 아침에는 체온도 한번 재보아 열이 없는지 확인합니다. 또 육아수첩을 꼭 지참해 가도록 합니다. 육아수첩에는 접종의 종류와 다음에 가는 날짜 등을 반드시 기록해 둡니다. 이 기록은 아이가 성인이 되어서도 보관해 두는 것이 좋습니다.

접종 후에는 접종 부위를 5분 이상 문질러 약이 골고루 퍼지게 합니다. 접종 부위가 붓거나 아이가 많이 아파하면 찬물 찜질을 해 주고, 열이 나거나 경련을 하면 소아과 의사와 상담하도록 합니다. 접종 때문에 열이 날 수도 있지만 감기 바이러스나 다른 원인으로 열이 날 수도 있습니다.

감수자 주

'150 예방접종' 항목은 한국과 일본의 예방접종 실정이 많이 달라 한국의 실정에 맞게 고쳤다.

■ 무료 예방접종(기본 접종)

예방할 수 있는 병	백 신	표준 연령	횟 수	간 격
디프테리아 백일해 파상풍	DTaP (주사)	· 생후 2~6개월 기본 접종 · 생후 18개월 1차 추가 접종 · 만4~6세 2차 추가 접종	3회 1회 1회	2개월
홍역 풍진 유행성 이하선염 (볼거리)	MMR (주사)	· 생후 12~15개월 1차 접종 · 만4~6세 추가 접종 (살고 있는 지역에 홍역이 유행할 경우 12개월 이전이라도 접종)	1회 1회 1회	2개월
폴리오 (소아마비)	폴리오 생백신 (복용)	· 생후 2~6세 기본 접종 · 만 4~6세 추가 접종	3회 1회	
결핵	BCG (주사 또는 경피)	· 생후 1개월 이내 (이후는 결핵이 의심될 때, 투베르쿨린 반응 음성자)	1회	
B형 간염	B형 간염 백신 (주사)	· 출생 직후부터 6개월 이내	3회	백신 제품과 엄마의 항원에 따라 4~8주 간격이 될 수도 있음
일본뇌염	일본뇌염 백신 (주사)	· 생후 12~24개월 사이 · 다음 해(기본 접종) · 만 6~12세 추가 접종	2회 1회 2회	2주

■ 유료 예방접종(임의 접종 중 선별 접종)

예방할 수 있는 병	백 신	표준 연령	횟 수	간 격
헤모필루스 인플루엔자 (뇌수막염)	Hib(주사)	· 생후 2~6개월 기본 접종 · 생후 12~15개월 추가 접종	3회 1회	2개월
수두	수두 생백신 (주사)	· 생후 12~15개월	1회	
인플루엔자 (독감)	인플루엔자 백신 (주사)	· 생후 6개월부터 매년 10~12월 사이 접종(첫 접종시 1개월 간격으로 2회 접종)	해마다 1회	1년

■ 연령별 예방접종 스케줄

	출생	1개월	2개월	4개월	6개월	12개월	15개월	18개월	24개월	36개월	4세	6세	11세	12세	16세
BCG (결핵)	1차														
B형 간염 Type I	1차	2차	3차												
B형 간염 Type II	1차	1차			3차										
DTaP (DPT)			1차	2차	3차		추가1				추가 2		추가3(Td)		
폴리오 (소아마비)			1차	2차	3차						추가 1				
MMR (홍역, 볼거리, 풍진)						1차					2차				
일본뇌염 (사백신)						1차, 2차				3차		추가 1		추가 2	
일본뇌염 (생백신)						1차				2차		3차			
수두						1차									
HIB (뇌수막염)			1차	2차	3차	추가 1									
독감					생후 6개월부터 매년 10~12개월 사이에 접종 (첫 접종 때는 1개월 간격으로 2회 접종)										

151. 투베르쿨린 반응

● 투베르쿨린 반응을 통해 결핵이 의심되면 아기뿐 아니라 아기와 접촉한 적이 있는 어른도 흉부 엑스선 검사를 받아야 한다.

결핵이 의심되면 투베르쿨린 반응 검사를 받습니다.

투베르쿨린액 0.1ml를 피부 내에 주사하여 48시간 후에 검사합니다. 주삿바늘 자국만 남아 있는 경우와 빨갛게 되었어도 지름이 4mm 이내인 경우는 음성이고, 지름이 10mm 이상 빨갛게 되었다면 양성입니다.

그 사이의 5~9mm × 5~9mm인 경우는 의양성(擬陽性)입니다. 의양성은 BCG를 접종하지 않습니다.

양성은 결핵균 감염이 있었던 증거라고 할 수 없습니다. 최근에는 결핵 환자가 줄어들었기 때문에 결핵균이 아닌 세균으로 인해 양성 또는 의양성으로 나오는 아기가 증가하고 있기 때문입니다.

집에 폐결핵 환자가 있거나 자주 찾아오는 어른이 자신도 모르게 결핵에 걸려 있었다거나 하는 경우가 아니면 아기가 결핵에 감염되는 일은 없습니다. 아기가 양성이었다면 아기와 접촉한 적이 있는 어른도 흉부 엑스선 검사를 해봐야 합니다.

주위에 결핵 환자가 없는데도 아기의 투베르쿨린 반응이 양성으로 나오는 경우가 있는데, 만약 반응한 곳이 옅은 붉은색만 있고 만져서 응어리가 없다면 결핵이 아닐 수도 있습니다.

특히 전철도 타지 않았고, 백화점에 데리고 간 일도 없으며, 병원 대기실에 간 적도 없는 아기는 결핵에 감염되기 어렵습니다. 하지만 투베르쿨린 반응에서 붉은 부분이 선명하고 응어리가 있을 때는 확실하게 양성입니다.

그러나 아기의 경우 자연 감염(BCG를 접종한 결과 투베르쿨린 반응이 양성으로 나온 것이 아니라 결핵 환자에게 감염되어 양성으로 나온 것)으로 종종 병을 일으키기 때문에, 우선 엑스선 사진을 찍어 가슴 속에 변화가 있는지 알아보아야 합니다.

엑스선 사진을 찍어도 가슴 속의 결핵을 전부 알 수는 없습니다. 엑스선에 찍히기 어려운 병변(병으로 인해 일어나는 육체적·생리적인 변화)은 사진으로는 알 수 없습니다.

그러므로 아기의 경우는 엑스선 사진에서 변화가 발견되든 발견되지 않든 투베르쿨린 반응 검사 결과가 양성이라면 결핵이 진행되고 있다는 전제 아래 치료하는 것이 안전합니다.

152. BCG 접종

● 생후 1개월 이내에 예방접종을 한다.

생후 1개월 이내에 BCG 예방접종을 하도록 법으로 정하고 있습니다.

결핵 예방을 위해 생후 1개월 이내에 BCG 예방 접종을 하도록 법으로 정하고 있습니다. BCG 접종이 법률로 의무화되고 나서 BCG에 대한 설명이 소홀해진 아쉬움이 있습니다. BCG는 결핵에 걸리지 않도록, 또는 걸려도 가볍게 나을 수 있도록 하는 것입니다. 한 번 BCG를 접종해 두면 심한 감염이라도 1년은 예방 효과가 있습니다.

심하지 않은 감염에 대해서는 수년간 면역력이 있습니다. 개인차가 있기 때문에 몇 년이라고 단정할 수는 없습니다. BCG를 접종하고 3~4주 후에 투베르쿨린 반응이 양성으로 나타나는 경우는 접종으로 인해 인공적인 면역이 생겼다는 것을 의미합니다.

그러나 BCG를 접종한 후 투베르쿨린 반응이 양성으로 나타나지 않는 사람도 있습니다. 실패한 접종이 아니라면 음성이나 의양성이라도 면역이 생겼다고 생각해도 됩니다. 보통 사용하는 투베르쿨린보다 농도가 진한 정제 투베르쿨린으로 검사하면 양성으로 나옵니다.

최근에는 BCG를 접종하면 몇 년 동안은 면역이 유지된다고 보고 매년 투베르쿨린 반응 검사를 반복하지는 않습니다. 그리고 두 번째 BCG는 초등학교 1학년 때, 세 번째는 중학교 2학년 때 접종합니다.

BCG를 접종해야 하는지 여부는 고려할 필요가 없습니다. 원래 BCG는 결핵 환자가 많고 격리 시설도 없던 시절에 마지막 대책으로 시작된 것입니다. 결핵이 의심되지 않는 경우에는 더 이상 접종을 하지 않습니다.

다만 증상이 결핵과 유사하여 이를 감별해야 할 경우에는 투베르쿨린 반응 검사를 받도록 하고 있습니다. 이때 음성으로 나타나 결핵에 걸리지 않았다고 판정되면 BCG 접종을 하지 않아도 됩니다. 요즘처럼 결핵 환자도 줄고 치료도 간단해진 시대에는 BCG의 부정적인 면도 고려해야 하기 때문입니다.

BCG를 접종하면 투베르쿨린 반응이 양성으로 나타나기 때문에 이미 많이 줄어든 결핵 감염자(이 안에 환자가 있음)를 발견하는 수단으로 투베르쿨린을 사용할 수 없습니다. 투베르쿨린 반응의 강약으로 자연 감염과 BCG에 의한 양전을 분명하게 구별할 수는 없습니다.

흉부 엑스선 사진만으로 결핵 환자를 찾아내기가 점점 어려워지고 있습니다. 특히 어린이의 경우 폐문 림프절 결핵의 엑스선 상태를 모르는 의사가 많아 오진할 수도 있습니다. BCG를 접종하지 않았다면, 흉부 엑스선 사진에서 결핵으로 진단받더라도 투베르쿨린 반응 결과가 음성일 경우 의사는 오진이라는 불명예에서 벗어나게 됩니다.

또한 어린이의 자연 감염에 대해서는 발병 유무에 관계없이 화학요법(화학예방)을 6개월 정도 실시하면 발병을 예방하고 BCG를 접종한 것과 같은(또는 그 이상의) 면역 효과를 얻을 수 있습니다.

그러므로 BCG를 접종하지 않고도 투베르쿨린 반응이 양성임을 발견하는 즉시 화학예방을 하는 새로운 방법도 있습니다. BCG 접종 여부는 전적으로 본인이 감염될 기회가 많은지 적은지에 달려 있습니다.

엄마는 BCG를 접종한 상태에서 엑스선 사진만으로 결핵이라고 진단받으면 오진이 틀림없다고 믿거나 BCG를 접종하지 않고 있다가 결핵 환자와 접촉했을 때 투베르쿨린 반응을 검사하여(접촉 후 1개월이 지나고 나서) 양성이면 그때 화학예방을 하거나 둘 중 하나를 선택해야 할 것입니다.

그러나 집에 결핵 환자가 있는 경우, 결핵 요양소의 환자가 드나드는 상점에 갈 경우, 결핵 환자가 아직 많은 외국에 갈 경우에는 아이에게 BCG를 접종해야 합니다.

환경에 따른 육아 포인트

153. 이 시기 주의해야 할 돌발 사고

● 침대에서 떨어지거나 가지고 놀던 장난감으로 얼굴을 다치는 일 외에 가장 주의해야 할 일은 자동차 사고이다.

가장 치명적인 사고는 자동차 사고입니다.

생후 3~4개월 된 아기에게 치명적인 사고는 예외 없이 자동차 사고입니다. 밤에 우는 아기가 차를 타고 돌아다녔더니 울음을 그쳤다면, 엄마는 매일 밤 드라이브를 하게 됩니다. 이때 충돌사고에 대비해 아기의 머리를 충격으로부터 보호할 수 있도록 준비에 만전을 기해야 합니다. 아기를 옮길 때의 방법은 102 이 시기 주의해야 할 돌발사고, 103 아기와 함께 떠나는 여행 시 챙겨야 할 것을 참고하기 바랍니다. 아기를 안고 택시를 탈 때도 급정차를 하면 아기가 어떻게 될 것인지를 잘 생각하여 가장 안전한 곳에 앉아야 합니다. 운전석 옆자리처럼 유리 가까운 곳에 앉아서는 안 됩니다.

●

침대에서 추락하기도 합니다.

아기가 침대에서 추락하는 일은 어느 가정에서나 있는데, 그 첫

번째 사고가 생후 3~4개월 사이인 경우가 많습니다. 생후 5~6개월만 되더라도 아기가 매우 활발하게 움직이기 때문에 엄마는 침대에 난간을 세우지 않을 수가 없습니다. 그러나 3~4개월에는 자칫 방심하여 침대에 난간을 세우지 않거나, 엄마 침대에 아기를 재우고 옆방에 가 있는 경우가 있습니다. 침대에서 바닥으로 떨어지는 정도로는 사망하지는 않지만, 침대와 벽 사이에 머리가 끼이면 질식사합니다. 따라서 침대와 벽 사이는 완전히 밀착시키거나 50cm 이상 띄워놓아야 합니다.

침대를 사용하지 않는 집에서는 따뜻한 늦가을 오후 툇마루에 아기를 눕혀놓았다가 추락하는 일도 있습니다. 아기가 발로 찬 반동으로 떨어지는 경우도 있으므로 항상 추락 예방에 주의해야 합니다.

장난감 때문에 얼굴에 상처를 입기도 합니다.

생후 3개월이 지난 아기는 손에 물건을 쥐여주면 계속 잡고 있습니다. 자주 저지르는 실수는 딸랑이를 쥐여주었을 때 아기가 마구 흔들어서 자신의 얼굴에 상처를 입히는 것입니다. 또 아령형의 빠는 장난감을 쥐여주었더니 삼켜버려 질식하는 사고도 있습니다. 이 시기가 되면 삼킬 위험이 있는 것을 쥐여준 채로 아기 혼자 두어서는 안 됩니다.

얼굴이나 머리에 습진이 생기기도 합니다.

아기는 얼굴이나 머리에 습진이 생기면 가려워서 손으로 긁습니다. 긁으면 상처가 나므로 그것을 방지하려고 옛날에는 손에 가제로 만든 손싸개를 씌우기도 했습니다. 그러나 가제로 만든 손싸개는 안전하지 않습니다. 손싸개 내부에서 가제의 실이 풀려 손가락에 감기면 손가락을 조이기도 하고, 때로는 피가 통하지 않기도 합니다. 습진 때문에 의사에게 목욕을 시키지 말라는 소리를 듣고 손싸개를 씌워놓은 상태로 두었다가 피가 잘 통하지 않아서 손이 썩어버린 경우도 있었습니다. 그리고 아기가 손싸개를 입으로 가져가기 때문에 젖으면 먼지가 묻어 불결해지기도 합니다. 아기가 손가락을 빠는 것에 대한 공포증이 있는 엄마가 손싸개를 씌우기도 하는데 그것은 백해무익합니다. 더러운 손싸개를 빠는 것보다 손가락을 빠는 편이 훨씬 낫습니다.

154. 계절에 따른 육아 포인트

- 바깥 공기를 쐬어주어 몸을 단련시키는 것은 이전과 동일하다.
- 날씨가 너무 더우면 하루에 두 번 목욕을 시키고, 겨울에 춥다고 해서 방의 온도를 너무 올리지 않는다.

봄가을에 날씨 좋은 날은 바깥 공기를 쐬어줍니다.

생후 3개월이 되면 머리를 가누게 됩니다. 봄과 가을에 날씨가 좋을 때는 아기에게 바깥공기를 쐬어주어 몸을 단련시키는 것이 좋습니다.

생후 3개월에 마침 여름을 맞이한 아기는 분유를 먹는 양이 조금 줄어들지도 모릅니다(모유를 먹는 아기는 양이 줄어도 눈에 띄지 않기 때문에 엄마가 걱정하지 않음). 이럴 때 무리하게 분유통에 쓰여 있는 양만큼 먹이려고 해서는 안 됩니다. 항상 160ml를 먹던 아기가 100ml밖에 먹지 않는다면 우선 분유기피증138 분유를 안 먹는다을 생각해 봅니다.

지난달에 하루에 먹은 전체 양이 400~500ml일 정도로 소식하던 아기가 한여름이 되면 그것도 먹지 않게 됩니다. 하루에 먹는 분유량이 고작 200ml밖에 되지 않으면 굶어죽지 않을까 걱정하는데, 아기의 기분만 좋으면 괜찮습니다. 날씨가 선선해지면 다시 먹게 됩니다. 분유를 차갑게(15℃ 정도)해서 주되, 억지로 먹여서는 안 됩니다.

밤의 온도가 30℃ 이하로 내려가지 않으면 얼음베개를 베어줍니다.

밤의 실내 온도가 30℃ 이하로 내려가지 않을 때는 얼음베개(타월로 싸서)를 베어줍니다. 이렇게 하면 잠도 잘 자고 땀띠도 줄어듭니다.

밤새도록 선풍기를 틀어주는 것은 좋지 않지만, 잠이 들 때까지 2m 정도 떨어뜨려 약풍으로 회전시켜 쐬어주는 것은 괜찮습니다. 물론 부채질을 해주어도 됩니다.

모기가 많을 때는 모기장이 가장 안전합니다. 환기가 잘되는 방이라면 모기향을 피워도 됩니다. 가열하여 기화시켜 연기가 나지 않는 살충제가 여러 종류 나와 있는데, 이것은 양이 너무 많을 때도 얼마나 기화되었는지 알기 어렵기 때문에 안전하지 않습니다. 방문을 모두 닫고 스프레이형 방충제를 뿌리는 것도 아기에게는 안전하지 않습니다.

무더운 날에는 하루에 두 번 목욕을 시킵니다.

더워지기 시작하면 아기는 땀을 많이 흘립니다. 땀이 나면 그만큼 소변 양은 줄어듭니다. 기저귀를 적시는 횟수가 갑자기 줄어들기 때문에 처음으로 여름을 맞이한 엄마는 당황하게 됩니다. 땀을 많이 흘리는 아기에게는 수분(끓여서 식힌 물, 과즙, 보리차)을 충분히 보충해 줍니다. 땀띠 예방에는 목욕이 가장 좋습니다. 무더운 날에는 하루에 두 번 목욕을 시킵니다.

아직 해수욕장에 가는 것은 무리입니다.

아빠 휴가 때 이 월령의 아기를 해수욕장에 데리고 가는 것은 다소 무리한 일입니다. 해수욕장까지 이동할 때도 덥고, 아기를 안고 바다에 들어가는 것도 문제가 있습니다. 햇볕에 타면 피부염을 일으킵니다. 해수욕장에 파라솔 그늘이 있다고 해도 그곳이 아기에게 안전하다고 할 수는 없습니다. 아무리 텔레비전에서 피서지의 모습이 즐거워 보인다고 해도 이 월령의 아기에게 피서는 무리입니다.

7월 중순에 들어 아기가 매일 밤부터 아침까지 고열이 난다면 이것은 하계열입니다. 177 하계열이다 에어컨을 틀어주면 낫지만 그럴 수 없는 경우도 있습니다. 그러나 하계열로 사망하는 일은 없습니다.

●

겨울에도 따뜻한 시간을 골라 바깥 공기를 쐬어줍니다.

겨울철에도 따뜻한 시간을 골라 바깥공기를 쐬어주는 것을 게을리해서는 안 됩니다. 밖으로 데리고 나갈 때는 동상에 걸리지 않도록 손발을 따뜻하게 해줍니다. 단, 양말 목이 너무 좁으면 다리의 피가 잘 통하지 않아 동상에 걸릴 수 있습니다. 동상에 걸린 아기는 기분도 나빠지고 한밤중에 깨어 울기도 합니다. 204 동상에 걸렸다

이불 속의 온도만 따뜻하다면 방 전체를 너무 따뜻하게 하지 않아도 됩니다. 너무 뜨겁게 온도를 높인 전기담요나 전기장판에 아이를 오래 눕혀두어 화상을 입혀서는 안 됩니다. 가스스토브나 석유스토브는 밤새도록 켜놓아서는 안 됩니다. 실내 온도는 부모가 깨어 있는 동안 부모가 춥지 않을 정도로 하면 됩니다.

감수자 주

너무 뜨겁게 온도를 높인 온돌 바닥도 위험하다. 아기를 오래 눕혀두어 화상을 입혀서는 안 된다. 겨울에도 목욕은 2일에 한 번 정도 시키는 것이 좋다. 그러나 동상에 걸린 아기에게는 목욕이 치료가 되기 때문에 매일 시키는 것이 좋다.

●

형제자매. 134 형제자매 참고

엄마를 놀라게 하는 일

155. 소화불량이다

● 이 시기 먹는 음식은 소화가 잘되는 것들이기 때문에 소화불량이 문제 되진 않는다. 하지만 장에 염증이 생겨 나타나는 설사일 경우도 있으니 주의해야 한다.

이 시기 소화불량도 심각한 문제가 되진 않습니다.

생후 3~5개월 정도에도 아기의 소화불량은 그다지 심각한 문제가 되지 않습니다. 이 시기의 아기는 소화를 방해하는 음식을 먹지 않기 때문입니다. 대부분 이 시기에는 모유나 분유, 그리고 과즙 이외의 것은 먹지 않습니다. 숟가락으로 먹는 연습을 시작했다고 해도 된장국, 수프, 우동 국물 정도만 먹습니다. 이런 음식은 소화가 잘되는 것들입니다.

●

소화불량이 되면 대부분 대변이 설사변입니다.

좁쌀 같은 것이 섞여 있거나, 점액이 섞여 있거나, 황색에서 녹색으로 바뀌거나, 지금까지 형태가 있던 변이 물처럼 되거나 횟수가 많아지거나 해서 의사에게 가보면 소화불량이라고 합니다. 그러나 변만 보아서는 안 됩니다. 변이 아닌 아기를 키우고 있는 것이기 때문에 무엇보다 먼저 아기를 살펴보아야 합니다. 아기가 평소와 다름없이 잘 놀고, 젖도 잘 먹으며, 열도 없고, 체중도 지금까지처럼 늘고 있다면(하루 평균 20g 정도), 그 설사는 아기에게 대단한 사건이 아닙니다.

장의 염증으로 인한 설사는 위험합니다.

실제로 뚜렷한 원인 없이 설사를 하는 경우가 자주 있습니다. 모유 분비가 갑자기 늘었거나, 분유를 너무 많이 주었거나, 과즙의 종류를 바꾸어서 변을 보는 횟수가 늘고 변에 수분이 많아지는 일은 종종 있습니다. 이러한 것이 원인이라면 그 원인을 없애면 원래대로 돌아옵니다.

설사로 인해 위험한 경우는 모르는 사이에 이질균이나 병원성 대장균이 분유에 들어가 장에 염증을 일으켰을 때입니다. 그러나 이럴 때는 아기의 상태가 달라집니다. 다소 열도 나고, 젖도 지금까지처럼 먹지 않거나 먹어도 토해 버리고 웃는 얼굴도 보이지 않습니다. 체중이 갑자기 줄어들기도 합니다. 그러나 이질균이나 병원성 대장균은 소독만 철저히 하여 분유와 과즙을 만들면 침입하지 않습니다. 모유만 주고 과즙도 먹이고 있지 않다면 '절대로'라고 할 수 있을 정도로 세균에 의한 설사는 발생하지 않습니다. 소화불량이라고 하더라도 분유나 과즙을 만들 때 철저히 소독하는 엄마라면 걱정하지 않아도 좋습니다.

단, 여름에 엄마가 2~3일 전부터 설사를 하면서 수유 전에 깨끗하게 손을 씻지 않았다면 엄마에게 설사를 일으켰던 균을 아기가 먹게 되는 일이 있습니다. 그러나 세균에 의한 설사도 항생제로 치료할 수 있기 때문에 그리 오래가지는 않습니다. 오래가는 설사는 대체로 엄마의 조심성이 지나쳐서 일어납니다. 처음에 심각한 원인 없이 설사가 시작되면 지금까지 모유와 분유를 혼합하여 먹이던 엄마는(엄마만이 아니라 의사도 그렇게 지시하지만) 놀라서 모유만 먹이게 됩니다. 그 후 변이 좋아지면 분유를 섞어 먹이려고 하지만 시간이 지나도 계속 설사를 하기 때문에 모유만 먹입니다. 그러면 설사는 1주 이상 계속되는 경우가 많습니다. 설사는 하지만 아기가 매우 잘 놀 경우에는 분유를 점차적으로 주면서 원래의 영양법으로 되돌아가면 나아지는데, 엄마는 좀처럼 그런 결심을 하지 못합니다.

가벼운 설사는 먹던 것을 바꾸지 않아도 낫습니다.

한동안 이유식을 먹던 아기가 설사를 할 때 이유식을 중단하고 분유만 먹여도 설사가 계속되는 경우가 있습니다. 이때도 이유식을 다시 시작하면 치료가 됩니다. 아기가 잘 논다면 가벼운 설사는 종래 먹던 것을 바꾸지 않아도 낫습니다. 설사는 하지만 아기가 잘 놀고 단지 배가 고파서 우는 것인데, 엄마가 모유 또는 농도가 묽은 분유만 먹여서 설사가 지속되는 것은 '기아 설사'라고 할 수 있습니다.

11월 말부터 1월까지 생후 8~9개월에서 1년 3~4개월 정도 된 아기에게 심한 설사를 일으키는 병이 있는데, 옆집 아기가 이런 병에 걸렸다고 해도 이 월령의 아기에게는 전염되지 않습니다.

●

분유를 먹지 않는다. 138 분유를 안 먹는다 참고

변비. 141 설사와 변비가 있다 참고

156. 감기에 전염되었다

● 처음 며칠간 고생하다 대부분 2~3일 지나면 낫는다. 하지만 감기를 앓고 있는 동안에는 목욕을 자제한다.

엄마의 재채기가 아기에게 옮는 경우가 가장 많습니다.

소아과에 찾아오는 생후 3~4개월 된 아기들에게 비교적 많은 병이 감기입니다. 감기는 여러 가지 바이러스로 인해 생기는 병의 총칭으로, 실제로 어떤 바이러스 때문인지 단정하기가 쉽지 않습니다.

전염성이 있는 병이기 때문에 주변의 누군가가 감기에 걸리고 그로부터 1~2일 후에 아기가 감기 증상을 보이면 감기라고 진단해도 됩니다. 이 시기의 아기는 그 외에 병다운 병에는 걸리지 않기 때문입니다.

엄마가 재채기를 하거나 코를 풀거나 약간 열이 있거나 머리가 아파서 감기라고 생각할 즈음 아기에게 옮는 경우가 가장 많습니다. 물론 아빠가 직장에서 옮겨 오는 경우도 많습니다. 처음으로 백화점에 데리고 간 다음 날부터 아기에게 감기 증세가 나타나는 경우도 있습니다.

아기에게 나타나는 감기 증상

이 월령의 아기는 태내에서 받은 면역이 아직 남아 있기 때문에 감기에 옮아도 기껏해야 37.5℃ 정도의 열이 나는 경우가 많습니다. 코가 막혀서 젖 먹기가 힘들어지거나 콧물이 나거나 재채기를 하기도 합니다. 기침을 하는 경우도 있지만 그렇게 괴로워하지는 않습니다. 눈물을 글썽이거나 그때까지 흘리지 않던 침을 흘리는 아기도 있습니다. 식욕도 조금 줄어듭니다. 하지만 이런 증상은 2~3일 정도 지나면 대부분 낫습니다. 3일째 정도가 되면 처음에 물처럼 투명하던 콧물이 누런색이나 녹색이 되고 짙어집니다.

감기의 원인은 바이러스로 항생제를 사용할 필요가 없습니다.

감기 초기에는 젖을 남기던 아기도 3~4일이 지나면 평소처럼 먹습니다. 때때로 감기와 함께 변을 보는 횟수가 많아지고, 설사변에 가깝게 되는 경우도 없지 않습니다. 예전에는 미숙아나 영양이 부족한 아기가 감기에서 폐렴으로 발전되는 경우가 있었으나, 최근에는 거의 없다고 봐도 좋습니다. 다소 열이 있더라도 아기가 잘 놀고 자주 웃는 얼굴을 보인다면 폐렴 걱정은 하지 않아도 됩니다. 감기의 원인이 되는 바이러스에는 항생제도 어떠한 주사도 듣지 않지만, 의사에게 보이면 항생제나 주사를 처방할 것입니다.

감수자 주

감기는 바이러스성 질병이므로 항생제를 사용할 필요가 없다. 하지만 감기로 손상된 호흡기계에 2차적으로 세균 감염(비염, 중이염, 기관지염 등)이 된 경우는 항생제 치료가 필요하다.

목욕은 자제하는 것이 좋습니다.

의사는 바이러스 이외의 폐렴구균이라든지 연쇄상구균을 퇴치하면 이것들에 의한 폐렴은 예방할 수 있다고 말할 것입니다.

아기에게 확실한 감기 증상이 있는 동안에는 목욕은 자제하는 것이 좋습니다. 분유를 먹기 힘들어하면 반 숟가락이나 한 숟가락 정도 분유를 줄이는 것이 좋습니다. 과즙은 계속 먹입니다.

평소부터 가래가 잘 끓던 아기는 아침에 일어나기 전에 기침을 자주 합니다. 감기가 나았어도 기침은 계속합니다. 이것을 보고 감기가 낫지 않았다고 계속 환자 취급을 하면 10일이고 15일이고 집 안에만 가두어놓게 됩니다. 평소에 그르렁거리는 아기라도 콧물도 나오지 않고 젖도 평소처럼 먹고 열도 없다면 이전의 생활로 되돌아가는 것이 좋습니다. 언제까지나 두꺼운 옷을 입히고 목욕을 시키지 않는 것이 오히려 좋지 않습니다.

157. 가래가 끓는다

● 병원에서는 천식이라는 진단을 내리지만 이 시기 가래가 끓는 것은 체질이다. 대부분은 어른이 되면 낫는다.

소아과에서는 유아천식이라고 말합니다.

소아과에 오는 아기의 1/4 정도가 가슴속에서 "그르렁 그르렁" 하고 가래 끓는 소리가 납니다. 이른 아기는 생후 15일 정도부터 가래가 끓기 시작합니다. 생후 1개월 정도 된 아기라면 아직 작고 애처로워서 의사는 통원 치료를 권하지 않을 것입니다.

그러나 생후 3~4개월이 지나서 아기가 그르렁거리면 이것은 "유아천식이므로 체질 개선 주사를 맞으러 다녀야 합니다"라는 말을 하는 경우도 있습니다. 그러나 필자는 체질 개선 주사를 맞아 효과를 보았다는 예는 본 적이 없습니다. 오히려 주사를 맞으러 다닌 후부터 아기가 밤에 무서워하며 우는 예는 수없이 보았습니다.

생후 1개월 정도일 때는 가슴 속에서 그르렁거리는 것이 주된 증상이지만, 3개월이 되면 1회에 먹는 분유 양이 늘기 때문에 밤에 기침과 함께 분유를 토하는 일이 많아집니다. 젖을 토하면 엄마는 크게 당황합니다. 게다가 '유아천식'이라거나 '천식성 기관지염'이라는 말을 들으면 쇼크를 받게 됩니다. 그리고 무슨 일이 있어도 고쳐야 한다고 생각합니다. 그래서 아기가 울거나 무서워해도 주사를 맞힙니다.

가래가 잘 끓는 것은 체질입니다.

가래가 잘 끓는 것은 체질임에는 틀림없습니다. 그러나 체질 전부를 치료할 것인지는 생각해 봐야 합니다. 땀을 잘 흘리는 것도 체질입니다. 그러나 이것을 치료하지는 않습니다. 땀 정도는 생활에 지장을 초래하지 않기 때문입니다.

가래도 그렇게 생각하는 것이 좋습니다. 가슴 속에서 그르렁 소리가 나고 아침저녁으로 "콜록콜록" 기침을 해도 아기가 잘 놀고 젖도 잘 먹으며 체중도 늘고 있다면 아기의 생활에 지장은 없는 것입니다. 때때로 기침과 함께 분유를 토해 버려도 아기가 먹고 싶어 하면 다시 먹이면 됩니다. 또는 예방하는 의미에서 밤에 먹이는 분유는 양을 조금 적게 줍니다.

가래가 끓는 아기가 어른이 되어서 모두 천식이 되는 것은 아닙니다.

가래가 끓는 아기의 대부분은 어른이 되면 낫습니다. 가래가 끓는 것을 잊어버리게 됩니다. 몸의 단련을 게을리한 극히 일부의 아기만이 어른이 되어서 천식 환자가 됩니다.

단지 가래가 잘 끓는 아기를 환자 취급해서는 안 됩니다. 아기가 잘 놀고 열도 없으며 웃는 얼굴을 자주 보이고 젖도 잘 먹는다면, 이 아기는 아주 건강합니다. 그러므로 옷을 두껍게 입히지 말고 되도록 자주 바깥 공기를 쐬어주도록 합니다. 다행스럽게도 가래가 끓는 아기는 장이 튼튼하여 좀처럼 설사를 하는 일이 없습니다. 이유식을 먹일 때도 전혀 애를 먹이지 않습니다. 이런 점에서는 오히려 키우기가 쉽습니다.

이런 아기는 목욕할 때 주의해야 합니다.

단, 목욕은 주의해야 합니다. 가래가 많이 끓을 때 목욕을 하면 혈액 순환이 좋아져 기관지 분비가 왕성해지므로 가래가 심해지기 때문입니다. 전날보다 가래가 많이 끓는다고 생각될 때는 목욕은 시키지 않는 편이 좋습니다.

그러나 같은 상태가 지속된다고 너무 오랫동안 목욕을 안 시킬 수는 없습니다. 이럴 때는 가볍게 목욕을 시켜본 후, 가래 끓는 정도에 별 차이가 없다면 하루 걸러서 시킵니다. 목욕의 영향에 대해서는 엄마가 가장 잘 알고 있기 때문에, 이 정도라면 목욕을 시켜도 괜찮겠다는 것을 경험으로 판단할 수 있을 것입니다.

바깥 공기를 쐬어줌으로써 피부와 기관지를 단련시킵니다.

유독 바람이 강한 날이나 갑자기 기온이 내려가는 시간을 피해서 되도록 바깥공기를 쐬어줌으로써 피부와 기관지를 단련시킵니다. 하지만 아무리 밖에서 깨끗한 공기를 마시게 해주어도 집에서 부모가 담배를 피우면 아무런 의미가 없습니다. 전기청소기를 자주 사용해 방의 먼지를 최대한 줄여야 합니다. 특히 추운 밤에 가래가 끓는 것을 막기 위해 방이 적정 습도를 유지하는 것은 좋지만 무엇보다도 아기를 단련시키는 데 중점을 두어야 합니다.

158. 고열이 난다

● 중이염, 림프절, 화농, 돌발성 발진, 뇌수막염, 방광염 등 여러 가지 원인이 있으나 이것은 모두 예외적인 경우이다.

중이염일 수 있습니다.

생후 3개월 된 아기에게 고열이 나는 것은 예외적인 일입니다. 38℃ 이상의 열이 나는 것은 소아과 영역을 벗어난 병인 경우가 많습니다. 예를 들면 중이염이 그렇습니다. 지금까지 밤중에 운 적이 없는 아기가 울면서 자지 않고 38℃ 전후의 열이 날 때는 우선 중이염을 의심해 보아야 합니다. 다음 날 아침 한쪽 귀의 입구가 젖어 있으면 고막이 찢어진 것입니다(아기의 고막은 찢어져도 금방 다시 붙기 때문에 걱정할 필요 없음). 투명한 액체가 나와 말라버리면 엄마가 알아차리지 못하는 경우가 많습니다. 처음부터 황록색의 고름이 나오는 일은 거의 없습니다.

●

중이염 다음으로 많은 것은 턱밑의 림프절 화농입니다.

이때는 오른쪽 또는 왼쪽 턱밑이 딱딱하게 붓고 아기가 목을 움직이지 못합니다. 그리고 만지면 아파하고 38℃ 전후의 열이 나는 경우가 많습니다. 빨리 항생제를 먹이면 수술하지 않고 나을 수도 있습니다. 그러나 화농해 버리면 대부분 수술해야 합니다. 외과에서 쉽게 고칠 수 있는 병이므로 걱정할 필요는 없습니다.

드물게 돌발성 발진이 나타나기도 합니다.

항문 주위에 '종기'가 생겨서 딱딱해지거나 빨갛게 부었을 때도 열이 납니다. 아기가 대변을 볼 때 아파서 울기 때문에 알 수 있습니다. 열은 38℃ 전후인 경우가 많습니다.

'돌발성 발진'이라는 병에 대해서는 나중에 자세하게 설명하겠지만226 돌발성 발진이다 보통 생후 7개월부터 나타나는 경우가 많은데, 드물게 3~4개월 된 아기에게 나타나기도 합니다.

그러나 이 월령에는 고열이 3일 이상 가지 않습니다. 길어야 하루 정도면 열이 내립니다. 열이 내리고 난 후에는 온몸에 반점이 퍼집니다. 반점만 보면 홍역과 매우 비슷하며, 더운 계절이라면 땀띠로 오인하기도 합니다. 반점이 생기면 낫는다는 것이기 때문에 땀띠라고 생각해도 실제적인 해는 없습니다.

뇌수막염일 때도 고열이 납니다.

바이러스에 의한 뇌수막염도 없는 것은 아니지만, 이런 병은 의식을 잃거나 경련을 일으키기 때문에 금방 알 수 있습니다(이것은 세균성 뇌수막염과 달리 사망하는 경우는 없음). 더운 여름(7월 중순에서 8월 중순경)에는 하계열177 하계열이다이라는 것이 아기들에게 나타나는데, 생후 3개월 된 아기에게도 전혀 없는 것은 아니지만 생후 4개월 이후의 아기에게 많습니다.

증상으로는 열이 난다는 것뿐인데, 밤중부터 오전에 걸쳐서

38~39℃의 열이 나다가 오후가 되면 다시 내려가는 열형(熱型)에 의해 거의 짐작할 수 있습니다. 그러나 처음 2~3일은 무엇인지 몰라 당황합니다. 아기가 잘 놀기 때문에 큰 병이 아니라는 것은 알 수 있습니다.

●

소변이 심하게 탁하면 방광염입니다.

고열이 4일 이상 지속되면 반드시 소변을 체크해 보아야 합니다. 심하게 탁해져 있으면 방광염입니다. 더운 날씨에 여자 아기들에게 많은데, 이것은 흔하지 않은 병입니다. 생후 3~4개월 된 아기에게 고열이 지속되는 일은 좀처럼 없기 때문에 의사에게 진찰받아 원인을 규명해야 합니다. 아기가 아파하며 울 때는 먼저 귀를 잘 살펴봐야 합니다.

159. 밤중에 운다

● 아무 이유 없이 밤중에 아기가 울 때가 있다. 하지만 이런 증상은 반드시 없어진다.

배가 고파서 우는 것이 아닙니다.

상습적으로 우는 것은 아기의 월령과는 상관없지만, 이른 아기는 생후 2~3주부터 시작됩니다. 일단 울기 시작하면 좀처럼 울음을 그치지 않습니다. 1시간이고 2시간이고 계속 우는 아기도 있습니다. 얼굴이 빨개져서 있는 대로 힘을 주며 웁니다. 그래서 어디가 아픈 것은 아닌가 하고 걱정하게 됩니다.

안아서 가볍게 흔들어주면 울음을 그치는 경우가 많습니다. 아파트와 같이 아기 울음소리가 이웃에 폐가 되는 경우라면 안아줄 수밖에 없습니다. 안아줘도 울음을 그치지 않는 아기도 있습니다. 이런 아기는 조금 크면 자동차에 태워서 한 바퀴 돌면 신기하게 울음을 그치기도 합니다. 장에 가스가 차서 장의 통과를 일시적으로 방해하는 경우도 있을 것입니다. 관장을 하여 울음을 그치는 아기는 이러한 방법도 생각해 볼 수 있습니다. 젖을 잘 먹고 있으며 체중이 많이 나가는데도 밤에 우는 경우가 있습니다. 배가 고파서 우는 것은 아닙니다.

●

밤중에 우는 아기를 위한 처방이 있습니다.

밤중에 우는 이런 일이 예전부터 있던 흔한 일임을 잘 모르면 어디가 아픈 것은 아닌가 하고 상당히 걱정을 하게 됩니다. 처방으로는, 밤에 우는 것은 반드시 없어진다는 사실을 부모가 인식할 것, 낮에 산책을 시킬 것, 분유를 먹일 때 공기가 들어가지 않도록 할 것, 관장(약을 약간 따뜻하게 데워서 사용)으로 고쳐지면 이 방법을 지속할 것, 여름이면 얼음베개(타월로 싸서)를 베어줄 것, 겨울에는 너무 덥지 않게 해줄 것, 모유만으로 키우는 엄마라면 생우유를 마시지 말 것 등이 있습니다.

밤에 우는 것은 습관적인 것이 보통이지만, 지금까지 그렇지 않았던 아기가 3개월이 지나 어느 날 밤부터 울기 시작했다면 첫날은 부모가 매우 걱정을 합니다. 열이 없으면 중이염이나 림프절염 같은 염증성 병은 아니라는 것을 짐작할 수 있습니다. 울기는 하지만 체중도 늘고 변도 변함이 없습니다. 장중첩증181 장중첩증이다일 경우도 아기가 심하게 울지만 우는 형태가 다릅니다. 밤에 우는 경우는 쉴 새 없이 울어대는 것이지만, 장중첩증이 원인일 때는 5분 정도의 간격으로 울다 말다를 반복하고 또 분유를 먹이면 토해 버립니다. 아기가 처음으로 밤에 울기 시작했을 때, 대부분의 엄마는 어쩔 수 없이 소아과 의사만 힘들게 합니다. 밤이 아니라 낮에 우는 경우도 있습니다.112 갑자기 심하게 운다_콜릭

160. 자꾸 눈곱이 낀다

- 볼살이 쪄서 속눈썹이 안구에 닿아 생기는 눈곱은 시간이 지나면 저절로 낫는다.
- 결막염 때문에 생기는 눈곱은 항생제 점안액을 2~3회 넣어주면 낫는다.

볼살이 통통해지면서 속눈썹이 안구에 닿아 그렇습니다.

생후 3개월 전후의 아기가 아침에 일어났을 때 눈시울이나 눈초리에 눈곱이 끼어 있거나 눈에 항상 눈물이 고여서 젖어 있는 경우

가 있습니다. 자세히 보면 눈 아래 눈꺼풀의 속눈썹이 안쪽을 향해 나 있어 안구에 닿아 있는 것을 알 수 있습니다. 그렇기 때문에 각막이 자극을 받아 눈물이 나거나 눈곱이 끼는 것입니다.

이것은 아기의 볼에 지방이 축적되어 통통하게 살이 오르다 보니 아래 속눈썹이 거꾸로 안쪽을 향해 나서 생기는 일입니다. 이러한 증상이 생후 3~4개월에 가장 많은 것은 이 시기에 아기의 얼굴이 가장 통통해지기 때문입니다. 5개월이 지나면 볼살이 빠지면서 자연스럽게 낫습니다.

눈곱이 끼어 안과에 데리고 가면 경우에 따라서는 수술을 권유할지 모르나, 생후 3~4개월에는 하지 않는 것이 좋습니다. 수술을 하면 안대를 해야 하는데, 만 1세 미만의 아기는 3일 이상 눈을 가려두면 시력이 눈에 띄게 저하됩니다. 눈을 가린다고 해도 하루를 넘기지 말아야 합니다. 가능하면 각막을 자극하는 눈썹을 뽑아주는 정도에서 그쳐야 합니다. 저절로 나을 수 있는 것은 자연의 섭리에 맡겨두는 것이 가장 좋습니다.

유행성 결막염 때문일 수도 있습니다.

물론 눈곱이 끼는 이유가 모두 눈썹 때문만은 아닙니다. '유행성 결막염(급성 결막염)'으로 눈곱이 끼는 일도 있습니다. 급성인지는 눈의 흰자위 부분이 충혈되기 때문에 알 수 있습니다. 또 눈곱이 끼는 정도가 심해서 아침이면 위아래 눈꺼풀이 붙어 눈이 떠지지 않는 경우도 있습니다.

아기의 유행성 결막염은 세균에 의한 것이 많습니다. 이런 경우 항생제가 들어 있는 안약을 2~3회 넣어주면 낫습니다.

●

태어날 때부터 눈물관이 막혀서 그럴 수도 있습니다.

눈에서 콧속으로 눈물을 보내주는 눈물관이 태어날 때부터 막혀 있어서 '눈물 고인 눈'이 되는 경우도 있습니다. 90%는 만 1세 이전에 자연스럽게 관이 뚫리게 됩니다. 결막염(빨간 눈)을 자주 일으키지만 눈물을 배양하여 균을 찾아내서 그 균에 잘 듣는 항생제를 사용하면 고칠 수 있습니다.

161. 뼈에 변형이 있다_구루병

● 비타민 D의 부족으로 뼈가 변형된 것으로 요즘에는 거의 없어진 병이다.

현대에는 극히 드물게 나타나는 질병입니다.

요즘 엄마들에게는 구루병이라는 것이 금방 느낌이 오지 않을 것입니다. 지금은 거의 없어져서 엄마가 아기의 구루병 증상을 볼 일이 없기 때문입니다. 구루병이란 비타민 D의 부족으로 뼈의 성장이 지장을 받아 변형이 생기게 되는 병인데, 요즘은 비타민 D의 부족은 없어졌습니다.

분유로 키운 아기라면 분유 속에 비타민 D가 강화되어 있기 때문에 부족하지 않습니다. 미숙아에게는 비타민 D 결핍이 일어나기 쉽지만, 이것도 병원에서 종합비타민제를 먹이고 엄마에게도 지속적으로 먹이라고 하기 때문에 이전처럼 심한 비타민 D 결핍은 없습니다. 그러나 미숙아로 태어난 아기의 뼈를 찍은 엑스선 사진을 보면 3개월까지 약간의 구루병 증세가 보입니다. 그러나 생후 6개월 정도 되어 다시 한 번 검사해 보면 없어져 있습니다. 비타민 D 결핍이 없어지고 나니 이전에 구루병 증상이라고 했던 것들을 모두 구루병이라고 한정 지을 수 없게 되었습니다. 마른 아기 중에서 양팔을 올리면 앞가슴의 늑골 일부(늑골과 늑연골의 경계)가 염주처럼 부어 보이거나 가슴 아래쪽이 나팔 모양처럼 벌어져 있어 가장 밑에 있는 늑골이 확연하게 튀어나와 보이는 아기가 있습니다. 또한 가슴뼈 아랫부분이 안으로 들어가 오목가슴(누두흉)으로 불리는 모양이 되거나, 반대로 가슴뼈 중앙이 튀어나와 새가슴이 되는 아기도 있습니다.

또한 영아 건강검진에서 "이 아기는 발육은 좋지만 '두개로(頭蓋擄)'입니다"라는 말을 듣고 놀라게 됩니다. 후두부의 오른쪽 또는 왼쪽(양쪽 모두인 경우도 있음)에 동전 크기만 한 범위에서 세게 뼈를 누르면 탁구공처럼 우그러지는 느낌이 듭니다. 분명 두개골이 물렁물렁한 것이지만 병은 아닙니다. 이런 증상은 자연스럽게 낫습니다. 엄마는 아기의 머리를 이렇게 세게 눌러보지 않기 때문에 발견할 수 없지만, 의사가 자세히 보면 4명 중 1명 정도에게서 발견됩니다.

이전에는 이러한 것을 모두 구루병이라고 했으나, 성장의 여러 유형 중 하나로 이러한 뼈의 변형이 있다고 생각하면 됩니다. 그러나 영아 건강검진이나 진찰에서 오목가슴, 새가슴, 두개로를 발견하면 구루병이라며 비타민 D를 섭취해야 한다고 말합니다. 이러한 아기가 미숙아인 경우에는 비타민 D 섭취가 나쁘지는 않지만, 치료가 늦어진다고 하여 무턱대고 양을 늘려서는 안 됩니다. 분유의 경우에는 이미 비타민 D가 포함되어 있기 때문에 치료용으로 주는 비타민 D는 하루에 400IU를 초과해서는 안 됩니다.

비타민 D를 너무 많이 섭취하면 식욕이 없어지고, 소변이 많아지며, 심하게 갈증을 느끼게 되는 등 부작용이 생기기 때문입니다.

간혹 모유를 먹이는 아기 중에 있을 수 있습니다.

분유를 먹는 아기에게는 구루병이 없다고 말할 수 있지만, 추운 지역에서 늦가을에 태어나 모유만 먹는 경우에는 구루병이 전혀 없는 것은 아닙니다. 햇볕을 쬐어주지 않으면 피부에서 비타민 D를 만들 기회가 없기 때문에 엄마가 먹는 음식에 비타민 D가 부족하면(버터, 달걀노른자, 종합비타민의 섭취 부족) 아기가 구루병에 걸리게 됩니다. 이것도 엑스선으로 뼈의 사진을 찍어보아야 알 수 있는 경우가 많습니다.

그렇기 때문에 아기가 겨울에 일조 시간이 짧은 지역에서 살고 모유를 먹는 경우, 엄마는 하루에 400~800IU의 비타민 D를 섭취하는 것이 좋습니다. 종합비타민제도 좋고, 비타민 D제도 괜찮습니다. 어쨌든 아기에게 충분히 바깥 공기를 쐬어주어 단련시키는 것이 구루병의 예방에도 도움이 됩니다.

162. 시선이 사물과 일치하지 않는다_사시 

● 좌우의 시선이 보고자 하는 사물과 일치하지 않는 것을 말한다.

사시의 원인은 아직 밝혀지지 않았습니다.

좌우의 시선이 보고자 하는 사물과 일치하지 않는 것을 '사시'라고 합니다. 아기가 한 곳을 똑바로 볼 수 있는 것은 생후 3개월 이후이기 때문에 사시도 이 시기에 알 수 있습니다. 항상 사시가 아니라 잠이 올 때만 사시가 되는 아기는 정상아에게도 있습니다. 이러한 정상아의 사시는 4~6개월경에 없어집니다. 왜 사시가 되는지에 대해서는 아직 잘 모릅니다. 뇌 중추에 양쪽 눈의 상을 일치시키는 힘이 결여된 아기, 한쪽 눈의 시력이 나쁜 아기, 안구를 움직이는 근육에 이상이 있는 아기 등 그 원인은 여러 가지가 있습니다.

생후 4개월 정도까지는 진짜 사시인지, 정상아에게 보이는 가짜 사시인지 구별하기 어려운 경우도 있습니다. 4개월이 지나도 항상 사시인 아기라면 안과에서 진찰을 받아보아야 합니다. 한쪽 눈의 시력이 나쁜 원인을 알아내어 그것을 교정하면 고칠 수 있습니다.

231 사시이다, 312 계절에 따른 육아 포인트를 참고하기 바랍니다.

●

갑자기 울기 시작해서 그치지 않는다. 112 갑자기 심하게 운다_콜릭 참고

보육시설에서의 육아

163. 이 시기 보육시설에서 주의할 점

● 보육교사는 엄마와 연대감을 가지고 아기를 돌봐야 한다. 이를 위해 대화가 꼭 필요하다.

엄마들과 보육교사들이 서로 대화할 기회를 가져야 합니다.

엄마의 출산휴가가 끝나고 아기가 생후 3개월째에 들어서면 보육시설 생활을 시작하게 됩니다. 이 시기에 문제가 되는 것은 아기보다도 어른들입니다. 보육교사와 엄마는 아기를 키우는 것과 동시에 상호 신뢰 관계를 유지해야 합니다. 보육시설의 예산이 충분하지 않아도 보육시설의 시설이 다소 열악하더라도, 가정이 경제적으로 풍요롭지 않더라도, 보육교사와 엄마가 서로 신뢰한다면 아기는 잘 자랍니다.

일하는 엄마는 자신이 하루 종일 아기 곁에 있어줄 수 없는 것에 대해 미안한 마음이 있기 때문에 집에 있는 엄마가 아기에게 해주는 것 이상의 '이상적인 육아'를 기대합니다. 그래서 보육시설의 아주 조금 '손이 미치지 못하는 육아 부분'에 대해서도 엄마는 매우 심각하게 생각합니다. 몇 년이나 아기들을 돌보아온 보육교사의 눈에는 아무렇지 않은 일에도 엄마는 이상할 정도로 마음이 쓰이는 것입니다.

보육교사는 엄마의 이러한 마음을 이해해야 합니다. 동시에 엄마도 보육시설의 육아를 이해해야 합니다. 가장 좋은 방법은 엄마들과 보육교사들이 서로 대화할 기회를 갖는 것입니다. 그곳에서 지금까지 보육시설에 아기를 맡겨서 기른 엄마들의 경험담을 들어보는 것도 좋습니다. 이렇게 하면 무엇이 중요하고 무엇이 중요하지 않은지 이해할 수 있습니다.

또한 보육교사로서는 비슷한 월령의 아기가 있는 엄마들의 공통된 고민을 들어보면 어떤 점에 신경을 써야 할지 이해하게 될 것입니다. 처음 1개월 동안의 인상이 중요하므로 보육교사는 엄마에게 불신감을 주지 않도록 특별히 주의를 기울여야 합니다.

대화가 힘들다면 알림장을 이용하면 됩니다.

이러한 대화를 대신해 주는 것이 매일 쓰는 알림장입니다. 기록하기 쉽게 수면 시간, 식욕, 먹은 음식의 양, 기분 등의 난을 미리 만들어 인쇄해 둡니다. 보육시설에서 상처를 입었다면 가벼운 찰과상이라고 해도 기록해 두지 않으면 부모가 먼저 발견하여 문제를 제기할 수 있습니다. 장시간 맡고 있는 보육아 중에서 중간에 담당교사가 바뀌어 부모를 만나보지 못할 경우에는 특히 기록이 필요합니다.

엉덩이가 잘 짓무르는 아기는 배설 시간을 정해 두고 기저귀를 부지런히 갈아주어야 합니다. 생후 3개월이 지나면 다리 힘도 강해지기 때문에 이불을 차서 침대에서 떨어질 위험이 있습니다. 그러므로 침대에 난간을 세우는 것을 잊지 않도록 보육교사들끼리 서로 항상 주의를 환기시켜야 합니다.

보육교사에게 편애는 금물입니다.

아기에 따라 예뻐 보이는 아기와 그렇지 않은 아기가 있지만 보육교사는 특정 아기만 특별히 예뻐하면 안 됩니다. 편애는 저절로 밖으로 표출되어 사랑받지 못하는 아기의 엄마에게 불신을 불러일으킵니다.

아기의 젖은 기저귀를 세탁하지 않고 집으로 보내는 보육시설에서는 기저귀가 바뀌지 않도록 주의해야 합니다. 아무것도 아닌 일로 엄마에게 신뢰를 잃을 수 있기 때문입니다.

공용 기저귀를 한꺼번에 세탁하는 보육시설에서는 충분히 건조시켜야 합니다. 종이 기저귀를 채워도 짓무르지 않는 아기에게는 이것을 사용해도 되지만, 보육시설의 경영 상태와 엄마의 부담을 충분히 고려해야 합니다.

아기의 일상을 잘 체크해야 합니다.

가능하면 1주에 한 번, 요일과 시간을 정해 아기의 체중을 재보는 것이 좋습니다. 체중 증가만을 목표로 하면 안 되지만, 지금까지 분유를 잘 먹고 있고 하루 20g 정도씩 증가하던 아기가 하루

30g이나 늘어났다면 분유를 너무 많이 먹은 것이므로 먼저 어디에서 많이 먹었는지를 알아보아야 합니다. 만약 집에서 무턱대고 많이 먹인다면 엄마에게 경고해야 합니다.

소식하는 아기로 발육곡선의 50% 이하인 것을 엄마가 심각하게 걱정하고 있다면, 체중 증가표를 보여주며 아기가 나름대로 잘 크고 있는 거라고 안심 시킵니다.

집에서 모유를 먹이는 아기 중에는 변이 녹색이고 좁쌀 같은 것이 들어 있는 경우가 있습니다. 이러한 아기라도 체중이 제대로 증가하고 있다는 것을 보여주면, 엄마는 '녹색 변 노이로제'에서 벗어날 수 있을 것입니다.

이따금 영아 건강검진에 아기를 데리고 간 엄마가 빨리 이유식을 먹이라고 '지도' 받고 초조해하는 경우가 있습니다. 혹시 보육시설의 방침이 이유식은 날씨가 서늘해질 때를 기다렸다가 하는 식이라면, 이전의 예를 들어주며 엄마를 안심시켜야 합니다. 보육 교사가 처음 1개월 사이에 엄마의 신뢰를 얻어놓으면 나중에 훨씬 편합니다.

보육 교사는 항상 엄마에 대해 같은 일하는 여성이라는 연대감을 가져야 합니다. 처음으로 엄마가 된 여성은 아이를 조심조심 키우기 때문에 격려하며 안심시켜야 합니다.

아기가 조금 이상하다고 엄마에게 전화를 걸어 병원에 데리고 가게 하는 것은 책임 회피입니다. 그것이 일하는 여성에게 얼마나 힘든 일인지를 충분히 이해해야 합니다.

보육교사는 '아기의 발열'이나 '가래가 잘 끓고 기침을 하는 아기 다루기'에 대하여 이 책에서 설명한 연령별 항목을 잘 읽어두어야 합니다. 그리고 아기의 평상시 얼굴을 잘 익혀두기 바랍니다.

좋은 환경의 보육시설을 위해 모두 노력해야 합니다.

아기를 오랜 시간 집단으로 보육하기 위해서는 급식을 관리하는 영양사, 건강을 관리하는 간호사, 정리를 담당하는 잡역부가 있어야 합니다. 이처럼 전문적인 일을 하는 사람들이 분업을 해야 하는데도 대부분의 보육시설에는 이런 사람들이 제대로 갖추어져 있지 않습니다.

그래서 보육교사가 모든 일을 다 해야 합니다. 하지만 분업이 이루어지는 보육시설을 꿈같은 이야기라고만 생각해서는 안 됩니다. 소수이긴 하지만 여기저기에 분업이 이루어지고 있는 보육시설이 있습니다.

일본의 어느 보육시설에서는 이 분업 체제가 잘 이루어지고 있습니다. 정원이 100명 정도로 만 1세 미만의 아이 9명에 보육교사 4명, 만 2세 미만의 아이 11명에 보육교사 4명, 만 3세 미만의 아이 14명에 보육교사 3명, 만 4세 미만의 아이 20명에 보육교사 2명, 만 5세와 6세 미만의 아이에게는 각각 30명에 보육교사 2명씩, 이 외에 간호사와 영양사 각각 1명, 급식조리사 3명, 잡역부 2명, 주임 1명, 원장 1명, 아침과 저녁 당번 아르바이트 3명(4시간 근무)이 있습니다. 그리고 촉탁 의사가 주 2회 방문하여 만 1세 미만의 아이

들을 검진합니다.

이 정도의 인력이 있으면 목욕, 샤워, 물놀이, 원외 보육을 여유 있게 할 수 있습니다. 교대하는 보육교사가 와도 담당 보육교사는 즐거워서 좀 더 있다가 퇴근할 거라고 말하기도 합니다.

164. 이 시기 영아체조

생후 3개월이 되면 아기의 움직임은 더욱 활발해집니다.

이에 따라 다음의 체조를 추가합니다. 이 시기가 되면 2개월일 때는 그다지 발달하지 않았던 흉부 근육도 발달하고 살도 붙습니다. 그리므로 가슴 마사지를 시작합니다.

⑬ 가슴 마사지 4~5회, 안아 올리는 운동 4~5회

⑭ 뒤집기 연습 좌우 각각 1~2회

체조하는 방법은 그림으로 보는 영아체조(555쪽)를 참고하기 바랍니다.

정서적으로나 활동적으로
성장이 두드러지면서
사물을 기억할 수 있게 됩니다.
마음에 안 드는 일이 있으면
큰소리로 울고 반대로 즐거울 때는
소리내어 웃습니다.
이름을 부르면 소리가 나는쪽으로
얼굴을 돌립니다.

8

생후 4~5개월

이 시기 아기는

165. 생후 4~5개월 아기의 몸 

● 정서적으로나 활동적으로나 성장이 급격히 두드러지며 사물을 기억할 수 있다.

정서 면에서 성장이 급격히 두드러집니다.

지난달에 비해서 이 시기의 아기는 정서적인 성장이 급격히 두드러집니다. 자기 표현이 확실해지면서 희로애락을 밖으로 표현할 수 있게 됩니다. 마음에 안 드는 일이 있으면 큰 소리를 내면서 웁니다. 반대로 즐거울 때는 소리 내어 웃습니다. 잘 우는 아기와 얌전한 아기의 차이는 점점 더 확실해집니다.

●

사물을 기억할 수 있게 됩니다.

이 시기의 아기는 단지 사물을 보는 것만이 아니라 전에 본 적이 있는 것을 기억할 수도 있게 됩니다. 가장 가까이 있는 엄마의 얼굴을 알아볼 수 있게 됩니다. 그래서 엄마의 얼굴을 보면 기뻐합니다. 또 엄마가 자기에게서 멀어지면 우는 아기도 있습니다. 이름을 부르면 그쪽으로 얼굴을 돌리게 되는 것도 이 시기입니다. 의사에게 주사를 맞고 심하게 울었던 아기는 그다음에는 흰옷을 입은 사람만 봐도 심하게 웁니다.

●

하루 일과는 아기의 수면에 의해 결정됩니다.

아기의 하루 일과를 결정하는 것은 여전히 수면입니다. 영양도, 운동도 아기가 어느 정도 자느냐에 따라 정해집니다.

잘 자는 아기는 오전 8시에 잠이 깨었다가 10시부터 12시까지 자고, 오후 2시부터 3시, 또 5시부터 7시까지 자며, 밤 10시에 취침하여 오전 8시까지 잡니다. 오전 8시, 12시, 오후 3시, 7시, 10시에 분유를 먹이고 오후 4시부터 5시까지 목욕을 시키면 자유롭게 사용할 수 있는 시간은 낮 3시간과 밤 2시간 정도밖에 없습니다. 이 가운데 오전 시간에 바깥 공기를 쐬어주면 낮에는 고작 한 번밖에 이유식을 먹일 수 없습니다.

이유식은 엄마가 가장 한가하고 아기의 기분이 좋은 시간에 먹이면 됩니다. 오전 10시가 좋다고 해서 자는 아기를 흔들어 깨워서 이유식을 먹이는 것은 어리석은 짓입니다. 수면이라는 기본적인 생명의 리듬을 무리하게 바꾸는 것은 자연스럽지 않은 일입니다. 그렇게 자는 아기를 깨우면 아기는 기분이 나빠집니다. 아직 이 시기에는 수면을 자연적인 리듬에 맞추어도 아무런 지장이 없습니다.

또한 수면시간이 짧아 낮에 깨어 있는 시간이 많은 아기라면, 그 시간에 아기가 즐겁게 보낼 수 있도록 해주어야 합니다. 예전에는 그런 시간을 이유식을 주는 데 이용했으나 앞으로는 더욱 몸을 단련시키는 데 이용해야 합니다. 가능하면 3시간 정도 바깥 공기를 쐬어주도록 합니다.

이유식을 서두를 필요는 없습니다.

이 시기가 되면 분유 먹는 것에 대해서도 대부분의 엄마들이 아기의 개성을 알게 됩니다. 아무리 분유통에 쓰여 있는 분량을 먹이려고 해도 항상 20~30ml를 남기는 아기의 엄마는 '우리 아기는 별로 먹지 않아'라며 단념합니다. 한편 분유통에 쓰여 있는 분량을 항상 깨끗하게 다 먹는 아기의 엄마들 중에는 아기는 살이 찌면 찔수록 좋다고 생각하여 1회에 250ml나 먹이는 엄마도 있는데, 이것은 좋지 않습니다.

이 월령이 되면 하루 평균 30g 이상 체중이 늘지 않도록 조절해야 합니다. 분유를 잘 먹는 아기는 이유식도 잘 먹습니다. 이유식도 늘리고 분유도 지금까지처럼 먹인다면 하루에 30g 이상의 체중 증가를 막을 수 없습니다.

모유가 조금 부족해도 결코 이유식을 서두를 필요는 없습니다. 지난달 내용을 다시 한 번 읽어보기 바랍니다. 146 모유로 키우는 아기

이 시기에도 아직은 숟가락으로 먹는 연습을 익힌다는 마음만 가지면 됩니다. 분유를 그다지 좋아하지 않는 아기나 모유 분비가 줄어들어 밤에 우는 아기에게는 이유식을 권합니다. 그러나 아기가 숟가락으로 잘 먹지 못하거나 이유식을 싫어할 때는 1개월 더 기다렸다가 이유식을 시작해도 문제는 없습니다.

3종 혼합(백일해, 디프테리아, 파상풍) 백신이나 유행성 소아마비 생백신을 접종한 후 아기의 상태가 좋지 않다면 이유식을 미루어야 합니다. 그러나 평소와 같이 분유를 먹고 기분도 좋고 잘 웃는다면, 예방접종 다음 날부터 이유식을 줘도 상관없습니다.

이유식을 시작했다가 도중에 예방접종 때문에 중단했을 때는 처음부터 다시 시작할 필요는 없습니다. 전에 먹던 양의 70~80%부터 시작하면 됩니다.

이유식을 시작하면 변이 조금 검어집니다.

배설에 대해서도 지난달에 설명한 부분을 다시 한 번 읽어보기 바랍니다. 145 생후 3~4개월 아기의 몸 단, 변비인 아기는 이 시기가 되면 숟가락으로 능숙하게 받아 먹을 수 있으므로 떠먹는 요구르트나 과일(바나나, 사과, 토마토, 귤)을 갈아서 줍니다. 이렇게 하면 변이 좀 더 쉽게 나올 것입니다.

4개월이 되어 변비가 시작된 아기도 이런 방법으로 하면 됩니다. 이유식을 시작하면 변 색깔이 조금 검어지거나 갈색을 띠기도 하는데, 이것은 병이 아닙니다.

밤사이 엉덩이가 짓무르기도 합니다.

이 시기가 되면 밤 11시에 잠들어 아침 5~6시에 일어나고, 도중에 소변도 보지 않고 깨지도 않는 아기도 있습니다. 그러나 대부분 한 번은 소변 때문에 잠에서 깹니다. 이때 분유를 먹어야 할지가 문제인데, 만약 분유를 먹지 않아도 조금 안아주는 것으로 다시 잠이 든다면 그렇게 하는 편이 엄마는 편합니다. 그러나 모유가 잘 나오는 경우 추운 계절이라면 오히려 엄마의 젖을 물리면 아기가 안정을 찾아 빨리 잠듭니다. 분유를 먹는 아기도 분유를 먹여서 쉽게 잠든다면 '야간 수유'를 해도 문제는 없습니다. 물론 주스나 아주 묽은 요구르트도 좋습니다.

또 밤중에 소변은 보지만 기저귀를 갈아주면 잠에서 깨어 계속 칭얼거리며 우는 아기는 엉덩이가 짓무르지 않는 한 그대로 재울 수밖에 없습니다. 서구에서는 아기가 4개월이 되면 부모와 방을 따로 해서 재웁니다. 그러나 우리는 서구화된 아파트에서 살아도 변함없이 아기를 부모와 같은 방에서 재웁니다. 같은 방에서 자면서 아기가 기저귀가 젖어서 우는 것을 모른 척하기는 어렵습니다.

아기를 재우는 방과 부모의 방이 별도인 서구에서는 엄마 젖을 빨리 떼고, 기저귀도 밤에 잘 때 갈아주고는 아침까지 갈아주지 않습니다. 습도가 높지 않은 곳이라면 이렇게 해도 문제가 발생하지 않지만, 습도가 높은 곳에서는 기저귀를 젖은 채로 두면 대부분의 아기는 엉덩이가 짓무르게 됩니다.

운동이 더욱 활발해집니다.

생후 4~5개월에 아기의 운동은 점점 활발해집니다. 거의 대부분의 아기가 목을 똑바로 가눌 수 있게 되고, 소리가 나는 방향으로 머리를 돌립니다. 손의 움직임도 상당히 자유로워지면서 손을 입으로 가져가 빠는 일이 많아집니다. 아기에 따라서는 양손을 앞으로 모으기도 합니다. 5개월 가까이 되면 스스로 물건을 잡으려고도 합니다. 엎드려 놓으면 몸을 양손으로 받치는 것처럼 하면서 꽤 오랫동안 머리를 들고 있을 수도 있습니다. 딸랑이 같은 장난감을 쥐여주면 마구 흔들어댑니다. 그러다가 자신의 얼굴을 때려서 우는 일도 있습니다.

아직 혼자서는 앉을 수 없지만 허리 부분을 받쳐주면 겨우 앉을 수 있습니다. 빠른 아기는 5개월이 되면 2~3분 동안 앉아 있지만 무리하게 연습시킬 필요는 없습니다. 아기가 자지 않고 깨어 있을 때는 좀처럼 가만히 있지 않고 몸을 뒤집으려고 합니다. 그러나 아직 혼자서 완전하게 뒤집는 것은 무리입니다

여름철에 얇은 옷을 입고 있을 때, 적당히 구겨진 이불 덕분에 우연하게 뒤집기를 하는 경우도 있습니다. 무릎 위에 세우면 다리를 붙이고 깡충깡충 뛰는 것처럼 하는 일도 점점 많아집니다. 이와 같은 팔다리 운동을 별로 하지 않는 아기는 얌전한 아기라서 너무 눕혀놓기만 할 가능성이 있습니다. 이런 아기는 깨어 있을 때는 되도록 안고 밖을 보여주도록 합니다. 같은 달에 태어난 옆집 아기는 앉기도 하는데 우리 집 아기는 아직 그러지 못한다고 걱정할 필요는 없습니다. 무턱대고 몸을 움직이고 싶어 하는 아기도 있고, 조용한 것을 좋아하는 아기도 있습니다. 그러한 개성의 차이가 운동기능의 차이로 표출되는 것에 불과합니다. 언젠가는 똑같이 앉거나 서거나 뛰게 됩니다. 이 시기에 1~2개월 빠르고 늦는 것은 의미

가 없습니다.

특별한 병을 앓진 않습니다.

생후 4~5개월경에는 병다운 병은 앓지 않습니다. 기관지 분비가 많은 편인 아기는 약간의 기온차에도 반응하고 가슴 속에서 그르렁거리는 소리가 나는 경우가 있습니다. 잘 놀고 열도 없으며 분유도 평소처럼 먹고 있다면 걱정할 필요는 없습니다. 병원에 데리고 가면 '천식성 기관지염' 157 가래가 끓는다 이라고 할지도 모릅니다.

이것 때문에 병원에 다니다 보면 환자 대기실에서 병에 감염되는 경우도 있습니다. 백일해, 수두 등의 전염병이 생후 4개월 정도에 걸리는 것은 대체로 병원 대기실에서 감염되는 경우입니다 유행성 결막염에 감염되는 경우도 있습니다.

이 월령에는 38~39℃의 고열이 나는 일은 좀처럼 없습니다. 고열이 난다면 중이염이 대부분입니다. 176 열이 난다 특히 밤에 울면서 자지 않는 경우는 중이염일 가능성이 많습니다. 외이염이라도 아픈 듯이 울지만 이 시기의 외이염은 그다지 고열은 나지 않고 귀 입구 쪽을 보면 부어올라 통로를 막고 있으며, 귀를 만지면 아파하기 때문에 알 수 있습니다. 여름철에는 하계열177 하계열이다 로 39℃ 정도의 열이 지속되는 일이 있습니다. 새벽부터 정오까지가 열이 높고 오후에는 내려 평균 체온이 되는 경향이 많기 때문에 알 수 있습니다. 운동이 활발해지기 때문에 침대에서 추락하는 일도 달이 갈수록 많아집니다. 171 이 시기 주의해야 할 돌발 사고

이 시기 육아법

166. 모유로 키우는 아기

● 점점 모유 양이 줄어들면서 부족한 양을 분유나 이유식으로 보충해 줘야 한다.

이유식은 생후 5개월부터 시작해도 아무런 지장이 없습니다.

생후 4~5개월 된 아기가 모유는 잘 먹고 그 외의 것은 아무것도 먹으려 하지 않지만 체중이 순조롭게 늘고 있다면(하루 평균 15~20g) 이유식을 서두를 필요는 없습니다. 이유식은 생후 5개월부터 시작해도 아무런 지장이 없습니다.

모유 양이 점차 줄어들어 아기가 지금까지보다 빨리 배고프다고 울면 우선 분유로 보충해 줍니다. 10일 동안 체중이 100g밖에 늘지 않았다면 분유로 2회 보충해 줍니다.

지금까지 모유 이외에 아무것도 먹인 적이 없는 아기에게 처음으로 분유를 먹일 때는 분유통에 쓰여 있는 지시량보다 한 숟가락 적게 넣고 물을 부어 180ml로 맞춥니다.

모유를 먹인 뒤에 분유로 보충해 주는 혼합 방식이 아니라 모유가 가장 안 나오는 시간에 전부 분유만 먹입니다. 분유를 잘 먹는다면 5~6일 후에 분유통에 쓰여 있는 방식으로 타도 됩니다. 그러나 5일 후에 체중을 재봤더니 100g이나 증가했다면, 분유통에 쓰여 있는 양보다 한 숟가락 적게 먹여도 충분합니다.

●

분유를 전혀 먹지 않는 아기가 종종 있습니다.

모유가 부족해서 분유를 주었는데 전혀 먹지 않는 아기가 종종 있습니다. 엄마 젖의 감촉과는 다른 젖병꼭지를 싫어하는 아기라면 어쩔 수 없지만, 분유를 싫어하는 아기라면 생우유를 약간 묽게 해서 달지 않을 정도로 설탕을 넣어 먹여봅니다(한 번 펄펄 끓이는 것이 안전함). 생우유를 먹으면 괜찮지만 이것도 먹지 않는 아기가 많습니다. 젖병으로는 먹지 않지만 컵으로는 먹는다면 컵에 주어도 괜찮습니다. 숟가락으로는 시간이 너무 오래 걸리기 때문에 좋지 않습니다. 생우유도 싫어한다면 분유는 단념하는 것이 좋습니다. 분유 이외의 영양 식품을 주면 됩니다. 즉 이유식을 시작하는 것입니다. 168 이유 준비하기

모유가 잘 나오지 않아 아기가 화가 나서 젖꼭지를 깨물거나 잡아당겨 젖꼭지에 상처가 나서 유선염에 걸리는 일도 드물지 않습니다. 게다가 모유 대신 분유를 주어도 전혀 먹지 않는다면, 엄마는 젖꼭지도 아픈데 아기가 분유까지 먹지 않아 노이로제에 걸립니다. 이럴 때 결코 좌절해서는 안 됩니다. 분유를 먹지 않는다면 이유식으로 바꾸어 나가면 됩니다. 190 다양한 이유법에 쓰여 있는 방법을 따르면 됩니다.

167. 분유로 키우는 아기

● 너무 살이 찌지 않도록 하루 총량이 1000ml를 넘지 않도록 하며, 조금씩 이유식 먹이기를 시도한다.

너무 많이 먹지 않도록 조절해야 합니다.

생후 4개월이 되었으니 전달보다 분유 양을 늘려야 한다고 생각해서는 안 됩니다. 3~4개월까지도, 4~5개월까지도 체중 증가는 변함이 없습니다. 운동량이 늘어나는 만큼 거기에 소모되는 에너지를 더하면 됩니다.

분유통에 쓰여 있는 용량은 체중을 기준으로 계산한 필요량입니다. 그러므로 분유통에 쓰여 있는 생후 4개월의 '평균 체중' 보다 적게 나가는 아기에게는 양을 적게 조절합니다. 그리고 평균 체중보다 많이 나가는 아기에게는 양을 늘리지 말고 쓰여 있는 양만큼 먹이도록 합니다. 너무 살찌지 않도록 조절하기 위해서입니다. 어쨌든 하루에 먹이는 분유의 총량이 1000ml를 넘지 않아야 합니다.

●

조금씩 이유식을 먹입니다.

아기가 200ml로 부족해 하면 분유를 먹이기 전이나 후에 과즙을 먹이면 됩니다. 물론 보리차나 묽은 요구르트를 20~30ml 먹이고 나서 분유를 먹여도 됩니다. 또 하루 1회 숟가락으로 된장국, 연한 우동 국물, 기름기가 많지 않은 장국이나 수프 등을 먹여도 됩니다. 한두 숟가락으로 시작해서 4~5일 후에 20ml 정도까지 늘리면 됩니다. 그래도 아기에게 별문제가 없다면 하루에 2회, 분유를 주기 전에 먹입니다.

된장국이나 수프는 어른을 위해서 만든 것을 챙겨두었다가 먹입니다. 수프 한 숟가락 먹이려고 30분이나 시간을 들인다면 어리석은 짓입니다. 이유식 만드는 데 시간이 너무 오래 걸리면, 아기의 몸을 단련시키기 위해 집 밖으로 데리고 나갈 여유가 그만큼 없어지기 때문입니다.

●

소식하는 아기에게 무리하게 먹이려 하면 안 됩니다.

분유를 1회에 많이 먹으면 오래 견디기 때문에 하루 4회로 충분한 경우에는 1회에 220~240ml를 줘도 상관없습니다. 하루에 1000ml만 초과하지 않으면 됩니다. 체중증가로 말하면 하루 평균 20g 이상 늘지 않도록 해야 합니다.

분유를 잘 먹는 아기의 엄마는 점점 분유 양을 늘려 지방이 축적되어도 의외로 태연합니다. 이것에 비하면 소식하는 아기의 엄마는 애처로울 정도로 신경을 쓰며 더 먹이려고 합니다.

소식하는 아기는 생후 4개월이 되어도 1회에 180ml는 도저히 먹지 못합니다. 분유통에 1회 180ml라고 쓰여 있기 때문에 겨우 150ml밖에 먹지 않는 아기를 보면 엄마는 영양실조라도 되는 건 아닌가 걱정합니다. 그러나 1회에 150ml나 140ml밖에 먹지 않아도 이것이 아기에게 적당한 양이라면 더 이상 강요하지 말아야 합니다. 소식하는 아기는 하루에 700ml 정도만 먹어도 충분합니다. 운동도 잘하고, 밤에 잘 자고, 잘 논다면 그것만으로 더할 나위 없습니다. 체중이 하루 평균 15g 정도밖에 늘지 않아도 아무런 지장이 없습니다.

모유를 먹는 아기는 소식을 해도 엄마가 수유할 때마다 걱정하지 않습니다. 아기가 먹은 젖의 양을 정확히 모르기 때문입니다. 하지만 젖병으로 분유를 먹이는 아기의 경우는 180ml를 타서 주었는데 40ml나 남기면 마치 의지가 약한 것처럼 착각합니다. 모든 아기들이 모유를 먹고 자라던 옛날에는 엄마들이 지금처럼 초조해하지 않았을 것입니다. 소식하는 아기가 생후 4개월이 지나면서 분유를 점점 더 먹지 않아도 무리하게 젖병을 입에 밀어 넣어서는 안 됩니다.

분유를 잘 먹지 않는 아기들 중에는 생우유를 싫어하는 아기도 있습니다. 아빠나 엄마가 생우유 냄새를 싫어하여 먹지 않을 경우 아기도 그러기 쉽습니다. 이런 아기는 대두유를 먹여도 맛이 없는지 먹지 않습니다. 요구르트는 생우유 대용이 되지 못합니다. 오히려 이유식을 시작하는 편이 낫습니다. 분유나 생우유는 별로 좋아하지 않지만 죽은 잘 먹는 아기도 종종 있습니다.

168. 이유 준비하기

● 이유는 아기에게 젖 이외의 음식에 익숙해지도록 하기 위한 일종의 음식 교육이다.

이유는 어른들의 식사를 하기 위한 연습입니다.

이유(離乳)는 모유나 분유를 중단하는 것이 아니라 모유나 분유 이외의 식품에 익숙해지도록 하는 것입니다. 생후 4개월이 지난 아기라면 모유나 분유만으로도 충분히 성장할 수 있습니다. 지금 서둘러서 꼭 이유를 해야 하는 것은 아닙니다. 4개월이 되었으니 이유를 시작하라거나, 체중이 6kg이 되었으니 이유를 시작하라는 식의 '육아 지도'가 이루어지고 있지만, 이유의 목적은 그런 획일적인 것이 아닙니다. 이유는 아기에게 젖 이외의 음식에 익숙해지도록 하려는 것이 목적입니다. 말하자면 음식 교육인 셈입니다. 교육의 제1원칙은 배우는 사람이 스스로 배우려고 하는 적극성을 가져야 한다는 것입니다.

●

중요한 것은 아기가 먹으려고 하는 마음이 있느냐입니다.

아기의 주체성을 무시한 채 이유를 할 수는 없습니다. 아기가 모유나 분유만으로 만족하고 있는지, 다른 것을 먹으려 하는 낌새가 있는지를 가장 잘 아는 사람은 엄마입니다. 이유에 관한 다양한 프로그램이 있지만, 시작하고 나서 아기가 먹을 마음이 없다는 것을 알았다면 중단해야 합니다. 잠시 쉬면서 아기의 성장을 기다리면 됩니다.

형태가 있는 음식을 먹기 위해서는 숟가락 사용법을 배워야 합니다. 지난달의 이유 부분148 이유준비하기에서 썼던 것처럼 우선 숟가락으로 먹는 연습부터 시작합니다. 아무리 노력해도 숟가락을 싫어하거나 전부 흘려버린다면 아직 너무 이른 것입니다. 지난달부터 숟가락으로 먹는 연습을 해서 된장국과 수프를 즐겁게 잘 먹는 아기에게는 이유를 한 단계 더 진전시켜도 됩니다.

모유가 부족하거나 분유를 싫어하는 아기가 수프나 된장국은 맛있게 먹는다면 이 시기부터 이유식을 시작하는 것이 좋습니다. 된장국이나 수프 이외에 조금 더 형태가 있는 것을 먹이는 방법은 5~6개월 항목에 쓰여 있으므로 그 부분을 읽어보기 바랍니다.194 효과적인 이유 진행법

●

모유를 주로 먹고 가끔 분유로 보충하던 아기가 이 시기부터 분유를 전혀 먹지 않게 된 경우를 보니 다음과 같은 이유식을 먹고 있었습니다.

06시 모유

10시 과일 주스 80ml

12시 떠먹는 요구르트 60~90ml, 모유

15시 바나나(으깬 것)1/2개, 모유

18시 멸치 국물로 만든 야채 수프(감자·당근·양파), 미음 60~70ml, 모유

20시 모유

22시30분 모유

이 엄마는 전업주부로 시간이 충분히 있었기 때문에 야채 수프나 미음을 직접 만들어 먹였습니다. 하지만 엄마가 시간이 없다면 시판되는 야채 이유식이나 미음을 먹여도 상관없습니다.

169. 아기 몸 단련시키기

● 아기에게 여러 가지 말을 건네면서 바깥 공기를 쐬어주는 것이 좋다.

하루 3시간 이상 바깥에서 생활하도록 합니다.

생후 4개월이 지나면 아기는 목도 가누고 받쳐주면 앉아 있을 수도 있기 때문에 안거나 유모차에 태워서 집 밖으로 데리고 나가기가 쉬워집니다. 아기 자신도 주위 사물에 대한 관심이 많아지기 때문에 밖에 나가는 것을 즐거워합니다. 몸을 단련시킬 기회가 왔다고 할 수 있습니다. 가능하면 하루에 3시간 이상 바깥에서 생활하도록 해주는 것이 좋습니다.

유색인종에 비해 피부암이 많은 백인은 자외선을 극도로 두려워하는 경향이 있습니다. 그래서 생후 6개월까지는 햇볕을 쬐어주지

말라고 합니다. 하지만 우리는 봄과 여름에 10분 이하라면 괜찮습니다. 심하게 울퉁불퉁한 도로가 아니라면 30분 정도는 유모차에 태워서 밀고 다녀도 됩니다. 하지만 도로 상태가 나빠서 유모차가 심하게 흔들리는 곳은 피해야 합니다.

아기를 안고 산책하는 것도 좋지만, 여름에는 너무 오래 안고 있으면 엄마의 체온이 아기에게 전해져 열이 나는 경우가 있습니다. 10~15분 정도 걷고 난 후에는 아기를 그늘에 내려놓고 적당한 곳에 앉힙니다. 겨울에는 바람도 세고 햇볕도 나지 않아서 산책하기를 주저하게 되는데, 선뜻 산책 나설 기분이 나지 않아도 얼굴만 내놓고 코트를 씌워 업고라도 바깥 공기를 쐬어주는 것이 좋습니다.

산책할 때는 이야기를 건네는 것이 좋습니다.

아기를 데리고 산책할 때 엄마가 마라톤하는 '고독한 주자'처럼 입을 꽉 다물고 있어서는 안 됩니다. 아기가 새로운 것을 발견하고 기뻐할 때는 그 이름을 말해 주면서 이야기를 건넵니다. "어머! 멍멍이가 왔네", "저 언니가 풍선을 가지고 있네" 하면서 아기와 대화를 하는 것이 좋습니다. 아기는 이러한 이야기를 반복해서 들음으로써 말을 배우는 것입니다. 대부분의 엄마는 굳이 시키지 않아도 아기에 대한 사랑으로 여러 가지 이야기를 하면서 아기에게 무의식적으로 말을 가르치고 있는 것입니다.

이유식을 만드는 도구는 늘 청결해야 합니다.

요리를 잘하는 엄마는 이유식 만들기를 귀찮아하지 않습니다. 강판을 사용하거나 걸러내는 일도 즐겁습니다. 이런 도구들은 소독을 철저히 해야 합니다. 그러나 야채즙 10g을 만드는 데 1시간이나 들이는 것보다는, 간단하게 분유를 먹이고 1시간 동안 바깥에서 놀게 해주는 것이 아기의 건강에 얼마만큼 더 좋은지에 대해서는 잘 알지 못합니다. 꼭 야채를 먹이고 싶다면 그리 오랜 기간을 먹이는 것이 아니므로 시판 이유식을 이용해도 됩니다.

밖을 한 바퀴 돌고 집에 돌아오면 아기가 땀을 흘리고 있지 않은지 살펴보고, 속옷이 젖어 있으면 갈아입힙니다. 그러고 나서 끓여서 식힌 물이나 주스를 먹입니다.

●

실내온도가 20℃ 이상일 때는 집 안에서 공기욕을 시키는 것도 좋습니다.

기저귀를 갈아주기 위해 아랫도리를 벗겨놓았을 때 윗도리도 함께 벗겨서 엎드리게 하거나 피부마사지를 해줍니다. 물론 아기가 싫어하지 않는다면 영아체조를 시켜도 됩니다. 186 이 시기 영아체조 옷은 되도록 두껍게 입히지 말고, 여름에는 가능한 한 피부가 공기에 많이 접하도록 합니다. 여름장마로 바깥 공기를 쐬어줄 수 없을 때는 매일 목욕을 시켜 피부를 단련시킵니다. 아기가 가래가 잘 끓는 체질로 가슴 속에서 그르렁거리는 소리가 나거나 새벽에 한참 동안 기침을 할 때 엄마는 너무 조심한 나머지 바깥 공기를 쐬어주지 않는 경우가 많습니다. 그러나 아기가 기분도 좋고 젖도 잘 먹고 열도 없을 때는 날씨가 좋은 계절이라면 걱정하지 말고 집 밖으로 데리고 나갑니다. 목욕도 시킵니다.

170. 배설 훈련

● 이 시기의 배변 훈련은 아무런 의미가 없다. 오히려 지나친 배변 훈련으로 엄마가 노이로제에 걸리지 않도록 한다.

생후 4개월에 배설 훈련을 시키는 것은 아무 의미가 없습니다.

우연히 손자를 보러 온 할머니가 낮잠에서 깬 아기의 기저귀를 갈아주려고 하다가 기저귀가 젖지 않은 것을 보고 아기용 변기에 앉혀서 "쉬~" 라고 말 하면서 소변을 보게 하는 경우가 있습니다. 이 광경을 본 젊은 엄마는 지금까지 배설 훈련을 시키지 않았던 것이 잘못이라고 생각하고 하루에도 여러 번 아기를 변기에 데려갑니다. 그러나 아기는 좀처럼 소변을 보지 않습니다. 그러면 엄마는 초조해집니다.

그러나 생후 4개월에 배설 훈련을 시키는 것은 아무 의미가 없습니다. 아기는 아무리 빨라도 1년이 지나서야 오줌이 마려운 느낌을 알게 됩니다. 보통 1년 6개월에서 2년 6개월 사이에 기저귀를 떼게 됩니다.

●

배뇨와 배변을 구별해야 합니다.

배변의 경우 변이 단단해서 어느 정도 힘을 들여야 겨우 나오는 아기는 엄마가 그 노력을 알아차립니다. 엄마는 아기가 이상한 표정을 지으며 힘을 주기 시작하면 배변하려 한다는 것을 예측합니다. 이것은 엄마가 경험으로 느끼는 것이지 아기가 배변을 알려주는 것은 아닙니다. 그런데도 생후 4개월 된 아기를 가진, 자식 귀여운 줄밖에 모르는 엄마는 "우리 애는 대변을 보고 싶다고 알려줘요"라고 말합니다. 이런 착각에 빠진 엄마들 때문에 주변의 무른 변을 보는 생후 5~6개월 된 아기의 엄마는 다른 사람에게 말도 못하고 '우리 애만 늦은가?' 하고 걱정하게 됩니다. 아기가 배변 전에 전혀 힘을 주지 않으면 엄마는 아기가 변 보는 것을 예측할 수가 없습니다. 대변을 다 보고 나서야 냄새로 알아차립니다.

한편 소변은 힘을 주지 않아도 나오기 때문에 직전에 예측할 수 없습니다. 시간을 적당히 계산하고 소변을 보게 시켰을 때 우연히 딱 맞아 소변을 보기도 합니다.

아침과 낮잠 후 시험해 보는 정도가 적당합니다.

생후 4개월이 지나면 대부분의 아기는 목을 가누게 되므로 엄마가 아기 뒤에서 양다리를 안아 들어주면 변기에 직접 소변을 볼 수 있게 됩니다. 아침에 잠에서 깨었을 때라든지 낮잠을 자고 난 뒤, 분유를 먹고 10분 정도 지났을 때 시켜보면 소변을 보는 경우도 있지만 좀처럼 보지 않는 경우가 더 많습니다.

분유를 먹는 양이나 시간이 일정하고, 과즙도 목욕 후에만 먹고,

비교적 소변 간격이 긴 아기라면 시간을 정해 소변을 보게 했을 때 성공률이 높습니다. 그러나 하루에 10~15번이나 소변을 보는 아기는 성공하지 못하는 경우가 많습니다. 1~2번 성공해도 기저귀 세탁 절약에는 도움이 되지 않습니다.

그리고 생후 4~5개월쯤에 변기를 사용하여 훈련을 시켰다고 해서 빨리 소변을 가리게 되는 것도 아닙니다. 1시간마다 기저귀를 빼고 "쉬~쉬~" 하며 변기에 2~3분이나 앉히는 것은 엄마의 '소변 노이로제'라고 할 수 있습니다. 아침과 낮잠 후에 시험해 보는 정도에서 그치기 바랍니다.

환경에 따른 육아 포인트

171. 이 시기 주의해야 할 돌발 사고

● 다리 힘이 강해져 침대에서 떨어질 수도 있고, 화상을 입거나 자는 동안 동물에게 물릴 수도 있다. 드물게는 돌연사하는 경우도 있다.

침대 밑으로 떨어지곤 합니다.

이 시기의 사고로 가장 많은 것은 침대에서의 추락입니다. 다리 힘이 강해진 데다 빠른 아이는 몸을 반쯤 뒤집을 수 있기 때문에 난간을 치지 않은 침대에서 떨어지기도 합니다. 생후 4개월이 되어 두 번 이상 추락했다면 침대 밑에 담요나 푹신한 카펫을 깔아 아기가 방바닥에 직접 부딪히지 않도록 해야 합니다.

실수로라도 침대 옆에 토스터, 다리미, 전기포트 등의 금속 기구를 두어서는 안 됩니다. 1m 높이의 침대에서 마룻바닥으로 떨어졌을 때 머리를 부딪혀 나중에 문제를 일으키는 일은 없지만, 금속 기구에 얼굴을 긁히면 평생 흉터가 남습니다.

●

화상을 입거나 동물에 물릴 위험이 있습니다.

여름철에 바닥에서 자는 아기 옆에 모기향을 피워두었다가 아기가 뒤집기를 하는 바람에 화상을 입은 사례도 있습니다. 모기향은 아기 손이 닿지 않는 멀리 떨어진 곳에 놓아두어야 합니다.

아기를 툇마루나 소파 등에 혼자 눕혀놓아서는 안 됩니다. 추락할 위험은 물론이고, 고양이나 쥐가 들어와서 아기의 볼에 묻어 있는 분유를 핥다가 무는 경우도 있습니다.

머리맡에 있던 커다란 비닐 봉지가 바람에 날려서 얼굴을 덮었을 때, 4개월 된 아기는 울기는 하지만 손으로 치우기는 어렵습니다. 비닐 봉지는 이후에도 종종 아기의 생명을 위협하는 일이 있으므로, 세탁소에서 옷을 넣어온 비닐은 벗겨 내면 바로 쓰레기통에 버립니다.

●

유모차에서 떨어지는 일이 있습니다.

4개월이 지나면 아기가 목을 가누기 때문에 유모차를 사용하는 엄마가 많아집니다. 큰아이가 사용했던 유모차를 물려받아 동생이 다시 사용할 경우에는 자체 검사를 철저히 해야 합니다. 도로에서 차축이 부러지거나 하여 아기가 떨어지는 일이 없도록 해야 합니다. 새로 유모차를 구입할 경우에는 브레이크가 달려 있는 것을 사는 것이 좋습니다.

●

건강한 상태에서 돌연사하는 경우도 있습니다.

드문 일이기는 하지만 생후 1~4개월 된 아기가 아주 건강한 상태에서 돌연사하는 경우가 있습니다. 여태껏 잘 놀던 아기가 갑자기 몇 분 내에 사망합니다. 대부분 엄마가 아기 방에서 나와 있는 잠깐 동안에 일어납니다. 조금 있다 가보면 아기는 벌써 사망한 상태입니다. 이런 끔찍한 사고의 원인은 알 수 없습니다. 겨울철에 많이 발생합니다.

갑작스러운 죽음이기 때문에 엄마가 범인으로 지목되는 경우가 많습니다. 가장 많은 것은 엎드려 재웠기 때문에 질식했다는 것입니다. 그러나 4개월 된 아기는 뇌성 소아마비가 아닌 이상 엎드려서 재운 것만으로 질식하는 일은 없습니다. 부검을 해보면 질식사인지 아닌지 금방 알 수 있습니다. 이러한 일이 있으면 부검을 받아보는 것이 좋습니다. 만약 아기의 숨이 멈춰 있는 것을 발견하면 먼저 인공호흡을 하고 큰 소리로 근처에 있는 사람을 불러야 합니다.

돌연사는 무언가의 자극에 의해 일어나는 경우도 있습니다. 자는 위치를 바꾸었다거나 목욕을 시켰다거나 의사가 주사를 놓았다거나, 혀를 누르고 목 안을 보았다거나 하는 일이 자극이 될 수도 있습니다. 이런 경우 불행한 일이 일어날 수 있다는 것을 알고 있지 않으면 보육교사나 의사를 고소하여 법정에서 싸우게 되는 사태도 벌어집니다. 살해당했다고 믿고 있는 엄마에게 뜻밖의 사고라는 것을 납득시키기란 쉽지 않습니다. 고소를 당한 사람이 마음이 약해 자살하는 일까지 벌어질 수도 있습니다.

172. 업어주기

● 업어주기는 부모와 자식 간에 친근감을 전달하는 수단으로 아기가 목을 가눌 수만 있다면 얼마든지 가능하다.

목을 가눌 수 있다면 업어줘도 됩니다.

아기를 업어줘도 될까요? 생후 4개월이 지나서 아기가 목을 가눌 수 있게 되면 물론 업어줘도 됩니다. 4개월 된 아기는 스스로 엄마의 어깨에 매달리지는 못합니다. 그러므로 아기띠로 업어야 합니다. 시판되는 아기띠는 아기의 엉덩이가 닿는 부분이 넓고 고리에 꿰어 간단히 앞에서 맬 수 있도록 되어 있어 편리합니다.

●

업어주기는 아기의 건강을 해치지 않습니다.

업는 것이 한때는 흉부를 압박해서 좋지 않다고 하여 반대하기도 했습니다. 그러나 이것은 오로지 서양식(주로 독일식) 육아 서적을 직수입하여, 그 나라의 것은 모두 발달해 있다고 생각하며 숭배했던 시대의 산물일 뿐입니다. 서양인이 아기를 업지 않는 첫 번째 이유는 엄마의 옷차림 때문일 것입니다. 서양 옷은 아기를 업으면 모양이 흐트러집니다. 게다가 서양에는 '띠' 라는 편리한 것이 없었습니다.

우리 엄마들도 점차 양장을 입게 됨으로써 아기를 업지 않게 되었습니다. 그러나 집에서 입는 옷으로 모양새와는 별로 상관이 없다면 주저하지 말고 업어주는 것이 좋습니다. 아기가 침대 위에서 울고 있는데 집안일은 해야 합니다. 현실적으로 이 두 가지를 모두 해결하기 위해서는 아기를 업어야 할 것입니다. 이때 업는 것이 아기에게 나쁘다고 생각해 주저할 필요는 없습니다. 우리는 모두 업혀서 자라왔습니다.

지구상에서 업는 풍습이 있는 나라에서는 고관절 탈구(45 선천성 고관절 탈구)가 적다는 사실이 밝혀졌습니다. 이것은 아기가 양다리를 벌리고 업히기 때문일 것이라고 서구의 소아과 의사는 말합니다. 선조들은 아기를 업어서 키움으로써 고관절 탈구를 예방했다고 할 수 있습니다. 업는 것은 무해할 뿐 이니라 엄마가 아기를 데리고 먼 곳으로 갈 때 아주 안전한 운반법이기도 합니다.

업어주기는 부모와 자식 간의 친근감의 전달 수단입니다.

아주 더운 계절에는 업지 않도록 합니다. 엄마의 체온이 아기에게 전해져 열사병을 일으킬 수 있기 때문입니다.

처음 아기를 업고 외출할 경우, 택시를 타고 내릴 때는 충분한 주의를 기울여야 합니다. 엄마의 머리만 빠져나가면 아기의 머리가 부딪힐 수 있기 때문입니다. 아기를 안고 기저귀 가방까지 든 엄마는 갑자기 옆에서 차가 뛰쳐나올 때 피하기 힘듭니다.

최근 등산할 때 짐꾼들이 짐을 짊어지는 것과 같은 튼튼한 틀로 된, 아기를 뒤로 돌아 앉혀서 업는 도구가 나왔습니다. 이것은 아빠가 아기를 '운반'하기 위한 것인데, 생후 4~5개월 된 아기에게는 사용할 수 없습니다. 업는 것은 운반이 아닙니다. 업어주기는 부모 자식 간의 살갗에서 전해져 오는 따뜻함을 느끼는 친근감의 전달 수단이 되어야 합니다.

생후 3개월이 지난 아기가 자주 움직이게 되면 '슬링'이라고 하는 일종의 포대기 같은 것을 사용하는 것은 안전하지 못합니다. 슬링에 관해서는 103 아기와 함께 떠나는 여행 시 챙겨야 할 것을 참고하기 바랍니다.

173. 장난감

● 이 시기 아기는 장난감을 손으로 만지고 입으로 가져가 빨고 던진다. 따라서 깨끗하게 관리해야 하고 위험하지 않은 것으로 선택해야 한다.

생후 4개월 된 아기는 제법 물건을 꽉 잡을 수 있습니다.

이 시기의 아기는 손으로 장난감을 잡아 입으로 가져갑니다. 따라서 장난감은 항상 청결하게 관리해야 합니다. 아울러 아기가 삼킬 수 있는 크기의 장난감을 주어서는 안 됩니다. 통째로는 삼킬 수 없다고 해도, 깨졌을 때 삼킬 수 있는 것도 위험합니다. 절대 깨지지 않는 것이어야 합니다. 치아를 단단하게 해주는 효과가 있다는 폴리에틸렌으로 만든 둥근 모양이나 삼각형 모양의 장난감으로, 노랗고 빨간 구슬이 들어 있는 것을 자주 쥐여주도록 합니다.

흔들면 소리가 나고, 안에 있는 구슬의 움직임이 아기의 주의를 끕니다. 아기는 아령형의 빠는 장난감도 좋아합니다. 너무 작은 것은 삼킬 수 있으므로 위험합니다.

음악이나 동물 소리 등이 나는 딸랑이도 이 월령의 아기에게 잘 주는데, 이것을 아기에게 쥐여주면 자기 얼굴을 때릴 수도 있습니다. 이러한 장난감은 엄마가 흔들어 소리를 나게 해서 우는 아기를 달래거나 기어가기를 시킬 때, 얼굴을 반듯이 들게 하기 위해서 흔들 때 사용합니다. 아기의 운동을 촉진시키는 운동 기구로 생각하는 것이 좋습니다. 아기의 목에 응어리가 있거나 사경이 있을 때[92] 아기가 향하기 어려운 방향으로 목을 돌리게 하기 위해서 음악이나 동물 소리 등이 나는 딸랑이를 사용하는 것도 좋습니다.

천장에 음악 상자가 달려 있는 모빌을 달고 밑에서 줄을 잡아당기면 소리가 나는 것을 흔히 볼 수 있는데, 튼튼하게 달지 않으면 위험합니다. 생후 4~5개월에는 성장속도가 빠르기 때문에 장난감처럼 주변에 두는 물건에 특히 주의를 요합니다. 생후 4개월에는 안전했던 것이 5개월에는 위험해질 수도 있습니다.

그리고 장난감을 주는 대신 텔레비전을 켜두는 것은 좋지 않습니다. 아기에게 못 알아듣는 소리나 음성을 계속해서 들려주는 것은 부모와 자식 간의 의사 전달을 방해합니다.

92 머리가 한쪽으로 기울어졌다_사경

174. 형제자매

● 5개월쯤이 되면 아기는 엄마로부터 받은 면역 항체가 떨어져 위의 형이나 누나로부터 질병에 전염될 수 있다.

생후 5개월쯤 되면 아기는 형이나 누나로부터 질병에 전염될 수 있습니다.

큰아이가 유치원이나 보육시설에 다니고 있을 때 그곳에서 여러 가지 병을 옮아오는 경우가 많습니다. 그렇다면 큰아이가 홍역, 볼거리, 수두 등에 걸렸을 때 생후 4~5개월 된 아기에게도 전염될까요? 홍역은 4개월이 막 지난 아기에게는 전염되지 않습니다. 그러나 5개월 가까이 되면 아주 가벼운 홍역에 걸리는 아기도 있고, 전혀 걸리지 않는 아기도 있습니다.

같은 월령의 아기인데도 이렇게 차이가 나는 것은 엄마에게서 받은 면역 항체가 많이 남아 있는 아기와 그다지 남아 있지 않은 아기가 있기 때문입니다. 엄마의 몸에는 어린 시절 홍역에 걸렸기 때문에 홍역에 대한 항체가 있습니다. 이 항체가 많이 있는 엄마와 많지 않은 엄마가 있습니다. 많은 항체를 받은 아기는 생후 5개월에는 전혀 홍역에 걸리지 않습니다. 엄마에게 받은 항체는 다달이 줄어들지만 아직 홍역을 막는 데는 충분할 만큼 남아있기 때문입니다.

엄마에게서 처음에 받은 항체가 적은 아기는 그것이 점차 줄어들어 생후 5개월 가까이 되면 홍역을 완전하게 막을 수 없게 됩니다.

그러나 아직 항체가 조금은 남아 있기 때문에 아주 가벼운 홍역으로 끝납니다. 걸리지 않을 수도 있고 걸린다고 해도 가벼운 정도로 지나가기 때문에 4~5개월 된 아기에게는 형이나 누나의 홍역을 오히려 옮게 하는 것이 좋습니다. 따라서 홍역에 걸린 형이나 누나와 격리하지 않고 같은 방에 있게 합니다.

큰아이로부터 옮을 수 있는 질병이 있습니다.

가벼운 홍역에 걸리면 그것으로 이제 평생 홍역에 걸리는 일은 없습니다. 가벼운 홍역을 구분하는 방법과 처방은 206 홍역에 걸렸다를 참고하기 바랍니다. 엄마에게 면역 항체를 받아 큰아이의 홍역에 전염되지 않았던 아기도 생후 5~6개월이 되어 엄마로부터 받은 항체가 없어지면 언제라도 홍역에 걸릴 수 있습니다.

생후 4~5개월 된 아기는 볼거리에는 걸리지 않습니다. 엄마에게서 받은 볼거리 항체가 아직 남아 있기 때문입니다. 그러나 엄마가 볼거리에 걸린 적이 없을 경우에는 걸릴 수도 있습니다.

수두는 생후 3개월이 지나면 걸립니다. 그러므로 형이나 누나가 수두에 걸리면 생후 4~5개월 된 아기도 수두를 앓게 됩니다. 그러나 그렇게 심하지는 않습니다. 발진 수도 적고 흉터도 그다지 남지 않습니다. 따라서 큰아이가 수두에 걸렸을 때 4~5개월 된 아기는 격리하지 않아도 됩니다. 지금 걸리지 않고 더 커서 걸리면 지금보다 심하게 앓게 됩니다.

형이나 누나가 우연히 백일해 백신을 맞지 않아 백일해에 걸렸을 경우, 아기가 예방 접종을 하지 않았다면 전염됩니다. 4~5개월 된 아기의 백일해는 꽤 고통스러우므로 되도록 전염되지 않도록 주의해야 합니다.

그러나 큰아이의 백일해는 기침을 하기 시작할 때 금방 알 수 없습니다. 처음에는 단순한 감기라고 여겼던 것이 점점 기침이 심해져서 4~5일이 지나 백일해임을 알게 되는 경우가 보통입니다. 백일해라는 것을 알게 되었을 때는 벌써 아기에게 전염되었고, 그 후에는 격리해도 이미 늦는 경우가 많습니다.

여태껏 기침을 한 적이 없는 큰아이가 기침을 하기 시작하면 되도록 아기에게서 멀리 떼어놓아야 합니다. 감기로 인한 기침이라고 생각했던 것이 점점 심해지면(열은 없음) 의사에게 데리고 가 "백일해 아닌가요?"라고 꼭 물어보아야 합니다.

백일해는 초기에 항생제를 투여하면 심해지지 않습니다. 격리한 지 1주가 지나도 아기에게 감기 증상 같은 것이 나타나지 않으면 옮지 않은 것입니다. 그러므로 그대로 격리를 계속합니다. 집안 여건상 격리하기가 힘들다면 큰아이에게 마스크를 쓰게 합니다. 큰아이가 유치원에 다니고 있는데 3종 혼합 백신 접종이 아직 끝나지 않았다면 다니던 소아과에 가서 큰아이와 아기 둘 다 접종해 두어야 합니다. 디프테리아, 성홍열, 이질 등은 입원하게 되어 있으므로 큰아이가 입원한 후에는 아기의 건강검진만 철저히 하면 됩니다.

여름에 많은 농가진은 큰아이에게서 아기에게 전염됩니다. 되도록이면 큰아이가 아기 곁에 오지 못하도록 하고, 목욕시킬 때는 아기를 먼저 시킵니다. 큰아이의 농가진이 팔이나 다리에 있을 때는 붕대를 감아 고름이 다른 곳에 묻지 않도록 하고 빨리 치료해야 합니다. 생후 4~5개월 된 아기는 감기에 걸려도 아직 그렇게 고열이 나지는 않지만 기침이 나오거나 코가 막혀 고통스러워합니다. 큰아이의 감기도 아기에게 옮지 않도록 주의해야 합니다.

큰아이가 '유행성 결막염'으로 눈곱이 낄 때는 아기 곁에 가지 못하도록 해야 합니다. 큰아이에게 눈을 만지지 말라고 주의를 주지만 좀처럼 듣지 않을 것입니다. 문의 손잡이 등에는 유행성 결막염의 원인이 되는 세균이 묻어 있을 가능성이 있습니다. 엄마도 아기를 돌볼 때 손을 깨끗이 씻도록 합니다. 그리고 목욕할 때 수건을 같이 쓰지 않도록 합니다. 큰아이가 사용한 세면대에서 아기의 얼굴을 씻겨서도 안 됩니다.

큰아이가 우연히 혈액 검사를 한 결과 용혈성 연쇄상구균이라고 진단받았을 경우 아기에게는 거의 옮지 않지만, 만약을 위해서 의사에게 아기의 목에서 나온 균을 배양해 달라고 합니다. 그 결과 양성이라면 치료해야 합니다.

175. 계절에 따른 육아 포인트

● 날씨가 좋은 봄가을에는 바깥 공기를 자주 쐬이고, 여름에는 체온이 너무 올라가지 않도록 시원하게 해준다. 겨울에는 산책 시 동상에 걸리지 않도록 주의한다.

장마 때 생후 5개월 된 아기의 이유식으로는 숟가락으로 된장국을 먹입니다.

장마 때부터 한여름에 걸쳐 생후 5개월을 맞은 아기는 이유를 어떻게 해야 할까요? 이유라 해도 아직 이 시기에는 숟가락으로 먹는 연습 정도입니다. 식기 소독도 간단합니다. 아기가 숟가락으로 된장국을 잘 먹는다면 줘도 됩니다.

장마 때부터 숟가락으로 먹는 연습을 시작하여 다음 단계가 가장 더울 때가 될 경우에도 맛있게만 먹으면 숟가락을 사용해도 됩니다. 날씨가 더워져서 이유식을 그다지 좋아하지 않으면 주지 않으면 됩니다.

그리고 8월 중순에 생후 4개월 된 아기가 분유를 예전처럼 먹지 않을 때는 날씨가 시원해질 때까지 억지로 먹이지 않는 것이 좋습니다. 그러나 집에 있는 된장국이나 수프를 주었더니 잘 먹는다면 숟가락으로 먹는 연습을 해도 좋습니다.

더위를 견디지 못하는 아기는 더울 때는 분유를 잘 먹지 않습니다. 10℃ 정도로 식혀서 줘보고 잘 먹으면 다음부터는 식혀서 줍니다.

여름에는 체온이 너무 올라가지 않도록 시원하게 해줍니다.

여름에 바람이 잘 통하지 않는 아파트라면 되도록 밖으로 데리고 나가 그늘 밑에서 바람을 쐬어주는 것이 좋습니다. 이때 유모차를 이용하는 것이 좋습니다. 엄마가 안고 있으면 엄마의 체온이 전해져서 아기의 체온이 올라가기 때문입니다.

하계열을 일으키지 않는 아기라고 해도 한낮의 온도가 30℃가 넘을 때는 얼음베개를 베어주면 잘 잡니다. 얼음베개가 직접 머리에 닿는 것은 좋지 않으므로 타월로 싸야 합니다. 이것은 머리에 땀띠가 생기는 것을 예방해 주기도 합니다. 머리에 땀띠가 났을 때는 화농을 예방해야 합니다. 배개 커버와 시트는 매일 갈아줍니다. 시트 전체를 갈기가 힘들다면, 머리가 닿는 곳에 타월을 깔고 그것만 바꾸어줍니다. 물론 목욕은 하루에 두 번 시키는 것이 좋습니다.

겨울에는 외출 시 손발에 동상이 걸리지 않도록 주의합니다.

생후 4개월이 지나면 아기는 여러 사물을 보며 호기심을 만족시키므로 되도록 집 밖으로 데리고 나가서 즐기도록 해주는 것이 좋습니다. 이것은 겨울에도 실행하기 바랍니다. 단, 손이나 발이 동상에 걸리지 않도록 주의해야 합니다. 외출에서 돌아오면 손발의 피부를 심장 쪽을 향하여 잘 쓸어줍니다. 추워지면 이 월령의 아기는 밤중에 자다가 잘 웁니다. 이런 아기는 낮에 충분히 바깥에서 지내면서 운동을 시키고, 자기 전에 목욕을 시킨 후 따뜻한 이불에서 재웁니다. 가벼운 동상에 걸려 가려워서 밤중에 우는 아기도 있습니다. 동상도 아기의 체질에 달려 있으므로, 이런 아기에게는 실내 온도가 15℃ 이하가 되지 않도록 난방을 해주어야 합니다. 목욕은 동상의 예방과 치료에 좋습니다.

전기담요나 전기장판을 너무 뜨겁게 사용하지 않는 것이 좋습니다. 어른뿐 아니라 아기도 피곤해지기 때문입니다. 또 아기에게 화상의 위험도 있습니다.

날씨가 좋은 봄가을에는 되도록 밖에서 오래 지냅니다.

기후가 좋은 계절을 맞은 생후 4개월 된 아기라면 되도록 밖에서 지내도록 합니다. 엄마가 이유식을 만드느라 밖에 나갈 틈이 없다고 한다면, 이유식은 다음 시기로 미루더라도 아기를 밖으로 데리고 나가는 것이 좋습니다. 다음 달부터 눈이 내려 밖에 데리고 나가기 어렵다면 되도록 이번 달에 많이 데리고 나갑니다. 눈이 내려 밖에 나갈 수 없고 일조 시간도 짧은 지방에서는 종합비타민제를 먹여야 합니다.

엄마를 놀라게 하는 일

176. 열이 난다

● 열이 난다면 중이염이거나 림프절 화농일 수 있다. 하지만 더운 여름철에 나타나는 고열이라면 하계열일 수도 있다.

중이염, 림프절 화농일 수 있습니다.

생후 4~5개월 된 아기도 그다지 고열이 나는 병은 앓지 않습니다. 생후 3~4개월에서 이야기한 중이염, 턱밑의 림프절 화농, 항문 주위에 생긴 종기로 인한 열 등이 4~5개월에도 생길 가능성이 있습니다. 이런 열은 화농에 의한 것이기 때문에 상처 난 부위가 아픕니다. 열이 나는 아기가 아픈 듯이 울 때는 그 부위를 주의하여 살펴보아야 합니다(귓속은 엄마가 볼 수 없지만).

생후 5개월 가까이 되면 아기에 따라서는 아픈 귀에 손을 가져가기도 하지만 그것을 보고도 알아차리지 못하는 엄마가 많습니다. 중이염은 다음 날 아침에 보면 귀 입구가 젖어 있습니다. 이것을 알아차린다면 주의 깊은 엄마입니다. 의사에게 가서 주의를 받고서야 비로소 알게 되는 것이 보통입니다.

●

감기로 인한 열은 그다지 높지 않습니다.

아기의 열은 감기로 인한 열이 제일 많은데, 이 월령에는 감기에 걸려도 열은 그다지 높지 않습니다. 부모 중 누군가가 코가 막히거나 기침을 하거나 두통이 있는 등 확실한 감기 증상이 있을 때, 아기가 콧물을 흘리거나 기침을 하면 부모에게서 감기가 옮았다고 생각할 수 있습니다. 이때도 열은 37.5℃ 이상 오르지 않습니다.

●

종기 때문에 열이 나기도 합니다.

여름에 아기 머리에 종기가 많이 생겼을 때는 38℃ 정도의 열이 나는 경우도 있습니다. 그러나 이때는 종기 때문에 병원에서 치료를 받고 있을 것이므로 열이 나도 엄마가 놀라지 않을 것입니다.

●

7~8월의 고열은 하계열일 수 있습니다.

원인 모를 열이 계속 나서 걱정스러운 것은 여름(7~8월)에 많은 '하계열'입니다. 38~39℃ 정도로 열이 올라 놀라서 의사에게 가면 '배탈'이라든가 '편도선염'이라고 진단하고 약을 처방해 줍니다. 다음 날도 마찬가지로 열이 나므로 병원에 갑니다. "곧 열이 내릴 겁니다"라면서 다른 약을 처방해 주지만 3일째에도 열이 나면 엄마는 그 의사를 믿지 못하게 됩니다. 그래서 다른 의사를 찾아가는데, 그곳에서 "하계열입니다"라는 진단을 받고 이런 병이 있다는 것을 처음 알게 됩니다. 어떤 치료를 해도(항생제나 해열제를 써도) 열이 내리지 않고, 기침이나 콧물도 나오지 않고, 열이 나도 잘 놀면,

아기를 처음 본 의사라도 4일째에는 하계열이라는 진단을 틀림없이 내렸을 것입니다. 177 하계열이다 돌발성 발진226 돌발성 발진이다은 생후 6개월 이후에 많지만 4~5개월에도 전혀 걸리지 않는다고는 할 수 없습니다. 그러나 열이 그리 높지 않고 발진도 빨리 생깁니다. 이런 아기는 돌이 지난 후 한 번 더 걸리는 경우가 많습니다.

177. 하계열이다

● 7~8월 고온다습한 곳에서 많이 볼 수 있는 증상으로 시원한 곳으로 옮기면 저절로 낫는다.

생후 4~8개월 된 아기에게서 많이 나타납니다.

그러나 생후 2~3개월 된 아기에게도 생길 수 있습니다. 돌이 지나면 거의 없어집니다. 7~8월에 고온다습한 곳에서 많이 볼 수 있습니다. 증상은 열이 난다는 것뿐이고 기침이나 콧물은 나지 않습니다. 식욕은 다소 없지만 전혀 젖을 먹지 않는 것은 아닙니다. 설사도 하지 않고 비교적 잘 놉니다. 땀도 그다지 많이 나지 않습니다.

밤중에 열이 나기 시작하여 새벽에는 38~39℃(경우에 따라서는 40℃)가 됩니다. 그러다 정오가 되면 떨어져서 오후에는 평균 체온이 됩니다. 이런 열이 날씨가 더울 동안 계속됩니다. 원인은 잘 모르지만 체온 조절에 어딘가 이상이 생겼을 것입니다. 집 구조를 물어보면 통풍이 잘 안 되고, 일몰 때 석양이 많이 들어오는 방일 때 이런 경우가 많습니다. 이런 환경에서 그대로 두면 1개월이 지나도 열은 내리지 않습니다. 하지만 9월에 들어서면 열이 나지 않습니다. 하지만 하계열 때문에 아기가 사망했다는 이야기는 들어본 적이 없습니다. 더위 때문에 일어나는 병이므로 시원한 곳으로 옮기면 틀림없이 회복됩니다. 예전에는 하계열에 걸린 아기를 입원시켰지만 지금은 방에 에어컨을 설치하면 됩니다. 밖의 온도보다 4~5℃ 낮게 해주면 회복됩니다.

열이 있을 때는 얼음베개를 베어줍니다. 땀을 많이 흘리면 되도록 수분을 보충해 줍니다. 과즙도 좋고 끓여서 식힌 물도 좋습니다. 10℃ 정도까지 차게 해도 됩니다. 분유는 좀 묽게 타는 것이 좋습니다. 분유도 아기가 찬 것을 좋아하면 10℃ 정도까지 차게 해도 됩니다. 이유식을 잘 먹는다면 계속 먹여도 지장은 없습니다. 저녁에는 열이 내리므로 목욕도 시킵니다.

아기가 잘 놀고 잘 먹고 잘 웃는다면 걱정할 필요 없습니다.

시원해져서 고열이 나지 않게 된 후에도 오전 중에 열을 재보면 37.5℃ 정도 됩니다. 엄마는 그 열이 하계열이 계속되는 것인지, 아니면 다른 병에 걸려서 그런 것인지 걱정합니다. 그러나 아기가 잘 놀고 잘 먹고 잘 웃는다면 걱정할 필요가 없습니다. 아기를 포함하여 건강한 아이의 체온이 반드시 37℃ 이하여야 하는 것은 아닙니다. 체온 재는 것이 습관이 되어 평소에 알지 못하던 것을 우연히 알게 된 것뿐입니다.

178. 체중이 늘지 않는다

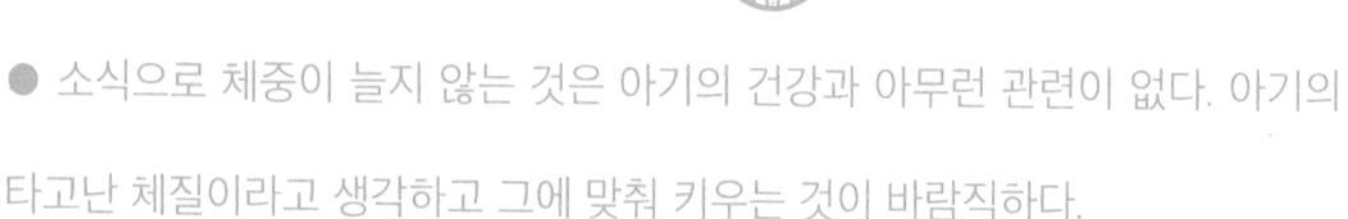

● 소식으로 체중이 늘지 않는 것은 아기의 건강과 아무런 관련이 없다. 아기의 타고난 체질이라고 생각하고 그에 맞춰 키우는 것이 바람직하다.

체중이 늘지 않는다고 하여 병에 걸린 아기는 거의 없습니다.

이 시기에 체중이 늘지 않는다고 하여 진단받으러 온 아기 중 병에 걸린 아기는 거의 없습니다. 제일 많은 것은 소식하는 아기입니다(특히 여름).

엄마는 아기가 매일 먹는 모유의 분량을 알 수 없기 때문에, 아기의 '체중 부족'만 눈에 띄어 '무슨 병에 걸려 체중이 늘지 않는 건 아닌가?'라고 생각하게 됩니다. 모유를 먹이는 엄마가 아기의 '체중 부족'을 알게 되는 것은 거의 외부에서 들은 충격적인 '충고'들 때문입니다.

예를 들면, 보건소에 가서 많은 사람들이 보는 데서 "이 아기는 발육곡선의 50%에도 못 미치네요. 영양분을 더 섭취하게 하지 않으면 영양실조가 될 겁니다"라는 충고를 듣고 체중 부족임을 알게 됩니다. 또 아파트 앞의 공원에서 같은 월령의 아기가 우연히 3~4

명 모였을 때, 다른 아기들은 모두 손목이 접힐 정도로 살이 찐 데 반해 자기 아기만 호리호리하다는 것을 느끼기도 합니다. 이때 "아기가 어디 아픈 거 아니에요?"라는 말을 들으면 더 이상 가만히 있을 수가 없게 됩니다.

이런 아기가 50%에 미치지 못하는 것은 사실입니다. 그러면 50%란 무엇일까요? 과식하는 아기는 물론 소식하는 아기까지 전부를 포함한 건강한 아기 100명 중 체중이 50번째라는 것입니다. 그러나 50% 안에 들지 못한다고 해서 건강하지 않은 것은 아닙니다.

●

아기의 체중은 식욕의 척도입니다.

잘 먹는 아기는 체중이 많이 나가고, 그다지 먹지 않는 아기는 적게 나갑니다. 건강하니까 잘 먹고 건강하지 않아서 먹지 않는 것이 아닙니다. 열이 있어서 식욕이 없다고 한다면 이야기는 다르지만 항상 기분이 좋은데도 젖을 잘 먹지 않는다면 많이 먹는 것을 좋아하지 않는 체질이기 때문입니다. 어른들 중에 대식가와 소식가가 있는 것은 이상하게 여기지 않으면서, 왜 아기의 소식만을 문제로 삼는 것일까요? 아기 개인으로서의 기능을 보지 않고 체중만으로 우열을 정하던 분유 회사의 우량아 선발대회 평가 기준이 아직까지 영향을 미치고 있는 것입니다.

하지만 인간의 가치를 체중으로 판단하는 것은 아기라 해도 실례되는 일입니다. 소식하는 아기는 체중은 적지만 키우기는 쉽습니다. 이런 아기는 신경질을 내며 울지도 않습니다. 밤에도 한 번도 울지 않고 아침까지 잘 잡니다.

●

소식도 대식도 유전과 관계가 있습니다.

소식하는 아기의 엄마는 대부분 호리호리하고 얌전합니다. 반면 대식하는 아기의 엄마는 대부분 몸이 풍만하여 다이어트를 하고 있습니다.

모유가 부족해서 살이 빠지는 아기는 드뭅니다. 잘 먹는 아기는 모유가 부족하면 "앙앙" 울며 공복을 호소합니다. 그러다가 분유를 주면 달려들어 먹습니다. 반면 소식하는 아기는 모유가 아직 잘 나오는데도 도중에 그만 먹는 경우가 많습니다. 모유가 부족한가 싶어서 분유를 줘도 먹으려고 하지 않습니다. 분유는 싫어하지만 이유식이라면 먹을까 싶어서 죽을 줘도 혀로 내밀어버립니다.

체중 미달이니까 영양가 있는 것을 더 먹이라는 말을 듣고 엄마가 여러 가지로 노력을 하는데도 아기가 모유 이외에는 아무것도 먹지 않으면 엄마는 초조해집니다. 그러나 당황해할 필요는 없습니다. 의사에게 진찰받아서 심장에도 이상이 없고 빈혈도 아니라고 한다면, 소식하는 아기는 소식아로 키우면 됩니다. 생후 4개월이 되었는데도 이유식을 먹지 않는다고 걱정할 필요는 없습니다. 때가 되면 결국 먹게 됩니다.

분유를 먹는 아기라도 50%에 들지 않는 아기도 있습니다. 특별히 설사를 하는 것이 아니라면 이런 아기도 소식하는 아기입니다.

생후 4개월이 되었는데도 매회 먹는 분유의 양이 120ml 전후인 아기가 많습니다. 그래도 기분이 좋고 운동 기능도 활발하면 전혀 걱정하지 않아도 됩니다. 이유를 빨리 하려고 초조해하면 안 됩니다. 싫어하는 것을 무리하게 입에 넣으면 아기는 숟가락만 보아도 입을 다물어버리게 됩니다.

●

분유를 먹지 않는다 138 분유를 안 먹는다 참고

소화불량 155 소화불량이다 참고

179. 변비가 생겼다

● 모유를 먹이는 아기라면 모유부족을 의심할 수 있다. 변비일 때는 과일즙이나 요구르트를 준다. 하지만 매일 변을 보지 않더라도 아기의 기분이 좋다면 걱정하지 않아도 된다.

변비인 아기라면 과일즙이나 요구르트를 먹여봅니다.

생후 1개월 정도부터 매일 변을 보지 않고 2일마다 관장하는 아기는, 이 시기부터 숟가락으로 먹는 연습을 시작해서 잘 받아먹으면 떠먹는 요구르트를 먹이기 시작해도 좋습니다. 첫날 두 숟가락을 줘보고 괜찮으면 매일 2배씩 늘려 갑니다. 그래서 떠먹는 요구르트를 50ml 먹고 변을 매일 본다면 매일 먹이도록 합니다. 100ml

를 먹여도 괜찮고, 잘 먹으면 양을 더 늘려도 됩니다.

떠먹는 요구르트를 먹여도 전혀 효과가 없을 때는 갈거나 으깬 과일을 줘봅니다. 물론 과일에 따라서 변이 물러지는 것은 개인차가 있습니다. 예를 들어 사과를 갈아주면 어떤 아기는 변이 물러지지만 오히려 더 단단해지는 아기도 있습니다. 이웃 아기가 먹고 변비가 나았다는 과일을 똑같이 주었다고 반드시 성공하는 것은 아닙니다. 하여튼 일단 해보는 것입니다. 가장 쉽게 구할 수 있는 제철 과일이 좋습니다.

중요한 것은 소독을 철저히 하는 것입니다

강판은 아기 전용으로 따로 준비해야 합니다. 도자기로 된 것이 씻기에도 좋고 끓여서 소독하기에도 편리합니다. 강판을 쓰지 않고 깨끗한 그릇에 숟가락 등으로 으깨기만 하면 되는 것(바나나, 복숭아, 토마토)은 그렇게 하는 것이 낫습니다. 물론 믹서도 내부를 철저히 소독할 수 있다면 사용해도 좋습니다.

분량을 얼마만큼 주는가도 아기에 따라 다릅니다.

점차 늘려보면서 알맞은 양을 찾아내어 계속 그만큼 주면 됩니다. 반드시 과일이어야 하는 것은 아닙니다. 숟가락으로 먹는 것에 익숙해지기만 하면 과일 이외에 어떤 것이라도 좋습니다. 호박, 감자, 고구마 등 어른들이 부식으로 먹는 음식을 숟가락으로 잘 으깨어 먹여도 됩니다.

매일 변을 보지 않아도 아기 기분이 좋다면 걱정하지 않아도 됩니다.

아기가 매일 변을 보지 않아도 기분이 좋고 아주 잘 놀고 즐겁게 지낸다면 걱정하지 않아도 됩니다. 그냥 두어도 2~3일 있으면 자연히 변이 나오고, 그때 변이 단단해서 아파하지 않으면 그대로 두어도 됩니다. 이유식을 먹기 시작하면 매일 한 번씩 변을 보게 되는 아기도 있습니다.

과일을 먹어도, 호박·감자를 먹어도 변비가 낫지 않아 변을 볼 때마다 아파하고 운다면 당분간 관장을 계속해도 됩니다. 141 설사와 변비가 있다

모유를 먹는 아기라면 모유 부족을 의심할 수 있습니다.

모유만 먹는 아기가 지난달까지는 매일 한 번 변을 보았는데 이번 달 들어서 변을 매일 보지 않는다면, 모유가 부족한 것인지도 모릅니다. 체중의 증가 추이를 조사하여 하루 평균 10g이 늘지 않으면 분유로 보충해 주든지 166 모유로 키우는 아기 빨리 이유식으로 바꾸도록 해야 합니다. 168 이유 준비하기

분유를 먹는 아기가 이 시기에 변비가 생겨 살펴보니, 분유를 먹는 양이 매번 줄어들고 있다는 것을 알아냈다면 그 원인을 생각해 보아야 합니다. 마침 7월을 맞아 더워서 분유를 먹지 않는다면, 변이 단단해서 울지 않는 한 억지로 먹일 필요는 없습니다. 또한 분유를 싫어하는 아기는 빨리 이유식으로 바꾸는 것이 좋습니다.

180. 갑자기 울기 시작한다

● 중이염이나 외이염, 콜릭에 의한 증상일 수 있으나 장중첩증일 수도 있다. 장중첩증일 것 같으면 곧바로 병원으로 가야 한다.

장중첩증을 잊어서는 안 됩니다.

지금까지 잘 놀던 아기가 갑자기 심하게 울 때는 배가 아파서 그러는 경우가 많습니다. 아기의 복통 원인으로 제일 걱정되는 것은 '장중첩증'으로 장이 막혀버리는 경우입니다. 이것은 생후 4개월 이상 된 아기에게서 발병합니다.

장중첩증은 그냥 두면 사망할 수도 있습니다. 빨리 발견하면 수술하지 않고도 회복되지만 시간이 지나면 수술해야 합니다. 엄마가 얼마나 빨리 발견하느냐에 아기의 생명이 달려 있습니다. 장중첩증이라는 것을 알고 있는 것과 모르고 있는 것의 차이가 이렇게 큰병은 없습니다. 그러므로 다른 것은 다 잊어버려도 장중첩증만은 꼭 기억해 두어야 합니다.

●

이럴 때 장중첩증이라는 판단을 내립니다.

장은 먹은 것이 소화되면서 통과하는 길입니다. 그러므로 장이 막히면 교통이 차단됩니다. 이것을 극복하려고 장이 활발하게 움직이게 되고, 그러다보니 장의 심한 움직임이 아기에게 복통을 일으키게 됩니다. 교통 차단이 회복되지 않으니 장은 몇 번이나 심하게 공격합니다. 장도 피로한지 때때로 쉬었다가 다시 공격합니다.

아기의 복통도 2~3분에서 4~5분 동안 계속되다가 멈추고, 5~6분 지나서 또 시작됩니다. 이것을 몇 번이나 되풀이합니다. 아기가 갑자기 울어대므로 놀란 엄마는 방 밖으로 데리고 나가서 젖을 먹이려고 하지만 아기는 버둥거리며 아파합니다. 3~4분 동안 그러다가 갑자기 괜찮아집니다. 장난감을 주면 손에 쥐고는 먹지 않던 분유를 먹기 시작합니다. 안도의 숨을 쉬고 있으면 4~5분 지나서 또 아파하며 심하게 웁니다. 항상 펴고 있던 다리를 구부려 배까지 끌어당기면, 이것은 배가 아픈 것이라고 예측할 수 있습니다.

이런 간헐적인 통증이 있으면 대부분 장중첩증입니다. 아기에게 이런 증상이 나타나는 다른 병은 없습니다. 복통이 2~3번 되풀이되는 동안 조금 전에 먹은 젖을 토해 버립니다. 교통이 차단되었기 때문에 거꾸로 되돌아오는 것입니다. 처음 갑자기 젖을 토하고 난 후 아파서 우는 경우도 있습니다. 이때도 복통은 간격을 두고 되풀이됩니다.

장중첩증의 또 하나의 특징은 열이 없다는 것입니다. 시간이 지나서 복막염이라도 일으키면 열이 나지만 처음에는 열이 없습니다. 심한 복통 때문에 얼굴이 흙빛으로 변하는 아기도 있지만, 모든 아기가 얼굴색이 변하는 것은 아닙니다.

장중첩증이 의심되면 내과나 소아과가 아니라 외과에 가야 합니다.

병원에 도착하자마자 의사에게 "장중첩증 같아요"라고 말하고 빨리 진단받아야 합니다. 물론 아기가 밤중에 한 번 심하게 울었다고 전부 장중첩증이라 생각하여 의사를 깨우는 것은 곤란합니다. 되풀이해서 아파하지 않고 한 번 울기는 했지만 분유를 줬더니 잘 먹고 잤다면 장중첩증이 아닙니다.

장중첩증처럼 갑자기 심하게 울고 그 울음이 언제까지나 계속되는 것으로 헤르니아의 '감돈'이 있습니다. 이것은 장중첩증과 달리 서혜부가 부어 있으므로 알 수 있습니다.112 갑자기 심하게 운다.콜릭 그리고 동시에 열이 나서 운다면 중이염이나 외이염인 경우가 많습니다. 아기가 울었지만 관장을 했더니 가스가 많이 나오고 편해졌다면 가스에 의한 일시적인 장의 교통 차단일 것입니다. 다음 항목에서 장중첩증에 대해 조금 더 자세히 나오니 잘 기억해 두기 바랍니다.

181. 장중첩증이다

● 장이 장 속으로 들어가 나타나는 증상으로 발병 초기에 빨리 알아차려야 한다.

장이 장 속으로 들어가 버리는 것입니다.

장중첩증은 장이 장 속으로 들어가 버리는 것입니다. 가장 많은 것이 회장(소장의 끝 부분)이 거기에 이어지는 결장(대장의 시작 부분) 속으로 들어가버린 경우입니다. 그냥 두면 들어간 부분의 혈액 순환이 나빠져 장이 썩어버리고 구멍이 생겨 복막염을 일으켜 사망하게 됩니다.

이 병은 생후 4개월부터 생길 수 있고(3개월 때도 전혀 없다고는 할 수 없지만) 돌이 지나면 그 발생 확률이 훨씬 적어집니다. 계절도 특별히 어느 계절에 많이 발병하는 것은 아닙니다.

엄마만이 최초의 목격자입니다.

지금까지 기분이 좋았던 아기가 갑자기 울기 시작하면서 배가 심하게 아픈 것처럼(다리를 배까지 끌어당김) 3~4분간 고통스러워하다가 멈추고, 잠시 후 다시 같은 상태가 되풀이되며 아파하고 우는 특이한 시작이 있습니다. 이런 시작을 보면 장중첩증이라는 것을 짐작할 수 있습니다. 발병한 지 12시간 이상 지나면 아기는 창백해져서 축 늘어져 졸기 시작하고 발병 초기와 같은 울음을 되풀이하지 않습니다.

엄마만이 최초의 목격자입니다. 엄마가 이와 같은 증상을 보고 '좀 이상하다. 장중첩증이 아닐까?'라고 생각하면 그 아기는 살 수 있습니다. 필자는 독자들로부터 이 책을 읽고 장중첩증에 대하여 알고 있었기에 빨리 처치를 하여 수술하지 않아도 되었다는 편지를 해마다 받고 있습니다.

잊지 말아야 할 것은, 처음에 찾아간 의사에게서 소화불량이라는 진단을 받아 내복약을 처방받고 주사를 맞았는데 전혀 좋아지지 않아 다시 한 번 병원에 가서야 외과를 소개받고 아슬아슬하게 살아난 사례가 많다는 것입니다.

발병한 지 6시간 이내라면(실은 2시간 이내라고 말하고 싶지만) 항문에 바륨을 넣어 엑스선 투시를 하는 동안 장 속에 들어간 장이 원상태로 나옵니다. 8시간 이상 지나면 전신 마취를 하여 아기의 기관 속에 관을 넣어 호흡을 편하게 해준 다음 링거 주사를 놓으면서 정상적인 상태로 되돌려놓아야 합니다(整復). 이것은 소아과가 아닌 외과에서만 할 수 있습니다. 24시간 이상 지나면 개복 수술을 해야 합니다. 그러나 살리지 못하는 경우도 있습니다.

장중첩증만큼 초기 진단이 중요한 병이 없습니다.

아기가 걸리는 모든 병 중에서 장중첩증만큼 초기 진단이 중요하고 엄마의 책임이 중대한 병은 없습니다. 관장하면 혈변이 나온다고 쓰여 있는 책도 있지만, 이것은 시간이 한참 흐르고 난 다음에 일어나는 일입니다. 아기가 아주 아파하여 바로 의사에게 데리고 가서 관장하면 보통 변밖에 나오지 않는 경우가 많습니다. 한 번 관장한 후 3~4시간 지나서 다시 관장하면 끈끈한 변과 혈액이 나오지만, 이렇게 되기 전에 장중첩증이라는 진단이 내려져 조치가 취해져야 합니다.

장중첩증에는 꼭 구토가 따른다는 식으로 쓰여 있는 책도 있는데, 처음 아플 때는 구토 증세가 없는 아기가 많습니다. 20~30분 지나서 구토가 시작되기도 합니다. 토한 것에서 대변 냄새가 나는 것은 말기 증세입니다. 열도 처음에는 없습니다. 몇 시간 지나면

37.5℃ 정도의 열이 나기도 합니다.

●

최초의 30분을 목격한 사람이 빨리 알아차려야 합니다.

거듭 강조하지만, 최초의 30분을 목격한 사람이 장중첩증이라는 것을 빨리 알아차려야 합니다. 가장 불행한 예는 엄마도 처음 아기를 본 의사도 장중첩증이라는 것을 알지 못하고 병이 진행된 후 장이 찢어져 복막염을 일으키고 나서야 외과에 데려가는 경우입니다.

생후 5~6개월이 지난 아기가 갑자기 울어도 별로 신경을 쓰지 않는 엄마는 아기가 젖을 토하면 이상하게 생각해 의사에게 데리고 갑니다. 지금까지 여러 번 주사를 맞은 아기는 병원 문을 들어서자마자 또 주사를 맞는다는 생각에 더 심하게 울기 시작합니다.

의사도 아기는 원래 우는 법이라고 생각하므로 아기의 울음이 평소와 다소 다르다는 것을 전혀 알아차리지 못합니다. 심하게 울기 때문에 복부를 만져봐도 장의 상태를 제대로 알 수가 없습니다. 의사는 분유를 토하는 것은 소화불량 때문일 것이라고 말하고 울며 버둥거리는 아기를 꽉 잡고 포도당 주사를 놓아줍니다. 아기는 주사 때문에 아파서 더 소리를 지르며 웁니다. 집에 돌아와서 계속 울어도 엄마는 주사를 맞아 아파서 그러려니 생각하고 신경 쓰지 않습니다. 아기가 몇 번이나 토해도 주사를 맞았으니까 괜찮을 것이라고 생각합니다.

다음날이 되어 변을 보면 혈액이 섞여 있습니다. 아기도 늘어져 있습니다. 그래서 다시 의사를 찾아갑니다. 소화불량이라고 생각해 특별히 서두르지도 않고 대기실에서 여러 환자와 같이 순서를 기다립니다. 마침내 순서가 되어 진찰실에 들어가서 진찰받고는 복막염이라는 결과가 나와 외과를 소개받습니다.

병원에 가자마자 장중첩증인 것 같다고 말해야 합니다.

이런 사례가 자주 있습니다. 엄마는 아기에게 갑자기 복통이 되풀이될 때는 외과에 가서 진료 순서를 기다리지 말고 "장중첩증인 것 같으니 빨리 진찰해 주세요"라고 말해야 합니다.

발병한 지 1~2시간 이내라면 엑스선으로 관찰하며 항문에 바륨을 넣어 고압 관장을 하면서 정상적인 상태로 되돌려놓는 치료(整復)를 많이 하지만 이것을 내과나 소아과에서는 하지 않는 것이 좋습니다. 고압 관장 도중 장이 터질 경우 급성 복막염을 일으킬 수 있기 때문입니다. 이렇게 되면 내과나 소아과에서는 어떻게 할 수 없지만, 외과수술실에서 하는 중이었다면 즉시 수술에 들어갈 수 있습니다. 고압 관장을 하면 개복하지 않아도 된다고 해서, 엄마가 외과 의사에게 바륨으로 고압 관장을 해달라고 요구하는 것은 바람직하지 않습니다. 적어도 6시간 이상 지났을 때 개복 수술을 해야 하는지, 고압 관장을 해야 하는지는 의사가 결정할 문제이기 때문입니다. 시간이 많이 지난 후에 고압 관장을 하게 되면 장이 찢어져 수술하기가 어렵습니다. 장에서 출혈이 많거나 복막염 증세가 있을 경우에는 고압 관장을 하지 않습니다. 최근에는 바륨 관장보다 공기 관장을 하는 일이 많아졌습니다.

요즘은 초음파 진단이 보급되어 엑스선으로 진찰하기 전에 초음파 진찰을 많이 합니다. 장중첩증이 아니면 초음파 진단만으로도 알 수 있습니다. 하여튼 장중첩증 증상이 있을 때 외과에 빨리 데리고 가야 하는 이유를 이제 알았을 것입니다. 외과에 데려가는 도중에 차에서 흔들려서 장이 원래의 상태로 돌아간 사례도 적지 않습니다.

수술을 하지 않고 장중첩증이 나은 경우, 다음 날부터 평소와 같은 영양을 주어도 되는지의 여부는 장중첩증 증상의 정도에 따라 다르므로 반드시 의사의 지시에 따라야 합니다. 장중첩증에 한 번 걸렸던 아기가 다시 걸리는 일도 가끔 있습니다.

장중첩증의 원인은 잘 알려져 있지 않습니다. 감기로 2일 정도 열이 올랐다 내린 날 장중첩증이 발병했다든지, 가벼운 설사 후에 발병했다든지, 그리고 수술하면 장간막의 림프절이 부어 있다든지 하는 것으로 보아 바이러스 감염도 하나의 원인이라고 생각할 수 있습니다.

182. 습진이 낫지 않는다

- 아기가 긁지 않도록 한다.

- 스테로이드 연고나 불소가 함유된 연고에 너무 의존하지 않는다.

아직 그 원인을 알 수가 없습니다.

생후 3개월까지 얼굴에만 생기던 습진이 갑자기 퍼져서 얼굴도 머리도 지방성 부스럼 딱지로 탈을 쓴 것 같고, 등이나 배까지 빨간 발진이 퍼지면 엄마는 안절부절못하게 됩니다. 이런 괴물 같은 얼굴이 낫지 않으면 어쩌나 흉터가 남으면 어쩌나 걱정입니다. 그러나 습진은 아무리 심해도 때가 되면 자연히 낫고 흉터도 남지 않습니다.

모유만 먹이든, 분유만 먹이든 습진은 생깁니다. 분유만 먹이는 엄마는 다른 상표의 분유로 바꾸어볼 생각을 먼저 하게 됩니다. 그러나 분유를 바꾸어도 차도는 없습니다.

습진이 생기는 아기는 대부분 장에는 문제가 없어 설사는 하지 않습니다. 식욕도 좋아 엄마는 생후 4개월 된 아기에게 8개월 된 아기가 먹는 만큼의 분유를 타서 180m나 먹이는 일이 많습니다. 그래서 체중이 8kg 가까이 나가는 아기도 있습니다.

영양 상태가 나빠지면 습진은 오히려 가벼워집니다. 옛날에는 습진을 태독이라 하여 독을 내리는 약을 먹였습니다. 이것은 일종의 변비약인데, 설사를 일으켜 영양 상태가 나빠지도록 함으로써 습진을 치료하는 방법입니다.

그러나 현대의학은 영양 상태가 나빠지게 하여 습진을 치료하는 방법은 택하지 않습니다. 영양과 습진의 균형을 취하면서, 오래가는 이 병과 평화공존(습진이 남아 있어도 아기는 기운이 넘침)합니다. 이 시기에 생후 8개월 된 아기만큼 분유를 많이 먹는 아기는 이 월령에 필요한 양만큼만 먹여야 합니다. 그 이하로 먹여서도 안 됩니다.

스테로이드 연고나 불소가 함유된 연고에 너무 의존하면 안 됩니다.

습진에 대해서는 부신피질호르몬(스테로이드) 없이는 평화 공존할 수가 없습니다. 하지만 스테로이드는 부작용이 있으므로 효과가 있다고 해서 언제까지나 계속 쓸 수는 없습니다. 불소가 함유되어 있는 연고는 잘 듣긴 하지만 오래(2주 이상) 바르면 부작용(색소가 빠져서 하얗게 되거나, 거꾸로 색소가 많아져 검어지거나, 털구멍이 세균에 감염되어 모포염이 생김)을 일으킵니다. 1~2일 동안 충분히 발라보고 좋아지면 양을 줄여가면서 1주 이내에 중지하고, 원래 쓰던 불소가 함유되어 있지 않은 스테로이드 연고로 바꾸어서 이것으로 회복되었다면 중지해 봅니다.

그러나 습진이 무슨 이유에서인지 갑자기 심해져 보통 스테로이드 연고로는 효과가 없다면 다시 불소 함유 연고로 바꾸도록 합니다. 이렇게 해서 치료하는 것이 평화 공존입니다. 습진의 상태와 아기가 가려워하는 상태를 매일 살펴보면서 연고의 종류를 바꾸어가며 적절하게 사용하는 이 방법은 1주에 한 번, 그것도 겨우 3분 동안만 진찰하는 의사는 할 수 없는 일입니다.

●

습진 다루기에는 누구보다도 엄마가 주역입니다.

어떤 비누가 습진을 악화시키지 않는지, 피부에 닿는 의류의 소재는 어떤 것이 좋은지, 목욕은 매일 시키는 것이 좋은지, 아니면 간격을 두는 것이 좋은지 하는 것들은 평소 아기의 습진 상태를 주의 깊게 살펴보는 엄마만이 결정할 수 있습니다.

의사에 따라서는 알레르기를 진단한다고 여러 식품의 진액으로 만든 알레르겐으로 피부 테스트를 하여 반응이 강하게 나온 식품(생우유, 콩, 소맥 등)을 금지시키기도 합니다. 그 결과 영양실조를 일으키는 아기가 많아져 전 세계 소아과 의사들은 영양법만으로는 습진을 치유할 수 없다는 견해에 동의하게 되었습니다. 그만큼 영양법 치료에는 많은 주의가 필요합니다. 영양실조가 되면 습진은 확실히 가벼워지지만 아기는 그 영양만으로 살아가기 힘듭니다. 그것은 평화 공존이 아닙니다.

●

아기가 긁지 않도록 해야 합니다.

아기가 가려워하여 긁으면 습진이 더 악화되므로 긁지 않도록 해야 합니다. 그렇다고 손발을 잘 움직일 수 있는 아기의 소매를 안전핀으로 고정시켜 놓는 것은 너무 불쌍합니다. 팔꿈치가 구부러지지 않게 지름 7cm, 길이 15cm 정도의 판지로 만든 원통(포테이

토칩 용기를 자른 것) 2개를 준비하여 상단에 끈을 꿰고 목에 둘러 주면 됩니다. 이렇게 하면 팔도 움직일 수 있고 손가락도 쓸 수 있으나 팔꿈치만 구부릴 수 없기 때문에 얼굴은 긁을 수 없게 됩니다. 가려움을 느끼지 않도록 주의를 딴 데로 돌리기 위해 집 밖으로 안고 나가서 주변을 보여주고 즐기게 합니다. 직사광선은 자극이 강하므로 피해야 합니다. 세균감염을 예방하기 위해서는 농가진이나 수두에 걸린 아이 가까이에 가지 말아야 합니다.

●

가래가 끓는다 157 가래가 끓는다 참고

183. 눈이 이상하다

● 사시가 뚜렷하게 나타나서일 수도 있고, 결막염이거나 다래끼 때문일 수도 있다.

여러 가지 이유가 있습니다.

생후 4~5개월이 되어서 지금까지 다소 의심스러웠던 사시가 뚜렷하게 드러나는 경우가 있습니다. 231 사시이다 여름에 농가진에 걸려 머리나 얼굴에 크고 작은 종기가 생길 때 눈가에는 다래끼가 생기기도 합니다. 이것은 다래끼 치료를 하면 동시에 치료됩니다. 눈이 항상 눈물로 젖어 있을 때는 눈썹이 안쪽을 향해 난 것이 아닌가 생각하게 됩니다.

160 자꾸 눈곱이 낀다

아침에 일어날 때 눈꺼풀이 눈곱으로 인해 붙어 있는 것은 급성 결막염인 경우가 제일 많습니다. 이때는 안과에서 진찰을 받아야 합니다. 안과에서는 그 병원 안에서 감염을 피하기 어렵습니다. 병원 문을 여닫은 손을 집에 돌아가서 철저히 소독하지 않으면 엄마도 다른 급성 결막염에 걸릴 수 있습니다. 물론 아기에게서 옮기도 합니다. 그러나 생후 4~5개월 된 아기의 급성 결막염의 원인이 약한 균이기 때문인지 그렇게 심해지지는 않습니다. 3~4일 만에 저절로 회복되는 일이 많습니다. 눈도 빨갛지 않고 눈곱도 끼지 않는데 10~15일씩 병원에 다니면 오히려 감염될 기회가 많습니다. 급성 결막염을 치료할 때 예전에는 꼭 세안(洗眼)을 시켰지만 지금은 시키지 않습니다. 싫다고 우는 아기를 굳이 세안시키기 위해 통원할 필요는 없습니다.

184. 감기에 걸렸다

● 코가 막히거나 재채기를 할 때 의심할 수 있다. 대부분 감기에 걸린 아빠나 엄마로부터 옮는다.

대부분 감기에 걸린 아빠나 엄마로부터 옮습니다.

생후 4~5개월 된 아기가 코가 막히거나 재채기를 할 때가 있습니다. 대부분은 감기에 걸린 아빠나 엄마로부터 옮은 것입니다. 그러나 생후 6개월까지의 아기의 감기는 그다지 고열은 나지 않습니다. 기껏해야 37℃ 정도입니다. 분유를 잘 안 먹으려고 하지만 전혀 먹지 않는 것은 아닙니다. 처음에는 물 같은 투명한 콧물이 나오다가 3~4일 지나면 진해져서 노래집니다. 그러면서 회복됩니다.

감기로 인해 폐렴이 되는 일은 이제 찾아볼 수 없습니다. 예전에 영양 상태가 좋지 않은 아기가 감기에 걸렸다가 폐렴이 되는 경우가 있었지만 요즘 아기들은 영양 상태가 좋아, 그런 일은 없습니다. 비타민 A가 부족하면 기도 세포의 저항력이 약해져 세균이 침입하기 쉽지만 최근에는 비타민 A 부족도 없어졌습니다. 구루병이 거의 없어진 것도 폐렴의 경과를 가볍게 하는 데 한몫했을 것입니다.

감기라는 것은 바이러스로 인해 일어나는 병을 모두 포함한 병명이기 때문에 여러가지 병이 포함되어 있습니다. 항생제는 감기 자체에는 효과가 없지만 중이염이나 폐렴을 예방하기 위해 항생제를 쓰는 것은 관례처럼 되었습니다.

따뜻하게만 해줘도 자연히 회복됩니다.

부모가 감기에 걸려 있는데 1~2일 후에 아기에게 감기 증세가 있으면 그것만으로 감기라고 진단할 수 있습니다. 잘 놀고 분유도 잘 먹고 설사도 하지 않는다면 따뜻하게만 해주어도 자연히 회복됩니다. 분유를 먹기 싫어한다면 과즙을 주면 됩니다. 여름이라면 차게 해주면 잘 먹습니다. 목욕은 콧물이 나오는 동안은 피해야 합니다. 아기가 이유식을 먹으려고 하면 전날과 같은 양을 주어도 됩니다.

감기인 줄 알면서 환자가 많은 병원에 아기를 데리고 가는 것은 좋지 않습니다. 병원 대기실은 병균 전시장과 같기 때문입니다. 그리고 감기 바이러스에 듣는 약은 현재로서는 없습니다.

보육시설에서의 육아

185. 이 시기 보육시설에서 주의할 점

● 침대에서 떨어지거나 땀을 너무 많이 흘려 습진이 생기거나 찬 바람에 동상이 걸리거나 하는 등 부주의로 인한 사고에 각별히 신경 쓴다.

엄마와 함께 이유 시기를 결정합니다.

이 월령이 되면 엄마와 보육교사가 의논하여 이유 시기를 결정해야 합니다. 보육시설에 아기를 맡기는 엄마는 아침부터 밤까지 집에서 아기를 보고 있는 엄마와 달리 시간적인 여유가 없습니다. 그러므로 너무 일찍 이유를 시작하거나, 조리에 시간이 오래 걸리는 이유식은 되도록 피하는 것이 좋습니다. 아기가 스스로 뭐든지 먹고 싶어 할 때까지 기다리는 것이 현명합니다.

아기를 많이 맡고 있는 보육시설에서는 쌀죽이나 생우유 속에 토스트를 작게 찢어 넣어서 끓인 수프(이하 빵죽으로 표기함) 등의 이유식을 먹이는 경우가 있습니다. 이것을 생후 5개월 된 아기도 같이 먹을 수 있으면 편해서 좋습니다. 우선 집에서는 숟가락으로 먹는 연습부터 시키는 것이 좋습니다. 과즙이나 된장국이나 수프를 숟가락으로 먹이는 정도라면 엄마도 그렇게 시간이 뺏기는 일이 아닙니다.

생후 4~5개월에는 성급하게 집에서 죽을 끓인다든가 감자를 체친 것 등을 만들지말고 숟가락으로 먹는 연습만 시키도록 합니다. 그리고 씹히는 것이 들어 있는 음식을 잘 먹게 된 것을 확인한 후 보육교사에게 맡깁니다.

생후 5개월 이후에는 보육시설에서 이유식을 한 번이라도 주면 엄마에게는 많은 도움이 됩니다. 보육교사는 이유식을 특별히 어려운 것으로 생각할 필요가 없습니다. 보육교사는 이유식을 집에서만 하도록 권하지 말고 엄마와 공동으로 진행했으면 합니다.

엄마는 이웃의 엄마가 같은 월령의 아기에게 이유식을 먹이고 있냐는 이야기를 듣거나 병원에서 빨리 이유를 시작하라고 하면 매우 초조해집니다. 이때 보육교사는 이유를 서두를 필요가 없다는 것을 보육시설에 있는 다른 아이들의 실례를 들어 설명해 주는 것이 좋습니다.

●

부주의로 인한 사고가 나지 않도록 주의합니다.

생후 4개월이 되면 아기의 움직임이 꽤 활발해집니다. 아기를 침대에 눕혀 놓고 난간을 세우는 것을 깜빡 잊어버리면 아기가 침대에서 떨어집니다. 또 다른 아이가 "쉬~"라고 말한다고 황급히 안고 있던 4개월 된 아기를 난간 없는 침대에 눕혀놓은 채 화장실에 따라가서는 안 됩니다.

●

여름에는 수분을 보충해주고 겨울에는 동상 예방에 신경 씁니다.

여름에 엄마가 안고 온 아기는 땀을 흘리고 있는 경우가 많습니다. 속옷을 갈아입힐 때 잠시 벗긴 채로 놓아두어 올라간 체온을 발산시키도록 합니다. 그리고 땀으로 잃어버린 수분을 보충해 주기 위해 보리차나 끓여서 식힌 물을 먹입니다.

겨울에는 귀나 손 등 노출된 부위가 빨개져서 보육시설에 옵니다. 이때 보육교사는 엄마에게서 아기를 건네받은 후 동상을 예방하기 위해 피부 마사지를 해주는 것이 좋습니다.

몹시 추울 때와 더울 때를 제외하고 날씨가 좋으면 아기를 침대째 테라스로 내보내도록 합니다. 통원 시간을 포함하여 하루에 3시간 정도 바깥 공기를 쐬도록 하는 것이 좋습니다.

아기가 생후 4개월이 되면 머리가 꼿꼿해지므로, 엄마가 아기 뒤에서 양다리를 들어 안아 올려 소변을 보게 할 수도 있습니다. 소변 보는 간격이 2시간 정도로 항상 일정한 아기는 변기에 소변을 보게 하면 성공할 때도 있습니다. 보육시설에 아기를 안고 올 때 엄마는 아기 옷이 젖을까 봐 비닐로 된 기저귀 커버를 해주기도 합니다. 염증이 잘 생기는 아기는 비닐 커버를 빨리 벗기고 통기성이 좋은 커버로 바꾸어 줘야 합니다.

●

다른 병에 옮지 않도록 주의합니다.

보육시설에서는 다른 병에 옮지 않도록 주의해야 합니다. 수두가 유행하고 있을 때는 다른 아이가 아기 가까이에 오지 못하도록 해야 합니다.

여름에 잘 생기는 농가진도 아기에게서 아기에게로 전염되므로 농가진에 걸린 아기는 되도록 격리하고, 그 아기를 만진 보육교사는 손을 철저히 소독합니다. 시트도 매일 바꾸어 주어야 합니다. 원래 농가진에 걸린 아기는 전염병 환자로 간주하여 보육시설에 보내지 말고 쉬게 하는 것이 좋습니다. 2~3일 페니실린으로 치료하면 나아지므로 꼭 치료하도록 합니다.

영아실에는 꼭 2명 이상의 보육교사가 있어야 합니다.

생후 1~4개월 된 아기에게 일어나는 '돌연사'라는 것이 있습니다. 이때 영아실에 보육교사가 한 명밖에 없으면 큰일이 납니다. 보육교사가 방에 없을 때 아기가 돌연사하는 일이 생기면 형사 문제가 될 수도 있습니다. 그러므로 영아실에는 꼭 2명 이상의 보육교사가 있어야 합니다. 이런 사고가 일어나면 꼭 부검을 의뢰하여 원인이 외부에 없다는 것이 증명되어야 합니다. 만약 책임이 있다면 영아실에 보육교사를 한 명밖에 두지 않은 관리자에게 있습니다.

186. 이 시기 영아체조

생후 4개월이 되면 아기의 운동 능력이 한층 더 좋아지므로 그에 따라 체조도 조금 더 진도를 나가도록 합니다.

■ 팔 마사지

① 문지르는 마사지 좌우 8~10회

■ 다리 마사지

③ 문지르는 마사지 4~6회

⑮ 허벅지 뒤쪽 마사지 좌우 4~6회

⑯ 허벅지 앞쪽 마사지 좌우 동시에 4~6회

■ 배 마사지

② 문지르는 마사지 8~10회

■ 등 마사지

④ 집는 운동 좌우 4~6회

⑰ 문지르는 마사지 4~6회

⑱ 나선형 마사지 4~6회

⑲ 튕기는 마사지 4~6회

이런 마사지는 근육을 강화시키고 혈액순환을 좋게 합니다.

■ 발 마사지

⑳ 주무르는 마사지 좌우 4~6회

㉑ 튕기는 마사지 4~6회

■ 가슴 마사지

⑬ 문지르는 마사지 4~5회, 안아 올리는 운동 4~5회

㉒ 나선형 마사지 4~6회

■ ㉓ 다리를 굽혔다 폈다 하는 운동

좌우 번갈아가면서, 그리고 좌우 동시 각각 6~8회

■ ㉔ 등을 젖히는 운동 4~6회

■ 위를 보고 누워 있는 상태에서 엎드리게 하는 운동

⑭ 뒤집기 연습 좌우 각각 1~2회

■ ㉕ 서는 연습 6-8회

■ ㉖ 양팔을 가슴 위에서 교차시켜 벌렸다 모았다 하는 운동 6~8회

■ ㉗ 엎드려서 일어서는 운동 1~2회

체조하는 방법에 대해서는 그림으로 보는 영아체조(555쪽)를 참고합니다.

그림으로 보는 영아체조

1

팔을 펴서 손바닥으로 손목에서 어깨를 향하여 4~5회 문지른다. 다음은 팔을 수직으로 펴서 손목에서 어깨를 향해 4~5회 문지른다. 다른 쪽 손도 같은 요령으로 한다.

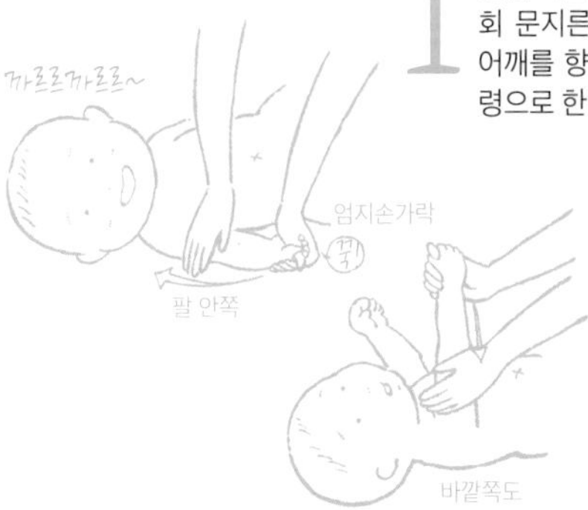

까르르까르르~
엄지손가락
꾹!
팔 안쪽
바깥쪽도

2

배꼽을 중심으로 시계 방향으로 원을 그리면서 가볍게 문지른다. 이 동작을 6~8회 반복한다. 이때 너무 세게 누르지 않도록 한다. 이렇게 하면 장의 움직임이 활발해지고 가스 배출도 좋아진다. 배 근육도 단련된다.

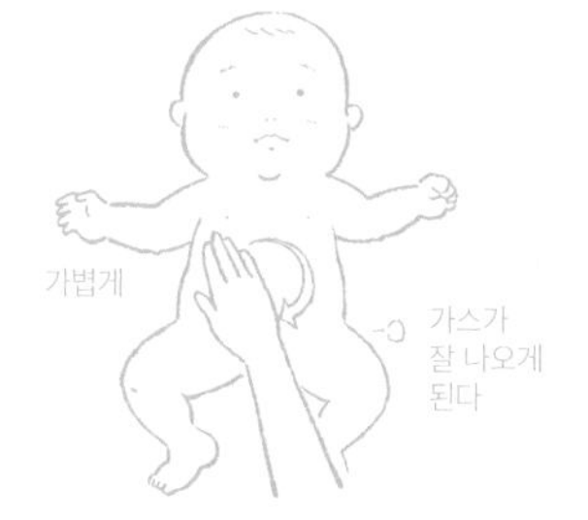

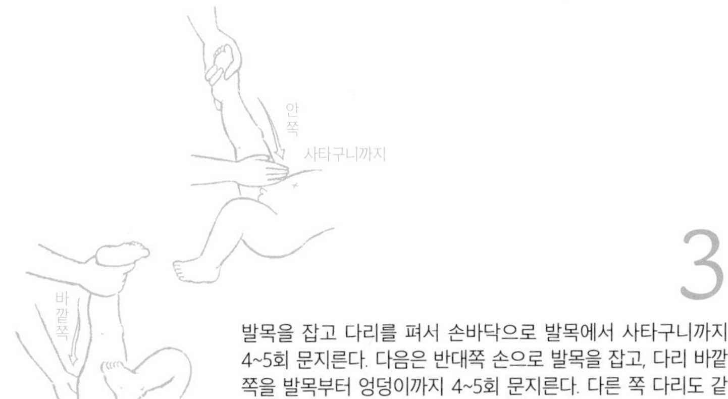

3

발목을 잡고 다리를 펴서 손바닥으로 발목에서 사타구니까지 4~5회 문지른다. 다음은 반대쪽 손으로 발목을 잡고, 다리 바깥쪽을 발목부터 엉덩이까지 4~5회 문지른다. 다른 쪽 다리도 같은 요령으로 한다. 월령이 많아질수록 세게 문질러도 된다.

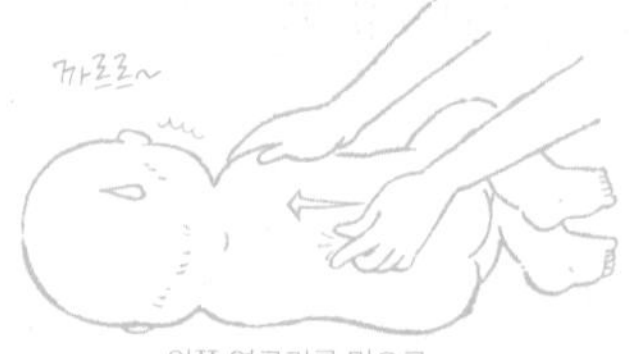

왼쪽 옆구리를 밑으로

4 왼쪽 옆구리를 밑으로 하여 눕히고, 엄지손가락과 집게손가락으로 등뼈 양쪽을 모으면서 잡는다. 엉덩이에서 목까지 12~15군데를 차례대로 집으면서 올라간다. 아기는 반사적으로 몸을 뒤로 젖혀서 등뼈를 활처럼 휘게 한다. 다음은 몸의 방향을 바꾸어 같은 요령으로 한다. 등 근육이 강해지도록 단련시키는 체조다.

처음에는 양쪽 팔꿈치를 굽혀놓아야 한다

5 장난감을 흔들어 소리를 내서 주목을 끈다. 장난감을 점점 위로 올리면 아기가 팔을 펴고 머리와 상체를 든다. 이 운동은 ❹의 등뼈 반사가 나타난 후부터 시작한다. 더 자라면 머리를 들고 좌우를 보게 된다.

6

❺의 운동을 할 수 있게 되고 나서 시작한다. 한쪽 무릎을 구부리게 하고 손바닥을 발바닥에 딱 붙여서 앞으로 민다. 그러면 아기는 반사적으로 무릎과 고관절을 편다. 다른 쪽 발도 같은 요령으로 한다 좌우를 번갈아가며 8~10회 반복한다. 능숙해지면 아기가 앞으로 나간다.

7 양 손등으로 아기 등을 어깨에서 엉덩이를 향해 쓰다듬어 내린다. 다음은 엉덩이에서 어깨 쪽으로 귀신 손모양으로 하여 손등으로 쓰다듬는다. 왕복 4~5회 반복한다. 등 근육을 강화시키는 체조다.

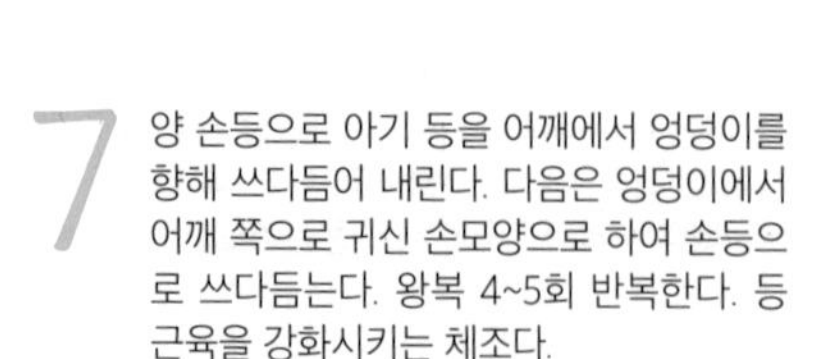

8 똑바로 눕혀 발을 잡고, 엄지손가락으로 발가락 쪽에서 발 관절을 향해 주물러나간다. 발 관절 있는 데까지 가면 복사뼈 주위를 주무른다. 4~5회 반복한 뒤 다른 쪽 발도 같은 요령으로 한다.

9 바로 눕혀 무릎을 구부리게 한 뒤 발바닥의 장심을 누른다. 그러면 발가락이 반사적으로 발바닥 쪽을 향해 구부러진다.
다음은 발바닥 바깥쪽 옆면을 새끼발가락 밑 부분에서 뒤꿈치를 향해 세게 문지르면서 내려간다. 그러면 반사적으로 발가락을 발등 쪽으로 젖힌다. 좌우 4~5회씩 반복한다. 이 반사는 1회만으로는 나타나지 않을 수도 있다.

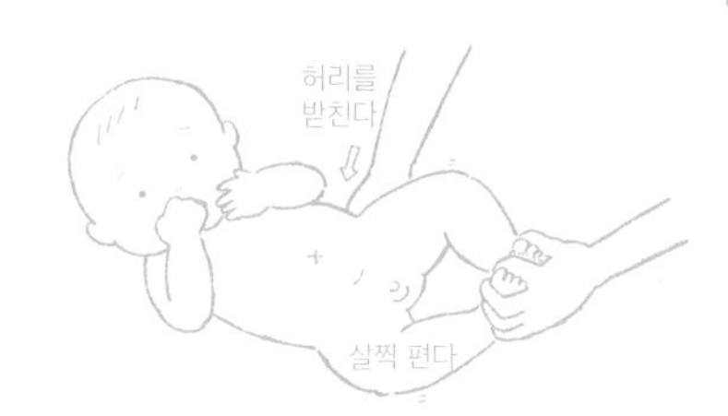

10 양다리를 붙여 가볍게 펴고 허리를 받친 상태에서 양발을 잡아 손바닥으로 발바닥을 위로 눌러 올린다. 그러면 아기가 무릎을 굽혔다 폈다 한다. 6~7회 반복한다. 안으면 깡충깡충하면서 무릎을 굽혔다 폈다 하기까지의 준비 운동으로 생각한다.

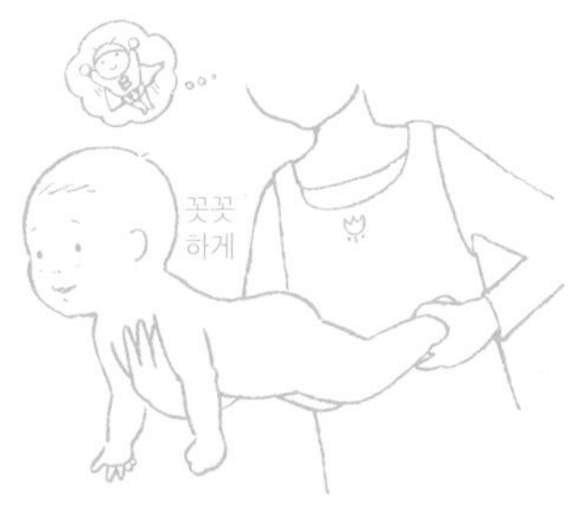

11 가슴을 받치는 것처럼 지탱하고, 공중에서 기어가는 듯한 모양으로 한다. 아기가 머리를 뒤로 젖히게 하는 것과 동시에 양 발목을 잡고 등뼈와 양다리가 일직선이 되도록 편다. 목과 등의 근육을 강화시키는 체조다. 1~2회로 충분하다.

12

양 겨드랑이를 받쳐서 약간 무릎을 굽힌 모습으로 세운다. 아기는 발바닥이 바닥에 닿으면 무릎을 펴고 서려고 한다. 잘 받쳐주면 2~3초 동안 이렇게 서 있을 수 있다, 능숙해지면 서 있는 시간이 점차 길어진다. 6~8회 정도 실시한다.

13

손바닥을 옆구리에 대고 겨드랑이를 향해 나선형으로 마사지해 나간다. 4~5회 반복한다. 다음은 가슴을 안듯이 해서 3~4cm 들어 올리면 아기가 깊이 숨을 들이마신다. 이것도 4~5회 반복한다.

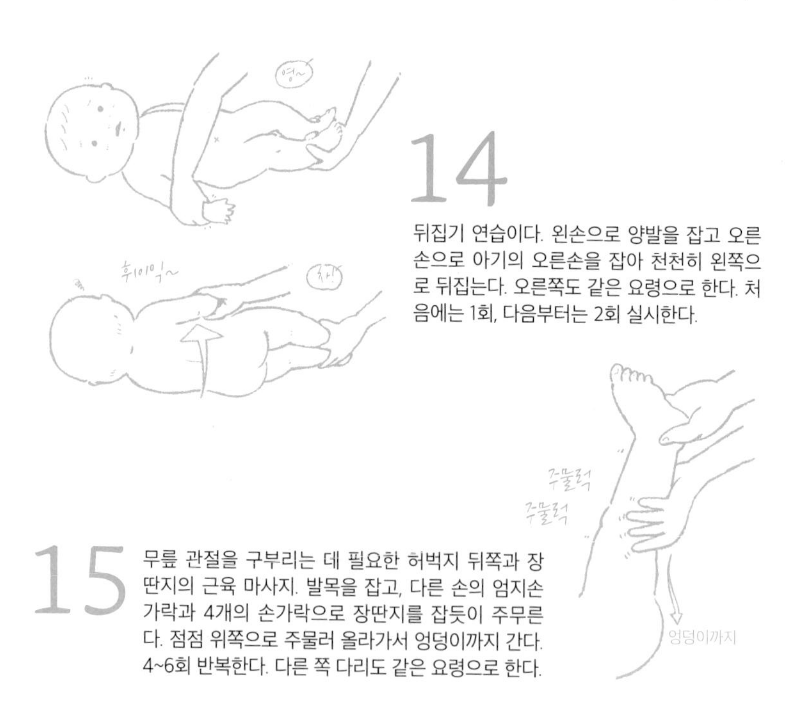

14

뒤집기 연습이다. 왼손으로 양발을 잡고 오른손으로 아기의 오른손을 잡아 천천히 왼쪽으로 뒤집는다. 오른쪽도 같은 요령으로 한다. 처음에는 1회, 다음부터는 2회 실시한다.

15

무릎 관절을 구부리는 데 필요한 허벅지 뒤쪽과 장딴지의 근육 마사지. 발목을 잡고, 다른 손의 엄지손가락과 4개의 손가락으로 장딴지를 잡듯이 주무른다. 점점 위쪽으로 주물러 올라가서 엉덩이까지 간다. 4~6회 반복한다. 다른 쪽 다리도 같은 요령으로 한다.

16 무릎 관절을 펴는 데 필요한 허벅지 앞쪽 근육 마사지. 양다리를 가볍게 벌리고, 양 손으로 엄지손가락과 4개의 손가락을 이용하여 허벅지를 잡듯이 주무른다. 무릎 위에서 사타구니를 향해서 좌우 동시에 4~6회 반복한다. ⑮,⑯이 끝나면 ❸ 또는 ❽의 마사지를 4~6회 실시한다.

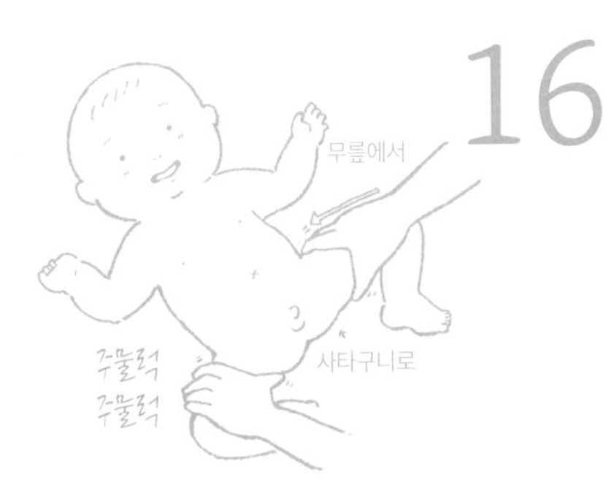

17 양 손바닥을 엉덩이에 대고 원을 그리듯이, 등뼈를 따라 나선형을 그리면서 어깨까지 문질러나간다. 4~6회 반복한다. 아기가 머리를 들지 못하면 이 마사지는 할 수 없다. 등 근육을 단련시키는 체조다.

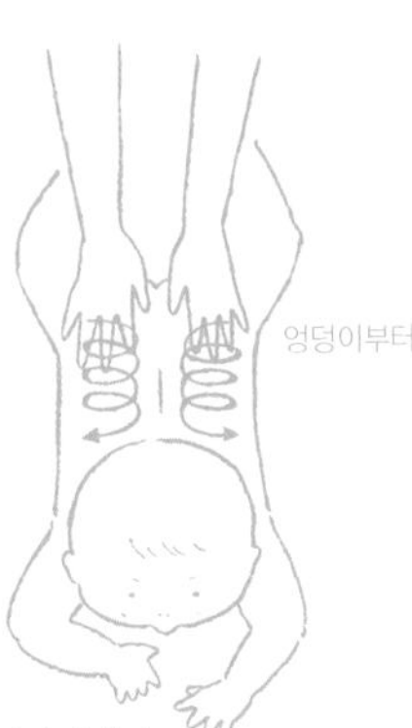

18 양손의 4개 손가락을 각각 붙여 등뼈 양쪽에 놓는다. 엉덩이에서 등뼈를 따라 어깨까지 손가락의 나선형을 그리면서 주무르며 올라간다. 4~6회 반복한다. 아기가 자유롭게 기어다닐 수 있게 되면 간지러워하며 도망가기 때문에 할 수 없는 경우도 있다.

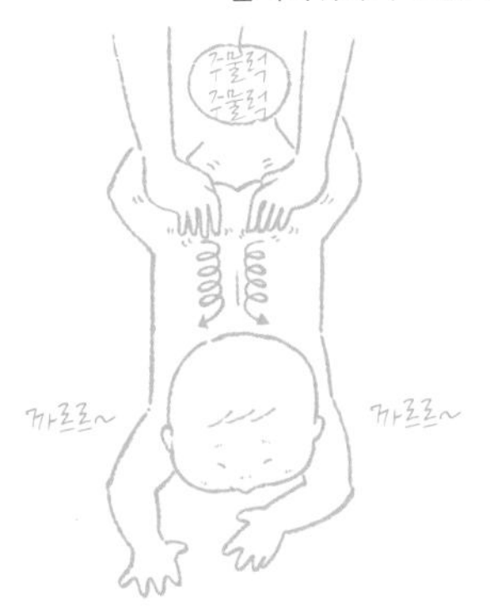

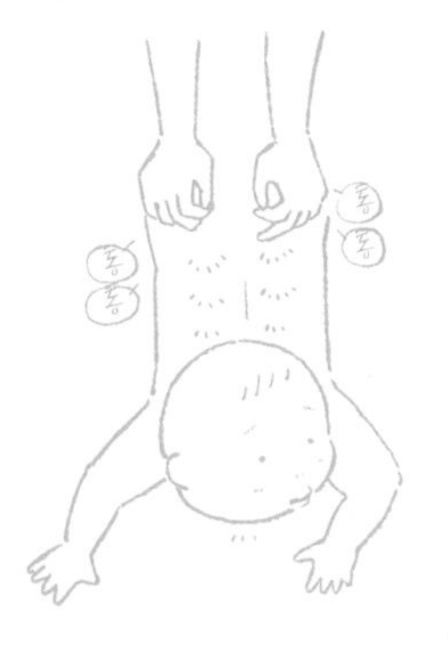

19 등뼈의 양쪽 근육을 손가락으로 튕긴다. 등뼈를 따라 아래에서 위로, 양손으로 동시에 한다. 4~6회 되풀이한다. ⑰, ⑱, ⑲ 마사지가 끝난 후에는 양 손바닥으로 조용히 문지르는 마사지를 등뼈의 양쪽을 따라 아래에서 위를 향해 4~5회 반복한다.

20

무릎을 잡고 다리를 움직이지 못하게 한다. 엄지손가락과 집게손가락으로 발등과 발바닥을 끼우듯이 잡고 발 앞쪽에서 뒤꿈치를 향해 주물러나간다. 4~8회 반복한다. 다른쪽 발도 같은 요령으로 한다.

21

무릎을 잡고 다리를 움직이지 못하게 한다. 집게손가락으로 장심이 있는 곳을 가볍게 통통 튕긴다. 4~6회 반복한다. 다른쪽 발도 같은 요령으로 한다.

22

양손의 4개 손가락을 각각 붙여 가슴 근육을 나선형으로 마사지한다. 우선 명치 높이에서 흉곽 바깥쪽에 손가락을 대고 빙글빙글 돌리듯이 늑골을 따라 앞쪽으로 문질러 흉골에 다다른다. 이 마사지를 제9늑골부터 제4늑골까지 4~6회 반복한다.

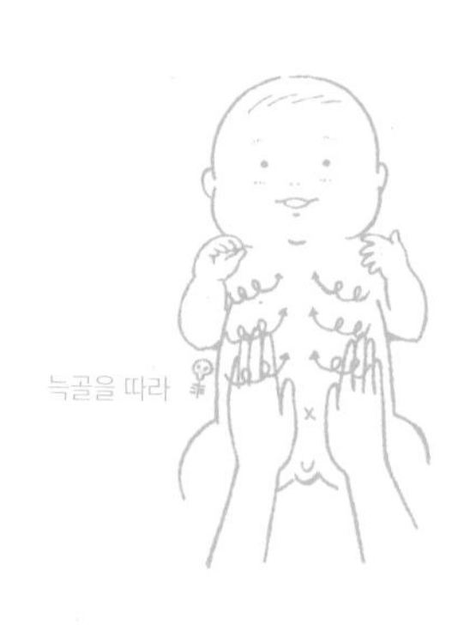

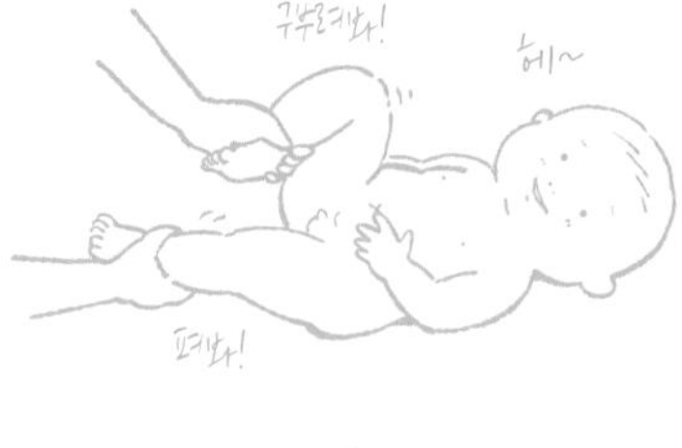

23

발목을 꽉 잡고 새끼손가락을 발뒤꿈치에 걸쳐 제자리걸음을 시키듯이 좌우로 번갈아 무릎을 굽혔다 폈다 한다. 처음에는 천천히 하다가 점점 빨리 6~8회 반복한다. 다음은 양다리를 붙인 상태에서 펴게 하여, 허벅지 앞쪽이 배에 닿을 대까지 무릎을 굽힌다. 이것도 6~8회 반복한다.

24

기는 자세로 하여 발의 관절을 꽉 잡고 천천히 들어 올려 등뼈를 활 모양으로 구부린다. 그러면 아기는 반사적으로 머리를 뒤로 젖힌다, 4~6회 반복한다. 이 체조는 엎드린 아기가 목을 들어 올릴 수 있게 되고 나서 시작한다. 목이 흔들거릴 때는 해서는 안 된다.

25

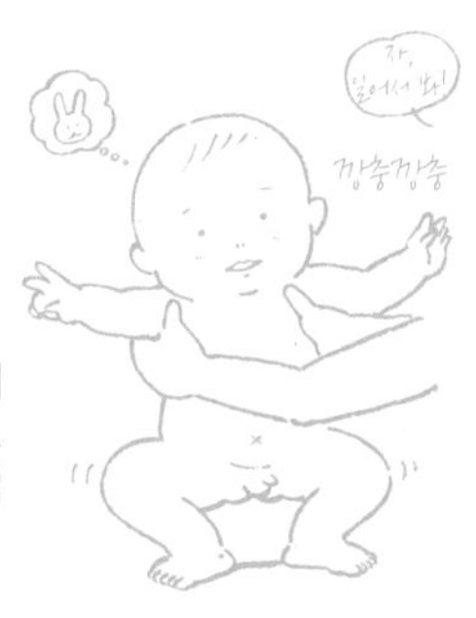

아기 자신이 양 무릎을 굽혔다 폈다 하는 운동으로 깡충깡충 뛰는 것이다. 양쪽 겨드랑이를 양손으로 받쳐서 6~8회 반복한다. 아기에 따라 빨리 할 수도 있고 그렇지 못할 수도 있다. 체중이 너무 실리지 않도록 받치는 것을 조절한다.

26

아기로 하여금 보육교사의 양손 엄지손가락을 각각 집게 하고 팔을 벌려 편다. 다음은 가슴 위에서 양팔을 교차시키도록 한다. “펴고! 모으고!” 구령을 하면서 6~8회 반복한다.

27

뒤에서 가슴을 안는 것처럼 지탱한다. 그리고 천천히 상체를 들면 아기가 무릎에 힘을 주며 서려고 한다. 우선 무릎을 세우고, 그러고 나서 무릎을 펴고 설 수 있도록 아기의 몸을 잘 들어준다. 다리 힘이 약할 때는 안아서 체중이 덜 실리도록 한다. 1~2회 반복한다.

28

각각의 손으로 보육교사의 엄지손가락을 잡게하고 손목을 꽉 잡는다. 다음은 천천히 일어나게 하여 앉게 한다. 이번에는 반대로 천천히 눕혀 원래 위치로 가게 한다. 도중에 머리가 뒤로 젖혀지려고 하면 좌우의 집게손가락으로 받쳐준다. 5~6회 반복한다.

29

확실하게 앉을 수 있게 되면, 그 위치에서 양손을 꽉 잡는다. 좌우의 팔을 번갈아가며 앞으로 내밀게 했다가 다시 제자리로 가게 한다. 처음에는 천천히 그러다가 점점 빠르게 10~15회 반복한다. “오른쪽! 왼쪽!” 구령을 하면서 씩씩하게 하면 아기도 즐거워한다.

30

재미있는 장난감을 앞에 두고 “자 이리 와!”라고 말을 건다. 그러면 아기는 장난감을 집으려고 앞으로 기어간다. 1분 정도 실시한다. 살이 찐 아기나 기는 것을 싫어하는 아기는 앞으로 기어오지 않는데, 한 번으로 포기하지 말고 매일 반복한다.

색인

1 한 개의 항목에는 한 개의 페이지만 나오도록 만들었다. 그 항목에 관해서 가장 중요한 것만을 알려주기 위한 것이다.
2 월령, 연령은 세세하게 나눈 경우(2~3개월)와 대략 나눈 경우(1~3개월, 4~6개월)가 있다. 후자의 경우, 3개월은 넘고 4개월은 아직 안 된 아기는 1~3개월로 보면 된다.
3 월령, 연령이 특별히 기입되지 않은 항목에는 일반적인 사항을 기재하였다.
4 임신과 그 경로의 관계를 알고 싶을 때는 우선 '임신'으로 찾는다. 없으면 항목 옆에 '임신'이라고 되어 있는 곳을 찾으면 된다. 예) 풍진(임신)
5 본문의 항목과는 별개로 문제별로 항목을 만들었다. 예) 토마토는 언제부터 줄 수 있나?
6 내용을 위주로 한 색인이므로 항목과 본문의 용어가 똑같지 않을 수도 있다.

기타

ㄱ

ㅇ

ㅋ

ㅌ

ㅍ

ㅎ

마쓰다식 임신 출산 육아 백과 1
-임신에서 생후 5개월까지-

초판 1쇄 인쇄 2022년 7월 10일
초판 1쇄 발행 2022년 7월 15일

저자 : 마쓰다 미치오
번역 : 김순희

펴낸이 : 이동섭
편집 : 이민규, 탁승규
디자인 : 조세연, 김형주
영업 · 마케팅 : 송정환, 조정훈
e-BOOK : 홍인표, 서찬웅, 최정수, 김은혜, 이홍비, 김영은
관리 : 이윤미

㈜에이케이커뮤니케이션즈
등록 1996년 7월 9일(제302-1996-00026호)
주소 : 04002 서울 마포구 동교로 17안길 28, 2층
TEL : 02-702-7963~5 FAX : 02-702-7988
http://www.amusementkorea.co.kr

ISBN 979-11-274-5419-7 14590
ISBN 979-11-274-5418-0 14590 (세트)